Klaus Lambrecht · Uli Jungmann **GEG 2024 im Bild**

GEG 2024 im Bild

Praxisgerecht kommentiert und grafisch umgesetzt

mit 144 Abbildungen und 23 Tabellen

Dipl.-Phys. Klaus Lambrecht
Physiker

Dipl.-Ing. Uli Jungmann
Architekt

RM Rudolf Müller

Bibliografische Information der Deutschen Nationalbibliothek
Die Deutsche Nationalbibliothek verzeichnet diese Publikation in der Deutschen Nationalbibliografie; detaillierte bibliografische Daten sind im Internet über https://dnb.de/ abrufbar.

Wir freuen uns, Ihre Meinung über dieses Fachbuch zu erfahren. Bitte teilen Sie uns Ihre Anregungen, Hinweise oder Fragen per E-Mail fachmedien.bau@rudolf-mueller.de mit.

Lektorat: Petra Lindner, Kescheid
Umschlaggestaltung: Satz+Layout Werkstatt Kluth GmbH, Erftstadt
Graphiken und Mitarbeit: Marcel Kretschmann, Rottenburg/Stuttgart
Satz: Satz+Layout Werkstatt Kluth GmbH, Erftstadt
Druck und Bindearbeiten: Westermann Druck Zwickau GmbH, Zwickau
Printed in Germany

ISBN 978-3-481-04686-6 (Buch-Ausgabe)
ISBN 978-3-481-04687-3 (E-Book-PDF)
ISBN 978-3-481-04688-0 (Buch + E-Book)

FSC www.fsc.org
MIX
Papier | Fördert gute Waldnutzung
FSC® C110508

Inhaltsverzeichnis

Einführung zum GEG 2024

Das Buch „GEG 2024 im Bild" richtet sich an Architekten, Ingenieure, Bauunternehmer, Energieberater, Baurechtsbehörden, Schornsteinfeger und die gesamte Immobilienwirtschaft. Sie alle sind vom Gebäudeenergiegesetz (GEG) betroffen: sei es bei Planung und Errichtung von Neubauten, bei Änderungen der Gebäudekonstruktion oder der technischen Gebäudeausrüstung im Bestand, beim Verkauf und bei der Vermietung von Gebäuden oder bei der Beratung von Eigentümern und Bauherren.

Das GEG ersetzte am 1. November 2020 die Energieeinsparverordnung (EnEV), das Erneuerbare-Energien-Wärmegesetz (EEWärmeG) und das Energieeinsparungsgesetz (EnEG). Nach der ersten Novelle GEG 2023 ist am 1. Januar 2024 die zweite novellierte Fassung GEG 2024 in Kraft getreten.

Wohl kein anderes Gesetz wurde in den letzten Monaten so intensiv nicht nur in Fachkreisen, sondern auch in der breiten Öffentlichkeit diskutiert. Über das Ziel, dass der Gebäudebestand bis zum Jahr 2045 klimaneutral ist, herrscht sowohl in den Fachkreisen wie auch im nahezu kompletten politischen Umfeld – Klimaverweigerer ausgenommen – Einigkeit. Wie dies zu erreichen ist, ist lange bekannt aus dem Dreiklang „Energiebedarf reduzieren, Effizienz steigern und den verbleibenden Bedarf durch erneuerbare Energien decken". Verschiedene Ansätze wie „Solaraktivhäuser" oder „Passivhäuser" verfolgen seit Jahrzehnten diesen Ansatz. Zur Umsetzung bedarf es keiner noch zu erforschenden Zukunftstechnologie und kein Abwarten darauf, denn die Mittel existieren bereits heute.

Dennoch werden im Gebäudebereich regelmäßig die Klimaschutzziele nicht erreicht. Hierzu tragen mehrere Aspekte bei:

- Stetig steigende Wohn- und Nutzfläche; die durchschnittliche Wohnfläche hat sich gegenüber Anfang der 1990er-Jahre um fast 50 % erhöht.
- Eine viel zu geringe energetische Sanierungsquote, die nach den Erhebungen des Bundesverbands energieeffiziente Gebäudehülle (BuVEG) im Jahr 2023 bei 0,7 % pro Jahr lag. 2022 waren es 0,88 %. So braucht es über 100 Jahre, bis alle Gebäude energetisch saniert sind.
- Nicht nur Heizungen im Bestand, sondern selbst neu eingebaute Heizungen werden weit überwiegend mit fossilen Brennstoffen wie Heizöl und insbesondere Erdgas betrieben. Deren Anteil bei den neu installierten Heizungen ist nach den Erhebungen des Bundesverbands der Deutschen Heizungsindustrie (BDH) zwar von über 90 % in den 1990er-Jahren auf knapp 65 % im Jahr 2023 zurückgegangen. Dennoch ist der regenerative Weg noch lange nicht eingeschlagen. An der Zielmarke 2045 werden diese jetzt neu eingebauten fossilen Heizungen in großer Zahl immer noch laufen.

In der Realität liegt somit eine gravierende Lücke zwischen dem Ziel des klimaneutralen Gebäudebestands und den konkreten Handlungen zu dessen Erreichung vor. Um diese Lücke zu schließen, existieren prinzipiell 3 Instrumente:

1. Ordnungspolitik: zielkompatible gesetzliche Vorgaben,
2. Förderung: Schaffung von zielkompatiblen Anreizen,
3. Beratung: Information der Akteure, damit diese eine fundierte Entscheidungsgrundlage haben, wie die Ziele im jeweiligen Einzelfall optimal erreicht werden können.

Diese Instrumente interferieren stark und müssen daher sehr gut aufeinander abgestimmt sein. Deshalb wurde gemeinsam mit der Novelle des GEG auch die Förderung im Bereich der Heizung angepasst. Die Förderinstrumente für die Effizienzhäuser und für die Energieberatung werden auf hohem Niveau fortgeführt.

Der Gesetzesnovelle wurden breit angelegte und intensive Anhörungsprozesse der Stakeholder vorangestellt. Die Kernänderung des GEG 2024, neue Heizungen zukünftig mit mindestens 65 % erneuerbaren Energien zu betreiben, wurde 2021 im Koalitionsvertrag von allen Regierungsparteien vereinbart und dann nochmals 2022 nach dem Überfall Russlands auf die Ukraine sowie 2023 bekräftigt. In der Debatte 2023 wurden dann Stimmen laut, dass die Umstellung jetzt sehr plötzlich käme. Das GEG hat im Sprachgebrauch einen neuen Namen bekommen: das „Heizungsgesetz". Es wurden in der Öffentlichkeit Ängste geschürt, dass Heizungen stillgelegt würden, Rentner verarmten, weil sie ihr Haus verkaufen müssten. In schrillen Tönen wurde in der Boulevardpresse vom „Heizungshammer" gesprochen und Populisten verstiegen sich darin, dass sich die Bürger die Demokratie zurückholen müssten. Vieles, was als Argumente gegen das GEG angeführt wurde und die Ängste schürte, stand jedoch so nie im Gesetz.

Die öffentliche Diskussion hat klargemacht, dass der Umstieg auf erneuerbare Energien – das Kernelement der GEG-Novelle – kein Spaziergang ist. Einerseits werden verlässliche, d. h. auch langfristig gültige, Rahmenbedingungen benötigt. Andererseits gibt es eine sehr große Zahl unterschiedlichster Randbedingungen sowie daraus resultierende Anforderungen und Lösungen. So war es eine Herausforderung für den Gesetzgeber, unter Berücksichtigung dieser Komplexität den Rechtsgrundsatz der Verhältnismäßigkeit in die Gesetzesanforderungen einfließen zu lassen. Im Ergebnis führt dies dazu, dass das GEG ein komplexes Gesetz geworden ist. Eine bloße technische Festlegung, nur noch erneuerbare Energien zu nutzen, wäre hingegen eher einfach gewesen, aber unter Umständen nicht verhältnismäßig. Deshalb enthält das Gesetz zahlreiche Ausnahmen und Fristenregelungen, die zu dessen nun vorliegender Komplexität führen.

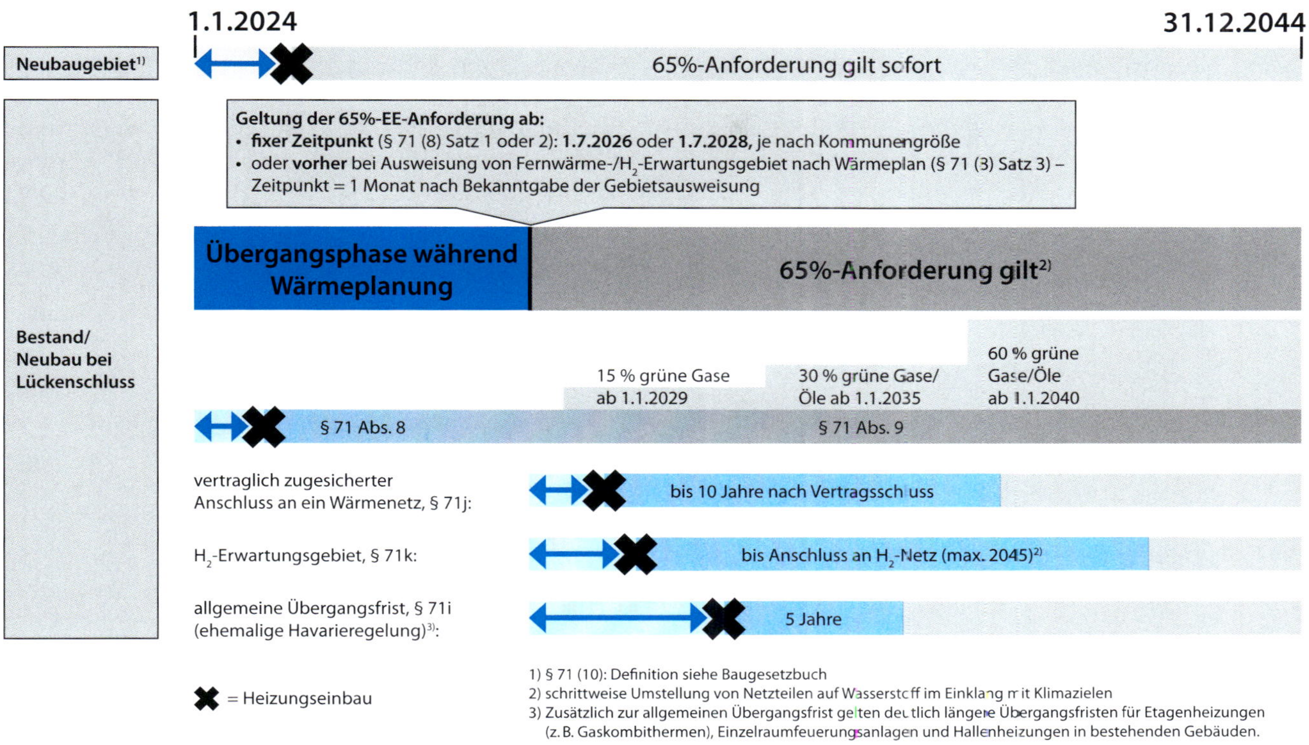

Übersicht über die Fristen beim Heizungstausch nach BMWK

Die Intention des Gesetzgebers steht klar im § 1: „*Ziel dieses Gesetzes ist es, einen wesentlichen Beitrag zur Erreichung der nationalen Klimaschutzziele zu leisten.*" Dazu wird festgelegt, dass erneuerbare Energien sowie Effizienzmaßnahmen in Gebäuden im überragenden öffentlichen Interesse liegen und der öffentlichen Sicherheit dienen. Der Expertenrat für Klimafragen, kurz Klimarat (www.expertenrat-klima.de), hat am 3. Juni 2024 ein durch die Bundesregierung beauftragtes Sondergutachten vorgelegt, in dem die Einhaltung der Klimaziele nicht bestätigt wurde. Die umfangreichen Ausnahmen und Fristenregelungen im GEG führen dazu, dass sich die Klimawirksamkeit verzögert oder nicht voll entfaltet. Es ist jedoch allen Akteuren im Baubereich freigestellt, aus energetischer Sicht nicht so schlecht wie möglich zu bauen, indem alle Ausnahmen im GEG ausgereizt werden, sondern auch selbst Verantwortung zu übernehmen und die individuell beste Lösung zu finden, damit der Gebäudebestand zeitnah klimaneutral wird.

Was ist neu im GEG 2024?

Die Neuerungen hat das Bundesinstitut für Bau-, Stadt- und Raumforschung (BBSR) wie folgt zusammengefasst:

„ • *Die Zielbestimmung (§ 1 Abs. 1) wird erweitert: Das Gesetz soll einen wesentlichen Beitrag zur Erreichung der nationalen Klimaschutzziele (Klimaneutralität bis 2045) leisten. Die Nutzung erneuerbarer Energien und Effizienzmaßnahmen in Gebäuden werden als vorrangig in der Schutzgüterabwägung (Abs. 3) festgelegt.*

- *Neue Länderöffnungsklauseln ermöglichen es den Ländern, weitergehende Anforderungen an die Erzeugung und Nutzung von Strom, Wärme sowie Kälte aus erneuerbaren Energien in räumlichem Zusammenhang mit Gebäuden sowie weitergehende Anforderungen oder Beschränkungen an Stromdirektheizungen zu stellen (§ 9a). Auch die Regelungen der Länder zur Erfüllung der Vorbildfunktion für öffentliche Gebäude dürfen künftig über die Vorschriften des GEG hinausgehen (§ 4).*
- *Der Wirtschaftlichkeitsvorbehalt für Nachrüstungspflichten wird beschränkt auf selbstgenutzte Wohngebäude mit bis zu 2 Wohneinheiten (§ 47).*
- *Für Erweiterungen von Nichtwohngebäuden mit mehr als 100 % der bestehenden Nutzfläche gelten Neubauanforderungen (§ 51).*
- *Für Gebäude mit mindestens 6 Wohnungen [oder sonstigen selbstständigen Nutzungseinheiten] gibt es neue Prüfpflichten (§ 60): Neue Wärmepumpen oder ältere Heizungsanlagen darin müssen fachkundig geprüft und optimiert werden. Außerdem wird nach dem Einbau wassergeführter Heizungsanlagen ein hydraulischer Abgleich vorgeschrieben.*
- *Nichtwohngebäude mit größerer Heizungs- oder raumlufttechnischer Anlage oder einer Klimaanlage (Nennleistung > 290 kW) benötigen ab 1. Januar 2025 ein Energiemanagement über ein Gebäudeautomationssystem oder gleichwertige Maßnahmen (§ 71a; [§ 74]).*

Die Nutzungspflichten für erneuerbare Energien werden in § 71 neu gefasst. Neue Heizungen dürfen demnach in einem Gebäude nur eingebaut oder aufgestellt werden, wenn sie mindestens 65 % ihrer bereitgestellten Wärme mit erneuerbaren Energien oder unvermeidbarer Abwärme erzeugen – oder in ein Gebäudenetz einspeisen. Die bisherigen §§ 34 bis 45 sowie 52 bis 56 GEG entfallen.

- *Verschiedene Optionen erfüllen unter bestimmten Voraussetzungen einzeln oder miteinander kombiniert die Vorgabe aus § 71 ohne weiteren Nachweis[, wenn sie den Wärmebedarf des Gebäudes vollständig decken]:*
  - *Anschluss an ein Wärmenetz (gemäß § 71b), mit differenzierten Anforderungen für neue und bestehende Netze*
  - *Elektrische Wärmepumpe (gemäß § 71c)*
  - *Stromdirektheizung (gemäß § 71d), im Zusammenspiel mit Vorgaben an den baulichen Wärmeschutz*
  - *Solarthermische Anlage (gemäß § 71e) [...]*
  - *Heizung zur Nutzung von flüssiger oder gasförmiger Biomasse, grünem oder blauem Wasserstoff (gemäß § 71f)*
  - *Heizung zur Nutzung von fester Biomasse (gemäß § 71g)*
  - *Wärmepumpen-Hybridheizung oder Solarthermie-Hybridheizung mit einer Gas-, Biomasse- oder Flüssigbrennstofffeuerung (gemäß § 71h)*

Die Nutzungspflicht nach § 71 gilt zunächst nur für Neubauten in Neubaugebieten [(§ 71 Abs. 10: Definition siehe Baugesetzbuch)], für die ab dem 1.1.2024 ein Bauantrag gestellt wird. Für Bestandsgebäude und Neubauten, die in Baulücken errichtet werden, gilt die Vorgabe abhängig von der Gemeindegröße spätestens nach dem 30.06.2026 bzw. 30.06.2028 [oder bereits vorher, wenn das Gebäude in einem Gebiet liegt, für das ein Wärmenetz oder Wasserstofferwartungsgebiet nach Wärmeplan (§ 71 Abs. 8 Satz 3) ausgewiesen und bekannt gegeben wurde].

- *Übergangsfristen werden unter bestimmten Voraussetzungen eingeräumt:*
  - *nach einer Heizungshavarie (§ 71i);*
  - *um eine bessere Abstimmung auf die kommunale Wärmeplanung zu ermöglichen (§ 71j);*
  - *um mit einer auf 100 % H_2 umrüstbaren Gasheizung den Ausbau eines H_2-Netzes abzuwarten (§ 71k);*
  - *bei Gebäuden mit mindestens einer Etagenheizung bzw. Einzelfeuerungsanlage (§ 71l); bei Eigentümergemeinschaften mit einem vorgeschriebenen Zeitplan und Verfahren (§ 71n);*
  - *bei Hallenheizungen (§ 71m).*
- *Heizungen, die die Vorgaben zur Nutzung von 65 % erneuerbaren Energien nicht erfüllen, dürfen noch so lange eingebaut werden, bis die kommunale Wärmeplanung greift. Das Gesetz sieht in diesen Fällen eine Beratungspflicht und weitere Anforderungen für eine schrittweise Umstellung auf erneuerbare Energieträger vor (§ 71 Abs. 8 bis 11).*
- *Fossile Brennstoffe dürfen zur Beheizung maximal bis 31. Dezember 2044 genutzt werden (§ 72 Abs. 4).*
- *Zum Mieterschutz gelten folgende Regelungen (§ 71o; § 559 Abs. 3a BGB):*
  - *Nur wenn beim Einbau einer Wärmepumpe bestimmte technische bzw. bauliche Mindestanforderungen erfüllt sind, können Vermieter die gesamten Modernisierungskosten gemäß § 559 BGB geltend machen. Allerdings müssen sie von den Kosten immer die Höhe der staatlichen Förderung abziehen.*
  - *Die Modernisierungsumlage für einen Heizungswechsel wird auf maximal 0,50 €/m² Wohnfläche pro Monat begrenzt.*
- *Von de[m] BAFA [Bundesamt für Ausfuhrkontrolle] zugelassene Energieberater sind künftig ebenfalls berechtigt, Energieausweise auszustellen (§ 88).*
- *Die Befreiungsmöglichkeiten aufgrund unbilliger Härte werden erweitert (§ 102). Außerdem können Eigentümer, die mind. 6 Monate ununterbrochen einkommensabhängige Sozialleistungen beziehen, auf Antrag von den Pflichten gemäß § 71 befreit werden.*
- *Die Pflicht zur Dämmung von Rohrleitungen wird ergänzt für Kälte- und Kaltwasserleitungen (Anlage 8).*

Flankierende Förderung

Am 1.1.2024 ist auch eine novellierte Bundesförderung für effiziente Gebäude (BEG, [www.energiewechsel.de/beg]) in Kraft getreten. Für alle Wohn- und Nichtwohngebäude wird damit eine Grundförderung von 30 Prozent der Investitionskosten möglich. Haushalte im selbstgenutzten Wohneigentum mit einem zu versteuernden Jahreseinkommen von unter 40.000 Euro erhalten zusätzlich 30 Prozent Förderung. Für den Austausch alter Heizungen ist bis 2028 außerdem ein Geschwindigkeitsbonus von 20 Prozent vorgesehen. Ab 2029 sinkt dieser alle zwei Jahre um 3 Prozentpunkte. Die verschiedenen Komponenten sind bis zu einer maximalen Förderung von 70 Prozent kumulierbar. Bei vermieteten Immobilien müssen bei einer Modernisierungsumlage auf die Miete von den Kosten die Fördermittel abgezogen werden. Zusätzlich gilt die in § 71o festgelegte Kappungsgrenze."

Neue EU-Gebäuderichtlinie (EPBD) und deren Umsetzung in einer kommenden GEG-Novelle

Am 28. Mai 2024 ist die neue Richtlinie (EU) 2024/1275 des Europäischen Parlaments und des Rates vom 24. April 2024 über die Gesamtenergieeffizienz von Gebäuden (EPBD) in Kraft getreten. Die neuen Regelungen müssen bis Ende Mai 2026 von den Mitgliedsstaaten in nationales Recht überführt werden. Die wesentlichen Anforderungen sind:

- Nullemissionsgebäude („Zero Emission Building" [ZEB]): Alle neuen Wohn- und Nichtwohngebäude dürfen an ihrem Standort keine Emissionen aus fossilen Brennstoffen mehr aufweisen:
  - ab 2028 neue öffentliche Gebäude,
  - ab 2030 alle neuen Gebäude.
- Wohngebäude: Senkung des durchschnittlichen Primärenergieverbrauchs des gesamten Wohngebäudebestands
  - bis 2030 um 16 %
  - bis 2035 um 20 bis 22 %
- Nichtwohngebäude: Sanierungspflicht von Worst-Perfomance-Buildings:
  - Bis 2030 sollen die 16 % der Gebäude mit der schlechtesten Energieeffizienz renoviert werden.
  - Bis 2033 soll dieser Anteil dann auf 26 % steigen.
- Nutzung fossiler Brennstoffe bei der Beheizung in Gebäuden schrittweise einstellen (im aktuellen GEG ist das Ende des Einsatzes von fossilen Brennstoffen bis Ende 2044 im § 72 (4) bereits festgeschrieben).
- Solarpflicht (Photovoltaik und/oder Solarthermie):
  - sicherstellen, dass neue Gebäude für Solaranlagen geeignet sind
  - 2027: alle neuen öffentlichen Gebäude und neue Nichtwohngebäude > 250 m^2
  - 2030: alle neuen Wohngebäude und bestimmte Parkplätze
  - 2028/2031: öffentliche Bestandsgebäude und bei Sanierung Nichtwohngebäude
- Subventionen für die Installation eigenständiger mit fossilen Brennstoffen betriebener Heizkessel sind ab dem 1. Januar 2025 nicht mehr zulässig.
- Überarbeitung, Digitalisierung und teilweise Harmonisierung der Energieausweise
- Anpassung der Kenngrößen
- Einführung der Lebenszyklusanalyse LCA (Pflicht für Neubau ab 2028/2030)
- Einrichtung zentraler Anlaufstellen für die Beratung bei Gebäuderenovierungen

Diese Anforderungen sind in der nächsten GEG-Novelle, spätestens bis Mai 2026, umzusetzen.

Nutzen dieses Buches

Mit diesem Kommentar möchten wir Ihnen ein Hilfsmittel an die Hand geben, um das Gebäudeenergiegesetz besser zu verstehen und es korrekt anzuwenden.

Einführung zum GEG 2023

Bis zum Jahr 2045 soll der Gebäudebestand der Bundesrepublik Deutschland klimaneutral sein. Im Koalitionsvertrag wurde 2021 dazu u. a. vereinbart, das Anforderungsniveau für zu errichtende Gebäude ab 2025 auf das Niveau eines Effizienzhauses 40 anzuheben. Im darauffolgenden Maßnahmenpaket des Bundes zum Umgang mit den hohen Energiekosten vom 23. März 2022 wurde weiter konkretisiert, dass als Zwischenschritt dazu ab 1. Januar 2023 das Effizienzhaus-55-Niveau für Neubauten eingeführt wird. Diese Festlegung wurde einerseits vor dem Hintergrund des russischen Krieges gegen die Ukraine mit den daraus folgenden massiven Preisanstiegen für fossile Energien, aber auch für Strom und Biomasse, getroffen. Andererseits hat sich der Effizienzhaus-55-Standard in den letzten Jahren bereits als Neubaustandard weitgehend am Markt etabliert. In der überwiegenden Mehrheit der Fälle werden keine fossilen Brennstoffe mehr eingesetzt. Gegenüber den alten Neubauanforderungen, die bereits in der alten Energieeinsparverordnung 2014 festgelegt wurden, sinkt der Primärenergiebedarf um über 30 %. Nicht verschärft wurden hingegen – entgegen der ursprünglichen Intention – die Anforderungen an den baulichen Wärmeschutz, sondern nur die Anforderungen an den Primärenergiebedarf.

Weitere Aspekte wie der verpflichtende Einsatz von mindestens 65 % erneuerbarer Energien bei neu eingebauten Heizungen, die Ausrichtung der Anforderungssystematik auf die Einsparung von Treibhausgasen, die Berücksichtigung der Lebenszyklusbewertung bei Neubauten und die Nachführung der Anforderungen im Gebäudebestand sind bereits in Arbeit. Dabei wird darauf geachtet, dass technische Machbarkeit und Sozialverträglichkeit angemessene Berücksichtigung finden. Sicher ist aber, dass sich zukünftige Mindestenergiestandards für Gebäude am Ziel der Treibhausgas-Neutralität 2045 orientieren müssen.

Was ist neu im GEG 2023?

Das GEG tritt am 1. Januar 2023 in Kraft. Die Novelle beinhaltet dabei folgende wesentliche Änderungen:

- Bei Neubauten – sowohl bei Wohn- wie auch Nichtwohngebäuden – darf dann der Primärenergiebedarf maximal 55 % des Referenzgebäudes betragen.
- Zum Nachweis für Wohngebäude wird es weiterhin ein vereinfachtes Verfahren nach § 31 geben. Durch das erhöhte Anforderungsniveau wurde dazu die Anlage 5 nachgeführt. Die dort aufgeführten Kennwerte sind eng angelehnt an die früheren KfW-Nachweise für ein Effizienzhaus 55. Die Nachweise nach dem vereinfachten Verfahren können jedoch erst geführt werden, sobald die Bekanntmachung zum vereinfachten Verfahren veröffentlicht ist. In der Praxis hat das vereinfachte Verfahren bislang eine marginale Rolle gespielt.
- Für die Nachweisführung wird klargestellt, wie bei Gemischen aus fossilen und biogenen Brennstoffen der Primärenergiefaktor anzusetzen ist.
- Um systematische Benachteiligungen von Großwärmepumpen gegenüber Kraft-Wärme-Kopplung in Wärmenetzen zu beheben, wird für Strom zum Betrieb von wärmenetzgebundenen Großwärmepumpen der Primärenergiefaktor für den nicht erneuerbaren Anteil von 1,2 eingeführt.
- Strom aus erneuerbaren Energien, der in unmittelbarem räumlichen Zusammenhang zu einem zu errichtenden Gebäude erzeugt wird, darf bei der Ermittlung des Jahres-Primärenergiebedarfs angerechnet werden. Die Anforderung, dass der Strom vorrangig im Gebäude genutzt werden muss, ist entfallen. Damit soll ein Anreiz für die volle Ausnutzung von Dachflächen geschaffen werden.
- Der Nachweis für Photovoltaik nach § 23 wird einheitlich mit dem Monatsbilanzverfahren geführt. Damit geht das GEG konform mit der Bundesförderung effiziente Gebäude (BEG), dort sind die Verfahren nach § 23 Absatz 2 und 3 bereits gestrichen.
- Als Folgeänderungen wurden an mehreren Stellen die Kennwerte angepasst.
- Zur Unterbringung von Geflüchteten wurden die Befreiungen in § 102 um den Absatz 4 erweitert. Die Regelung in Absatz 4 tritt sofort mit Verkündigung des GEG in Kraft und dient der Erleichterung der Unterbringung von Geflüchteten. Der Anwendungsbereich bezieht sich auf die Flüchtlingsunterbringung durch öffentliche Stellen oder durch öffentlichen Auftrag. Erfasst sind zum einen provisorische Gebäude mit einer Nutzungsdauer von bis zu 2 Jahren im Sinne des § 2 Absatz 2 Nummer 6 sowie Gebäude aus Raumzellen im Sinne des § 104 Satz 2, deren Nutzung über die in § 2 Absatz 2 Nummer 6 bzw. die in § 104 Satz 2 genannte Frist von 2 bzw. 5 Jahren hinaus um 2 weitere Jahre verlängert werden soll. Diese dienen klassischerweise der Unterbringung von Geflüchteten. Durch die Regelung soll verhindert werden, dass derartige Gebäude im Fall der Weiternutzung nach Ablauf der gesetzlichen Fristen auch dann auf Neubaustandard nachzurüsten wären, wenn dadurch die Unterbringung Geflüchteter erheblich verzögert würde.

Einführung zum GEG 2020

Das Buch „GEG im Bild" richtet sich an Architekten, Ingenieure, Bauunternehmer, Energieberater, Baurechtsbehörden und die gesamte Immobilienwirtschaft. Sie alle sind vom Gebäudeenergiegesetz betroffen: sei es bei Planung und Errichtung von Neubauten, bei Änderungen der Gebäudekonstruktion oder der technischen Gebäudeausrüstung im Bestand, beim Verkauf und bei der Vermietung von Gebäuden oder bei der Beratung von Eigentümern und Bauherren.

Das Gebäudeenergiegesetz (GEG) ersetzte am 1. November 2020 die bisherige Energieeinsparverordnung (EnEV), das Erneuerbare-Energien-Wärmegesetz (EEWärmeG) und das Energieeinsparungsgesetz (EnEG).

Die EnEV wurde erstmalig zum 1. Februar 2002 eingeführt. Durch Zusammenführung der Wärmeschutzverordnung und der Heizanlagenverordnung wurde bereits mit der ersten Fassung eine integrale Betrachtungsweise der Anforderungen an die Energieeffizienz von Gebäuden verordnet. Die EnEV 2002 stellte einerseits neue Anforderungen an Planer und Bauherren, schaffte andererseits aber auch größere Freiräume für integrierte Lösungen. Durch die Kombinationsmöglichkeiten von Gebäudeform, Gebäudehülle und Anlagentechnik erhöhte sich der gestalterische Spielraum bei der Planung energieeffizienter Gebäude deutlich.

Der Bilanzierungsrahmen wurde vom Heizwärmebedarf auf den Primärenergiebedarf erweitert. Dieser umfasste auch den Warmwasserbedarf, den Energiebedarf zur mechanischen Belüftung, die Effizienz der Haustechnik sowie eine ökologische Bewertung der verwendeten Energieträger (Brennstoffe, Wärmenetze und Strom). Mit der EnEV 2007 war die Bilanzierung des Energiebedarfs für Kühlung, Befeuchtung und Beleuchtung in Nichtwohngebäuden eingeführt worden. Seit der EnEV 2014 sind gekühlte Wohngebäude ebenfalls nach DIN V 18599 „Energetische Bewertung von Gebäuden" zu berechnen.

Die Bewertungsgröße „Primärenergiebedarf" lässt dem Planer größtmöglichen Handlungsspielraum. Ob der maximal zulässige Primärenergiebedarf durch eine gut gedämmte Gebäudehülle oder eine besonders effiziente Anlagentechnik erreicht wird, spielt keine Rolle, sofern bestimmte Mindestwerte eingehalten werden. Ein niedrigerer Standard im baulichen Wärmeschutz kann also durch effizientere Anlagentechnik kompensiert werden – und umgekehrt. Die gesamte „graue Energie", die zur Herstellung der verwendeten Baustoffe benötigt wird, bleibt jedoch unberücksichtigt. Die EnEV umfasste also keine Ökobilanz des Gebäudes.

Im Gebäudeenergiegesetz GEG wurden die Mindestanforderungen der EnEV an

- den Transmissionswärmeverlust – also die Wärmedämmung – von Gebäuden,
- den sommerlichen Wärmeschutz, die Luftdichtheit und den Mindestluftwechsel,
- die Ausführung von Anlagen der Heizungs-, Kühl- und Raumlufttechnik sowie Warmwasseranlagen und die Nachrüstung und Aufrechterhaltung der energetischen Qualität von Gebäuden

weitestgehend übernommen.

Außerdem regelt das GEG weiterhin die Ausstellung und Verwendung von Energieausweisen. Die Ausstellung energetischer Nachweise im Zuge von Baumaßnahmen im Neubau und im Gebäudebestand fällt hingegen nach wie vor in die Vollzugsaufgaben der Bundesländer. Die Verfahren und Zuständigkeiten dafür sind in den jeweiligen Durchführungsverordnungen zum GEG und im Baurecht der Bundesländer festgelegt. Die Dokumente und Informationen zum Vollzug der Verordnung liegen ebenso wie die offiziellen Auslegungen und die amtlichen Bekanntmachungen auf der Internetseite www.bbsr-energieeinsparung.de des Bundesinstituts für Bau-, Stadt- und Raumforschung (BBSR).

Am 1. Januar 2009 wurde der EnEV das EEWärmeG zur Seite gestellt. Zweck des EEWärmeG war es, im Interesse des Klimaschutzes, der Schonung fossiler Ressourcen und der Minderung der Abhängigkeit von Energieimporten eine nachhaltige Entwicklung der Wärme- und Kälteversorgung zu ermöglichen und die Weiterentwicklung der Technologien zur Nutzung erneuerbarer Energien zu fördern. Das Gesetz sollte außerdem dazu beitragen, den Anteil erneuerbarer Energien am Endenergieverbrauch für Wärme und Kälte zu steigern.

Die Systematik im EEWärmeG war gänzlich anders als in der EnEV. In Letzterer wurde neben dem Wärmeschutz der Gesamtenergiebedarf – d. h. Primärenergiebedarf – als Anforderungsgröße definiert mit der Freiheit, diesen auf mannigfaltigen Wegen zu erreichen. Im EEWärmeG hingegen wurde gefordert, den Wärmebedarf für neu zu errichtende Gebäude anteilig mit erneuerbaren Energien zu decken. Beide Anforderungen zusammenzuführen ist lange Jahre auch daran gescheitert, dass die Federführung von EnEV und EEWärmeG in verschiedenen Ministerien angesiedelt war.

Mit dem GEG kam nun die Zusammenführung. Diese ist unbestritten sinnvoll und notwendig. Die Harmonisierung der Systematiken erleichtert die Nachweisführung und hilft dabei, die Gebäudeplanung zielgenau auf das Ziel des klimaneutralen Gebäudebestandes auszurichten. Jedoch entstand daraus ein Werk mit 114 Paragrafen und

11 Anhängen. Allein dies macht deutlich, dass die aus der Zusammenführung erhoffte Vereinfachung nicht stattgefunden hat.

Im GEG müsste sich das Ziel eines klimaneutralen Gebäudebestandes, das auch die Bundesregierung bis 2050 erreichen möchte, niederschlagen. Dazu gehört, dass die Gebäude nur noch sehr wenig Energie benötigen und diese Energie aus regenerativen Quellen stammen muss. In einigen Aspekten ist das GEG jedoch sogar ein Rückschritt gegenüber den bisherigen Gesetzen und Verordnungen. EnEV und EEWärmeG waren insgesamt schärfer gefasst.

Zudem fordert die EU-Gebäuderichtlinie, dass seit 2021 nur noch Niedrigstenergiegebäude gebaut werden dürfen mit einem fast bei null liegenden Energiebedarf. Dieser soll auch noch zu einem ganz wesentlichen Teil aus erneuerbaren Energien gedeckt werden. Im GEG wird der Begriff des Niedrigstenergiegebäudes in § 10 (2) über 3 Anforderungen definiert: erstens über den Gesamtenergiebedarf nach den §§ 15 und 18, zweitens über die Vermeidung von Energieverlusten durch den baulichen Wärmeschutz nach den §§ 16 und 19 und drittens dadurch, dass der Wärme- und Kältebedarf nach den §§ 34 bis 45 anteilig durch erneuerbare Energie gedeckt werden muss. Anteilige Deckung ist aber etwas anderes als das, was in der EU-Richtlinie steht. Das GEG nennt Werte ab 15 % erneuerbarer Energien. Und selbst dieser kleine Anteil kann durch einen um 15 % besseren Wärmeschutz als beim Referenzgebäude komplett vermieden werden.

Was ist neu im GEG? – Änderungen gegenüber EnEV, EEWärmeG und EnEG

Durch die Zusammenführung von EnEV, EEWärmeG und EnEG im GEG wurden die Texte in den Paragrafen und Anlagen grundlegend neu strukturiert. Dem Willen der Bundesregierung geschuldet, keine Verschärfungen einzuführen, wurden inhaltliche Fortschreibungen weitgehend verhindert. Dennoch ist das GEG nicht einfach eine unveränderte Übernahme der Vorgängerwerke, die Änderungen – teilweise Entschärfungen – sind jedoch erst bei genauem Studium erkennbar.

Das GEG beinhaltet folgende wesentliche Änderungen:

- Die wesentliche Entschärfung steht in § 103, der sogenannten Innovationsklausel. Wenn danach ein Gebäude mit einem CO_2-Ausstoß entsprechend den Anforderungen nach dem GEG errichtet wird (wie dies nachgewiesen wird, ist noch auszulegen), muss keine Anforderung an den Primärenergiebedarf erfüllt werden. Lediglich der Endenergiebedarf muss den Wert des Referenzgebäudes um 25 % unterschreiten. Ein solches Wohngebäude darf dann hinsichtlich des spezifischen Transmissionswärmeverlustes 20 % schlechter sein als das Referenzgebäude.
- Bei der Erweiterung und dem Ausbau von Gebäuden nach § 51 GEG wurde die Systematik geändert. Bisher mussten beim Ausbau von unbeheizten Räumen sowie bei einer Erweiterung des Gebäudes um beheizte Räume die U-Werte aus der Anlage 3 der EnEV eingehalten werden. Jetzt wird bei Erweiterungen und Ausbau der H'_T-Wert des erweiterten Gebäudeteils als Anforderungsgröße zugrunde gelegt. Dieser darf 20 % schlechter als der H'_T-Wert des Referenzgebäudes sein. Wenn ein Gebäude nach EnEV erweitert und dabei ein neuer Wärmeerzeuger eingebaut wurde, gab es zudem Anforderungen an den Primärenergiebedarf. Diese Anforderungen sind jetzt komplett entfallen.
- Anrechnung von Solarstrom nach § 23 GEG: Bei Gebäuden mit Stromdirektheizungen bleibt es beim Monatsbilanzverfahren zur Anrechnung von Solarstrom. Dies gilt ebenso, wenn in einem Nichtwohngebäude die Nutzung von Strom für Lüftung, Kühlung, Beleuchtung und Warmwasserversorgung die Energienutzung für die Beheizung überwiegt. Weiterhin ist hier zwingend mit den Standardwerten aus der DIN V 18599-9 (2018) zu rechnen. Es dürfen bei Fotovoltaik somit keine Leistungsangaben aus den Datenblättern oder Simulationsergebnisse angesetzt werden. Für die sonstigen Wohngebäude wurde im GEG ein komplett neuer Rechenansatz implementiert, mit dem in Abhängigkeit von der Gebäudenutzfläche und der Anzahl der Geschosse ein Abzugswert vom Primärenergiebedarf ermittelt wird.
- Eine Änderung gab es bei den Primärenergiefaktoren nach § 22 und Anlage 4 GEG. Die Primärenergiefaktoren sind zwar in der Anlage 4 aufgeführt, jedoch stehen etliche Ergänzungen im Text des § 22. Dort ist festgelegt, wie Biomethan, Bioheizöl und Bioflüssiggas angerechnet werden dürfen. Konkret verbessert sich bei Einsatz von Biomethan der Primärenergiebedarf um circa 40 %, wenn 100 % Biomethan eingesetzt werden würde. Die meisten Biogastarife umfassen jedoch nur einen Teil Biogas (oftmals 10 % Biogasanteil); es darf nur für diesen Anteil der reduzierte Primärenergiefaktor angesetzt werden.
- Der Primärenergiefaktor für flüssige oder gasförmige Biomasse, die gebäudenah erzeugt und unmittelbar im Gebäude genutzt wird, wird von 0,5 auf 0,3 reduziert.
- Die Primärenergiefaktoren von Fernwärme stehen nun nicht mehr im GEG, sondern sind nach DIN V 18599-1 (2018) zu ermitteln. Werden vom Netzbetreiber keine Faktoren veröffentlicht, dürfen je nach verwendetem Berechnungsverfahren die in DIN V 4701-10 (2003) bzw. DIN V 18599-1 festgelegten Primärenergiefaktoren verwendet werden. In allen Fällen gilt nach § 22 (3) ein Wert von nicht unter 0,3. Dieser kann für jeden nachgewiesenen Prozentanteil an erneuerbaren Energien oder Abwärme im Wärmenetz um 0,001 auf minimal 0,2 reduziert werden.

- Verbot von Veränderungen in § 57: Eine Anlage und Einrichtung der Heizungs-, Kühl- oder Raumlufttechnik oder der Warmwasserversorgung darf, soweit sie zum Nachweis der Anforderungen energieeinsparrechtlicher Vorschriften des Bundes zu berücksichtigen war, nicht in einer Weise verändert werden, dass die energetische Qualität des Gebäudes verschlechtert wird. Somit dürfen nachträglich z. B. keine Pelletheizungen oder Wärmepumpen gegen Gasheizungen ausgetauscht werden, wenn diese in den EnEV- oder GEG-Nachweisen berücksichtigt wurden.
- Verpflichtende Beratungsgespräche: Bei Baumaßnahmen im Bestand muss nach § 48 ein verpflichtendes Beratungsgespräch bei Ein- und Zweifamilienhäusern stattfinden, jedoch nur dann, wenn ein Nachweis über den Primärenergiebedarf und H'_T geführt wird. Das heißt, wenn der Nachweis über das Bauteilverfahren geführt wird, ist kein Beratungsgespräch notwendig. Verpflichtend ist hingegen ein Beratungsgespräch nach § 80 GEG für einen Käufer eines Ein- oder Zweifamilienhauses. Nach Übergabe des Energieausweises ist ein informatorisches Beratungsgespräch zum Energieausweis zu führen, in beiden Fällen mit einer nach § 88 zur Ausstellung von Energieausweisen berechtigten Person, wenn ein solches Beratungsgespräch als einzelne Leistung unentgeltlich angeboten wird.
- Mit dem Modellgebäudeverfahren für Wohngebäude nach Anlage 5 GEG wird ein neues gleichwertiges Verfahren zum Nachweis der Einhaltung der energetischen Anforderungen bei der Errichtung von Wohngebäuden eingeführt.
- Die Emissionsfaktoren zur Umrechnung in Treibhausgasemissionen sind direkt in Anlage 9 GEG festgeschrieben. Die sich aus dem Endenergiebedarf oder Endenergieverbrauch unter Berücksichtigung der jeweiligen Energieträger ergebenden CO_2-Emissionen eines Gebäudes sind zusätzlich in Energieausweisen anzugeben. Damit enthält ein Energieausweis zusätzliche Informationen, die die Klimawirkung berücksichtigen.
- Bis Ende 2025 wird es ermöglicht, bei Änderungen von bestehenden Gebäuden die Einhaltung der Anforderungen über eine gemeinsame Erfüllung im Quartier, also eine Gebäudemehrheit, sicherzustellen. Diese Regelung nach § 103 (3) sowie die Möglichkeit von Vereinbarungen über eine gemeinsame Wärmeversorgung im Quartier dienen der Stärkung von quartiersbezogenen Konzepten.
- Im Rahmen der Vollzugsregelungen wurde eine sogenannte Erfüllungserklärung nach § 92 bei Neubauten und bestimmten Sanierungen im Gebäudebestand eingeführt.
- Die nach den in DIN V 18599-1, Abschnitt 8, angegebenen Bemaßungsregeln für die Systemgrenze sind nach § 25 (9) GEG so festzulegen, dass die wärmeübertragende Umfassungsfläche A nun mindestens – und nicht wie bisher ausschließlich – alle beheizten und gekühlten Räume einschließt.
- Die Berechnung des Primärenergiebedarfs mit den Normen DIN V 4108-6 (2003) und DIN V 4701-10 ist nur noch bis 31.12.2023 zulässig. Danach müssen die Berechnungen, wie jetzt schon bei gekühlten Gebäuden, mit DIN V 18599 durchgeführt werden.
- Die Nutzfläche eines Wohngebäudes ist nach § 3 (1) Nummer 26 nicht mehr nach DIN 277 (2016) zu ermitteln, sondern ergibt sich aus der Gebäudenutzfläche A_N. Bei Nichtwohngebäuden ergibt sie sich aus der Nettogrundfläche A_{NGF}.
- Zur Berechnung der Wärmebrückenzuschläge können nach § 22 GEG die neuen Musterlösungen der DIN 4108 Beiblatt 2 (2019) nach Kategorie A (wie bisher 0,05 W/(m² · K)) oder Kategorie B (reduziert auf 0,03 W/(m² · K)) zugrunde gelegt werden.
- Die Anforderung an den spezifischen Transmissionswärmeverlust in Abhängigkeit von dem Gebäudetyp ist bei Neubauten entfallen. Es gelten nur noch die Anforderungen bezogen auf das Referenzgebäude.
- Der Deckungsanteil für erneuerbare Energien kann neu nach § 36 GEG auch durch gebäudenah erzeugten Strom aus erneuerbaren Energien, sowohl aus Fotovoltaik wie auch aus Windkraft, nachgewiesen werden.
- Etliche der bislang in der Anlage zum EEWärmeG enthaltenen technischen Anforderungen für Wärmepumpen oder Biomassekessel entfallen im GEG mit Verweis auf die europäische Ökodesign-Richtlinie.
- Beim Nachweis von erneuerbaren Energien über die Ersatzmaßnahme des verbesserten Wärmeschutzes nach § 45 GEG ist die Anforderung an einen reduzierten Primärenergiebedarf fallen gelassen worden. Dies führt zu einer erheblichen Entschärfung.
- Ein Inbetriebnahmeverbot von Öl- und Kohleheizungen wurde neu im § 72 (4) und (5) aufgenommen. Dieses greift jedoch erst ab 2026 und ist zudem nicht anzuwenden, wenn diese Regelung wegen besonderer Umstände durch einen unangemessenen Aufwand oder in sonstiger Weise zu einer unbilligen Härte führen würde. Ein Befreiungsantrag wäre dafür nicht notwendig. Vor diesem Hintergrund kann somit nicht von einem wirksamen Verbot gesprochen werden.
- Neu mit Inkrafttreten des GEG dürfen auch Personen ohne Hochschulabschluss Energieausweise für Nichtwohngebäude ausstellen, wenn die Voraussetzungen nach § 88 gegeben sind und eine Schulung für Nichtwohngebäude nach Anlage 11 erfolgreich absolviert wurde.

- Bei der Ausstellung von Energieausweisen hat der Aussteller dafür Sorge zu tragen, dass die von ihm ermittelten Daten richtig sind. Stellt der Aussteller keine eigenen Berechnungen an, die nach den §§ 15 und 16, nach den §§ 18 und 19 oder nach § 50 (3) erforderlich sind, hat er die Berechnungen einzusehen oder sich vom Eigentümer zur Verfügung stellen zu lassen.
- Die Anforderungen zur Vorlage eines Energieausweises bei Verkauf oder Vermietung sowie zu Pflichtangaben in Immobilienanzeigen werden nach § 80 (4) GEG auch auf Immobilienmakler ausgeweitet.
- Die EnEV-Sonderregeln für Fertighäuser und Gebäude mit elektrischer Warmwasserbereitung wurden gestrichen.

GEG und Energieplanung

Bei Neubauten stellt das GEG Anforderungen an die Gesamtenergieeffizienz in Form des Jahres-Primärenergiebedarfs, an den Anteil erneuerbarer Energien am Wärme- und Kälteenergiebedarf sowie an den spezifischen Transmissionswärmeverlust von Wohngebäuden und – bei Nichtwohngebäuden – an die Mittelwerte der Wärmedurchgangskoeffizienten von Bauteilgruppen, jedoch nicht an einzelne Bauteile oder den Einsatz bestimmter technischer Gebäudeausrüstungen. Das GEG gibt somit das Ziel vor, nicht den Weg. Für die Planer besteht damit die Aufgabe, unter Berücksichtigung aller Belange – nicht nur der Energieeffizienz – den für den Bauherrn optimalen Weg zu finden. Die Ziele des Bauherrn entsprechen dabei nicht unbedingt denen des GEG. Der Primärenergiebedarf ist die bestimmende Größe für die ökologische Bewertung der Energieeffizienz eines Gebäudes. Für den Bauherrn relevant sind meist eher die Kosten – sowohl Investitions- als auch Betriebskosten. Das GEG muss zudem eine Vergleichbarkeit der Gebäude bezüglich gesetzlicher Anforderungen schaffen. Den Bauherrn interessiert dagegen im Wesentlichen sein eigenes Objekt. Um diesen Spagat optimal zu bewältigen, ist eine möglichst frühzeitige Einbindung aller Disziplinen von der Bauphysik bis zur technischen Gebäudeausrüstung erforderlich.

Allein durch Neubauten können die Klimaschutzziele jedoch nicht erreicht werden, es sei denn, sie ersetzen energetisch schlechtere Altbauten. Die weitaus größten Energiesparpotenziale schlummern im Gebäudebestand. Um bis 2050 einen klimaneutralen Gebäudebestand zu erreichen (Ziel des Energiekonzepts der Bundesregierung von September 2010), müssen die Effizienzpotenziale konsequent gehoben werden. Der restliche Energiebedarf muss mit erneuerbaren Energien gedeckt werden können. Dafür ist es zunächst wichtig, ein Bewusstsein für die Energieeffizienz und die Einsparpotenziale zu schaffen.

Dies ist Sinn der Energieausweise, die Markttransparenz für Mieter, Eigentümer und den Immobilienmarkt schaffen sollen. Sie sollen auch dem Energieverbrauch und damit den Betriebskosten eines Gebäudes ein höheres Gewicht bei der Bewertung von Immobilien geben. Um tatsächlich alle Gebäude miteinander vergleichen zu können, werden die Berechnungen mit deutschlandweit einheitlichen Randbedingungen durchgeführt. Damit wird zum einen gewährleistet, dass an alle Gebäude die gleichen energetischen Anforderungen gestellt werden. Zum anderen wird sichergestellt, dass der auf Grundlage des Bedarfs ausgestellte Energieausweis orts- und nutzerunabhängige Kennwerte zum Vergleich der energetischen Qualität von Gebäuden enthält. Der auf Grundlage des Energiebedarfs ausgestellte Energieausweis beschreibt also allein die energetische Qualität des Gebäudes, unabhängig davon, wo es in Deutschland errichtet wurde und von wem es genutzt wird. Dies führt dazu, dass der reale Energieverbrauch eines Gebäudes an einem konkreten Standort und mit einem bestimmten Verhalten der Nutzer erheblich von den errechneten Energiekennzahlen des Energieausweises abweichen kann. Dies gilt insbesondere für die in der Praxis sehr vielfältigen und individuellen Nutzungen von Nichtwohngebäuden. Auch bei Energieausweisen auf Basis des gemessenen Energieverbrauchs wird dieser klimabereinigt und auf ein einheitliches Klima umgerechnet. Das Nutzerverhalten kann dabei allerdings nicht neutralisiert werden. Deshalb sind bei – verkürzt gesagt – kleinen älteren unsanierten Wohngebäuden nur Energieausweise auf Grundlage des Bedarfs zulässig.

Bei der Entwicklung von Energiekonzepten gilt es jedoch, nicht nur die gesetzlichen, sondern vor allem auch die Anforderungen des Bauherrn bestmöglich zu erfüllen. Dies erreicht man mit einem optimal auf die Gegebenheiten des Standorts und die Bedürfnisse der Nutzer abgestimmten Konzept. Ein unter den festen Randbedingungen des GEG entwickeltes Energiekonzept wird diesem Anspruch häufig nicht gerecht. In der Praxis müssen daher beide Schienen im Auge behalten werden.

Die Energieplanung als konsequente Umsetzung einer ganzheitlichen Gebäudebetrachtung im Sinne des GEG bündelt und umfasst bislang separierte fachspezifische Überlegungen und Planungsleistungen, beispielsweise aus den Bereichen „Gebäudeplanung/Entwurf", „Anlagentechnik" und „Wärmeschutz/Bauphysik". Energieplanung bedeutet, das Gebäude unter Variation der einzelnen Bausteine zu optimieren. Dabei ist mit dem Auftraggeber abzuklären, welche konkreten Ziele im Einzelnen verfolgt werden sollen:

- Einhaltung der gesetzlichen Anforderungen nach GEG,
- Erreichen eines höheren Energiestandards (z. B. eines Effizienzhauses zur Erlangung von Fördermitteln),
- Optimierung beim Interessenausgleich zwischen Herstellungs- und Baunutzungs- bzw. Baubetriebskosten, auch durch die Erstellung von Varianten,
- Optimierung der Wirtschaftlichkeit unter Einbeziehung der Energiekosten über einen zu definierenden Zeitraum bei festzulegenden Kostensteigerungsraten und der CO_2-Preisentwicklung.

Der Tatbestand der Energieplanung ist im Planungsprozess nicht explizit geregelt, stattdessen wird angenommen, dass die Fachplaner und der Architekt sich auf irgendeine Weise koordinieren und das Gebäude energetisch optimieren. Die heutigen Anforderungen an hocheffiziente Gebäude lassen sich so jedoch nicht erfüllen. Die Energieplanung wird zunehmend als eigene Disziplin der Fachplanung benötigt, die zunächst die energetischen Auswirkungen der anderen Fachplanungen quantifiziert und damit erst sichtbar macht. Denn nur wer von diesen Einflüssen auf die Energieeffizienz Kenntnis hat, kann Vor- und Nachteile abwägen, die Planung optimieren und Entscheidungen fundiert und bewusst treffen.

Die vom GEG unterstützte integrale Betrachtungsweise von Gebäude und Anlagentechnik eröffnet die Möglichkeit, bereits frühzeitig die Wärmeversorgung von Gebäuden auch unter dem Gesichtspunkt der Investitions- und Betriebskosten zu optimieren. Bei Bauvorhaben – das gilt sowohl für zu errichtende Gebäude als auch für die Gebäudesanierung – will der Investor meist entweder mit möglichst geringen Investitionen seine Ansprüche optimal einlösen oder mit einem gegebenen Investitionsvolumen ein möglichst hohes Ziel erreichen. Ein Ziel kann dabei die Minimierung des Energiebedarfs und damit der Betriebskosten des Gebäudes sein. Dazu bedarf es einer möglichst genauen Abstimmung von Gebäude und Anlagentechnik unter Berücksichtigung der Gebäudenutzung. Je früher in einem integralen Planungsprozess Gebäudehülle, Anlagentechnik und Nutzerverhalten einbezogen werden, desto effektiver können die erforderlichen Maßnahmen aufeinander abgestimmt werden, was sich wiederum positiv auf die Kosten auswirkt. Um die gestalterischen Spielräume optimal nutzen zu können und Bau- und Betriebskosten niedrig zu halten, muss die Anlagentechnik von Anfang an in die Gebäudeplanung einbezogen werden. Dem Planer kommt dabei die Aufgabe zu, die betroffenen Fachdisziplinen bereits möglichst frühzeitig im Entwurf zu berücksichtigen und deren einzelne Belange zu koordinieren. Nur indem die vorhandenen Spielräume bestmöglich ausgenutzt werden, kann ein optimaler Entwurf im Sinne des Bauherrn gelingen.

Das GEG stellt die Leitlinien der Energieplanung dar und beschreibt die Regeln für die energetische Bewertung von Gebäuden. Der Gesetzgeber stellt ergänzende Informationen zu Rechtsgrundlagen, Vollzug, Wirtschaftlichkeit, technischen Regeln und Energieausweisen online bereit unter www.geg.bund.de. Dieses Buch hilft Ihnen, diese Regeln schnell zu erfassen und korrekt in der Praxis anzuwenden.

Lesehinweis mit Beispiel

„GEG 2024 im Bild" zeigt in der linken Spalte die einzelnen Paragrafen und Anlagen des GEG. Die Neuerungen gegenüber der Fassung GEG 2023 sind im Gesetzestext fett markiert. In der rechten Spalte wird der Verordnungstext durch anschauliche Grafiken und Autorenhinweise in blauer Schrift erläutert.

Heiz-, Kühl- und Klimaanlagen

§ 67 Regelung der Volumenströme

(1) Beim Einbau einer Anlage nach § 65 Satz 1 in Gebäude und bei der Erneuerung eines Zentralgerätes oder eines Luftkanalsystems einer solcher Anlage muss diese Anlage mit einer Einrichtung zur selbsttätigen Regelung der Volumenströme in Abhängigkeit von den thermischen und stofflichen Lasten oder zur Einstellung der Volumenströme in Abhängigkeit von der Zeit ausgestattet werden, wenn der Zuluftvolumenstrom dieser Anlage höher ist als

1. neun Kubikmeter pro Stunde je Quadratmeter versorgter Nettogrundfläche des Nichtwohngebäudes oder
2. neun Kubikmeter pro Stunde je Quadratmeter versorgter Gebäudenutzfläche des Wohngebäudes.

(2) Absatz 1 ist nicht anzuwenden, soweit in den versorgten Räumen auf Grund des Arbeits- und Gesundheitsschutzes erhöhte Zuluftvolumenströme erforderlich oder Laständerungen weder messtechnisch noch hinsichtlich des zeitlichen Verlaufs erfassbar sind.

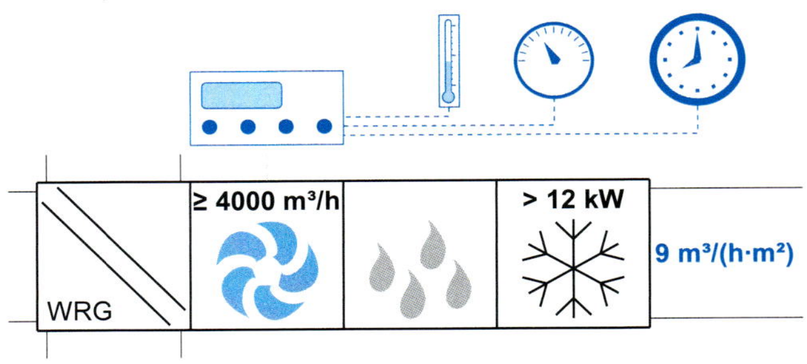

Zu § 67
Volumenstromregelung von Klima- und RLT-Anlagen in Abhängigkeit von Temperatur und Luftqualität oder Zeit

Zu § 67

Bei Einbau oder Erneuerung von Klimaanlagen mit einer Nennkälteleistung über 12 kW und RLT-Anlagen mit einem Zuluftvolumenstrom von mindestens 4.000 m^3/h sind Anforderungen an die Volumenstromregelung einzuhalten. Übersteigt der Volumenstrom 9 $m^3/(h \cdot m^2)$, muss die Volumenstromregelung in Abhängigkeit von Temperatur und Luftqualität oder Zeit erfolgen. Als Bezugsfläche für den Volumenstrom gilt bei Nichtwohngebäuden die versorgte Nettogrundfläche, bei Wohngebäuden die versorgte Gebäudenutzfläche. Als Erneuerung gilt der Einbau neuer Zentralgeräte oder Luftkanalsysteme. Eine Nachrüstverpflichtung für bestehende Anlagen gibt es jedoch nicht. Nach § 110 gelten abweichende Vorschriften der Ökodesign-Richtlinie vorrangig vor den Anforderungen des GEG an die Regelung der Volumenströme von Klimaanlagen und sonstigen Anlagen der Raumlufttechnik.

Gesetz zur Einsparung von Energie und zur Nutzung erneuerbarer Energien zur Wärme- und Kälteerzeugung in Gebäuden (Gebäudeenergiegesetz – GEG)*

Gebäudeenergiegesetz vom 8. August 2020, das zuletzt durch Artikel 1 des Gesetzes vom 16.10.2023 (BGBl. 2023 I Nr. 280) geändert worden ist

* Dieses Gesetz dient der Umsetzung der Richtlinie 2010/31/EU des Europäischen Parlaments und des Rates vom 19. Mai 2010 über die Gesamtenergieeffizienz von Gebäuden (Neufassung) (ABl. L 153 vom 18.6.2010, S. 13; L 155 vom 22.6.2010, S. 61) und der Richtlinie (EU) 2018/844 des Europäischen Parlaments und des Rates vom 30. Mai 2018 zur Änderung der Richtlinie 2010/31/EU über die Gesamtenergieeffizienz von Gebäuden und der Richtlinie 2012/27/EU über Energieeffizienz (ABl. L 156 vom 19.6.2018, S. 75) und der Richtlinie (EU) 2018/2002 des Europäischen Parlaments und des Rates vom 11. Dezember 2018 zur Änderung der Richtlinie 2012/27/EU zur Energieeffizienz (ABl. L 328 vom 21.12.2018, S. 210) und der Richtlinie (EU) 2018/2001 des Europäischen Parlaments und des Rates vom 11. Dezember 2018 zur Förderung der Nutzung von Energie aus erneuerbaren Quellen (Neufassung) (ABl. L 328 vom 21.12.2018, S. 82).

Inhaltsübersicht

Teil 1
Allgemeiner Teil

§ 1
Zweck und Ziel

(1) Ziel dieses Gesetzes ist es, einen wesentlichen Beitrag zur Erreichung der nationalen Klimaschutzziele zu leisten. Dies soll durch wirtschaftliche, sozialverträgliche und effizienzsteigernde Maßnahmen zur Einsparung von Treibhausgasemissionen sowie der zunehmenden Nutzung von erneuerbaren Energien oder unvermeidbarer Abwärme für die Energieversorgung von Gebäuden erreicht werden.

(2) Unter Beachtung des Grundsatzes der Wirtschaftlichkeit soll das Gesetz im Interesse des Klimaschutzes, **der stetigen Reduktion von fossilen** Ressourcen und der Minderung der Abhängigkeit von Energieimporten dazu beitragen, die energie- und klimapolitischen Ziele der Bundesregierung sowie eine weitere Erhöhung des Anteils erneuerbarer Energien am Endenergieverbrauch für Wärme und Kälte zu erreichen und eine nachhaltige Entwicklung der Energieversorgung zu ermöglichen.

(3) Die Errichtung und der Betrieb einer Anlage sowie der dazugehörigen Nebenanlagen zur Erzeugung sowie zum Transport von Wärme, Kälte und Strom aus erneuerbaren Energien sowie Effizienzmaßnahmen in Gebäuden liegen im überragenden öffentlichen Interesse und dienen der öffentlichen Sicherheit. Bis der Gebäudebetrieb im Bundesgebiet treibhausgasneutral ist, sollen die erneuerbaren Energien sowie Effizienzmaßnahmen als vorrangige Belange in die jeweils durchzuführenden Schutzgüterabwägungen eingebracht werden. Satz 2 ist nicht gegenüber Belangen der Landes- und Bündnisverteidigung anzuwenden.

Zu § 1
Gebäude sollen wirtschaftlich und sozialverträglich effizienter und mit erneuerbaren Energien versorgt werden.

Zu § 1

Die Richtlinie 2010/31/EU des Europäischen Parlaments und des Rates über die Gesamtenergieeffizienz von Gebäuden forderte die Mitgliedstaaten der EU bereits im Jahr 2010 auf, dafür zu sorgen, dass ab 2021 alle neuen Gebäude Niedrigstenergiegebäude sind (für Gebäude, die von Behörden genutzt werden, galt eine Frist bis 2019). Ein Niedrigstenergiegebäude – im englischen Originaltext der EU-Richtlinie „nearly zero-energy building" genannt – ist nach diesen Vorgaben ein Gebäude mit sehr hoher Gesamtenergieeffizienz, dessen nahe null liegender Energiebedarf zu einem wesentlichen Teil durch erneuerbare Energien gedeckt werden soll. Zur Ausrichtung der Vorgaben auf den 1,5-Grad-Klimaschutz-Pfad, zu dem sich die Europäische Union im Rahmen des Übereinkommens von Paris verpflichtet hat, bedarf es einer Transformation zu einem nachhaltigen und treibhausgasneutralen Gebäudebestand bis zum Jahr 2045. Dafür reichen die bisherigen Anforderungen bei Weitem nicht aus. Dies gelingt durch einen möglichst sparsamen Einsatz von Energie sowie die Nutzung von erneuerbaren Energien oder unvermeidbarer Abwärme für die Energieversorgung von Gebäuden. Im Zentrum der Novelle steht, dass jede neu eingebaute Heizung mit mindestens 65 % erneuerbare Energien betrieben werden soll. Die Anforderungen an den Gesamtenergiebedarf (Primärenergiebedarf) und den Wärmeschutz bleiben davon vorerst unberührt.

„Der russische Angriffskrieg gegen die Ukraine markiert eine Zeitenwende für die Energieversorgung in Deutschland. Der Wärmebereich ist von dieser Zeitenwende aufgrund der großen Abhängigkeit von Erdgas wie kein anderer Sektor betroffen. Die mit diesem Gesetz forcierte Beschleunigung der Wärmewende ist daher nicht nur klimapolitisch, sondern auch in Anbetracht der aktuellen Krise geopolitisch und ökonomisch geboten." (Bundesdrucksache 20/6875, S. 45)

Die Belange dieses Gesetzes – Einsatz erneuerbarer Energien und Effizienzmaßnahmen in Gebäuden – liegen nun im überragenden öffentlichen Interesse und dienen der öffentlichen Sicherheit. Sie sind vorrangig in die jeweils durchzuführenden Schutzgüterabwägungen einzubringen. Das Gewicht des Klimaschutzes wurde dadurch entscheidend erhöht.

„Konkret sollen die erneuerbaren Energien damit im Rahmen von Abwägungsentscheidungen u. a. gegenüber Denkmalschutz oder im Immissionsschutz-, Bau- oder Straßenrecht nur in Ausnahmefällen überwunden werden.

Öffentliche Interessen können in diesem Fall den erneuerbaren Energien als wesentlichem Teil des Klimaschutzgebotes nur dann entgegenstehen, wenn sie mit einem dem Artikel 20a GG vergleichbaren verfassungsrechtlichen Rang gesetzlich verankert bzw. gesetzlich geschützt sind oder einen gleichwertigen Rang besitzen." (Bundesdrucksache 20/6875 S. 93)

§ 2
Anwendungsbereich

(1) Dieses Gesetz ist anzuwenden auf

1. Gebäude, soweit sie nach ihrer Zweckbestimmung unter Einsatz von Energie beheizt oder gekühlt werden, und
2. deren Anlagen und Einrichtungen der Heizungs-, Kühl-, Raumluft- und Beleuchtungstechnik sowie der Warmwasserversorgung.

Der Energieeinsatz für Produktionsprozesse in Gebäuden ist nicht Gegenstand dieses Gesetzes.

Zu § 2 (1)
Beheizte oder gekühlte Gebäude

Zu § 2 (1)

Auf Gebäude, die weder auf Solltemperatur beheizt noch gekühlt werden, ist das GEG nicht anzuwenden. Für solche Gebäude gelten also weder Anforderungen an die Wärmedämmung der Gebäudehülle, die technische Gebäudeausrüstung und den Jahres-Primärenergiebedarf noch an den Einsatz erneuerbarer Energien. Dies gilt auch für Gebäude, deren Raumtemperierung ausschließlich aufgrund von Produktionsprozessen erfolgt, z. B in Kühlräumen oder Produktionsstätten zur Herstellung und Verarbeitung von Lebensmitteln. Gleiches gilt, wenn aus produktionstechnischen Gründen erhöhte Raumtemperaturen erforderlich sind.

In beheizten oder gekühlten Gebäuden oder Gebäudeteilen gelten auch Anforderungen an die technische Gebäudeausrüstung.

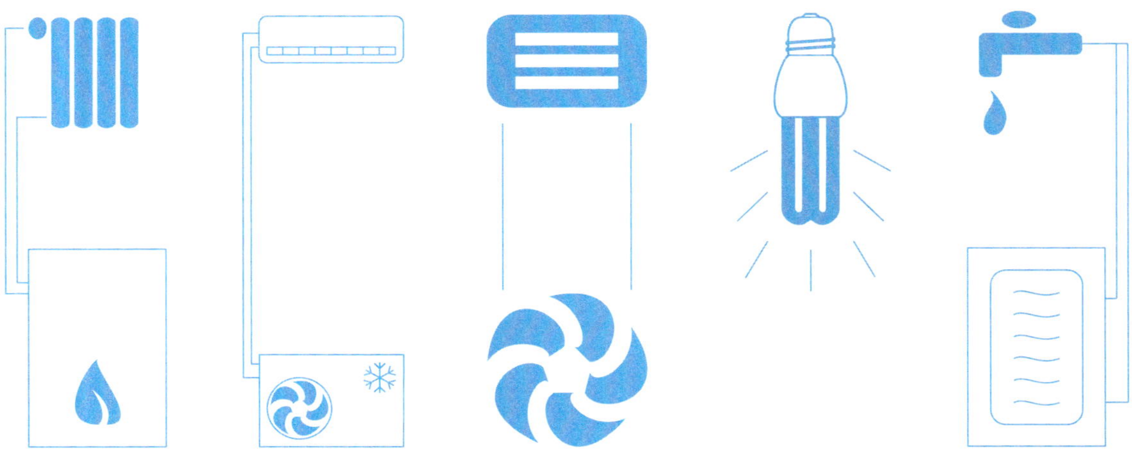

Zu § 2 (1)
Heizungs-, Kühl-, Raumluft- und Beleuchtungstechnik sowie Warmwasseranlage

(2) Mit Ausnahme der §§ 74 bis 78 ist dieses Gesetz nicht anzuwenden auf

1. Betriebsgebäude, die überwiegend zur Aufzucht oder zur Haltung von Tieren genutzt werden,
2. Betriebsgebäude, soweit sie nach ihrem Verwendungszweck großflächig und lang anhaltend offen gehalten werden müssen,
3. unterirdische Bauten,
4. Unterglasanlagen und Kulturräume für Aufzucht, Vermehrung und Verkauf von Pflanzen,
5. Traglufthallen und Zelte,
6. Gebäude, die dazu bestimmt sind, wiederholt aufgestellt und zerlegt zu werden, und provisorische Gebäude mit einer geplanten Nutzungsdauer von bis zu zwei Jahren,
7. Gebäude, die dem Gottesdienst oder anderen religiösen Zwecken gewidmet sind,
8. Wohngebäude, die
   a) für eine Nutzungsdauer von weniger als vier Monaten jährlich bestimmt sind oder
   b) für eine begrenzte jährliche Nutzungsdauer bestimmt sind und deren zu erwartender Energieverbrauch für die begrenzte jährliche Nutzungsdauer weniger als 25 Prozent des zu erwartenden Energieverbrauchs bei ganzjähriger Nutzung beträgt, und
9. sonstige handwerkliche, landwirtschaftliche, gewerbliche, industrielle oder für öffentliche Zwecke genutzte Betriebsgebäude, die nach ihrer Zweckbestimmung
   a) auf eine Raum-Solltemperatur von weniger als 12 Grad Celsius beheizt werden oder
   b) jährlich weniger als vier Monate beheizt sowie jährlich weniger als zwei Monate gekühlt werden.

Zu § 2 (2)

Achtung, Ausnahme für Betriebsgebäude und andere Gebäudearten

Zu weiteren Ausnahmen im Einzelfall siehe auch § 10

Zu § 2 (2)

Für beheizte oder gekühlte Gebäude nach Nummer 1 bis 9 gelten nur Anforderungen an die energetische Inspektion von Klimaanlagen (§§ 74 bis 78). Die Anforderungen an die Inbetriebnahme von Heizkesseln aus der EnEV 2013 sind entfallen. Diese werden mittlerweile durch die Richtlinie 2009/125/EG des Europäischen Parlaments und des Rates vom 21. Oktober 2009 zur Schaffung eines Rahmens für die Festlegung von Anforderungen an die umweltgerechte Gestaltung energieverbrauchsrelevanter Produkte (Ökodesign-Richtlinie) der Europäischen Union geregelt, ähnlich wie z. B. auch bei Haushaltsgeräten. Danach dürfen neue Heizkessel für fossile Brennstoffe seit dem 25. September 2015 nur noch Brennwertkessel sein.

Neben einigen Sonderbauten nach Nummer 1 bis 7 betrifft dies insbesondere auch temporär genutzte Wohngebäude nach Nummer 8 und eingeschränkt beheizte und gekühlte Nichtwohngebäude nach Nummer 9. Während bei Wohngebäuden für die Ausnahme in jedem Fall eine begrenzte Nutzungsdauer Voraussetzung ist, gelten die Ausnahmen bei Nichtwohngebäuden auch bei ganzjähriger Nutzung.

Zu § 2 (2) Nummer 8 a,
Temporär genutzte Wohngebäude mit begrenzter Nutzungsdauer von weniger als 4 Monaten im Jahr

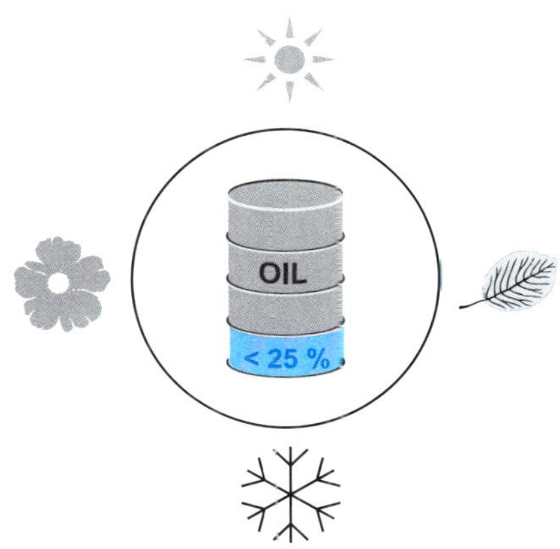

Zu § 2 (2) Nummer 8 b)
Temporär genutzte Wohngebäude mit begrenztem Energieverbrauch von weniger als 25 % des Verbrauchs bei ganzjähriger Nutzung

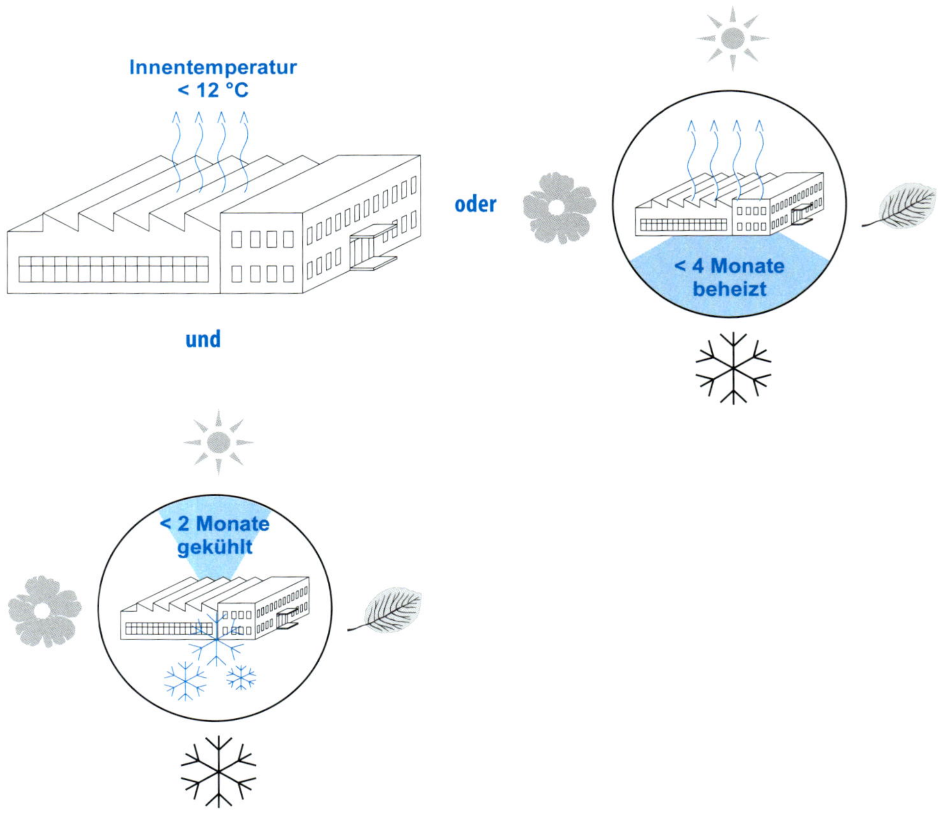

Zu § 2 (2) Nummer 9
Nichtwohngebäude, die auf eine Innentemperatur von weniger als 12 °C oder über eine Dauer von weniger als 4 Monaten im Jahr beheizt werden und weniger als 2 Monate im Jahr gekühlt werden

Beispiel zu § 2 (2) Nummer 9

Damit ein Nichtwohngebäude vom GEG ausgenommen ist, müssen sowohl die Anforderungen an die eingeschränkte Heizung als auch die Anforderungen an die eingeschränkte Kühlung zutreffen. Wird ein Nichtwohngebäude z. B. weniger als 2 Monate im Jahr gekühlt, aber ganzjährig auf eine Innentemperatur von 20 °C beheizt, gelten für dieses Gebäude alle Anforderungen des GEG. § 30 beschränkt jedoch die Bilanzierung des Primärenergiebedarfs für einzelne Prozesse. Nach § 30 (3) wäre der Primärenergiebedarf für die Kühlung dieses Gebäudes nicht zu bilanzieren, sehr wohl aber der für die Heizungs-, Raumluft- und Beleuchtungstechnik sowie die Warmwasseranlage.

Umgekehrt gilt dies auch für ein Nichtwohngebäude, das mehr als 2 Monate gekühlt, jedoch weniger als 4 Monate oder auf eine Innentemperatur unter 12 °C beheizt wird. Hier wäre nach § 30 (2) der Primärenergiebedarf der Heizung nicht zu bilanzieren, sehr wohl aber der für die Kühl-, Raumluft- und Beleuchtungstechnik sowie die Warmwasseranlage.

(3) Auf Bestandteile von Anlagen der Heizungs-, Kühl- und Raumlufttechnik sowie der Warmwasserversorgung, die sich nicht im räumlichen Zusammenhang mit Gebäuden nach Absatz 1 Satz 1 Nummer 1 befinden, ist dieses Gesetz nicht anzuwenden.

§ 3
Begriffsbestimmungen

(1) Im Sinne dieses Gesetzes ist

1. „Abwärme" die Wärme oder Kälte, die aus technischen Prozessen und aus baulichen Anlagen stammenden Abluft- und Abwasserströmen entnommen wird,

Zu § 3 (1) Nummer 1

Abwärme ist nicht nur Wärme aus technischen Prozessen wie z. B. Produktionsabwärme, sondern auch Wärme aus Gebäuden wie z. B bei der Abluft- oder Abwasserwärmerückgewinnung mittels Wärmetauschern oder Wärmepumpen.

2. „Aperturfläche" die Lichteintrittsfläche einer solarthermischen Anlage,

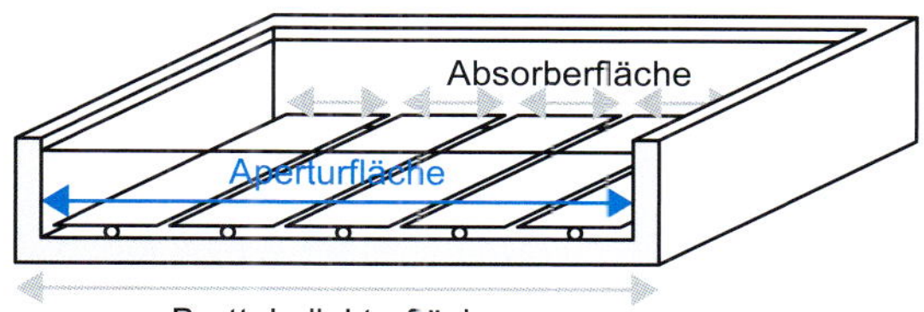

Zu § 3 (1) Nummer 2
Die Aperturfläche ist das lichte Öffnungsmaß des Kollektorrahmens.

3. „Baudenkmal" ein nach Landesrecht geschütztes Gebäude oder eine nach Landesrecht geschützte Gebäudemehrheit,

Zu § 3 (1) Nummer 3

Von Energieausweisen zwecks Vermietung, Verkauf und Aushang nach § 80 (3) bis (7) sind Baudenkmäler grundsätzlich ausgenommen. Nach § 105 darf bei Baudenkmälern sowie bei besonders geschützter oder erhaltenswerter Bausubstanz zudem immer dann von der Anforderungen des GEG abgewichen werden, wenn diese die Substanz oder das Erscheinungsbild beeinträchtigen oder zu unverhältnismäßig hohem Aufwand führen.

4. „beheizter Raum" ein Raum, der nach seiner Zweckbestimmung direkt oder durch Raumverbund beheizt wird,

Zu § 3 (1) Nummer 4 und 11
Beheizte/gekühlte Räume können auch nur über Raumverbund beheizt/gekühlt werden.

Zu § 3 (1) Nummer 4 und 11

Im Raumverbund beheizte Räume verfügen über kein eigenes Heizsystem, werden jedoch über benachbarte Räume mit beheizt. Gleiches gilt analog für im Raumverbund gekühlte Räume. Ein Raumverbund kann sowohl durch Raumluftverbund bei hohem Luftaustausch als auch durch thermischen Raumverbund bei Räumen innerhalb derselben Wärmedämmebene entstehen.

4a. „blauer Wasserstoff" Wasserstoff, der durch Reformation oder Pyrolyse aus Erdgas hergestellt wird und der den nach Maßgabe der Delegierten Verordnung (EU) 2021/2139 der Kommission vom

Zu § 3 (1) Nummer 4a

Die Definition für blauen Wasserstoff knüpft unmittelbar an die Definition aus der Taxonomie-Verordnung an. Blauer Wasserstoff ist grauer Wasserstoff (d. h. mittels Dampfreformierung meist aus fossilem Erdgas hergestellt), bei dessen

4. Juni 2021 zur Ergänzung der Verordnung (EU) 2020/852 des Europäischen Parlaments und des Rates durch Festlegung der technischen Bewertungskriterien, anhand deren bestimmt wird, unter welchen Bedingungen davon auszugehen ist, dass eine Wirtschaftstätigkeit einen wesentlichen Beitrag zum Klimaschutz oder zur Anpassung an den Klimawandel leistet, und anhand deren bestimmt wird, ob diese Wirtschaftstätigkeit erhebliche Beeinträchtigungen eines der übrigen Umweltziele vermeidet (ABl. L 442 vom 9.12.2021, S. 1), die zuletzt durch die Delegierte Verordnung (EU) 2022/1214 (ABl. L 188 vom 15.7.2022, S. 1) geändert worden ist, geltenden technischen Bewertungskriterien zum Nachweis des wesentlichen Beitrags zum Klimaschutz genügt; in Bezug auf die Verringerung von Treibhausgasemissionen (THG-Emissionen) muss danach der Mindestschwellenwert für die Einsparung der Lebenszyklus-THG-Emissionen von 73,4 Prozent gegenüber einem Vergleichswert für fossile Brennstoffe erreicht werden; gemäß der Delegierten Verordnung (EU) 2021/2139 zur Ergänzung der Verordnung (EU) 2020/852 (Taxonomieverordnung) ist diese Verringerung gegenüber einem Vergleichswert von 94 Gramm Kohlendioxidäquivalent pro Megajoule nachzuweisen, indem das entstehende Kohlendioxid abgeschieden und gespeichert oder in Produkten dauerhaft gebunden wird; für die Erfüllung der Nachweispflicht für die dauerhafte Speicherung oder Bindung des Kohlendioxids gelten die Vorgaben gemäß der Durchführungsverordnung (EU) 2018/2066 der Kommission vom 19. Dezember 2018 über die Überwachung von und die Berichterstattung über Treibhausgasemissionen gemäß der Richtlinie 2003/87/EG des Europäischen Parlaments und des Rates und zur Änderung der Verordnung (EU) Nr. 601/2012 der Kommission (ABl. L 334 vom 31.12.2018, S. 1), die zuletzt durch die Delegierte Verordnung (EU) 2021/2139 (ABl. L 442 vom 9.12.2021, S. 1) geändert worden ist, oder entsprechende EU-Vorgaben; die Einsparungen bei den Lebenszyklus-Treibhausgasemissionen werden nach der in Artikel 28 Absatz 5 der Richtlinie (EU) 2018/2001 des Europäischen Parlaments und des Rates vom 11. Dezember 2018 zur Förderung der Nutzung von Energie aus erneuerbaren Quellen (ABl. L 328 vom 21.12.2018, S. 82; L 139 vom 18.5.2022, S. 1) genannten Methode oder alternativ gemäß DIN EN ISO 14067:2018 (119)* oder DIN EN ISO 14064-1:2018 (120)* berechnet; soweit die Europäische Union in einem anderen verbindlichen Rechtsakt für die Herstellung von blauem Wasserstoff für die im Rahmen dieses Gesetzes einschlägigen Einsatzfelder andere Nachhaltigkeitsanforderungen vorgibt, sind diese anzuwenden,

* Zu beziehen bei der DIN Media GmbH, 10787 Berlin, und in der Deutschen Nationalbibliothek archivmäßig gesichert niedergelegt.

Entstehung das CO_2 jedoch teilweise abgeschieden und im Erdboden gespeichert wird (Carbon Capture and Storage [CCS]).

Grüner Wasserstoff hingegen wird durch die Elektrolyse von Wasser hergestellt. Dafür wird Strom aus erneuerbaren Energiequellen verwendet. Grüner Wasserstoff ist deshalb CO_2-frei (siehe § 3 (1) Nummer 13b).

5. „Brennwertkessel" ein Heizkessel, der die energetische Nutzung des in den Abgasen enthaltenen Wasserdampfes durch Kondensation des Wasserdampfes im Betrieb vorsieht,

Zu § 3 (1) Nummer 5

Nach der Ökodesign-Richtlinie dürfen als Heizkessel für fossile Brennstoffe seit dem 25. September 2015 – abgesehen von wenigen Ausnahmen – nur noch Brennwertkessel in Verkehr gebracht und in Betrieb genommen werden.

6. „einseitig angebautes Wohngebäude" ein Wohngebäude, von dessen nach einer Himmelsrichtung weisenden vertikalen Flächen ein Anteil von 80 Prozent oder mehr an ein anderes Wohngebäude oder ein Nichtwohngebäude mit einer Raum-Solltemperatur von mindestens 19 Grad Celsius angrenzt,

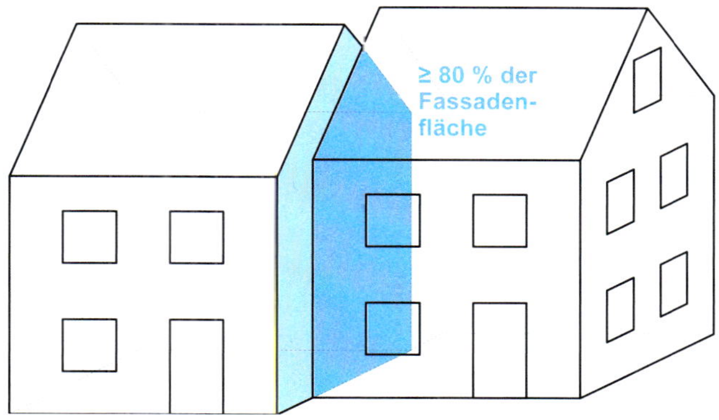

Zu § 3 (1) Nummer 6
Die Fassadenfläche einer Himmelsrichtung muss zu mindestens 80 % angebaut sein.

Zu § 3 (1) Nummer 6

Die Raumsolltemperatur des angebauten Gebäudes muss mindestens 19 °C betragen. Ist an ein Wohngebäude beispielsweise eine niedrig beheizte Lagerhalle angebaut, handelt es sich nicht um ein angebautes Gebäude.

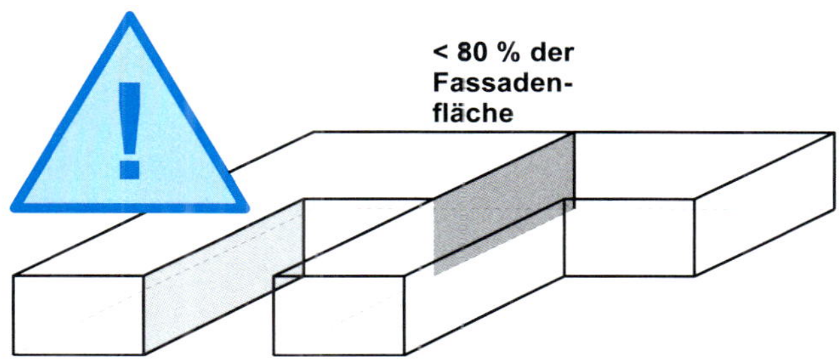

Zu § 3 (1) Nummer 6
Vorsicht bei Gebäuden mit mehr als 4 Ecken: Für den Anteil der angebauten Fläche ist immer die Fassadenfläche einer Himmelsrichtung zu betrachten.

7. „Elektroenergiebedarf für Nutzeranwendungen" die weiteren Elektroenergieverbräuche nach DIN V 18599-9: 2018-09*,

Zu § 3 (1) Nummer 7

Der Elektroenergiebedarf für Nutzeranwendungen bzw. die weiteren Energieverbräuche nach DIN V 18599-9 „Energetische Bewertung von Gebäuden – Berechnung des Nutz-, End- und Primärenergiebedarfs für Heizung, Kühlung, Lüftung, Trinkwarmwasser und Beleuchtung – Teil 9: End- und Primärenergiebedarf von stromproduzierenden Anlagen" (2018) ergeben sich aus dem Anwendungsstrombedarf nach DIN V 18599-10 „Energetische Bewertung von Gebäuden – Berechnung des Nutz-, End- und Primärenergiebedarfs für Heizung, Kühlung, Lüftung, Trinkwarmwasser und Beleuchtung – Teil 10: Nutzungsrandbedingungen, Klimadaten" (2018). Dieser umfasst den Strombedarf einer Nutzung, der nicht durch Hilfs- und Endenergiebedarf für Heizung, Warmwasser, Kühlung, Lüftung oder Raumlufttechnik und bei Nichtwohngebäuden zusätzlich der Beleuchtung entsteht. Dies ist z. B. der Haushaltsstrombedarf inklusive Beleuchtung bei Wohngebäuden oder der Strombedarf für Produktionsanlagen, Bürogeräte oder Aufzugsanlagen.

* Zu beziehen bei der DIN Media GmbH, 10787 Berlin, und in der Deutschen Nationalbibliothek archivmäßig gesichert niedergelegt.

8. „Energiebedarfsausweis" ein Energieausweis, der auf der Grundlage des berechneten Energiebedarfs ausgestellt wird,

8a. „Energieleistungsvertrag" eine vertragliche Vereinbarung zwischen dem Begünstigten und dem Erbringer einer Maßnahme zur Energieeffizienzverbesserung, die während der gesamten Vertragslaufzeit einer Überprüfung und Überwachung unterliegt und in deren Rahmen Investitionen für Arbeiten, Lieferungen oder Dienstleistungen in die betreffende Maßnahme zur Energieeffizienzverbesserung in Bezug auf einen vertraglich vereinbarten Umfang an Energieeffizienzverbesserungen oder ein anderes vereinbartes Energieleistungskriterium, wie finanzielle Einsparungen, getätigt werden,

9. „Energieverbrauchsausweis" ein Energieausweis, der auf der Grundlage des erfassten Energieverbrauchs ausgestellt wird,

9a. „Gebäudenetz" ein Netz zur ausschließlichen Versorgung mit Wärme und Kälte von mindestens zwei und bis zu 16 Gebäuden und bis zu 100 Wohneinheiten,

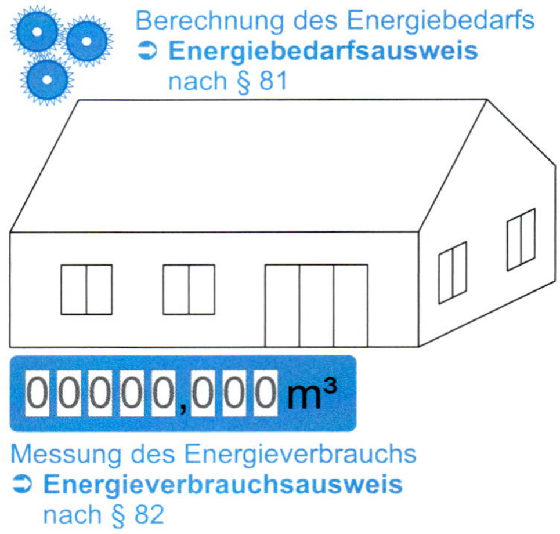

Zu § 3 (1) Nummern 8 und 9
Ein Energieausweis kann auf Grundlage des berechneten Energiebedarfs oder des gemessenen Energieverbrauchs ausgestellt werden.

Zu § 3 (1) Nummer 9a

Der Begriff „Gebäudenetz" dient der Abgrenzung zu „Wärmenetzen", in § 3 (1) Nummer 19 als „Nah-/Fernwärme" definiert.

„Der Begriff des Gebäudenetzes wird unter anderem in § 71 Absatz 1 – neu – verwendet und dient zur Abgrenzung der Heizungsanlagen, die der Regelung des § 71 Absatz 1 (65-Prozent-EE-Vorgabe) unterfallen, von solchen Wärmeerzeugern, die in ein Wärmenetz im Sinne von § 71b einspeisen und damit nur dieser Vorschrift unterfallen. Die Definition des Gebäudenetzes soll dabei nur der Abgrenzung zum Wärmenetz im Rahmen der 65-Prozent-EE-Vorgabe sowie für § 60a dienen und keine Auswirkungen auf sonstige Regelungsbereiche des Gesetzes haben; insbesondere gehen hiervon keine Änderungen für die Bilanzierungsverfahren für Wärmenetze aus.

Die Grenze mit bis zu 100 Wohneinheiten gilt nicht für ein einzelnes Gebäude, da ein Netz die Verbindung von mindestens zwei Gebäuden voraussetzt. Zudem ist die Grenze von 100 Wohneinheiten nicht auf Gewerberäume übertragbar. Für reine bzw. überwiegend Gewerbeimmobilien gilt daher nur die Grenze von bis zu 16 Gebäuden." (Bundesdrucksache 20/6875, S. 94)

10. „Gebäudenutzfläche" die Nutzfläche eines Wohngebäudes nach DIN V 18599: 2018-09, die beheizt oder gekühlt wird,

Zu § 3 (1) Nummer 10

Die Gebäudenutzfläche ist die Bezugsfläche für Energiekennzahlen von Wohngebäuden. So bezieht sich auch der im Energieausweis angegebene Energiebedarf eines Wohngebäudes nicht auf dessen Wohnfläche, sondern auf die Gebäudenutzfläche. Sie wird nach DIN V 18599-1 „Energetische Bewertung von Gebäuden – Berechnung des Nutz-, End- und Primärenergiebedarfs für Heizung, Kühlung, Lüftung, Trinkwarmwasser und Beleuchtung – Teil 1: Allgemeine Bilanzierungsverfahren, Begriffe, Zonierung und Bewertung der Energieträger" (2018) aus dem beheizten Bruttovolumen von Wohngebäuden ermittelt und kann daher im Gebäude nicht nachgemessen werden. Dabei wurden die bisherigen Regeln zur Berechnung der Gebäudenutzfläche aus der EnEV 2013 in die DIN V 18599-1 übernommen.

Für Wohngebäude mit einer Geschosshöhe von $h_G \geq 2{,}5$ m sowie $h_G \leq 3{,}0$ m gilt:

$A_N = 0{,}32\ \mathrm{m}^{-1} \cdot V_e$

mit A_N Gebäudenutzfläche in m^2

V_e beheiztes Gebäudevolumen in m^3

Für Wohngebäude mit einer Geschosshöhe von $h_G < 2{,}5$ m sowie $h_G > 3{,}0$ m gilt:

$A_N = (1/h_G - 0{,}04\ m{-}1) \cdot V_e$

mit A_N Gebäudenutzfläche in m^2

h_G Geschosshöhe in m

V_e beheiztes Gebäudevolumen in m^3

In der Regel ist die Gebäudenutzfläche etwa 15 bis 25 % größer als die Wohnfläche der Gebäude. Die Gebäudenutzfläche dient bei Berechnung des Jahres-Primärenergiebedarfs für Wohngebäude nach DIN V 4108-6 „Wärmeschutz im Hochbau – Teil 6: Berechnung des Jahresheizwärme- und des Jahresheizenergiebedarfs" (2003) in Verbindung mit DIN V 4701-10 „Energetische Bewertung heiz- und raumlufttechnischer Anlagen – Teil 10: Heizung, Trinkwassererwärmung, Lüftung" (2003) zudem als Bezugsfläche für die Nutzungsrandbedingungen.

Ist die Gebäudenutzfläche zur Ausstellung von Energieverbrauchsausweisen nicht bekannt, kann sie nach § 82 (2) vereinfachend anhand der Wohnfläche ermittelt werden. Dies erspart bei Bestandsgebäuden die Berechnung des beheizten Volumens zur Ausstellung eines Energieverbrauchsausweises. Bei Energieausweisen auf Grundlage des Energieverbrauchs für Wohngebäude kann die Gebäudenutzfläche vereinfachend anhand der Wohnfläche ermittelt werden (siehe dazu § 82 (2)). Dies erspart eine Berechnung des beheizten Bruttovolumens der Gebäudenutzfläche.

10a. „gebäudetechnisches System" die technische Ausrüstung eines Gebäudes oder Gebäudeteils für Raumheizung, Raumkühlung, Lüftung, Warmwasserbereitung für den häuslichen Gebrauch, eingebaute Beleuchtung, Gebäudeautomatisierung und -steuerung, Elektrizitätserzeugung am Gebäudestandort oder für eine Kombination derselben, einschließlich Systemen, die Energie aus erneuerbaren Quellen nutzen,

Zu § 3 (1) Nummer 10a

Steckerfertige Geräte, die nicht fest mit dem Gebäude verbunden sind, fallen nicht unter den Begriff „gebäudetechnisches System".

11. „gekühlter Raum" ein Raum, der nach seiner Zweckbestimmung direkt oder durch Raumverbund gekühlt wird,

Zu § 3 (1) Nummer 11

Siehe unter Nummer 4

12. „Gesamtenergiebedarf" der nach Maßgabe dieses Gesetzes bestimmte Jahres-Primärenergiebedarf
    a) eines Wohngebäudes für Heizung, Warmwasserbereitung, Lüftung sowie Kühlung oder
    b) eines Nichtwohngebäudes für Heizung, Warmwasserbereitung, Lüftung, Kühlung sowie eingebaute Beleuchtung,

13. „Geothermie" die dem Erdboden entnommene Wärme,

13a. „größere Renovierung" die Renovierung eines Gebäudes, bei der mehr als 25 Prozent der wärmeübertragenden Umfassungsfläche einer Renovierung unterzogen werden,

Zu § 3 (1) Nummer 13a

Der Begriff „größere Renovierung" ist relevant für die Vorbildfunktion der öffentlichen Hand (siehe § 4).

„Bisher war im Gebäudeenergiegesetz der abweichende Begriff der ‚grundlegenden Renovierung' in § 52 Absatz 2 für die Vorbildfunktion der öffentlichen Hand geregelt. Da § 52 im Rahmen der aktuellen Novelle gestrichen wird, ist es erforderlich, die Definition nach § 3 Absatz 1 zu überführen. Dabei wurde die […] redaktionelle Änderung vorgenommen." (Bundesdrucksache 20/6875, S. 94)

13b. „grüner Wasserstoff" Wasserstoff, der die Anforderungen nach Artikel 27 Absatz 3 Unterabsatz 7 sowie Artikel 28 Absatz 5 in Verbindung mit Artikel 25 Absatz 2 der Richtlinie (EU) 2018/2001 des Europäischen Parlaments und des Rates vom 11. Dezember 2018 zur Förderung der Nutzung von Energie aus erneuerbaren Quellen (ABl. L 328 vom 21.12.2018, S. 82) in der jeweils geltenden Fassung erfüllt, wobei der Wasserstoff zur Speicherung oder zum Transport auch in anderen Energieträgern chemisch oder physikalisch gespeichert werden kann,

Zu § 3 (1) Nummer 13b

Grüner Wasserstoff wird durch die Elektrolyse von Wasser hergestellt. Dafür wird Strom aus erneuerbaren Energiequellen verwendet. Grüner Wasserstoff ist deshalb CO_2-frei. Blauer Wasserstoff (siehe § 3 (1) Nummer 4a) hingegen ist grauer Wasserstoff (d. h. mittels Dampfreformierung meist aus fossilem Erdgas hergestellt), bei dessen Entstehung das CO_2 jedoch teilweise abgeschieden und im Erdboden gespeichert wird (Carbon Capture and Storage [CCS]).

Die Definition knüpft unmittelbar an die bereits in § 3 Nummer 27a EEG 2023 bestehende Definition für „grüne[n] Wasserstoff" an. Die aus grünem Wasserstoff oder den daraus hergestellten Derivaten erzeugte Wärme sind erneuerbare Energien im Sinne des § 3 (2) Nummer 6.

14. „Heizkessel" ein aus Kessel und Brenner bestehender Wärmeerzeuger, der dazu dient, die durch die Verbrennung freigesetzte Wärme an einen Wärmeträger zu übertragen,

14a. „Heizungsanlage" eine Anlage zur Erzeugung von Raumwärme, Warmwasser oder einer Kombination davon einschließlich Hausübergabestationen zum Anschluss an ein Wärmenetz und Wärmeüberträger von unvermeidbarer Abwärme, mit Ausnahme von handbeschickten Einzelraumfeuerungsanlagen im Sinne des § 2 Nummer 3, offenen Kaminen nach § 2 Nummer 12 und Badeöfen nach § 1 Absatz 2 Satz 1 Nummer 2 Buchstabe d der Verordnung über kleine und mittlere Feuerungsanlagen vom 26. Januar 2010 (BGBl. I S. 38) in der jeweils geltenden Fassung,

Zu § 3 (1) Nummer 14a

Handbeschickte Einzelraumfeuerungsanlagen fallen nicht unter den Anwendungsbereich von § 71 (1); hier gibt es keine Anforderungen an den Betrieb mit mindestens 65 % erneuerbaren Energien oder unvermeidbarer Abwärme. Eine klare Abgrenzung zu den Heizungsanlagen ist daher erforderlich.

Heizungsanlagen können Wärme sowohl aus Brennstoffen (gasförmig, flüssig oder fest), Umweltwärme, Solarenergie oder aus elektrischer Energie erzeugen sowie Hausübergabestationen zum Anschluss an ein Wärmenetz und Wärmeüberträger von unvermeidbarer Abwärme sein. Keine Heizungsanlagen sind handbeschickte Einzelraumfeuerungsanlagen sowie offene Kamine und Badeöfen. Hingegen fallen automatisch beschickte Einzelraumfeuerungsanlagen wie beispielsweise Gasraumheizer oder Pelletöfen unter die Definition der Heizungsanlage.

Nach § 2 Nummer 3 der Ersten Verordnung zur Durchführung des Bundes-Immissionsschutzgesetzes (Verordnung über kleine und mittlere Feuerungsanlagen – 1. BImSchV) ist eine Einzelraumfeuerungsanlage eine Feuerungsanlage, die vorrangig zur Beheizung des Aufstellraumes verwendet wird, sowie Herde mit oder ohne indirekt beheizte Backvorrichtung. Feuerungsanlagen mit Wasserwärmetauscher („Wassertasche") sind nur dann Einzelraumfeuerungsanlagen, wenn über den Wasserwärmetauscher weniger als die Hälfte der Wärme abgeführt wird. Somit sind handbeschickte Feuerungsanlagen, die zwar in einem Raum stehen, die Wärme aber über Wärmetauscher („Wassertasche") oder über Verbund („Kachelöfen") nicht vorrangig an den Aufstellraum, sondern auch an andere Räume abgeben, Heizungsanlagen und somit auch von der Regelung nach § 71 (1) GEG (65 % erneuerbare Energien) erfasst.

15. „Jahres-Primärenergiebedarf" der jährliche Gesamtenergiebedarf eines Gebäudes, der zusätzlich zum Energiegehalt der eingesetzten Energieträger und von elektrischem Strom auch die vorgelagerten Prozessketten bei der Gewinnung, Umwandlung, Speicherung und Verteilung mittels Primärenergiefaktoren einbezieht,

16. (weggefallen)

17. „kleines Gebäude" ein Gebäude mit nicht mehr als 50 Quadratmetern Nutzfläche,

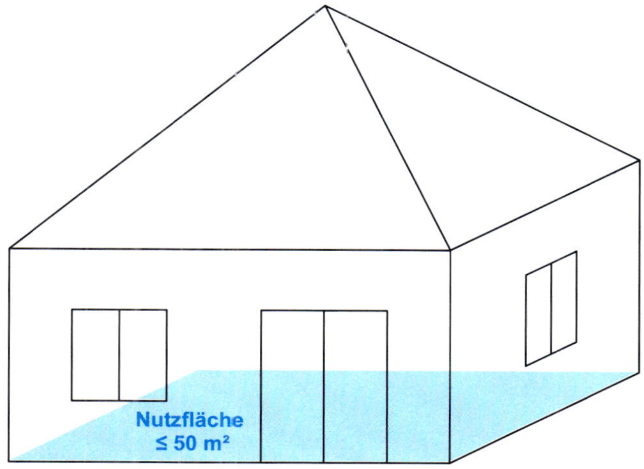

Zu § 3 (1) Nummer 17
Kleines Gebäude nach GEG: Nutzfläche nicht über 50 m²

Zu § 3 (1) Nummer 17

Für kleine Gebäude genügt nach § 104 die Einhaltung von Wärmedurchgangskoeffizienten. Von der Ausstellung von Energieausweisen und von Pflichtangaben in Immobilienanzeigen nach Teil 5 sind kleine Gebäude ausgenommen. Zu beachten ist, dass die Nutzflächen für Wohn- und für Nichtwohngebäude nach Nummer 26 unterschiedlich definiert werden.

18. „Klimaanlage" die Gesamtheit aller zu einer gebäudetechnischen Anlage gehörenden Anlagenbestandteile, die für eine Raumluftbehandlung erforderlich sind, durch die die Temperatur geregelt wird,

Zu § 3 (1) Nummer 18

Klimaanlagen sind Anlagen, die direkt die Raumluft über Umluft oder Außenluft heizen und/oder kühlen (siehe auch § 65). Flächenkühlung in Form von Bauteilaktivierung oder Kühldecken fällt demnach nicht unter den Begriff der Klimaanlage.

19. „Nah-/Fernwärme" die Wärme, die mittels eines Wärmeträgers durch ein Wärmenetz verteilt wird,

Zu § 3 (1) Nummer 19

Im Wärmeplanungsgesetz wurde der Begriff „Fernwärme" spezifiziert durch den Begriff „Wärmenetz": eine Einrichtung zur leitungsgebundenen Versorgung mit Wärme, die eine horizontale Ausdehnung über die Grundstücksgrenze des Standorts der Anlage oder Anlagen, die die Wärme einspeisen, hinaus hat und kein „Gebäudenetz" im Sinne des § 3 (1) Nummer 9a ist.

Auf Fernwärme wird in § 22 (2) zur Festlegung der Primärenergiefaktoren Bezug genommen. „Nahwärme" ist nicht weiter spezifiziert. Die Anwendung des GEG – und des assoziierter Wärmeplanungsgesetzes – findet daher an der Abgrenzungslinie der Begriffe „Gebäudenetz" und „Wärmenetz" statt.

20. „Nah-/Fernkälte" die Kälte, die mittels eines Kälteträgers durch ein Kältenetz verteilt wird,
21. „Nennleistung" die vom Hersteller festgelegte und im Dauerbetrieb unter Beachtung des vom Hersteller angegebenen Wirkungsgrades als einhaltbar garantierte größte Wärme- oder Kälteleistung in Kilowatt,
22. „Nettogrundfläche" die Nutzfläche eines Nichtwohngebäudes nach DIN V 18599: 2018-09, die beheizt oder gekühlt wird,

Zu § 3 (1) Nummer 22

Die Nettogrundfläche ist die Bezugsfläche für Energiekennzahlen von Nichtwohngebäuden. Nach DIN V 18599-1 folgt die Bestimmung der Nettogrundfläche formal den Festlegungen der DIN 277-1 „Grundflächen und Rauminhalte im Bauwesen – Teil 1: Hochbau" (2016). Im GEG ist jedoch immer nur die beheizte und/oder gekühlte Nettogrundfläche gemeint. In den Berechnungen nach DIN V 18599 werden hingegen in bestimmten Fällen auch unkonditionierte Nettogrundflächen herangezogen. In DIN V 18599 ist die Nettogrundfläche zudem die Bezugsfläche für die Nutzungsrandbedingungen, auch bei der Berechnung von Wohngebäuden nach DIN V 18599.

23. „Nichtwohngebäude" ein Gebäude, das nicht unter Nummer 33 fällt,

Zu § 3 (1) Nummer 23
Ein Nichtwohngebäude ist ein Gebäude, das mindestens zur Hälfte nicht dem Wohnen dient (siehe auch Nummer 33).

24. „Niedertemperatur-Heizkessel" ein Heizkessel, der kontinuierlich mit einer Eintrittstemperatur von 35 Grad Celsius bis 40 Grad Celsius betrieben werden kann und in dem es unter bestimmten Umständen zur Kondensation des in den Abgasen enthaltenen Wasserdampfes kommen kann,

25. „Niedrigstenergiegebäude" ein Gebäude, das eine sehr gute Gesamtenergieeffizienz aufweist und dessen Energiebedarf sehr gering ist und, soweit möglich, zu einem ganz wesentlichen Teil durch Energie aus erneuerbaren Quellen gedeckt werden soll,

26. „Nutzfläche"
    a) bei einem Wohngebäude die Gebäudenutzfläche oder
    b) bei einem Nichtwohngebäude die Nettogrundfläche,

Zu § 3 (1) Nummer 26

Die Nutzfläche wird im GEG zur Festlegung der Gebäudegröße für kleine Gebäude (siehe § 3 (1) Nummer 17) verwendet. Zudem sind das Erfordernis von Nachweisen zum sommerlichen Wärmeschutz beim Ausbau oder der Erweiterung von Gebäuden (siehe § 51 (2)) und die Aushangpflicht von Energieausweisen (siehe § 80 (6) und (7)) an die Nutzfläche geknüpft. Bei Wohngebäuden entspricht die Nutzfläche der Gebäudenutzfläche (siehe auch Nummer 10), bei Nichtwohngebäuden der Nettogrundfläche (siehe auch Nummer 22).

27. „Nutzfläche mit starkem Publikumsverkehr" die öffentlich zugängliche Nutzfläche, die während ihrer Öffnungszeiten von einer großen Zahl von Menschen aufgesucht wird; eine solche Fläche kann sich insbesondere in einer öffentlichen oder einer privaten Einrichtung befinden, die für gewerbliche, freiberufliche, kulturelle, soziale oder behördliche Zwecke genutzt wird,

28. „oberste Geschossdecke" die zugängliche Decke beheizter Räume zum unbeheizten Dachraum,

Zu § 3 (1) Nummer 28

Der Dachraum über der obersten Geschossdecke muss kein Geschoss sein, es müssen also keine Aufenthaltsräume möglich sein. Der Dachraum muss jedoch vom Gebäude oder von außen zugänglich sein.

29. „Stromdirektheizung" ein Gerät zur direkten Erzeugung von Raumwärme durch Ausnutzung des elektrischen Widerstands auch in Verbindung mit **Wärmespeichern,**

Zu § 3 (1) Nummer 29

Die Aufstellung einer Stromdirektheizung muss nicht im Raum erfolgen. Auch elektrische Wärmeerzeuger einer Zentralheizung sind Stromdirektheizungen, sofern die Wärme über einen elektrischen Widerstand erzeugt wird.

Stromdirektheizungen setzen die elektrische Energie eins zu eins in Wärme um. Verluste entstehen dabei nur bei der Übergabe und, sofern vorhanden, bei der Speicherung und Verteilung. Stromdirektheizungen sind unter Bezeichnungen wie Heizlüfter, Nachtspeicherheizung, Heizstab im Pufferspeicher oder Infrarotstrahlungsheizung bekannt. Eine Wärmepumpe hingegen ist keine Stromdirektheizung: Diese erzeugt unter Nutzung von Umweltwärme mehr Wärme, als ihr an elektrischer Energie (Strom) zugeführt wird.

29a. „System für die Gebäudeautomatisierung und -steuerung" ein System, das sämtliche Produkte, Software und Engineering-Leistungen umfasst, mit denen ein energieeffizienter, wirtschaftlicher und sicherer Betrieb gebäudetechnischer Systeme durch automatische Steuerungen sowie durch die Erleichterung des manuellen Managements dieser gebäudetechnischen Systeme unterstützt werden kann,

30. „Umweltwärme" die der Luft, dem Wasser oder der aus technischen Prozessen und baulichen Anlagen stammenden Abwasserströmen entnommene und technisch nutzbar gemachte Wärme oder Kälte mit Ausnahme der aus technischen Prozessen und baulichen Anlagen stammenden Abluftströmen entnommenen Wärme,

30a. „unvermeidbare Abwärme" der Anteil der Wärme, der als Nebenprodukt in einer Industrie- oder Gewerbeanlage oder im tertiären Sektor aufgrund thermodynamischer Gesetzmäßigkeiten anfällt, nicht durch Anwendung des Standes der Technik vermieden werden kann, in einem Produktionsprozess nicht nutzbar ist und ohne den Zugang zu einem Wärmenetz ungenutzt in Luft oder Wasser abgeleitet werden würde,

Zu § 3 (1) Nummer 30

Die Definition der Umweltwärme überschneidet sich mit der Definition der Abwärme nach Nummer 1. Wärme aus der Abluft von Gebäuden ist zwar Abwärme, aber keine Umweltwärme. Wärme aus Abwasser zählt hingegen sowohl zur Abwärme als auch zur Umweltwärme.

Zu § 3 (1) Nummer 30a

„Die neu in § 3 Absatz 1 Nummer 30a geschaffene Definition von unvermeidbarer Abwärme stellt sicher, dass für eine Anrechnung auf die 65-Prozent-EE-Vorgabe nach § 71 nur Abwärme berücksichtigt wird, die tatsächlich unvermeidbar ist, deren Anfall sich also technisch nicht vermeiden lässt und die sonst einfach an die Umgebung abgegeben werden müsste. Keine unvermeidbare Abwärme ist Nutzwärme aus KWK[Kraft-Wärme-Kopplungs]-Prozessen nach § 2 Nummer 26 KWKG, während Wärme aus der Rauchgaskondensation von KWK-Anlagen unvermeidbare Abwärme ist. Unter dem tertiären Sektor werden etwa IT-Rechenzentren verstanden. Abwärme, die direkt in den Aufstellraum der Maschinen oder Geräte abgegeben wird, ist keine unvermeidbare Abwärme. Nicht-prozessbezogene Wärme aus Abluft, Raumluft oder Fortluft kann ausschließlich dann als unvermeidbare Abwärme angerechnet werden, wenn sie über eine Wärmepumpe nutzbar gemacht wird. Darüber hinaus zählt Abwärme aus nicht-prozessbezogener Abluft (z. B. über Abluft- oder RLT[raumlufttechnische]-Anlagen) nicht als unvermeidbare Abwärme. Faktisch ist die Definition außerhalb von bestehenden Wärmenetzen relevant, da bei einem Anschluss an ein bestehendes Wärmenetz auch andere Wärme als aus erneuerbaren Energien und unvermeidbarer Abwärme zugelassen ist. Auch Wärme aus thermischer Abfallbehandlung, die nicht als erneuerbare Energie gilt (biogener Anteil) und die unter Einhaltung der Vorgaben des Gesetzes zur Förderung der Kreislaufwirtschaft und Sicherung der umweltverträglichen Bewirtschaftung von Abfällen (Kreislaufwirtschaftsgesetz) in der jeweils geltenden Fassung aus der energetischen Verwertung von Abfall gewonnen wird, wird als unvermeidbare Abwärme anerkannt." (Bundesdrucksache 20/6875, S. 95)

31. „Wärme- und Kälteenergiebedarf" die Summe aus
    a) der zur Deckung des Wärmebedarfs für Heizung und Warmwasserbereitung jährlich benötigten Wärmemenge, einschließlich des thermischen Aufwands für Übergabe, Verteilung und Speicherung der Energiemenge und
    b) der zur Deckung des Kältebedarfs für Raumkühlung jährlich benötigten Kältemenge, einschließlich des thermischen Aufwands für Übergabe, Verteilung und Speicherung der Energiemenge,

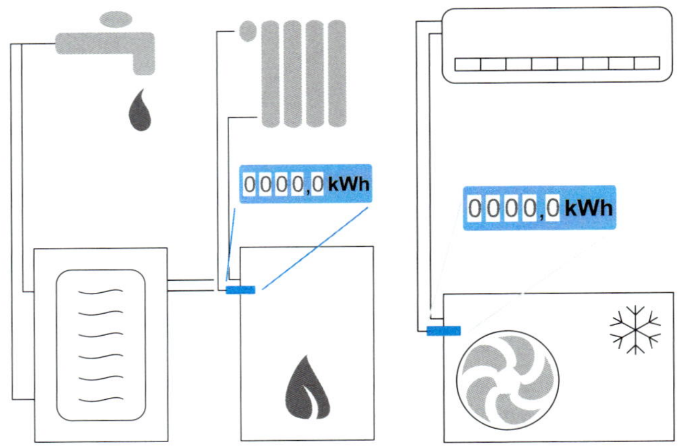

Zu § 3 (1) Nummer 31
Der Wärme- und Kälteenergiebedarf ist die Wärme- und Kälteabgabe aller Wärme- und Kälteerzeuger eines Gebäudes gemessen am Ausgang der Wärme- und Kälteerzeuger. Er entspricht der Erzeugernutzwärme- und -kälteabgabe nach DIN V 18599. Der Wärme- und Kälteenergiebedarf ist die Bezugsgröße für den Deckungsanteil aus den Anforderungen an die erneuerbaren Energien nach § 71 (2).

32. „Wohnfläche" die Fläche, die nach der Wohnflächenverordnung vom 25. November 2003 (BGBl. I S. 2346) oder auf der Grundlage anderer Rechtsvorschriften oder anerkannter Regeln der Technik zur Berechnung von Wohnflächen ermittelt worden ist,

Zu § 3 (1) Nummer 32

Die Wohnfläche wird im GEG nur zur vereinfachten Ermittlung der Gebäudenutzfläche bei Verbrauchsausweisen nach § 82 (2) verwendet.

33. „Wohngebäude" ein Gebäude, das nach seiner Zweckbestimmung überwiegend dem Wohnen dient, einschließlich von Wohn-, Alten- oder Pflegeheimen sowie ähnlicher Einrichtungen,

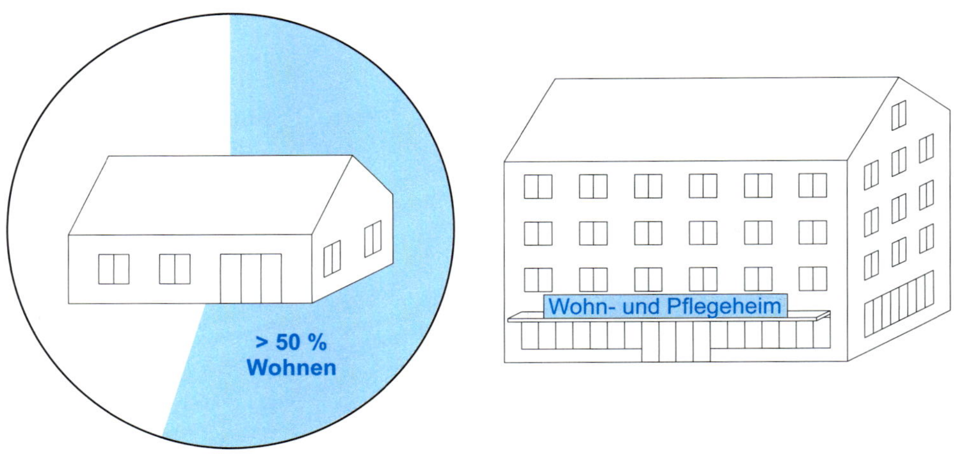

Zu § 3 (1) Nummer 33
Ein Wohngebäude ist ein Gebäude, das überwiegend dem Wohnen dient.

Zu § 3 (1) Nummer 33

Ausschlaggebend für die Einstufung als Wohngebäude ist insbesondere der Wohnzweck, der zu mehr als 50 % überwiegen muss. Neben Wohnungen, Wohn-, Alten- oder Pflegeheimen sind beispielsweise Jugend-, Kinder- und Waisenheime oder andere Unterkunftseinrichtungen denkbar. Büros oder sonstige nicht zu Wohnzwecken genutzte Räume zählen nicht dazu, egal welche technische Ausstattung sie haben.

Welche Bezugsgröße für „überwiegend" heranzuziehen ist, wird im Gesetzestext nicht genannt. Üblicherweise wird die Nutzfläche nach § 3 (1) Nummer 26 verwendet.

In gemischt genutzten Gebäuden sind die Gebäudeteile mit Wohn- und Nichtwohnnutzung nach § 106 unter bestimmten Umständen getrennt zu behandeln. Für den Gebäudeteil mit Wohnnutzung gelten dann die Anforderungen an Wohngebäude, für den Gebäudeteil mit Nichtwohnnutzungen die Anforderungen an Nichtwohngebäude. Bei gemischt genutzten Gebäuden ist zuerst festzustellen, ob es sich um ein Wohngebäude (also ein Gebäude, das überwiegend dem Wohnen dient) oder um ein Nichtwohngebäude nach § 3 (1) Nummern 23 und 33 handelt. Die gebäudetechnische Ausstattung oder wohnähnliche Nutzung spielen dabei keine Rolle. Erst im zweiten Schritt ist zu prüfen, ob das Gebäude nach den in § 106 genannten Kriterien aufgeteilt werden muss.

34. „zweiseitig angebautes Wohngebäude" ein Wohngebäude, von dessen nach zwei unterschiedlichen Himmelsrichtungen weisenden vertikalen Flächen im Mittel ein Anteil von 80 Prozent oder mehr an ein anderes Wohngebäude oder ein Nichtwohngebäude mit einer Raum-Solltemperatur von mindestens 19 Grad Celsius angrenzt.

Zu § 3 (1) Nummer 34

Ein Gebäude ist als zweiseitig angebaut zu betrachten, wenn von der Summe der Fassadenflächen beider Himmelsrichtungen mindestens 80 % angebaut sind. Siehe auch Nummer 6.

(2) Erneuerbare Energien im Sinne dieses Gesetzes ist oder sind

1. Geothermie,
2. Umweltwärme,
3. die technisch durch im unmittelbaren räumlichen Zusammenhang mit dem Gebäude stehenden Anlagen zur Erzeugung von Strom aus solarer Strahlungsenergie oder durch solarthermische Anlagen zur Wärme- oder Kälteerzeugung nutzbar gemachte Energie,
4. die technisch durch gebäudeintegrierte Windkraftanlagen zur Wärme- oder Kälteerzeugung nutzbar gemachte Energie,
5. die aus fester, flüssiger oder gasförmiger Biomasse erzeugte Wärme; die Abgrenzung erfolgt nach dem Aggregatzustand zum Zeitpunkt des Eintritts der Biomasse in den Wärmeerzeuger;
6. **die aus grünem Wasserstoff oder den daraus hergestellten Derivaten erzeugte Wärme oder**
7. **die dem Erdboden oder dem Wasser entnommene und technisch nutzbar gemachte oder aus Wärme nach den Nummern 1 bis 6 technisch nutzbar gemachte Kälte.**

Zu § 3 (2)

Der Strom aus Windkraftanlagen gilt nur dann als erneuerbare Energie, wenn er zur Wärme- oder Kälteerzeugung eingesetzt wird, nicht jedoch zur Deckung des übrigen Strombedarfs des Gebäudes, wie z. B. zur Lüftung, Beleuchtung, oder der Hilfsenergie. Strom aus Wasserkraft ist im Sinne des GEG keine erneuerbare Energie mehr, im Unterschied zur EnEV 2013. Wärme aus grünem Wasserstoff und daraus hergestellten Derivaten („E-Fuels") ist im Unterschied zum GEG 2023 als erneuerbare Energie dazugekommen. Im Gegensatz dazu zählt Wärme aus blauem Wasserstoff und daraus hergestellten Derivaten nicht zu den erneuerbaren Energien.

Siehe auch § 3 (1) Nummern 13, 13b und 30.

(3) Biomasse im Sinne von Absatz 2 Nummer 5 ist oder sind

1. **Biomasse im Sinne der Biomasseverordnung vom 21. Juni 2001 (BGBl. I S. 1234) in der jeweils geltenden Fassung,**
2. Altholz der Kategorien A I und A II nach § 2 Nummer 4 Buchstabe a und b der Altholzverordnung vom 15. August 2002 (BGBl. I S. 3302), die zuletzt durch Artikel 120 der Verordnung vom 19. Juni 2020 (BGBl. I S. 1328) geändert worden ist,

3. biologisch abbaubare Anteile von Abfällen aus Haushalten und Industrie,
4. Deponiegas,
5. Klärgas,
6. Klärschlamm im Sinne der Klärschlammverordnung vom 27. September 2017 (BGBl. I S. 3465), die zuletzt durch Artikel 137 der Verordnung vom 19. Juni 2020 (BGBl. I S. 1328) geändert worden ist, in der jeweils geltenden Fassung oder
7. Pflanzenölmethylester.

§ 4
Vorbildfunktion der öffentlichen Hand

(1) Einem Nichtwohngebäude, das sich im Eigentum der öffentlichen Hand befindet und von einer Behörde genutzt wird, kommt eine Vorbildfunktion zu. § 13 Absatz 2 des Bundes-Klimaschutzgesetzes vom 12. Dezember 2019 (BGBl. I S. 2513) bleibt unberührt.

(2) Wenn die öffentliche Hand ein Nichtwohngebäude im Sinne des Absatzes 1 Satz 1 errichtet oder einer **größeren Renovierung gemäß § 3 Absatz 1 Nummer 13a** unterzieht, muss sie prüfen, ob und in welchem Umfang Erträge durch die Errichtung einer im unmittelbaren räumlichen Zusammenhang mit dem Gebäude stehenden Anlage zur Erzeugung von Strom aus solarer Strahlungsenergie oder durch solarthermische Anlagen zur Wärme- und Kälteerzeugung erzielt und genutzt werden können.

(3) Die öffentliche Hand informiert über die Erfüllung der Vorbildfunktion im Internet oder auf sonstige geeignete Weise; dies kann im Rahmen der Information der Öffentlichkeit nach den Bestimmungen des Bundes und der Länder über den Zugang zu Umweltinformationen geschehen. Der Bund berichtet über die Erfüllung der Vorbildfunktion im Klimaschutzbericht der Bundesregierung.

(4) Die Länder können durch Landesrecht für öffentliche Gebäude, mit Ausnahme der öffentlichen Gebäude des Bundes, eigene Regelungen zur Erfüllung der Vorbildfunktion treffen und zu diesem Zweck über die Vorschriften dieses Gesetzes hinausgehen. Hiervon ausgenommen sind Vorgaben für die Berechnungsgrundlagen und -verfahren nach Teil 2 Abschnitt 3.

Zu § 4

Nach dem Bundes-Klimaschutzgesetz prüft der Bund bei allen Investitionen, wie damit zum Erreichen der Klimaschutzziele beigetragen werden kann. Es soll solchen Investitionen der Vorzug gegeben werden, mit denen die Minderung von Treibhausgasen über die gesamte Nutzungsdauer zu den geringsten Kosten erreicht werden kann. Dabei sind zu erwartende volkswirtschaftliche Kosten für den Klimaschutz zu berücksichtigen.

Eine behördliche Nutzung liegt bei allen Nichtwohngebäuden vor, die für die Wahrnehmung von Aufgaben genutzt werden, die sachlich der öffentlichen Verwaltung zuzurechnen sind und auf öffentlichem Recht fußen. Dies erfasst nicht nur Gebäude, die für Aufgaben der vollziehenden Gewalt, sondern auch Gebäude, die für Aufgaben der Gesetzgebung und der Rechtspflege genutzt werden, sowie öffentliche Einrichtungen, wie z. B. Schulen und Kindertagesstätten in öffentlicher Trägerschaft.

Die Vorbildfunktion betrifft jedoch nur noch Gebäude, die sich im Eigentum der öffentlichen Hand befinden, im Inland liegen und von Behörden genutzt werden. Im EEWärmeG galt die Vorbildfunktion auch für Gebäude, die sich lediglich im Besitz der öffentlichen Hand befanden, sowie für Gebäude im Ausland.

Die Vorbildfunktion der öffentlichen Hand ist in dieser Regelung kaum erkennbar und bezieht sich insbesondere auf die zusätzliche Prüfung zur Nutzung von Solarenergie. Etliche Länder haben hingegen eigene Regelungen getroffen, die sich deutlich ambitionierter an den Klimaschutzzielen ausrichten.

§ 5
Grundsatz der Wirtschaftlichkeit

Die Anforderungen und Pflichten, die in diesem Gesetz oder in den auf Grund dieses Gesetzes erlassenen Rechtsverordnungen aufgestellt werden, müssen nach dem Stand der Technik erfüllbar sowie für Gebäude gleicher Art und Nutzung und für Anlagen oder Einrichtungen wirtschaftlich vertretbar sein. Anforderungen und Pflichten gelten als wirtschaftlich vertretbar, wenn generell die

Zu § 5

Zunächst legt § 5 die grundsätzlichen Wirtschaftlichkeitskriterien für die Anforderungen des GEG an Neubauten und Bestandsgebäude fest. Er gibt jedoch auch Hinweise, wie ein Nachweis der unbilligen Härte nach § 102 zu führen ist. Für die Nachweisführung der Wirtschaftlichkeit wurde in § 102 neu eingefügt: *„Hierbei sind unter Berücksichtigung des Ziels dieses Gesetzes die zur Erreichung dieses Ziels erwartbaren Preisentwicklungen für Energie einschließlich der Preise für Treibhausgase nach dem europäischen und dem nationalen Emissionshandel zu berücksichtigen."*

erforderlichen Aufwendungen innerhalb der üblichen Nutzungsdauer durch die eintretenden Einsparungen erwirtschaftet werden können. Bei bestehenden Gebäuden, Anlagen und Einrichtungen ist die noch zu erwartende Nutzungsdauer zu berücksichtigen.

Der Grundsatz der Wirtschaftlichkeit ist immer im Kontext von § 1 zu sehen, dass der Einsatz erneuerbarer Energien sowie Effizienzmaßnahmen in Gebäuden im überragenden öffentlichen Interesse liegen und der öffentlichen Sicherheit dienen.

§ 6
Verordnungsermächtigung zur Verteilung der Betriebskosten und zu Abrechnungs- und Verbrauchsinformationen

(1) Die Bundesregierung wird ermächtigt, durch Rechtsverordnung mit Zustimmung des Bundesrates vorzuschreiben, dass

1. der Energieverbrauch der Benutzer von heizungs-, kühl- oder raumlufttechnischen oder der Versorgung mit Warmwasser dienenden gemeinschaftlichen Anlagen oder Einrichtungen erfasst wird,
2. die Betriebskosten dieser Anlagen oder Einrichtungen so auf die Benutzer zu verteilen sind, dass dem Energieverbrauch der Benutzer Rechnung getragen wird,
3. die Benutzer in regelmäßigen, im Einzelnen zu bestimmenden Abständen auf klare und verständliche Weise Informationen erhalten über Daten, die für die Einschätzung, den Vergleich und die Steuerung des Energieverbrauchs und der Betriebskosten von heizungs-, kühl- oder raumlufttechnischen oder der Versorgung mit Warmwasser dienenden gemeinschaftlichen Anlagen oder Einrichtungen relevant sind, und über Stellen, bei denen weitergehende Informationen und Dienstleistungen zum Thema Energieeffizienz verfügbar sind,
4. die zum Zwecke der Datenverarbeitung eingesetzte Technik einem Stand der Technik entsprechen muss, der Datenschutz, Datensicherheit und Interoperabilität gewährleistet, und
5. bei einem Wechsel des Abrechnungsdienstleisters oder einer Übernahme der Abrechnung durch den Gebäudeeigentümer die für die Abrechnung notwendigen Daten dem neuen Abrechnungsdienstleister oder dem Gebäudeeigentümer zugänglich gemacht werden müssen.

(2) In der Rechtsverordnung nach Absatz 1 können die Erfassung und Kostenverteilung abweichend von Vereinbarungen der Benutzer und von Vorschriften des Wohnungseigentumsgesetzes geregelt und es kann näher

Zu § 6

§ 6 ermächtigt die Bundesregierung zum Erlass der Verordnung über die verbrauchsabhängige Abrechnung der Heiz- und Warmwasserkosten (Verordnung über Heizkostenabrechnung – HeizkostenV).

bestimmt werden, wie diese Regelungen sich auf die Rechtsverhältnisse zwischen den Beteiligten auswirken.

(3) In der Rechtsverordnung nach Absatz 1 ist vorzusehen, dass auf Antrag des Verpflichteten von den Anforderungen befreit werden kann, soweit diese im Einzelfall wegen besonderer Umstände durch einen unangemessenen Aufwand oder in sonstiger Weise zu einer unbilligen Härte führen.

(4) In der Rechtsverordnung nach Absatz 1 sind die erforderlichen technischen und organisatorischen Maßnahmen nach den Artikeln 24, 25 und 32 der Verordnung (EU) 2016/679 des Europäischen Parlaments und des Rates vom 27. April 2016 zum Schutz natürlicher Personen bei der Verarbeitung personenbezogener Daten, zum freien Datenverkehr und zur Aufhebung der Richtlinie 95/46/EG (Datenschutz-Grundverordnung) (ABl. L 119 vom 4.5.2016, S. 1; L 314 vom 22.11.2016, S. 72; L 127 vom 23.5.2018, S. 2) in der jeweils geltenden Fassung zur Sicherstellung von Datenschutz und Datensicherheit bei der Verarbeitung der für die in Absatz 1 Nummer 1 bis 4 genannten Zwecke erforderlichen personenbezogenen Daten festzulegen.

(5) Die Rechtsverordnung nach Absatz 1 hat vorzusehen, dass der Stand der Technik nach Absatz 1 Nummer 4 jeweils in Technischen Richtlinien und Schutzprofilen des Bundesamts für Sicherheit in der Informationstechnik festgelegt wird.

§ 6a
Verordnungsermächtigung zur Versorgung mit Fernkälte

Das Bundesministerium für Wirtschaft und **Klimaschutz** kann im Einvernehmen mit dem Bundesministerium der Justiz durch Rechtsverordnung mit Zustimmung des Bundesrates die Allgemeinen Bedingungen für die Versorgung mit Fernkälte einschließlich von Rahmenregelungen über die Entgelte ausgewogen gestalten und hierbei unter angemessener Berücksichtigung der beiderseitigen Interessen

1. die Bestimmungen der Verträge einheitlich festsetzen,
2. Regelungen über den Vertragsschluss, den Gegenstand und die Beendigung der Verträge treffen sowie
3. die Rechte und Pflichten der Vertragsparteien festlegen.

Satz 1 gilt entsprechend für Bedingungen öffentlich-rechtlich gestalteter Versorgungsverhältnisse mit Ausnahme der Regelung des Verwaltungsverfahrens.

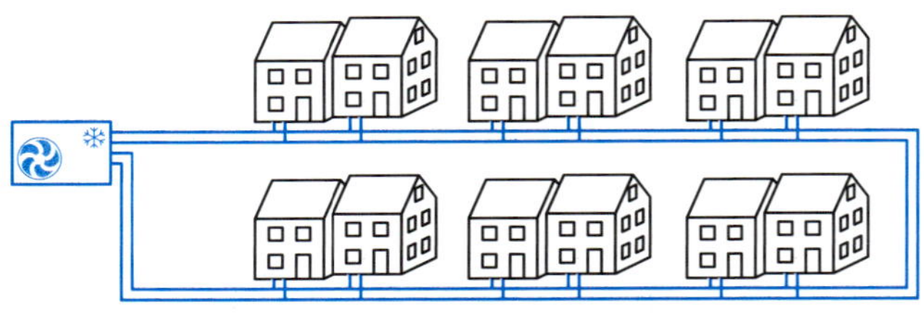

Zu § 6a
Fernkälteversorgung

Zu § 6a

Analog zur Verordnung über Allgemeine Bedingungen für die Versorgung mit Fernwärme (AVBFernwärmeV) wird das Bundesministerium für Wirtschaft und Energie ermächtigt, auch die allgemeinen Bedingungen für die Versorgung mit Fernkälte zu gestalten. Fernkälte ist in Deutschland derzeit kaum verbreitet, kann aber im Zuge des Klimawandels zukünftig eine größere Rolle spielen.

§ 7
Regeln der Technik

(1) Das Bundesministerium für Wirtschaft und **Klimaschutz** kann gemeinsam mit dem Bundesministerium **für Wohnen, Stadtentwicklung und Bauwesen** durch Bekanntmachung im Bundesanzeiger auf Veröffentlichungen sachverständiger Stellen über anerkannte Regeln der Technik hinweisen, soweit in diesem Gesetz auf solche Regeln Bezug genommen wird.

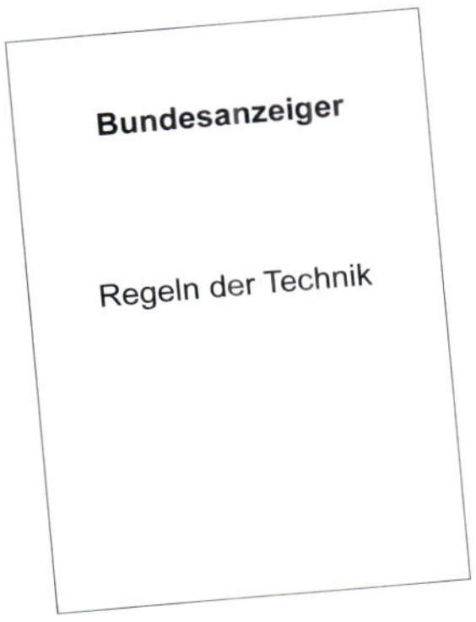

Zu § 7 (1)
Hinweise auf anerkannte Regeln der Technik können im Bundesanzeiger erfolgen.

(2) Zu den anerkannten Regeln der Technik gehören auch Normen, technische Vorschriften oder sonstige Bestimmungen anderer Mitgliedstaaten der Europäischen Union und anderer Vertragsstaaten des Abkommens über den Europäischen Wirtschaftsraum sowie der Republik Türkei, wenn ihre Einhaltung das geforderte Schutzniveau in Bezug auf Energieeinsparung und Wärmeschutz dauerhaft gewährleistet.

Zu § 7 (2)
Anerkannte Regeln der Tecnnik

(3) Wenn eine Bewertung von Baustoffen, Bauteilen und Anlagen im Hinblick auf die Anforderungen dieses Gesetzes auf Grund anerkannter Regeln der Technik nicht möglich ist, weil solche Regeln nicht vorliegen oder wesentlich von ihnen abgewichen wird, sind der nach Landesrecht zuständigen Behörde die erforderlichen Nachweise für eine anderweitige Bewertung vorzulegen. Satz 1 ist nicht anzuwenden auf Baustoffe, Bauteile und Anlagen,

1. wenn für sie die Bewertung auch im Hinblick auf die Anforderungen zur Energieeinsparung im Sinne dieses Gesetzes durch die Verordnung (EU) Nr. 305/2011 des Europäischen Parlaments und des Rates vom 9. März 2011 zur Festlegung harmonisierter Bedingungen für die Vermarktung von Bauprodukten und zur Aufhebung der Richtlinie 89/106/EWG des Rates (ABl. L 88 vom 4.4.2011, S. 5; L 103 vom 12.4.2013, S. 10; L 92 vom 8.4.2015, S. 118), die zuletzt durch die Delegierte Verordnung (EU) Nr. 574/2014 (ABl. L 159 vom 28.5.2014, S. 41) geändert worden ist, oder durch nationale Rechtsvorschriften zur Umsetzung oder Durchführung von Rechtsvorschriften der Europäischen Union gewährleistet wird, erforderliche CE-Kennzeichnungen angebracht wurden und nach den genannten Vorschriften zulässige Klassen und Leistungsstufen nach Maßgabe landesrechtlicher Vorschriften eingehalten werden oder

Zu § 7 (3)
Verfahren und zuständige Behörden für Zustimmungen im Einzelfall sind im Baurecht der Bundesländer geregelt.

2. bei denen nach bauordnungsrechtlichen Vorschriften über die Verwendung von Bauprodukten auch die Einhaltung dieses Gesetzes sichergestellt wird.

(4) Verweisen die nach diesem Gesetz anzuwendenden datierten technischen Regeln auf undatierte technische Regeln, sind diese in der Fassung anzuwenden, die dem Stand zum Zeitpunkt der Herausgabe der datierten technischen Regel entspricht.

Zu § 7 (4)

Beim Verweis auf technische Regeln enthält das GEG stets statische Verweise auf eine bestimmte Fassung der technischen Regel. Auch wenn während der Gültigkeit des GEG eine dieser technischen Regeln novelliert wird, bleibt für die Anwendung im Rahmen des GEG weiterhin die im GEG genannte Fassung geltend. In der Gebäudeplanung sind hingegen immer die aktuellsten technischen Regeln zu verwenden. Dies kann in der Praxis dazu führen, dass in der Planung und im Rahmen des GEG unterschiedliche Fassungen einer technischen Regel gelten und anzuwenden sind.

(5) Das Bundesministerium für Wirtschaft und **Klimaschutz** und das Bundesministerium **für Wohnen, Stadtentwicklung und Bauwesen** werden dem Deutschen Bundestag bis zum 31. Dezember 2022 gemeinsam einen Bericht über die Ergebnisse von Forschungsprojekten zu Methodiken zur ökobilanziellen Bewertung von Wohn- und Nichtwohngebäuden vorlegen.

Zu § 7 (5)

Das GEG stellt derzeit keine Anforderungen an die Ökobilanz von Gebäuden. Bei immer weiter sinkendem Ressourcenverbrauch in der Betriebsphase von Gebäuden gewinnen jedoch auch die Herstellung und die Entsorgung im gesamten Lebenszyklus von Gebäuden zunehmend an Bedeutung. Es kann daher davon ausgegangen werden, dass sich diesbezügliche Anforderungen im zukünftigen Gesetzgebungsverfahren niederschlagen werden.

§ 8
Verantwortliche

(1) Für die Einhaltung der Vorschriften dieses Gesetzes ist der Bauherr oder Eigentümer verantwortlich, soweit in diesem Gesetz nicht ausdrücklich ein anderer Verantwortlicher bezeichnet ist.

(2) Für die Einhaltung der Vorschriften dieses Gesetzes sind im Rahmen ihres jeweiligen Wirkungskreises auch die Personen verantwortlich, die im Auftrag des Eigentümers oder des Bauherren bei der Errichtung oder Änderung von Gebäuden oder der Anlagentechnik in Gebäuden tätig werden.

Zu § 8
Verantwortliche für die Einhaltung des GEG

Zu § 8

Verantwortlich für die Einhaltung des GEG ist, wie zuvor gemäß der EnEV, der Bauherr oder – neu im GEG – auch der Eigentümer. Diese sind jedoch häufig Laien und mit den Anforderungen des GEG nicht vertraut. Daher sind auch alle beteiligten Fachleute und Fachfirmen im Rahmen ihrer beauftragten Leistungen zur Einhaltung des GEG verpflichtet. Aus anderen rechtlichen oder vertraglichen Pflichten kann sich zudem eine Hinweispflicht gegenüber dem Bauherrn auch auf Anforderungen außerhalb des jeweiligen Wirkungskreises ergeben, wie z. B. bei Architekten.

§ 9
Überprüfung der Anforderungen an zu errichtende und bestehende Gebäude

(1) Das Bundesministerium für Wirtschaft und **Klimaschutz** und das Bundesministerium **für Wohnen, Stadtentwicklung und Bauwesen** werden die Anforderungen an zu errichtende Gebäude nach Teil 2 und die Anforderungen an bestehende Gebäude nach Teil 3 Abschnitt 1 nach Maßgabe von § 5 und unter Wahrung des Grundsatzes der Technologieoffenheit im Jahr 2023 überprüfen und nach Maßgabe der Ergebnisse der Überprüfung innerhalb von sechs Monaten nach Abschluss der Überprüfung einen Gesetzgebungsvorschlag für eine Weiterentwicklung der Anforderungen an zu errichtende und bestehende Gebäude vorlegen. Die Bezahlbarkeit des Bauens und Wohnens ist ein zu beachtender wesentlicher Eckpunkt.

(2) Das Bundesministerium für Wirtschaft und **Klimaschutz** und das Bundesministerium **für Wohnen, Stadtentwicklung und Bauwesen** werden unter Wahrung der Maßgaben des Absatzes 1 bis zum Jahr 2023 prüfen, auf welche Weise und in welchem Umfang synthetisch erzeugte Energieträger in flüssiger oder gasförmiger Form bei der Erfüllung der Anforderungen an zu errichtende Gebäude nach Teil 2 und bei der Erfüllung der Anforderungen an bestehende Gebäude nach Teil 3 Abschnitt 1 Berücksichtigung finden können.

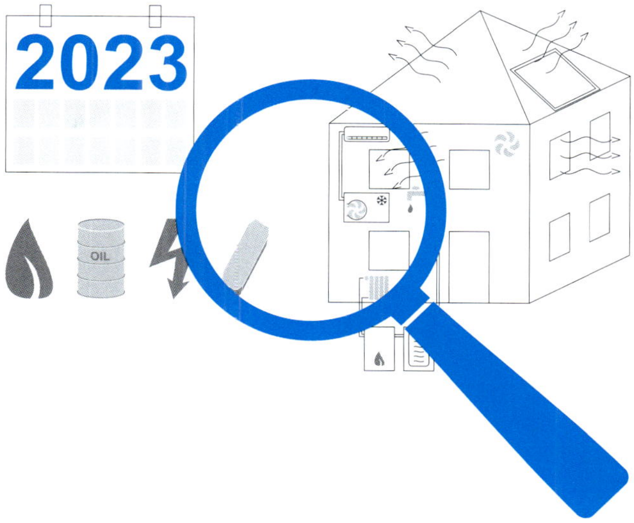

Zu § 9
Überprüfung der Anforderungen an Gebäude

Zu § 9

Im Jahr 2023 sollten die Anforderungen an den baulichen Wärmeschutz und an den Jahres-Primärenergiebedarf von Gebäuden überprüft und weiterentwickelt werden. Hierbei sollte insbesondere auch geprüft werden, wie flüssige oder gasförmige synthetisch erzeugte Energieträger zukünftig im Jahres-Primärenergiebedarf berücksichtigt werden können.

Der Einsatz von Derivaten aus grünem oder blauem Wasserstoff („E-Fuels") wurde mit der Novelle 2024 in den §§ 3 und 71 geregelt. Die Prüfung der Anforderungen an den baulichen Wärmeschutz und den Jahres-Primärenergiebedarf sind in Arbeit.

§ 9a
Länderregelung

Die Länder können durch Landesrecht weitergehende Anforderungen an die Erzeugung und Nutzung von Strom oder Wärme sowie Kälte aus erneuerbaren Energien in räumlichem Zusammenhang mit Gebäuden sowie weitergehende Anforderungen oder Beschränkungen an Stromdirektheizungen stellen.

Zu § 9a

Einige Bundesländer haben weitergehende Regelungen getroffen. In Baden-Württemberg gilt bereits seit 2015 das „Gesetz zur Nutzung erneuerbarer Wärmeenergie in Baden-Württemberg (EWärmeG BW)", in dem Anforderungen beim Austausch von Heizungen festgelegt sind. Diese Anforderungen bestehen bis auf Weiteres fort. Ebenso existieren das „Energiewende- und Klimaschutzgesetz (EWKG)" in Schleswig-Holstein und das „Hamburgische Klimaschutzgesetz (HmbKliSchG)", das zum 1. Januar 2024 in frisch novellierter Fassung in Kraft getreten ist.

Teil 2
Anforderungen an zu errichtende Gebäude

Abschnitt 1
Allgemeiner Teil

§ 10
Grundsatz und Niedrigstenergiegebäude

(1) Wer ein Gebäude errichtet, hat dieses als Niedrigstenergiegebäude nach Maßgabe von Absatz 2 zu errichten.

(2) Das Gebäude ist so zu errichten, dass

1. der Gesamtenergiebedarf für Heizung, Warmwasserbereitung, Lüftung und Kühlung, bei Nichtwohngebäuden auch für eingebaute Beleuchtung, den jeweiligen Höchstwert nicht überschreitet, der sich nach § 15 oder § 18 ergibt,
2. Energieverluste beim Heizen und Kühlen durch baulichen Wärmeschutz nach Maßgabe von § 16 oder § 19 vermieden werden und
3. **die Anforderungen nach § 71 Absatz 1 erfüllt werden.**

Zu § 10

Neubauten dürfen nur noch als Niedrigstenergiegebäude errichtet werden. Hiermit soll Artikel 9 Nummer 1 der Richtlinie 2010/31/EU des Europäischen Parlaments und des Rates über die Gesamtenergieeffizienz von Gebäuden vom 19. Mai 2010 umgesetzt werden. Danach haben die Mitgliedstaaten zu gewährleisten, dass bis zum 31. Dezember 2020 alle neuen Gebäude Niedrigstenergiegebäude sind. In Artikel 2 Nummer 1c ist definiert, dass ein „Niedrigstenergiegebäude" („nearly zero-energy building") ein Gebäude ist, das eine sehr hohe Gesamtenergieeffizienz aufweist. Der fast bei null liegende oder sehr geringe Energiebedarf sollte zu einem ganz wesentlichen Teil durch Energie aus erneuerbaren Quellen – einschließlich Energie aus erneuerbaren Quellen, die am Standort oder in der Nähe erzeugt wird – gedeckt werden.

Im GEG wird der Begriff des Niedrigenergiegebäudes im § 10 (2) über drei Anforderungen definiert: erstens über den Gesamtenergiebedarf nach den §§ 15 und 18, zweitens über die Vermeidung von Energieverlusten durch den baulichen Wärmeschutz nach den §§ 16 und 19 und drittens dadurch, dass die Heizungsanlage nach § 71 (1) mindestens 65 % der mit der Anlage bereitgestellten Wärme mit erneuerbaren Energien oder unvermeidbarer Abwärme erzeugt.

Die bisherigen Ausnahmeregelungen zum Einsatz erneuerbarer Energien bei dezentral beheizten Gebäudezonen mit mehr als 4 m Raumhöhe (z. B. Hallen) sind entfallen.

Die bisherigen Ausnahmeregelungen bei Gebäuden der Landes- und Bündnisverteidigung sind in den § 71 (7) übertragen worden.

(3) Die Anforderungen an die Errichtung von einem Gebäude nach diesem Gesetz finden keine Anwendung, soweit ihre Erfüllung anderen öffentlich-rechtlichen Vorschriften zur Standsicherheit, zum Brandschutz, zum Schallschutz, zum Arbeitsschutz oder zum Schutz der Gesundheit entgegensteht.

Zu § 10 (3)

Achtung, Ausnahmen in Einzelfällen

Eine abschließende Liste zählt andere öffentlich-rechtliche Vorschriften auf, die über den Anforderungen des GEG an Neubauten stehen sollen: Standsicherheit, Brandschutz, Schallschutz, Arbeitsschutz und Gesundheitsschutz. Dass diese Vorschriften den Anforderungen des GEG entgegenstehen, dürfte jedoch die Ausnahme bleiben. Die Ausgestaltungsmöglichkeiten eines Niedrigstenergiegebäudes sind dazu zu vielfältig.

Immer ist dabei nach § 1 zu berücksichtigen, dass die erneuerbaren Energien sowie Effizienzmaßnahmen als vorrangige Belange in die jeweils durchzuführenden Schutzgüterabwägungen eingebracht werden. Dies ist nicht gegenüber Belangen der Landes- und Bündnisverteidigung anzuwenden.

(4) (weggefallen)

(5) (weggefallen)

§ 11
Mindestwärmeschutz

(1) Bei einem zu errichtenden Gebäude sind Bauteile, die gegen die Außenluft, das Erdreich oder gegen Gebäudeteile mit wesentlich niedrigeren Innentemperaturen abgrenzen, so auszuführen, dass die Anforderungen des Mindestwärmeschutzes nach DIN 4108-2: 2013-02 und DIN 4108-3: 2018-10 erfüllt werden.

DIN 4108-2

Mindestanforderungen
an den
Wärmeschutz

Bauteile beheizter Räume	Wärmedurchlasswiderstand R in (m²·K)/W
Wände	1,2
Dachschrägen	1,2
Flachdächer	1,2
oberste Geschossdecke	0,9
Kellerdecke	0,9
Decken über Außenluft	1,75

Zu § 11 (1)
Mindestwärmeschutz nach DIN 4108-2 „Wärmeschutz und Energieeinsparung in Gebäuden – Teil 2: Mindestanforderungen an den Wärmeschutz" (2013), Tabelle 3 (Auszug)

Zu § 11 (1) und (2)

Zur Vermeidung von Bauschäden durch Oberflächenkondensat und Feuchteeinwirkung auf die Baukonstruktion sowie zur Gewährleistung eines hygienischen Raumklimas muss der Mindestwärmeschutz über die gesamte Heizperiode des Gebäudes an allen Außenbauteilen, die nicht durch beheizte Gebäude angebaut sind, eingehalten werden. Werden aneinandergereihte Gebäude nicht gleichzeitig errichtet, muss für die Übergangszeit auch an der Gebäudetrennwand der Mindestwärmeschutz hergestellt werden.

(2) Ist bei einem zu errichtenden Gebäude bei aneinandergereihter Bebauung die Nachbarbebauung nicht gesichert, müssen die Gebäudetrennwände den Anforderungen an den Mindestwärmeschutz nach Absatz 1 genügen.

§ 12 Wärmebrücken

Ein Gebäude ist so zu errichten, dass der Einfluss konstruktiver Wärmebrücken auf den Jahres-Heizwärmebedarf nach den anerkannten Regeln der Technik und nach den im jeweiligen Einzelfall wirtschaftlich vertretbaren Maßnahmen so gering wie möglich gehalten wird.

Zu § 12

Der Einfluss von Wärmebrücken ist nach § 24 zu berücksichtigen.

§ 13 Dichtheit

Ein Gebäude ist so zu errichten, dass die wärmeübertragende Umfassungsfläche einschließlich der Fugen dauerhaft luftundurchlässig nach den anerkannten Regeln der Technik abgedichtet ist. Öffentlich-rechtliche Vorschriften über den zum Zweck der Gesundheit und Beheizung erforderlichen Mindestluftwechsel bleiben unberührt.

Zu § 13

Die Gebäudehülle ist zwar dauerhaft luftundurchlässig auszuführen, eine Überprüfung dieser Vorgabe schreibt das GEG jedoch nicht zwingend vor. Wird die Luftdichtheit eines Gebäudes nach § 26 überprüft – was auch hinsichtlich der Qualitätskontrolle auf der Baustelle zu empfehlen ist –, darf die gemessene Luftwechselrate bei der Berechnung des Jahres-Primärenergiebedarfs berücksichtigt werden. Die Dichtheit wird nach DIN EN ISO 9972 „Wärmetechnisches Verhalten von Gebäuden – Bestimmung der Luftdurchlässigkeit von Gebäuden – Differenzdruckverfahren, Anhang NA" (2018) überprüft.

Das GEG macht keine Vorgaben, auf welche Weise der erforderliche Mindestluftwechsel erfolgen muss. Diesbezügliche Angaben stehen für Wohngebäude z. B. in DIN 1946-6 „Raumlufttechnik – Teil 6: Lüftung von Wohnungen – Allgemeine Anforderungen, Anforderungen an die Auslegung, Ausführung, Inbetriebnahme und Übergabe sowie Instandhaltung" (2019). Danach ist der Mindestluftwechsel nutzerunabhängig sicherzustellen. Eine nutzerunabhängige Lüftung erfolgt in der Regel mechanisch. Die in DIN 1946-6 genannten alternativen Möglichkeiten der Schacht- oder Querlüftung widersprechen dem Sinn einer vom GEG geforderten luftdichten Gebäudehülle.

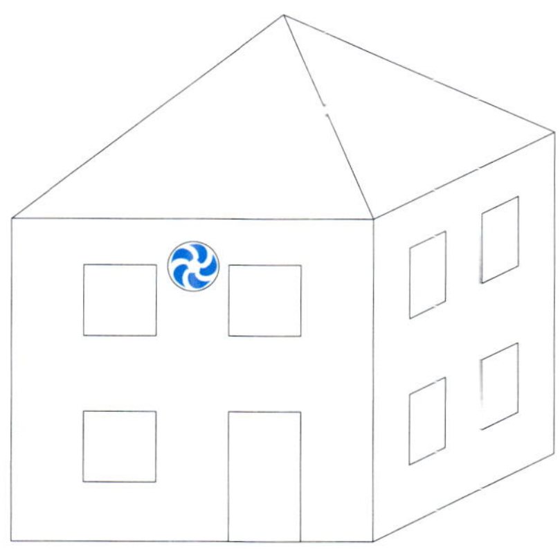

Zu § 13 Sicherstellung des Mindestluftwechsels durch mechanische Lüftung

Zu § 13

Eine mechanische Lüftung kann sehr einfach über eine zentrale Abluftanlage erfolgen. Die feuchte und geruchsbelastete Luft wird direkt in den entsprechenden Räumen (Bäder, Toiletten, Küchen) abgesaugt. Durch den entstehenden Unterdruck kann Zuluft kontrolliert über Ventile in den übrigen Räumen nachströmen. Die Zuluftventile lassen sich in Fensterrahmen oder Außenwänden einbauen. Die Überströmung zwischen den Zu- und Ablufträumen muss durch Überströmöffnungen oder Türspalte erfolgen. Bei der Überströmung sind je nach Nutzung Schall- oder Brandschutzanforderungen zu beachten. Über eine Abluft-Wärmepumpe kann zudem die Wärme aus der Abluft rückgewonnen werden.

Eine Zu-Abluft-Wärmerückgewinnung ist jedoch nur mit Zu-Abluft-Anlagen möglich. Hierbei wird die Wärme aus der Abluft auf die Zuluft übertragen und diese ebenfalls mechanisch in das Gebäude eingebracht. Zu-Abluft-Anlagen können zentral über Zu- und Abluftkanäle oder dezentral über raumweise installierte Außenwandlüfter betrieben werden.

§ 14
Sommerlicher Wärmeschutz

(1) Ein Gebäude ist so zu errichten, dass der Sonneneintrag durch einen ausreichenden baulichen sommerlichen Wärmeschutz nach den anerkannten Regeln der Technik begrenzt wird. Bei der Ermittlung eines ausreichenden sommerlichen Wärmeschutzes nach den Absätzen 2 und 3 bleiben die öffentlich-rechtlichen Vorschriften über die erforderliche Tageslichtversorgung unberührt.

Zu § 14 (1)

Der bauliche sommerliche Wärmeschutz durch Sonnenschutzvorrichtungen vor transparenten Bauteilen und die wirksame Wärmespeicherkapazität des Gebäudes können durch eine Nachtlüftung oder den Einsatz passiver Kühlung ergänzt werden. Bei Wohngebäuden und Nichtwohngebäuden ohne hohe innere Wärmeeinträge können die Anforderungen an den sommerlichen Wärmeschutz meist mit einem effektiven Sonnenschutz vor den Verglasungen erfüllt werden. Ansonsten sind die Gebäude oder Teile davon aktiv zu kühlen.

(2) Ein ausreichender sommerlicher Wärmeschutz nach Absatz 1 liegt vor, wenn die Anforderungen nach DIN 4108-2: 2013-02 Abschnitt 8 eingehalten werden und die rechnerisch ermittelten Werte des Sonnenenergieeintrags über transparente Bauteile in Gebäude (Sonneneintragskennwert) die in DIN 4108-2: 2013-02 Abschnitt 8.3.3 festgelegten Anforderungswerte nicht überschreiten. Der Sonneneintragskennwert des zu errichtenden Gebäudes ist nach dem in DIN 4108-2: 2013-02 Abschnitt 8.3.2 genannten Verfahren zu bestimmen.

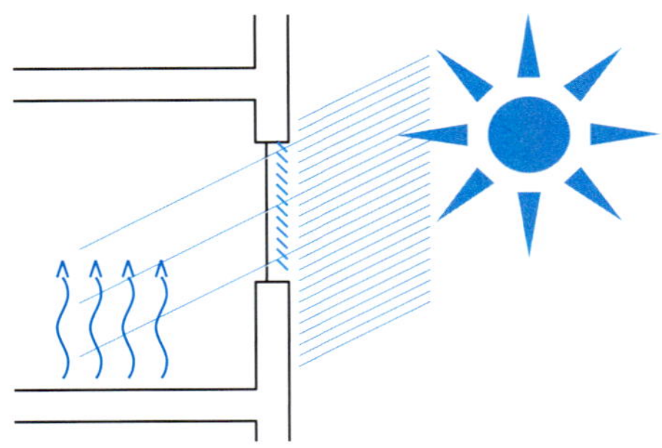

Zu § 14 (2)
Sommerlicher Wärmeschutz über die Begrenzung der Sonneneintragskennwerte

Zu § 14 (2)

Beim Nachweis des sommerlichen Wärmeschutzes über die Begrenzung der Sonneneintragskennwerte wird nur die solare Einstrahlung in den Raum begrenzt. Neben der Verschattung werden dabei auch

- Nachtlüftung und Bauart,
- auf die Grundfläche bezogener Fensterflächenanteil,
- Sonnenschutzglas,
- Fensterneigung,
- Orientierung,
- der Einsatz passiver Kühlung

bewertet. Interne Lasten des Raumes werden dabei nicht differenziert betrachtet. Auch die Ermittlung von Raumtemperaturen ist nicht vorgesehen. Dennoch kann dieses einfache Verfahren den sommerlichen Wärmeschutz in Wohngebäuden in der Regel gewährleisten.

(3) Ein ausreichender sommerlicher Wärmeschutz nach Absatz 1 liegt auch vor, wenn mit einem Berechnungsverfahren nach DIN 4108-2: 2013-02 Abschnitt 8.4 (Simulationsrechnung) gezeigt werden kann, dass unter den dort genannten Randbedingungen die für den Standort des Gebäudes in DIN 4108-2: 2013-02 Abschnitt 8.4 Tabelle 9 angegebenen Übertemperatur-Gradstunden nicht überschritten werden.

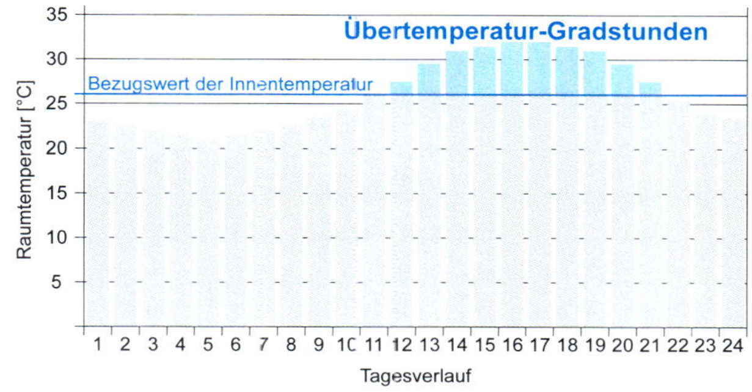

Zu § 14 (3)
Sommerlicher Wärmeschutz über die Begrenzung der Übertemperatur-Gradstunden

Zu § 14 (3)

Übertemperatur-Gradstunden sind das Produkt aus der Überschreitung des Bezugswerts der Innentemperatur in Kelvin (K) und der Dauer der Überschreitung in Stunden (h). Der Bezugswert der Innentemperatur liegt je nach Sommerklimaregion bei 25 bis 27 °C. Für Wohngebäude sind Übertemperatur-Gradstunden bis 1.200 Kh pro Jahr zulässig, für Nichtwohngebäude lediglich 500 Kh pro Jahr. Das abgebildete Temperaturprofil mit maximalen Innentemperaturen von 32 °C hat etwa 50 Übertemperatur-Gradstunden an einem Tag.

(4) Wird bei Gebäuden mit Anlagen zur Kühlung die Berechnung nach Absatz 3 durchgeführt, sind bauliche Maßnahmen zum sommerlichen Wärmeschutz gemäß DIN 4108-2: 2013-02 Abschnitt 4.3 insoweit vorzusehen, wie sich die Investitionen für diese baulichen Maßnahmen innerhalb deren üblicher Nutzungsdauer durch die Einsparung von Energie zur Kühlung unter Zugrundelegung der im Gebäude installierten Anlagen zur Kühlung erwirtschaften lassen.

Zu § 14 (4)

Ist in gekühlten Gebäuden der Einsatz der Kühlung wirtschaftlicher als eine bauliche Maßnahme zum sommerlichen Wärmeschutz, kann auf die bauliche Maßnahme verzichtet werden. Feste Regeln zum Nachweis der Unwirtschaftlichkeit der baulichen Maßnahme gibt es jedoch nicht. So können z. B. Prognosen zur üblichen Nutzungsdauer oder zu Energiepreissteigerungen das Ergebnis stark beeinflussen und bieten Anlass für langwierige Diskussionen.

(5) Auf Berechnungen nach den Absätzen 2 bis 4 kann unter den Voraussetzungen des Abschnitts 8.2.2 der DIN 4108-2: 2013-02 verzichtet werden.

Fensterneigung	Orientierung	auf die Grundfläche bezogener Fensterflächenanteil (%)
über 60 bis 90°	Nordwest über Süd bis Nordost	10
	alle anderen Nordorientierungen	15
von 0 bis 60°	alle Orientierungen	7

Zu § 14 (5)
Liegen die auf die Grundfläche des Raumes bezogenen Fensterflächenanteile unter den oben genannten Werten, darf auf den Nachweis des sommerlichen Wärmeschutzes verzichtet werden, ebenso bei Wohnräumen mit einem grundflächenbezogenen Fensterflächenanteil von maximal 35 % und einem außen liegenden Sonnenschutz mit einem Abminderungsfaktor Fc ≤ 0,30 bzw. ≤ 0,35 bei Sonnenschutzverglasungen mit einem Gesamtenergiedurchlassgrad g ≤ 0,40.

Abschnitt 2
Jahres-Primärenergiebedarf und baulicher Wärmeschutz bei zu errichtenden Gebäuden

Unterabschnitt 1
Wohngebäude

§ 15
Gesamtenergiebedarf

(1) Ein zu errichtendes Wohngebäude ist so zu errichten, dass der Jahres-Primärenergiebedarf für Heizung, Warmwasserbereitung, Lüftung und Kühlung das 0,55fache des auf die Gebäudenutzfläche bezogenen Wertes des Jahres-Primärenergiebedarfs eines Referenzgebäudes, das die gleiche Geometrie, Gebäudenutzfläche und Ausrichtung wie das zu errichtende Gebäude aufweist und der technischen Referenzausführung der Anlage 1 entspricht, nicht überschreitet.

Zu § 15 (1)

Der maximal zulässige Primärenergiebedarf des zu errichtenden Gebäudes beträgt 55 % des Primärenergiebedarfs des Referenzgebäudes. Dieser wird ermittelt, indem der Primärenergiebedarf für das zu errichtende Gebäude unter Anwendung der in Anlage 1 beschriebenen Referenzausführung berechnet wird. So ergibt sich ein gebäudespezifischer Grenzwert, der die Geometrie, Größe (Gebäudenutzfläche) und Ausrichtung des zu errichtenden Gebäudes berücksichtigt.

Die Referenzausführung in Anlage 1 beschreibt die Qualität der wärmeübertragenden Umfassungsfläche des Gebäudes (Gebäudehülle) sowie der Heizungs-, Warmwasser- und Lüftungsanlage sowie der Sonnenschutzvorrichtung des Referenzgebäudes. Das zu errichtende Gebäude kann von der Referenzausführung abweichen, muss jedoch insgesamt den Primärenergiebedarf des Referenzgebäudes um mindestens 45 % unterschreiten. Das Gebäude muss also insgesamt deutlich besser als das Referenzgebäude ausgeführt werden. Das Referenzgebäude ist zudem nicht gekühlt. Soll das zu errichtende Gebäude gekühlt werden, muss der benötigte Kühlenergiebedarf in anderen Bereichen zusätzlich eingespart werden.

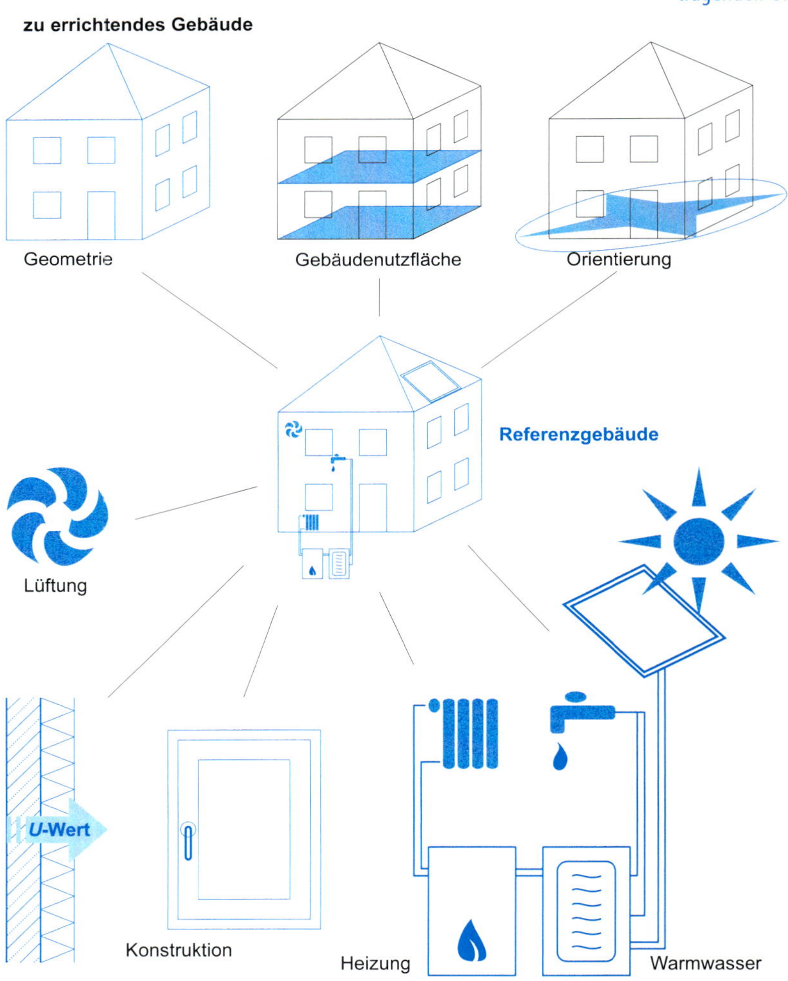

Zu § 15 (1)
Bildung des Referenzgebäudes aus zu errichtendem Gebäude und Referenzausführung nach Anlage 1

(2) Der Höchstwert des Jahres-Primärenergiebedarfs eines zu errichtenden Wohngebäudes nach Absatz 1 ist nach Maßgabe des § 20, der §§ 22 bis 24, des § 25 Absatz 1 bis 3 und 10, der §§ 26 bis 29, des § 31 und des § 33 zu berechnen.

Zu § 15 (2)

Der Jahres-Primärenergiebedarf eines Wohngebäudes kann nach zwei Verfahren ermittelt werden: der Berechnung nach § 20 oder dem Modellgebäudeverfahren nach § 31. Das Referenzgebäude und damit der Anforderungswert an den Jahres-Primärenergiebedarf ist jeweils nach dem gleichen Verfahren wie das zu errichtende Gebäude zu ermitteln.

§ 16
Baulicher Wärmeschutz

Ein zu errichtendes Wohngebäude ist so zu errichten, dass der Höchstwert des spezifischen, auf die wärmeübertragende Umfassungsfläche bezogenen Transmissionswärmeverlusts das 1,0fache des entsprechenden Wertes des jeweiligen Referenzgebäudes nach § 15 Absatz 1 nicht überschreitet.

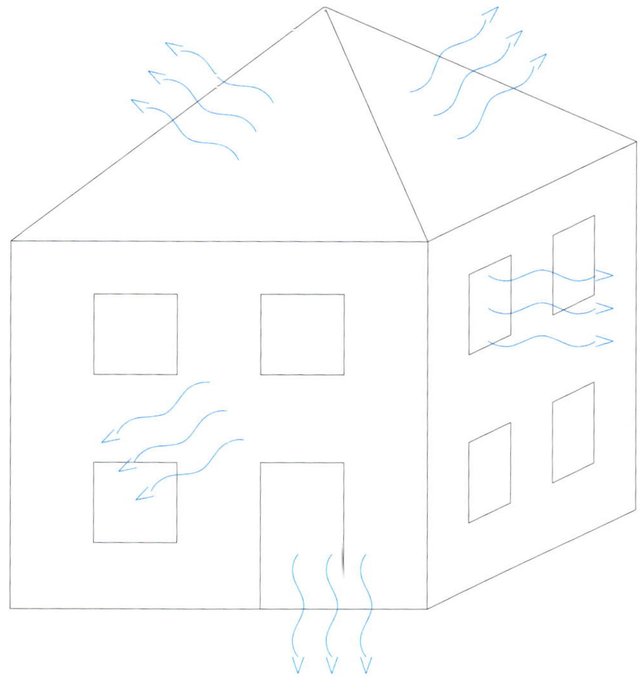

Zu § 16
Der Transmissionswärmeverlust ist der Wärmeverlust über die Bauteiloberflächen der Gebäudehülle.

Zu § 16

Bei Wohngebäuden stellt das GEG Anforderungen an den spezifischen Transmissionswärmeverlust über alle Außenbauteile des Gebäudes, auch gegen Erdreich, niedrig beheizte oder unbeheizte Räume. Dieser entspricht dem flächengewichteten mittleren $\bar{U}$-Wert aller Außenbauteile inkl. der Transmissionswärmeverluste über Wärmebrücken.

Der maximal zulässige spezifische Transmissionswärmeverlust ist der spezifische Transmissionswärmeverlust des Referenzgebäudes (siehe § 15). Dieser ergibt sich aus dem flächengewichteten mittleren $\bar{U}$-Wert aller Außenbauteile, wenn auf das zu errichtende Gebäude die U-Werte und der Wärmebrückenzuschlag des Referenzgebäudes angewendet werden. Die Höchstwerte des spezifischen Transmissionswärmeverlustes aus der EnEV 2013 wurden nicht übernommen. Sie hatten eine Begrenzung des Fensterflächenanteils an der Gebäudehülle in Abhängigkeit von der Wärmedämm- und der Fensterqualität zur Folge.

§ 17
Aneinandergereihte Bebauung

Werden aneinandergereihte Wohngebäude gleichzeitig errichtet, dürfen sie hinsichtlich der Anforderungen der §§ 12, 14, 15 und 16 wie ein Gebäude behandelt werden. Die Vorschriften des Teiles 5 bleiben unberührt.

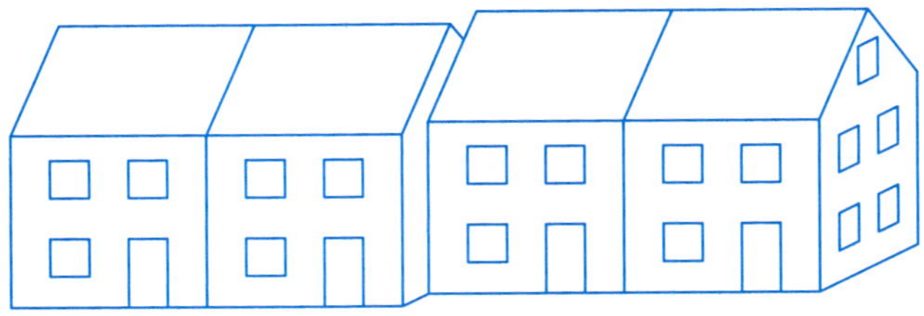

Zu § 17
Gleichzeitig erstellte Reihenhäuser dürfen wie ein Gebäude behandelt werden.

Zu § 17

Werden aneinandergereihte Wohngebäude gleichzeitig errichtet, dürfen die Anforderungen an Wärmebrücken (siehe § 12), an den sommerlichen Wärmeschutz (siehe § 14), an den Jahres-Primärenergiebedarf (siehe § 15) und an den spezifischen Transmissionswärmeverlust (siehe § 16) auf die gesamte Gebäudezeile bezogen nachgewiesen werden. Dadurch werden unterschiedliche Anforderungen an die End- und Mittelhäuser einer Reihe vermieden. Die Energieausweise sind jedoch für jedes Gebäude einzeln auf Grundlage der Berechnungen der gesamten Häuserreihe auszustellen.

Wie groß ein Versatz bei aneinandergereihten Gebäuden sein darf, damit diese noch als gereiht gelten, wird in § 17 nicht definiert. Analog könnten hier die Definitionen für einseitig und zweiseitig angebaute Gebäude nach § 3 (1) Nummer 6 und Nummer 34 herangezogen werden.

Die Trennwände zwischen Wohngebäuden sind nicht wärmeübertragend und müssen daher weder in der Berechnung des Jahres-Primärenergiebedarfs noch des spezifischen Transmissionswärmeverlusts berücksichtigt werden. Trennwände zu niedrig beheizten oder unbeheizten Räumen werden mit Reduktionsfaktoren für den Transmissionswärmeverlust bewertet.

Unterabschnitt 2
Nichtwohngebäude

§ 18
Gesamtenergiebedarf

(1) Ein zu errichtendes Nichtwohngebäude ist so zu errichten, dass der Jahres-Primärenergiebedarf für Heizung, Warmwasserbereitung, Lüftung, Kühlung und eingebaute Beleuchtung das 0,55fache des auf die Nettogrundfläche bezogenen Wertes des Jahres-Primärenergiebedarfs eines Referenzgebäudes, das die gleiche Geometrie, Nettogrundfläche, Ausrichtung und Nutzung, einschließlich der Anordnung der Nutzungseinheiten, wie das zu errichtende Gebäude aufweist und der technischen Referenzausführung der Anlage 2 entspricht, nicht überschreitet. Die technische Referenzausführung in der Anlage 2 Nummer 1.13 bis 9 ist nur insoweit zu berücksichtigen, wie eines der dort genannten Systeme in dem zu errichtenden Gebäude ausgeführt wird.

Zu § 18 (1)

Der maximal zulässige Primärenergiebedarf des zu errichtenden Gebäudes beträgt 55 % des Primärenergiebedarfs des Referenzgebäudes. Dieser wird ermittelt, indem der Primärenergiebedarf für das zu errichtende Gebäude unter Anwendung der in Anlage 2 beschriebenen Referenzausführung berechnet wird. So ergibt sich ein gebäudespezifischer Grenzwert, der die Geometrie, Größe (Nettogrundfläche), Ausrichtung und Nutzung (Zonierung) des zu errichtenden Gebäudes berücksichtigt.

Die Referenzausführung in Anlage 2 beschreibt die Qualität der wärmeübertragenden Umfassungsfläche des Gebäudes (Gebäudehülle) sowie der Heizungs-, Warmwasser-, Lüftungs- und Kühlanlage sowie der Sonnenschutzvorrichtung und Beleuchtung des Referenzgebäudes. Das zu errichtende Gebäude kann von der Referenzausführung abweichen, muss jedoch insgesamt den Primärenergiebedarf des Referenzgebäudes um mindestens 45 % unterschreiten. Das Gebäude muss also insgesamt deutlich besser als das Referenzgebäude ausgeführt werden.

Die technische Referenzausführung für Sonnenschutz, Beleuchtung, Heizung, Warmwasserbereitung, Lüftung und Kühlung kommt jedoch im Referenzgebäude nur zum Einsatz, wenn auch im zu errichtenden Gebäude eine entsprechende technische Ausstattung ausgeführt wird. Damit ist bei Nichtwohngebäuden der einzuhaltende gebäudespezifische Grenzwert des Jahres-Primärenergiebedarfs nicht nur von der Geometrie, Größe (Nettogrundfläche), Orientierung und Nutzung des Gebäudes abhängig, sondern auch von dessen technischer Ausstattung. Damit wird auf die sehr unterschiedliche technische Ausstattung von Nichtwohngebäuden reagiert und vermieden, dass ein zu hoher Anforderungswert für den Jahres-Primärenergiebedarf ermittelt wird, dem eine Ausstattung zugrunde liegt, die im Gebäude tatsächlich nicht benötigt wird. Der Grenzwert des Jahres-Primärenergiebedarfs kann dadurch sehr stark variieren.

Beispiel zu § 18 (1)

Enthält das zu errichtende Gebäude z. B. keine Kühlung, wird auch beim Referenzgebäude keine Kühlung berücksichtigt. Die im Referenzgebäude bilanzierten Prozesse – und somit auch der maximal zulässige Primärenergiebedarf – sind also abhängig von der technischen Ausstattung des zu errichtenden Gebäudes.

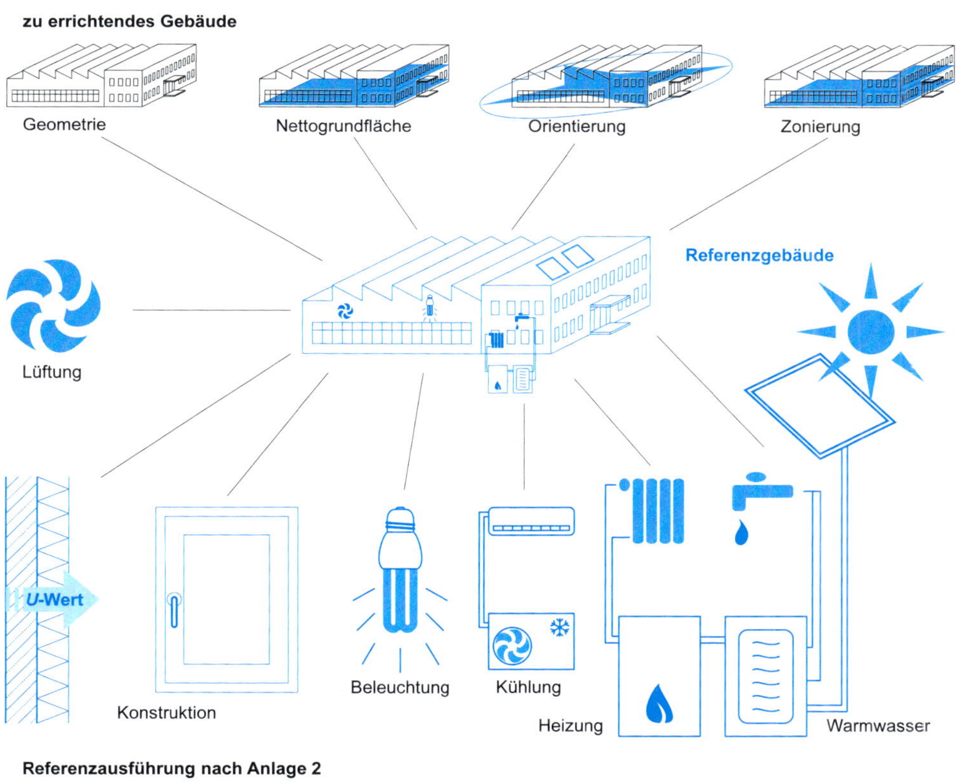

Zu § 18 (1)
Bildung des Referenzgebäudes aus zu errichtendem Gebäude und Referenzausführung nach Anlage 2

(2) Der Höchstwert des Jahres-Primärenergiebedarfs nach Absatz 1 eines zu errichtenden Nichtwohngebäudes ist nach Maßgabe der §§ 21 bis 24, des § 25 Absatz 1, 2 und 4 bis 8, der §§ 26 und 27, des § 30 und der §§ 32 und 33 zu berechnen.

Zu § 18 (2)

Der Jahres-Primärenergiebedarf eines Nichtwohngebäudes kann nach 2 Verfahren ermittelt werden: nach dem Mehr-Zonen-Modell nach § 21 oder nach dem vereinfachten Verfahren (Ein-Zonen-Modell) nach § 32. Das Referenzgebäude und damit der Anforderungswert an den Jahres-Primärenergiebedarf ist jeweils nach dem gleichen Verfahren wie das zu errichtende Gebäude zu berechnen.

Im Mehr-Zonen-Modell ist ein Nichtwohngebäude nach vorgegebenen Regeln insbesondere in Abhängigkeit von den verschiedenen Nutzungen, der Raumlufttechnik und der Kühlung in Zonen zu unterteilen. Mit der Anzahl der Zonen erhöht sich der Berechnungsaufwand erheblich. Um den Berechnungsaufwand zu reduzieren, können bestimmte Nichtwohngebäude alternativ im vereinfachten Berechnungsverfahren als Ein-Zonen-Modell berechnet werden. Dabei muss allerdings der Höchstwert des Jahres-Primärenergiebedarfs des Referenzgebäudes um 10 % unterschritten werden. Durch die Anwendung des vereinfachten Verfahrens ergeben sich also höhere Anforderungen an die energetische Qualität des Gebäudes.

Der Jahres-Primärenergiebedarf wird unter vorgegebenen Randbedingungen für verschiedene Nutzungen und ein einheitliches Referenzklima (Region Potsdam) berechnet. Dadurch werden äußere Einflüsse auf die Anforderungen des GEG vermieden.

(3) Wird ein zu errichtendes Nichtwohngebäude für die Berechnung des Jahres-Primärenergiebedarfs nach unterschiedlichen Nutzungen unterteilt und kommt für die unterschiedlichen Nutzungen jeweils das Berechnungsverfahren nach § 21 Absatz 1 und 2 mit deren jeweiligen Randbedingungen zur Anwendung, muss die Unterteilung hinsichtlich der Nutzung sowie der verwendeten Berechnungsverfahren und Randbedingungen beim Referenzgebäude mit der des zu errichtenden Gebäudes übereinstimmen. Bei der Unterteilung hinsichtlich der anlagentechnischen Ausstattung und der Tageslichtversorgung sind Unterschiede zulässig, die durch die technische Ausführung des zu errichtenden Gebäudes bedingt sind.

Zu § 18 (3)

Bei der Berechnung des Jahres-Primärenergiebedarfs im Mehr-Zonen-Modell nach § 21 muss das Gebäude entsprechend seinen enthaltenen Nutzungen in Nutzungszonen unterteilt werden. Die Aufteilung des Referenzgebäudes in Nutzungszonen muss derjenigen des zu errichtenden Gebäudes entsprechen; dies gilt jedoch nicht für Versorgungsbereiche der technischen Gebäudeausrüstung und Beleuchtungsbereiche. Versorgungs- und Beleuchtungsbereiche können von der technischen Ausstattung des Gebäudes abhängig sein. Diese – und damit auch die notwendige Aufteilung in Versorgungs- und Beleuchtungsbereiche – kann daher im Referenzgebäude vom zu errichtenden Gebäude abweichen.

§ 19
Baulicher Wärmeschutz

Ein zu errichtendes Nichtwohngebäude ist so zu errichten, dass die Höchstwerte der mittleren Wärmedurchgangskoeffizienten der wärmeübertragenden Umfassungsfläche der Anlage 3 nicht überschritten werden.

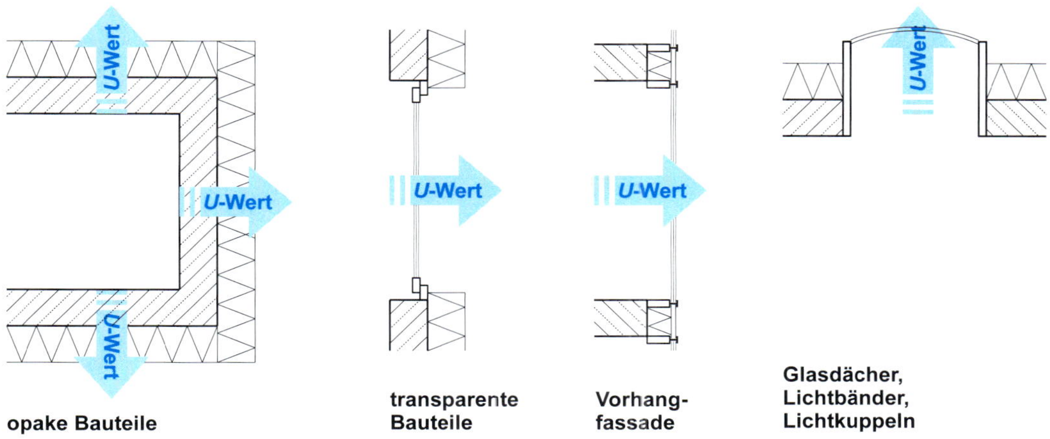

Zu § 19
Bauteilgruppen nach Anlage 3

Zonen mit Raumsolltemperaturen im Heizfall	Bauteile [W/(m² · K)]			
	opake Bauteile	transparente Bauteile	Vorhang-fassaden	Glasdächer, Lichtbänder, Lichtkuppeln
Raumtemperatur im Heizfall ≥ 19 °C	0,28	1,5	1,5	2,5
Raumtemperatur im Heizfall ≥ 12 °C bis < 19 °C	0,50	2,8	3,0	3,1

Zu § 19
Höchstwerte der mittleren Wärmedurchgangskoeffizienten Ū in W/(m² · K)

Zu § 19

Bei Nichtwohngebäuden stellt das GEG Anforderungen an die mittleren Wärmedurchgangskoeffizienten Ū verschiedener Bauteilgruppen. Diese entsprechen dem flächengewichteten mittleren Ū-Wert aller Außenbauteile einer Bauteilgruppe.

Zu § 19

Achtung, Wärmebrücken in Nichtwohngebäuden

Die Transmissionswärmeverluste über Wärmebrücken bleiben bei der Ermittlung der mittleren Wärmedurchgangskoeffizienten Ū unberücksichtigt. Die Wärmebrücken wirken sich damit lediglich auf den Gesamtenergiebedarf des Gebäudes, nicht jedoch auf die Anforderungen an den baulichen Wärmeschutz aus.

Abschnitt 3
Berechnungsgrundlagen und -verfahren

§ 20
Berechnung des Jahres-Primärenergiebedarfs eines Wohngebäudes

(1) Für das zu errichtende Wohngebäude und das Referenzgebäude ist der Jahres-Primärenergiebedarf nach DIN V 18599: 2018-09 zu ermitteln.

(2) Bis zum 31. Dezember 2023 kann für das zu errichtende Wohngebäude und das Referenzgebäude der Jahres-Primärenergiebedarf auch nach DIN V 4108-6: 2003-06, geändert durch DIN V 4108-6 Berichtigung 1: 2004-03, in Verbindung mit DIN V 4701-10: 2003-08 ermittelt werden, wenn das Gebäude nicht gekühlt wird. Der in diesem Rechengang zu bestimmende Jahres-Heizwärmebedarf ist nach dem Monatsbilanzverfahren nach DIN V 4108-6: 2003-06, geändert durch DIN V 4108-6 Berichtigung 1: 2004-03, mit den dort in Anhang D.3 genannten Randbedingungen zu ermitteln. Als Referenzklima ist abweichend von DIN V 4108-6: 2003-06, geändert durch DIN V 4108-6 Berichtigung 1: 2004-03, das Klima nach DIN V 18599-10: 2018-09 Anhang E zu verwenden. Der Nutzwärmebedarf für die Warmwasserbereitung nach DIN V 4701-10: 2003-08 ist mit 12,5 Kilowattstunden je Quadratmeter Gebäudenutzfläche und Jahr anzusetzen. Zur Berücksichtigung von Lüftungsanlagen mit Wärmerückgewinnung sind die methodischen Hinweise in DIN V 4701-10: 2003-08 Abschnitt 4.1 zu beachten.

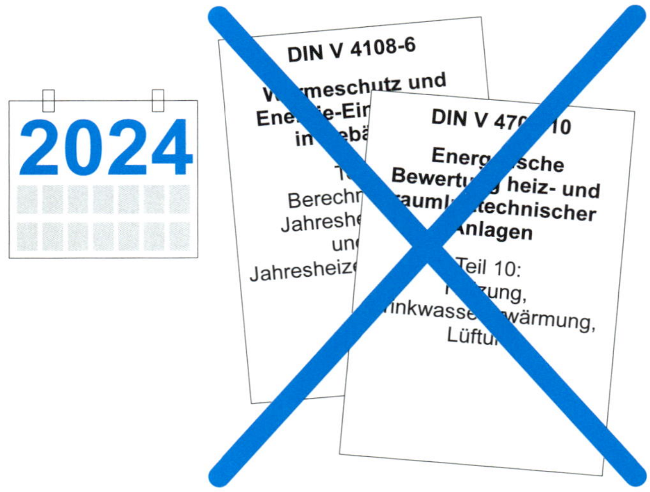

Zu § 20 (2)
Der Jahres-Primärenergiebedarf für Wohngebäude durfte nur noch bis Ende 2023 nach DIN 4108-6 und DIN 4701-10 berechnet werden.

Zu § 20 (1) und (2)

Der Jahres-Primärenergiebedarf wird unter einheitlichen Nutzungsrandbedingungen und einem einheitlichen Referenzklima (Klimaregion 4 mit Referenzort Potsdam nach DIN V 18599-10, Anhang E) berechnet. Dadurch werden äußere Einflüsse auf die Anforderungen des GEG vermieden. Der Jahres-Primärenergiebedarf ist grundsätzlich nach DIN V 18599 zu ermitteln. Nur für nicht gekühlte Gebäude durfte der Jahres-Primärenergiebedarf noch bis zum 31. Dezember 2023 nach DIN V 4108-6 und DIN V 4701-10 erfolgen, da mit DIN V 4108-6 und DIN V 4701-10 kein Nutz- und Primärenergiebedarf für Kühlung ermittelt werden kann.

Gekühlte Gebäude im Sinne des GEG sind solche, die nach ihrer Zweckbestimmung und unter Einsatz von Energie gekühlt werden. Dies trifft auch auf die passive Kühlung zu – beispielsweise wenn ein Gebäude mittels Durchströmung von Erdsonden direkt über den Fußboden gekühlt wird –, auch wenn hierbei lediglich Energie für die Umwälzpumpe zur Förderung des Kühlmediums genutzt wird.

Insbesondere hocheffiziente Gebäude können aufgrund besser geeigneter Randbedingungen und realistischerer Abbildung der Anlagentechnik und der Energieflüsse in der Bilanz häufig durch die DIN V 18599 besser bewertet werden.

Zur Ermittlung des Primärenergiebedarfs wird der Energiebedarf des Gebäudes mit Primärenergiefaktoren gewichtet, die nur den nicht erneuerbaren Anteil des Energiebedarfs berücksichtigen. Für die erneuerbaren Energien sind diese Faktoren kleiner 1, für die nicht erneuerbaren Energien größer 1. So können erneuerbare Energien den Primärenergiebedarf beträchtlich reduzieren. Die im Rahmen des GEG zu verwendenden Primärenergiefaktoren sind in § 22 und Anlage 4 festgelegt.

Zu § 20
Achtung, gekühlte Wohngebäude

Der Jahres-Primärenergiebedarf gekühlter Wohngebäude ist immer nach DIN V 18599 zu ermitteln. Dies betrifft somit auch alle Wohngebäude mit reversibler Wärmepumpe zum Heizen und Kühlen.

(3) Die Berechnungen sind für das zu errichtende Gebäude und das Referenzgebäude mit demselben Verfahren durchzuführen.

(4) Abweichend von DIN V 18599-1: 2018-09 sind bei der Berechnung des Endenergiebedarfs diejenigen Anteile nicht zu berücksichtigen, die durch in unmittelbarem räumlichen Zusammenhang zum Gebäude gewonnene solare Strahlungsenergie sowie Umweltwärme gedeckt werden.

Zu § 20 (4)

Im Sinne des GEG sind Umweltenergien keine Energieträger und daher bei der Ermittlung des Jahres-Primärenergiebedarfs nicht zu berücksichtigen.

(5) Abweichend von DIN V 18599-1: 2018-09 ist bei der Berechnung des Primärenergiebedarfs der Endenergiebedarf für elektrische Nutzeranwendungen in der Bilanzierung nicht zu berücksichtigen.

Zu § 20 (5)

Der Haushaltsstrombedarf wird bei der Ermittlung des Jahres-Primärenergiebedarfs nicht berücksichtigt. Somit kann dieser auch nicht in die Bilanzierung der Photovoltaik einfließen.

(6) Werden in den Berechnungen nach den Absätzen 1 und 2 Wärmedurchgangskoeffizienten berechnet, sind folgende Berechnungsverfahren anzuwenden:

1. DIN V 18599-2: 2018-09 Abschnitt 6.1.4.3 für die Berechnung der an Erdreich grenzenden Bauteile,
2. DIN 4108-4: 2017-03 in Verbindung mit DIN EN ISO 6946: 2008-04 für die Berechnung opaker Bauteile und
3. DIN 4108-4: 2017-03 für die Berechnung transparenter Bauteile sowie von Vorhangfassaden.

Zu § 20 (6) Nummer 1

Unabhängig vom gewählten Berechnungsverfahren für den Jahres-Primärenergiebedarf sind die Wärmedurchgangskoeffizienten *U* der Bauteile gegen Erdreich immer nach DIN V 18599-2 „Energetische Bewertung von Gebäuden – Berechnung des Nutz-, End- und Primärenergiebedarfs für Heizung, Kühlung, Lüftung, Trinkwarmwasser und Beleuchtung – Teil 2: Nutzenergiebedarf für Heizen und Kühlen von Gebäudezonen" (2018), Abschnitt 6.1.4.3, zu berechnen. Danach gelten allgemein die Randbedingungen nach DIN EN ISO 6946 „Bauteile – Wärmedurchlasswiderstand und Wärmedurchgangskoeffizient – Berechnungsverfahren (ISO 6946:2017); Deutsche Fassung EN ISO 6946:2017" (2018). Die Wärmeübergangswiderstände sind nach DIN V 18599-2, Abschnitt 6.1.4.3, anzusetzen.

§ 21
Berechnung des Jahres-Primärenergiebedarfs eines Nichtwohngebäudes

(1) Für das zu errichtende Nichtwohngebäude und das Referenzgebäude ist der Jahres-Primärenergiebedarf nach DIN V 18599: 2018-09 zu ermitteln.

Zu § 21 (1)

Zur Ermittlung des Jahres-Primärenergiebedarfs wird der Energiebedarf des Gebäudes mit Primärenergiefaktoren gewichtet, die nur den nicht erneuerbaren Anteil des Energiebedarfs berücksichtigen. Für die erneuerbaren Energien sind diese Faktoren kleiner 1, für die nicht erneuerbaren Energien größer 1. So können erneuerbare Energien den Primärenergiebedarf beträchtlich reduzieren. Die im Rahmen des GEG zu verwendenden Primärenergiefaktoren sind in § 22 und Anlage 4 festgelegt.

(2) Soweit sich bei einem Nichtwohngebäude Flächen hinsichtlich ihrer Nutzung, ihrer technischen Ausstattung, ihrer inneren Lasten oder ihrer Versorgung mit Tageslicht wesentlich unterscheiden, ist das Gebäude nach Maßgabe der DIN V 18599: 2018-09 in Verbindung mit § 18 Absatz 3 für die Berechnung nach Absatz 1 in Zonen zu unterteilen. Die Vereinfachungen zur Zonierung, zur pauschalierten Zuweisung der Eigenschaften der Hüllfläche und zur Ermittlung von tageslichtversorgten Bereichen gemäß DIN V 18599-1: 2018-09 Anhang D dürfen nach Maßgabe der dort angegebenen Bedingungen auch für zu errichtende Nichtwohngebäude verwendet werden.

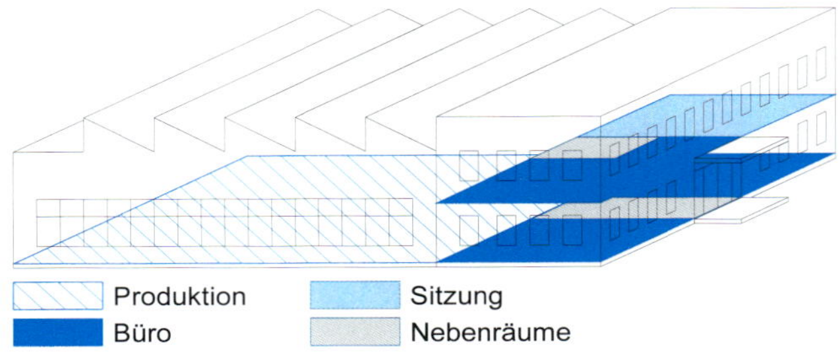

Zu § 21 (2)
Nichtwohngebäude sind nach Nutzung, Konditionierung und weiteren detaillierten Kriterien in Zonen zu unterteilen.

Zu § 21 (2)

Nichtwohngebäude sind nach Nutzung, Art der Konditionierung, Ausstattung mit Lüftungstechnik sowie weiteren detaillierten Kriterien zur Kühlung in Zonen zu unterteilen. Das Verfahren nach DIN V 18599 führt meist zunächst zu einer sehr kleinteiligen Zonierung. Die Kunst der Zonierung von Nichtwohngebäuden besteht darin, diese mithilfe der zulässigen Vereinfachungen geschickt in größere zusammenhängende Zonen zusammenzufassen. Dies reduziert den Berechnungsaufwand in der Regel in erheblichem Maße.

DIN V 18599-1, Anhang D, beschreibt Vereinfachungen bei der Flächenermittlung zonierter Nichtwohngebäude, die „besonders bei Bestandsgebäuden" zulässig sind. Diese Vereinfachungen dürfen im Rahmen des GEG auch für den Nachweis des Jahres-Primärenergiebedarfs von Neubauten verwendet werden.

(3) Für Nutzungen, die nicht in DIN V 18599-10: 2018-09 aufgeführt sind, kann

1. die Nutzung 17 der Tabelle 5 in DIN V 18599-10: 2018-09 verwendet werden oder
2. eine Nutzung auf der Grundlage der DIN V 18599-10: 2018-09 unter Anwendung gesicherten allgemeinen Wissensstandes individuell bestimmt und verwendet werden.

Steht bei der Errichtung eines Nichtwohngebäudes die Nutzung einer Zone noch nicht fest, ist nach Satz 1 Nummer 1 zu verfahren. In den Fällen des Satzes 1 Nummer 2 ist die individuell bestimmte Nutzung zu begründen und den Berechnungen beizufügen. Wird bei der Errichtung eines Nichtwohngebäudes in einer Zone keine Beleuchtungsanlage eingebaut, ist eine direkt-indirekte Beleuchtung mit stabförmigen Leuchtstofflampen mit einem Durchmesser von 16 Millimetern und mit einem elektronischen Vorschaltgerät anzunehmen.

Zu § 21 (3)

Achtung, Abweichungen von den aufgeführten Nutzungen möglich

Für die in DIN V 18599-10, Tabelle 5, aufgeführten Nutzungen müssen für die Berechnung des Jahres-Primärenergiebedarfs die dort genannten Nutzungsrandbedingungen angewendet werden. Nur für Nutzungen, die dort nicht aufgeführt sind, dürfen individuelle Nutzungsrandbedingungen bestimmt werden oder zur Vereinfachung die Nutzungsrandbedingungen für „sonstige Aufenthaltsräume" verwendet werden.

Bei der Errichtung von Nichtwohngebäuden steht die spätere Nutzung häufig noch nicht fest, z. B. bei Ausbau durch den Nutzer/Mieter. Zudem wird in solchen Fällen auch häufig noch keine Beleuchtung eingebaut. Zur Fertigstellung des Gebäudes muss jedoch ein Nachweis des Jahres-Primärenergiebedarfs erfolgen und ein Energieausweis ausgestellt werden. In diesem Fall ist für die Nutzung das Nutzungsprofil 17 „sonstige Aufenthaltsräume" in DIN V 18599-10, Tabelle 5, anzusetzen. Für die Beleuchtung sind eine direkt-indirekte Beleuchtung sowie stabförmige Leuchtstofflampen mit der standardisierten Typbezeichnung T5 oder T16 (Durchmesser 5/8 Zoll, entspricht 16 mm) und elektronischem Vorschaltgerät anzusetzen.

Die Beleuchtung ist damit 20 % effizienter als die des Referenzgebäudes. Insgesamt müssen zu errichtende Gebäude den Jahres-Primärenergiebedarf des Referenzgebäudes jedoch um 25 % unterschreiten. Dieser Primärenergieanteil kann daher nicht mehr zur energetischen Optimierung des Gebäudes herangezogen werden. Da die Beleuchtung aufgrund des hohen Primärenergiefaktors für Strom einen großen Anteil am Primärenergiebedarf des Gebäudes hat, kann diese Vorgabe die energetische Optimierung über die Mindestanforderungen des GEG hinaus – z. B. im Hinblick auf Fördermittel – spürbar erschweren.

(4) § 20 Absatz 3 bis 6 ist entsprechend anzuwenden.

Zu § 21 (4)

Siehe Kommentare zu § 20 (3) bis (6)

§ 22
Primärenergiefaktoren

(1) Für die Ermittlung des Jahres-Primärenergiebedarfs nach § 20 Absatz 1 oder Absatz 2 und nach § 21 Absatz 1 und 2 sind für den nicht erneuerbaren Anteil die Primärenergiefaktoren der Anlage 4 zu verwenden. Davon abweichend sind in den nachfolgend genannten Fällen folgende Primärenergiefaktoren für den nicht erneuerbaren Anteil zu verwenden:

1. für flüssige oder gasförmige Biomasse kann abweichend von Anlage 4 Nummer 6 und 7 für den nicht erneuerbaren Anteil der Wert 0,3 verwendet werden,
   a) wenn die flüssige oder gasförmige Biomasse im unmittelbaren räumlichen Zusammenhang mit dem Gebäude oder mit mehreren Gebäuden, die im räumlichen Zusammenhang stehen, erzeugt wird und
   b) diese Gebäude unmittelbar mit der flüssigen oder gasförmigen Biomasse versorgt werden; mehrere Gebäude müssen gemeinsam versorgt werden,
2. für gasförmige Biomasse, die aufbereitet und in das Erdgasnetz eingespeist worden ist (Biomethan) und in zu errichtenden Gebäuden eingesetzt wird, kann abweichend von Anlage 4 Nummer 6 für den nicht erneuerbaren Anteil
   a) der Wert 0,7 verwendet werden, wenn die Nutzung des Biomethans in einem Brennwertkessel erfolgt, oder
   b) der Wert 0,5 verwendet werden, wenn die Nutzung des Biomethans in einer hocheffizienten KWK-Anlage im Sinne des § 2 Nummer 8a des Kraft-Wärme-Kopplungsgesetzes vom 21. Dezember 2015 (BGBl. I S. 2498), das zuletzt durch Artikel 266 der Verordnung vom 19. Juni 2020 (BGBl. I S. 1328) geändert worden ist, erfolgt, und wenn
   c) bei der Aufbereitung und Einspeisung des Biomethans die Voraussetzungen nach Anlage 1 Nummer 1 Buchstabe a bis c des Erneuerbare-Energien-Gesetzes vom 25. Oktober 2008 (BGBl. I S. 2074) in der am 31. Juli 2014 geltenden Fassung erfüllt worden sind, und
   d) die Menge des entnommenen Biomethans im Wärmeäquivalent am Ende eines Kalenderjahres der Menge von Gas aus Biomasse entspricht, das an anderer Stelle in das Gasnetz eingespeist worden ist, und Massenbilanzsysteme für den gesamten Transport und Vertrieb des Biomethans von seiner Herstellung über seine Einspeisung in das Erdgasnetz und seinen Transport im Erdgasnetz bis zu seiner Entnahme aus dem Erdgasnetz verwendet worden sind,
3. für gasförmige Biomasse, die unter Druck verflüssigt worden ist (biogenes Flüssiggas) und in zu errichten-

Zu § 22 (1)

Der Jahres-Primärenergiebedarf eines Gebäudes berücksichtigt zusätzlich zum Bedarf eines Energieträgers die Energiemenge, die durch die vorgelagerten Prozessketten außerhalb der Gebäudegrenze für die Gewinnung, Umwandlung und Verteilung des Energieträgers benötigt wird. Zur Ermittlung des Jahres-Primärenergiebedarfs wird der Energiebedarf des Gebäudes abhängig vom verwendeten Energieträger mit einem Primärenergiefaktor multipliziert. Dabei werden grundsätzlich die Primärenergiefaktoren für den nicht erneuerbaren Anteil nach Anlage 4 verwendet. Für die erneuerbaren Energien sind diese Faktoren kleiner 1, für die nicht erneuerbaren Energien größer 1. So können erneuerbare Energien den Primärenergiebedarf beträchtlich reduzieren.

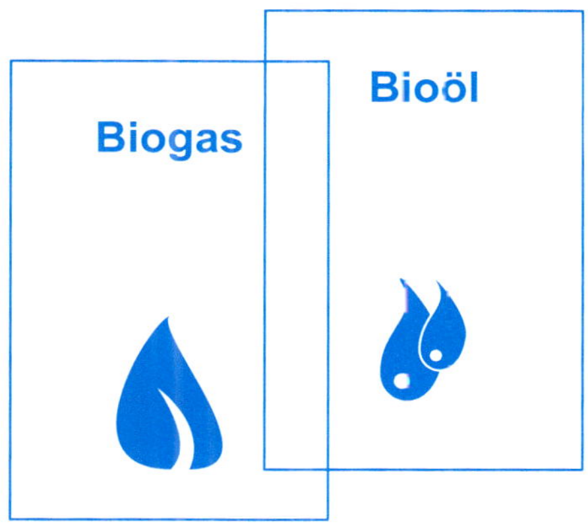

Zu § 22 (1)
Für Biogas und Bioöl können reduzierte Primärenergiefaktoren angesetzt werden.

Zu § 22 (1)

Für Biogas und Bioöl wird nach Anlage 4 jedoch zunächst der gleiche Primärenergiefaktor wie für fossiles Gas oder fossiles Öl von 1,1 angesetzt. Biogas kommt direkt aus der Biogasanlage. Biomethan hingegen wird vor der Einspeisung in das Gasnetz konform zum EEG aufbereitet. Im GEG 2023 wurde klargestellt, dass diese reduzierten Primärenergiefaktoren bei Gemischen aus Erdgas und gasförmiger Biomasse – ebenso wie bei Gemischen aus biogenem Flüssiggas und Flüssiggas – nur auf den energetischen Anteil der gasförmigen Biomasse angewendet werden dürfen

Beispiel zu § 22 (1)

Biomethan mit einem Anteil von 10 % gasförmiger Biomasse, Nutzung in einem Brennwertkessel

- Erdgas, Primärenergiefaktor 1,1, Gewichtung 90 %
- Biomethan, Primärenergiefaktor 0,7, Gewichtung 10 %
- $f_p = (1{,}1 \cdot 0{,}9) + (0{,}7 \cdot 0{,}1) = 1{,}06$

Unter den in Nummer 1 bis 4 genannten Bedingungen dürfen die folgenden reduzierten Primärenergiefaktoren angesetzt werden.

den Gebäuden eingesetzt wird, kann abweichend von Anlage 4 Nummer 6 für den nicht erneuerbaren Anteil

a) der Wert 0,7 verwendet werden, wenn die Nutzung des biogenen Flüssiggases in einem Brennwertkessel erfolgt, oder

b) der Wert 0,5 verwendet werden, wenn die Nutzung des biogenen Flüssiggases in einer hocheffizienten KWK-Anlage im Sinne des § 2 Nummer 8a des Kraft-Wärme-Kopplungsgesetzes erfolgt, und wenn

c) die Menge des entnommenen Gases am Ende eines Kalenderjahres der Menge von Gas aus Biomasse entspricht, das an anderer Stelle hergestellt worden ist, und Massenbilanzsysteme für den gesamten Transport und Vertrieb des biogenen Flüssiggases von seiner Herstellung über seine Zwischenlagerung und seinen Transport bis zu seiner Einlagerung in den Verbrauchstank verwendet worden sind,

4. für die Versorgung eines neu zu errichtenden Gebäudes mit aus Erdgas oder Flüssiggas erzeugter Wärme darf abweichend von Anlage 4 Nummer 15 für die in einer hocheffizienten KWK-Anlage im Sinne des § 2 Nummer 8a des Kraft-Wärme-Kopplungsgesetzes erzeugte Wärme für den nicht erneuerbaren Anteil der Wert 0,6 verwendet werden, wenn

   a) die Wärmerzeugungsanlage das zu errichtende Gebäude und ein oder mehrere bestehende Gebäude, die mit dem zu errichtenden Gebäude in einem räumlichen Zusammenhang stehen, dauerhaft mit Wärme versorgt und

   b) vorhandene mit fossilen Brennstoffen beschickte Heizkessel des oder der mitversorgten bestehenden Gebäude außer Betrieb genommen werden.

Durch eine Maßnahme nach Satz 2 Nummer 4 darf die Wärmeversorgung des oder der mitversorgten bestehenden Gebäude nicht in der Weise verändert werden, dass die energetische Qualität dieses oder dieser Gebäude verschlechtert wird. Bei Verwendung eines Gemisches aus Erdgas und gasförmiger Biomasse wird der Wert nach Satz 2 Nummer 2 Buchstabe a und b nur auf den energetischen Anteil der gasförmigen Biomasse angewendet. Bei Verwendung eines Gemisches aus biogenem Flüssiggas und Flüssiggas wird der Wert nach Satz 2 Nummer 3 Buchstabe a und b nur auf den energetischen Anteil des biogenen Flüssiggases angewendet.

Brennstoff	**Bedingungen**	**Primärenergiefaktor**
Biogas oder Bioöl	Erzeugung und Versorgung des Gebäudes im unmittelbaren räumlichen Zusammenhang entsprechend § 22 (1) Nummer 1	0,3
Biomethan oder Bioflüssiggas	Bezug aus einem öffentlichen Gasnetz entsprechend § 22 (1) Nummer 2 oder Flüssiggas entsprechend § 22 (1) Nummer 3 • Nutzung in einem Brennwertkessel • Nutzung in hocheffizienter Kraft-Wärme-Kopplungs(KWK)-Anlage	 0,7 0,5
Erdgas oder Flüssiggas	Ein Neubau mit hocheffizienter KWK-Anlage versorgt ein oder mehrere in räumlichem Zusammenhang stehende Bestandsgebäude, in denen die vorhandenen fossil befeuerten Heizkessel außer Betrieb genommen werden, mit Wärme aus der KWK-Anlage des Neubaus.	0,6

Zu § 22 (1)
Die in Anlage 4 Nummern 2, 3, 6, und 7 aufgelisteten Primärenergiefaktoren werden durch die Vorgaben in § 22 überschrieben. In Anlage 4 ist eine konsolidierte Tabelle aller Primärenergiefaktoren abgebildet.

Zu § 22 (1)

Der Einsatz der biogenen Brennstoffe ist nachzuweisen und zu dokumentieren. Der Eigentümer muss sich nach § 96 (6) vom Lieferanten bei Vertragsabschluss bescheinigen lassen, dass die vereinbarte Biomethanlieferung die Anforderungen nach § 22 (1) Satz 1 Nummer 2 Buchstabe c und d erfüllt. Ebenso muss bescheinigt werden, dass die vereinbarte Lieferung von biogenem Flüssiggas die Anforderungen nach § 22 (1) Satz 1 Nummer 3 Buchstabe c in der gesamten Laufzeit des Liefervertrags erfüllt. Die Abrechnungen sind vom Eigentümer mindestens 5 Jahre ab dem Zeitpunkt der Lieferung aufzubewahren.

Zu § 22 (1)

Darüber hinaus ist es nach § 57 (1) nicht zulässig, von einem im Nachweis berücksichtigten Biobrennstoff im Nachhinein zu einem anderen mit einem schlechteren Primärenergiefaktor zu wechseln.

(2) Wird ein zu errichtendes Gebäude mit Fernwärme versorgt, kann zur Ermittlung des Jahres-Primärenergiebedarfs nach § 20 Absatz 1 oder Absatz 2 und nach § 21 Absatz 1 und 2 als Primärenergiefaktor der Wert für den nicht erneuerbaren Anteil nach Maßgabe der Sätze 2 bis 4 sowie von Absatz 3 verwendet werden, den das Fernwärmeversorgungsunternehmen für den Wärmeträger in dem Wärmenetz, an das das Gebäude angeschlossen wird, ermittelt und veröffentlicht hat. Der ermittelte und veröffentlichte Wert nach Satz 1 kann verwendet werden, wenn das Fernwärmeversorgungsunternehmen zur Ermittlung des Primärenergiefaktors die zur Erzeugung und Verteilung der Wärme in einem Wärmenetz eingesetzten Brennstoffe und Strom, einschließlich Hilfsenergien, ermittelt, mit den Primärenergiefaktoren der Anlage 4 gewichtet und auf die abgegebene Wärmemenge bezogen sowie die Anwendung dieses Berechnungsverfahrens in der Veröffentlichung angegeben hat. Wird in einem Wärmenetz Wärme genutzt, die von einer Großwärmepumpe mit einer thermischen Leistung von mindestens 500 Kilowatt erzeugt wird, ist abweichend von Anlage 4 für netzbezogenen Strom zum Betrieb der Großwärmepumpe der Primärenergiefaktor für den nicht erneuerbaren Anteil von 1,2 zu verwenden. Wird in einem Wärmenetz Wärme genutzt, die in einer KWK-Anlage erzeugt wird, kann der ermittelte und veröffentlichte Wert nach Satz 1 verwendet werden, wenn das Fernwärmeversorgungsunternehmen zur Ermittlung des Primärenergiefaktors der Wärme aus der KWK-Anlage das Berechnungsverfahren nach DIN V 18599-1: 2018-09 Anhang A Abschnitt A.4 mit den Primärenergiefaktoren der Anlage 4 angewendet und die Anwendung dieser Methode in der Veröffentlichung angegeben hat.

(3) Liegt der ermittelte und veröffentlichte Wert des Primärenergiefaktors eines Wärmenetzes unter einem Wert von 0,3, ist als Primärenergiefaktor der Wert von 0,3 zu verwenden. Abweichend von Satz 1 darf ein ermittelter und veröffentlichter Wert, der unter 0,3 liegt, verwendet werden, wenn der Wert von 0,3 um den Wert von 0,001 für jeden Prozentpunkt des aus erneuerbaren Energien oder aus Abwärme erzeugten Anteils der in einem Wärmenetz genutzten Wärme verringert wird und das Fernwärmeversorgungsunternehmen dies in der Veröffentlichung angegeben hat.

(4) Hat das Fernwärmeversorgungsunternehmen den Primärenergiefaktor für den Wärmeträger in dem Wärmenetz, an das das zu errichtende Gebäude angeschlossen wird, nicht ermittelt und veröffentlicht, kann als Primärenergiefaktor der Wert für den nicht erneuerbaren Anteil verwendet werden, der in den nach § 20 Absatz 1 oder Absatz 2 und nach § 21 Absatz 1 und 2 zur Ermittlung des Jahres-Primärenergiebedarfs zu verwendenden Berechnungsverfahren für die genutzte Fernwärme aufgeführt ist.

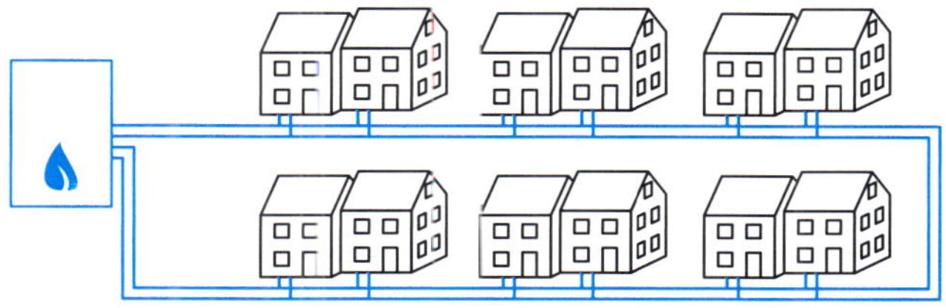

Zu § 22 (2) bis (4)
Primärenergiefaktoren für Fernwärme ≥ 0,2

Zu § 22 (2) bis (4)

Die Anlage 4 des GEG enthält keine Primärenergiefaktoren für Fernwärme. Diese müssen vom Fernwärmeversorger ermittelt und veröffentlicht werden. Die Ermittlung des Primärenergiefaktors entsprechend § 22 (2) GEG muss zudem vom Fernwärmeversorger bestätigt werden.

Um eine bestehende systematische Benachteiligung von Fernwärme aus Großwärmepumpen gegenüber Fernwärme aus KWK-Anlagen oder Wärmeerzeugern mit fossilen Energien zu beheben, wird für Strom zum Betrieb von wärmenetzgebundenen Großwärmepumpen der Primärenergiefaktor für den nicht erneuerbaren Anteil von 1,2 eingeführt (statt 1,8).

Im Berechnungsverfahren nach DIN V 18599-1, Anhang A, Abschnitt A.4, wird der durch Kraft-Wärme-Kopplung erzeugte Strom mit einem hohen Primärenergiefaktor von 2,8 bewertet. Dies kann selbst bei rein fossil betriebenen KWK-Anlagen zu einem Primärenergiefaktor von null führen, da die Stromgutschriften sehr hoch ausfallen. Da die ursprünglich anvisierte Umstellung der Berechnungen auf das Carnot-Verfahren nicht mehr umgesetzt werden konnte, wurde neu ein Sockelwert eingeführt. Liegt der ermittelte Primärenergiefaktor unter 0,3, ist für Fernwärme aus fossilen Energieträgern zur Berechnung des Jahres-Primärenergiebedarfs ein Primärenergiefaktor von 0,3 zu veröffentlichen. Dieser kann für jeden Prozentanteil an erneuerbaren Energien oder Abwärme im Wärmenetz um 0,001 auf minimal 0,2 reduziert werden. Der Anteil erneuerbarer Energien im Wärmenetz ist dazu vom Fernwärmeversorger ebenfalls zu veröffentlichen. Für Fernwärmenetze können Primärenergiefaktoren verwendet werden, die nach dem AGFW-Arbeitsblatt FW 309 Teil 1 (Energetische Bewertung von Fernwärme und Fernkälte – Teil 1: Primärenergiefaktoren und Emissionsfaktoren nach Stromgutschriftmethode) durch einen zertifizierten Gutachter bestätigt und auf den Internetseiten des AGFW (Der Energieeffizienzverband für Wärme, Kälte und KWK e.V., www.agfw.de) in der Liste der fp-Bescheinigungen oder auf der Informationsplattform DESI veröffentlicht wurden: www.district-energy-systems.info.

Wird von einem Fernwärmeversorger kein Primärenergiefaktor veröffentlicht, dürfen je nach verwendetem Berechnungsverfahren die in DIN V 4701-10 bzw. DIN V 18599-1 festgelegten Primärenergiefaktoren verwendet werden. Dort wird für Fernwärme aus Kraft-Wärme-Kopplung mit erneuerbarem Brennstoff ein Primärenergiefaktor von 0,0 angegeben. Dieser Wert darf jedoch nicht bei der Berechnung angesetzt werden, auch hier gilt nach § 22 (3) ein Wert von nicht unter 0,3; eine etwaige Berücksichtigung erneuerbarer Energien oder von Abwärme müsste rechtskonform dokumentiert werden.

(5) Das Bundesministerium für Wirtschaft und **Klimaschutz** wird gemeinsam mit dem Bundesministerium **für Wohnen, Stadtentwicklung und Bauwesen** das Berechnungsverfahren zur Ermittlung der Primärenergiefaktoren von Wärmenetzen, in denen Wärme genutzt wird, die in KWK-Anlagen erzeugt wird, überprüfen. Dabei wird unter Beachtung des Grundsatzes der Wirtschaftlichkeit die Umstellung des Berechnungsverfahrens auf ein Verfahren zur Ermittlung des Brennstoffanteils für die Wärmeerzeugung untersucht, das der in DIN EN 15316-4-5: 2017-09 Abschnitt 6.2.2.1.6.3 beschriebenen Methode entspricht. In die Untersuchung wird die Ermittlung eines Faktors einbezogen, mit dem der Anteil bestehender Gebäude an den an ein **Wärmenetz** angeschlossenen Gebäuden berücksichtigt wird. Das Bundesministerium für Wirtschaft und **Klimaschutz** hat gemeinsam mit dem Bundesministerium **für Wohnen, Stadtentwicklung und Bauwesen** dem Deutschen Bundestag bis zum 31. Dezember 2025 einen Bericht über das Ergebnis der Überprüfung vorzulegen. Der Bericht enthält einen Vorschlag für eine gesetzliche Regelung zur Umstellung des Berechnungsverfahrens ab dem Jahr 2030.

Zu § 22 (5)

Die Bewertung der Wärmenetze durch die Stromgutschriftenmethode nach DIN V 18599-1, Anhang A, Abschnitt A.4, führt bei fossil betriebener Kraft-Wärme-Kopplung zu sehr geringen oder nahe bei null liegenden Primärenergiefaktoren. Somit wird für Gebäude, die an solche Netze angeschlossen sind, ein entsprechend geringer Primärenergiebedarf ausgewiesen. Um die Schieflage gegenüber den ansonsten angewandten Berechnungen für die CO_2-Emissionen aufzuheben, soll das Berechnungsverfahren umgestellt werden. In Wärmenetzen mit einem hohen Kraft-Wärme-Kopplungs-Anteil und einem geringen Anteil an erneuerbaren Energien wird sich dadurch der Primärenergiefaktor erhöhen.

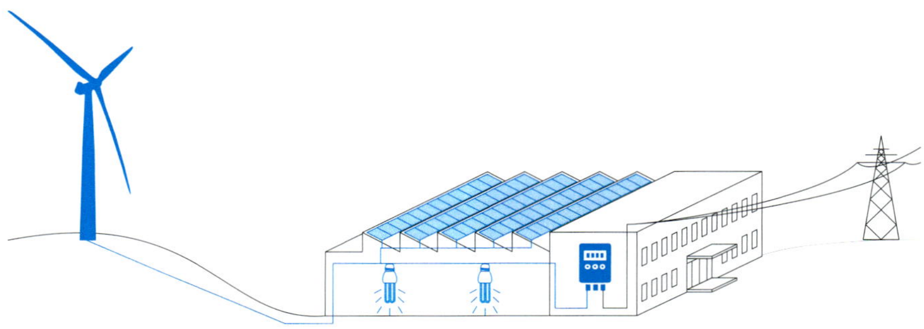

Zu § 23 (1)
Im räumlichen Zusammenhang erzeugter Strom aus erneuerbaren Energien

§ 23
Anrechnung von Strom aus erneuerbaren Energien

(1) Strom aus erneuerbaren Energien, der im unmittelbaren räumlichen Zusammenhang zu einem zu errichtenden Gebäude erzeugt wird, darf bei der Ermittlung des Jahres-Primärenergiebedarfs des zu errichtenden Gebäudes nach § 20 Absatz 1 oder Absatz 2 und nach § 21 Absatz 1 und 2 nach Maßgabe des Absatzes 2 in Abzug gebracht werden.

(2) Zur Berechnung der abzugsfähigen Strommenge nach Absatz 1 ist der monatliche Ertrag der Anlage zur Erzeugung von Strom aus erneuerbaren Energien dem Strombedarf für Heizung, Warmwasserbereitung, Lüftung, Kühlung und Hilfsenergien sowie bei Nichtwohngebäuden zusätzlich für Beleuchtung gegenüberzustellen. Der monatliche Ertrag ist nach DIN V 18599-9: 2018-09 zu bestimmen. Bei Anlagen zur Erzeugung von Strom aus solarer Strahlungsenergie sind die monatlichen Stromerträge unter Verwendung der mittleren monatlichen Strahlungsintensitäten der Referenzklimazone Potsdam nach

Zu § 23 (1)

Strom aus erneuerbaren Energien (siehe § 3 (2)) darf vom Jahres-Primärenergiebedarf des Gebäudes abgezogen werden, wenn er im unmittelbaren räumlichen Zusammenhang zum Gebäude erzeugt wird. Der geforderte räumliche Zusammenhang zwischen Stromerzeugung und Gebäude wird im GEG nicht weiter definiert. Die Auslegung XI-8 zu § 5 EnEV 2009 (Anrechnung von Strom aus erneuerbaren Energien) ist jedoch weiterhin sinngemäß anwendbar. Danach ist von einem unmittelbaren räumlichen Zusammenhang zu dem Gebäude dann auszugehen, wenn zur Nutzung des Stroms aus erneuerbaren Energien im Gebäude dieser Strom nicht über Leitungen eines öffentlichen Verteilungsnetzes geführt wird. Es ist dagegen unerheblich, ob die Gebäudeeigentümer selbst Betreiber der Erzeugungsanlage sind oder ein Dritter. Strom aus erneuerbaren Energien darf nach dem GEG auch dann angerechnet werden, wenn der Strom komplett ins Netz eingespeist wird. Die Anforderung, dass der Strom vorrangig im Gebäude direkt genutzt werden muss, ist gestrichen worden. Im Gegensatz zur EnEV 2013 kann Strom aus Wasserkraft nicht mehr als Strom aus erneuerbaren Energien angerechnet werden. Dieser hatte in der Praxis der Gebäudebilanzierung jedoch auch keine große Bedeutung.

DIN V 18599-10: 2018-09 Anhang E sowie der Standardwerte zur Ermittlung der Nennleistung des Photovoltaikmoduls nach DIN V 18599-9: 2018-09 Anhang B zu ermitteln.

Zu § 23 (2)

§ 23 (2) folgt in der Systematik der monatlichen Berechnung von regenerativem Stromertrag und Strombedarf des Gebäudes den Regelungen des § 5 EnEV 2013. Zur Höhe des anrechenbaren Stromertrags macht § 23 (2) jedoch keine Aussage. Hierzu bedarf es noch einer Auslegung. Nach § 5 EnEV 2013 erfolgte die Ermittlung des anrechenbaren Stroms aus erneuerbaren Energien monatsweise. Der monatlich erzeugte Strom aus erneuerbaren Energien durfte bis zur Höhe des monatlichen Strombedarfs des Gebäudes von diesem abgezogen werden. Dieser beinhaltet den Strombedarf für Heizung, Kühlung, Lüftung und Warmwasserbereitung, bei Nichtwohngebäuden zusätzlich den Strombedarf für Beleuchtung. Dies bedeutet jedoch nicht, dass die angerechnete Strommenge tatsächlich auch im Gebäude verwendet werden kann. In dieser Monatsbilanz wird z. B. auch der tagsüber erzeugte Strom angerechnet, der erst nachts zur Beleuchtung benötigt wird. Es wurde gleichsam von einem unendlich großen und verlustfreien Stromspeicher zum zeitlichen Ausgleich von Stromertrag und Strombedarf ausgegangen. Kann der Strom nicht im Gebäude gespeichert werden, wird er in der Realität meist ins Netz eingespeist und muss nachts wieder aus dem Netz bezogen werden. Das Verfahren der monatsweisen Bilanzierung nach EnEV 2013 führte somit einerseits zu anrechenbaren Strommengen, die signifikant über der tatsächlich für den Energiebedarf nach EnEV 2013 nutzbaren Strommenge liegen. Andererseits wird in der Realität der erzeugte Strom auch für beispielsweise Haushaltsgeräte oder Produktionsprozesse verwendet, deren Bedarf jedoch – wie im GEG – nach EnEV 2013 nicht bilanziert wurde.

Beispiel zu § 23 (2)

Der Strombedarf einer Kompressionskälteanlage kann zu einem großen Teil aus einer Photovoltaikanlage gedeckt werden, da der jahreszeitliche Verlauf des Kühlbedarfs und der des Stromertrags aus der Photovoltaikanlage kongruent sind. Der Strombedarf einer Wärmepumpe hingegen könnte nur zu einem deutlich geringeren Teil von der gleichen Photovoltaikanlage gedeckt werden, da in diesem Fall Stromertrag und Strombedarf jahreszeitlich bedingt nicht zusammenfallen.

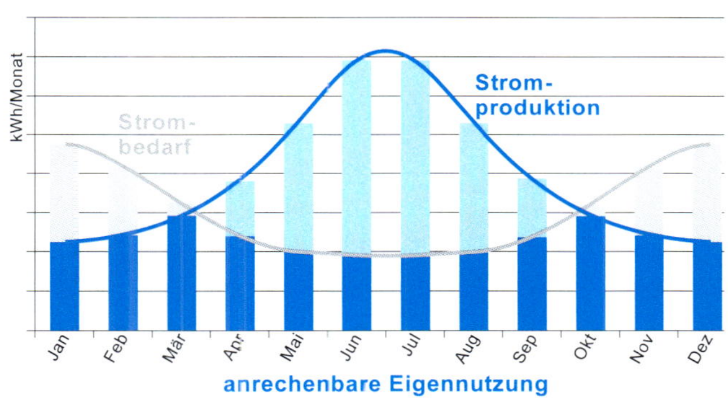

Zu § 23 (2)
Anteil des anrechenbaren Stroms aus einer Photovoltaikanlage am Gesamtstrombedarf nach monatsweiser Ermittlung

§ 24
Einfluss von Wärmebrücken

Unbeschadet der Regelung in § 12 ist der verbleibende Einfluss von Wärmebrücken bei der Ermittlung des Jahres-Primärenergiebedarfs nach § 20 Absatz 1 oder Absatz 2 und nach § 21 Absatz 1 und 2 nach einer der in DIN V 18599-2: 2018-09 oder bis zum 31. Dezember 2023 auch in DIN V 4108-6: 2003-06, geändert durch DIN V 4108-6 Berichtigung 1: 2004-03 genannten Vorgehensweisen zu berücksichtigen. Wärmebrückenzuschläge mit Überprüfung und Einhaltung der Gleichwertigkeit nach DIN V 18599-2: 2018-09 oder DIN V 4108-6: 2003-06, geändert durch DIN V 4108-6 Berichtigung 1: 2004-03 sind nach DIN 4108 Beiblatt 2: 2019-06 zu ermitteln. Abweichend von DIN V 4108-6: 2003-06, geändert durch DIN V 4108-6 Berichtigung 1: 2004-03 kann bei Nachweis der Gleichwertigkeit nach DIN 4108 Beiblatt 2: 2019-06 der pauschale Wärmebrückenzuschlag nach Kategorie A oder Kategorie B verwendet werden.

Zu § 24

Bei Neubauten ist der Einfluss von Wärmebrücken auf den Heizwärmebedarf nach § 12 so gering wie möglich zu halten. Die verbleibenden Transmissionswärmeverluste über Wärmebrücken werden durch einen Zuschlag ΔU_{WB} auf die ungestörten *U*-Werte der Bauteile berücksichtigt. Dieser beträgt standardmäßig ohne weiteren Nachweis 0,1 W/(m² · K). Bei Neubauten wären dies in der Regel über 25 % der zulässigen Transmissionswärmeverluste.

Der Wärmebrückenzuschlag kann pauschal reduziert werden, wenn die Gleichwertigkeit der Wärmerbrücken mit DIN 4108 Beiblatt 2 „Wärmeschutz und Energie-Einsparung in Gebäuden; Beiblatt 2: Wärmebrücken – Planungs- und Ausführungsbeispiele, mit CD-ROM" (2019) gegeben ist und nachgewiesen wird. Die Neufassung der DIN 4108 Beiblatt 2 enthält dazu gegenüber der bisher verwendeten Fassung vom März 2006 ein Vielfaches an Details mit aktuellen Konstruktionsbeispielen sowie erweiterte Möglichkeiten für den Gleichwertigkeitsnachweis. Damit sollte das korrekte Führen eines Gleichwertigkeitsnachweises in der Regel möglich sein. Zudem ermöglicht die DIN 4108 Beiblatt 2 einen qualitativ gestaffelten Gleichwertigkeitsnachweis mit Wärmebrückenzuschlägen von 0,05 oder 0,03 W/(m² · K). Für eine weitere Reduktion muss der Wärmebrückenzuschlag unter erheblichem Aufwand über die Wärmebrückenverlustkoeffizienten Ψ aller Wärmebrücken des Gebäudes ermittelt werden.

Der bisher in EnEV 2013 Anlage 3 Nummer 8 vorgegebene erhöhte Wärmebrückenzuschlag ΔU_{WB} von 0,15 W/(m² · K) bei bestehenden Gebäuden mit einer innen liegenden Dämmschicht und einbindenden Massivdecken an mehr als 50 % der Außenwandfläche wurde in die DIN V 18599-2 übernommen, nicht jedoch in die DIN V 4108-6. Der erhöhte Wärmebrückenzuschlag gilt somit nur noch bei Berechnungen mit DIN V 18599.

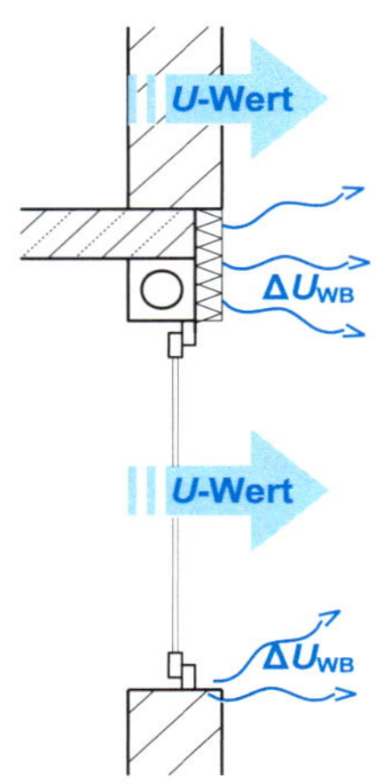

Zu § 24
Wärmebrücken werden über einen Wärmebrückenzuschlag ΔU_{WB} auf die ungestörten U-Werte der Bauteile berücksichtigt.

§ 25
Berechnungsrandbedingungen

(1) Bei den Berechnungen für die Ermittlung des Jahres-Primärenergiebedarfs nach § 20 Absatz 1 oder Absatz 2 und nach § 21 Absatz 1 und 2 ist für das zu errichtende Gebäude eine Ausstattung mit einem System für die Gebäudeautomation der Klasse C nach DIN V 18599-11: 2018-09 zugrunde zu legen. Eine Gebäudeautomation der Klassen A oder B nach DIN V 18599-11: 2018-09 kann zugrunde gelegt werden, wenn das zu errichtende Gebäude mit einem System einer dieser Klassen ausgestattet ist.

Zu § 25 (1)

Im Unterschied zur EnEV 2013 kann eine Gebäudeautomationsklasse A oder B auch für Wohngebäude angesetzt werden.

(2) Bei den Berechnungen für die Ermittlung des Jahres-Primärenergiebedarfs nach § 20 Absatz 1 oder Absatz 2 und nach § 21 Absatz 1 und 2 ist für das zu errichtende Gebäude und das Referenzgebäude ein Verschattungsfaktor von 0,9 zugrunde zu legen, soweit die baulichen Bedingungen nicht detailliert berücksichtigt werden.

(3) Bei den Berechnungen für die Ermittlung des Jahres-Primärenergiebedarfs nach § 20 Absatz 1 sind für den Anteil mitbeheizter Flächen für das zu errichtende Wohngebäude und das Referenzgebäude die Standardwerte nach DIN V 18599: 2018-09 Tabelle 4 zu verwenden.

(4) Bei den Berechnungen für die Ermittlung des Jahres-Primärenergiebedarfs nach § 21 Absatz 1 und 2 sind für das zu errichtende Nichtwohngebäude die in DIN V 18599-10: 2018-09 Tabelle 5 bis 9 aufgeführten Nutzungsrandbedingungen und Klimadaten zu verwenden; bei der Berechnung des Referenzgebäudes müssen die in DIN V 18599-10: 2018-09 Tabelle 5 enthaltenen Werte angesetzt werden.

(5) Bei den Berechnungen für die Ermittlung des Jahres-Primärenergiebedarfs nach § 21 Absatz 1 und 2 sind für das zu errichtende Nichtwohngebäude und das Referenzgebäude bei Heizsystemen in Raumhöhen von 4 Metern oder weniger ein Absenkbetrieb gemäß DIN V 18599-2: 2018-09 Gleichung 29 und bei Heizsystemen in Raumhöhen von mehr als 4 Metern ein Abschaltbetrieb gemäß DIN V 18599-2: 2018-09 Gleichung 30 zugrunde zu legen, jeweils mit einer Dauer gemäß den Nutzungsrandbedingungen in DIN V 18599-10: 2018-09 Tabelle 5.

(6) Bei den Berechnungen für die Ermittlung des Jahres-Primärenergiebedarfs nach § 21 Absatz 1 und 2 ist für das zu errichtende Nichtwohngebäude und das Referenzgebäude ein Verbauungsindex von 0,9 zugrunde zu legen, soweit die Verbauung nicht genau nach DIN V 18599-4: 2018-09 Abschnitt 5.5.2 ermittelt wird.

(7) Bei den Berechnungen für die Ermittlung des Jahres-Primärenergiebedarfs nach § 21 Absatz 1 und 2 ist für das zu errichtende Nichtwohngebäude und das Referenzgebäude der Wartungsfaktor in den Zonen der Nutzungen 14, 15 und 22 nach DIN V 18599-10: 2018-09 Tabelle 5 mit 0,6 und im Übrigen mit 0,8 anzusetzen.

(8) Bei den Berechnungen für die Ermittlung des Jahres-Primärenergiebedarfs nach § 21 Absatz 1 und 2 darf abweichend von DIN V 18599-10: 2018-09 für das zu errichtende Nichtwohngebäude und das Referenzgebäude bei Zonen der DIN V 18599-10: 2018-09 Tabelle 5 Nutzung 6 und 7 die tatsächliche Beleuchtungsstärke angesetzt werden, jedoch bei Zonen der Nutzung 6 nicht mehr als 1 500 Lux und bei Zonen der Nutzung 7 nicht mehr als 1 000 Lux. Beim Referenzgebäude ist der Primärenergiebedarf für die Beleuchtung mit dem Tabellenverfahren nach DIN V 18599-4: 2018-09 zu berechnen.

(9) Für die Ermittlung des Höchstwerts des Transmissionswärmeverlusts nach § 16 ist die wärmeübertragende Umfassungsfläche eines Wohngebäudes in Quadratmetern nach den in DIN V 18599-1: 2018-09 Abschnitt 8 angegebenen Bemaßungsregeln so festzulegen, dass sie mindestens alle beheizten und gekühlten Räume einschließt. Für alle umschlossenen Räume sind dabei die gleichen Bedingungen anzunehmen, die bei der Berechnung nach § 20 Absatz 1 oder Absatz 2 in Verbindung mit § 20 Absatz 3 und 4, § 22 und den Absätzen 1 bis 3 zugrunde zu legen sind.

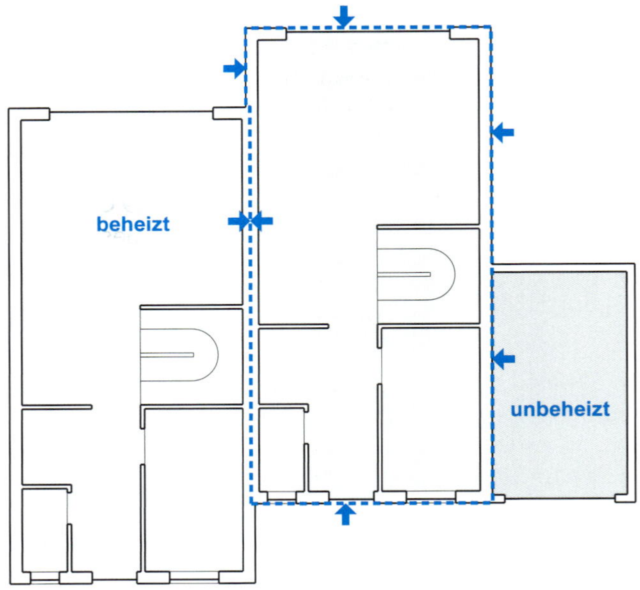

Zu § 25 (9)
Maßbezüge der wärmeübertragenden Umfassungsflächen von Gebäuden im Grundriss

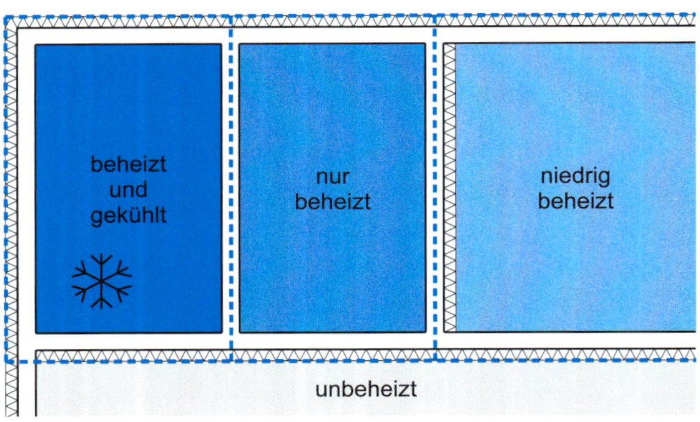

Zu § 25 (9)
Maßbezüge der wärmeübertragenden Umfassungsflächen und Systemgrenzen von Zonen eines Nichtwohngebäudes im Grundriss

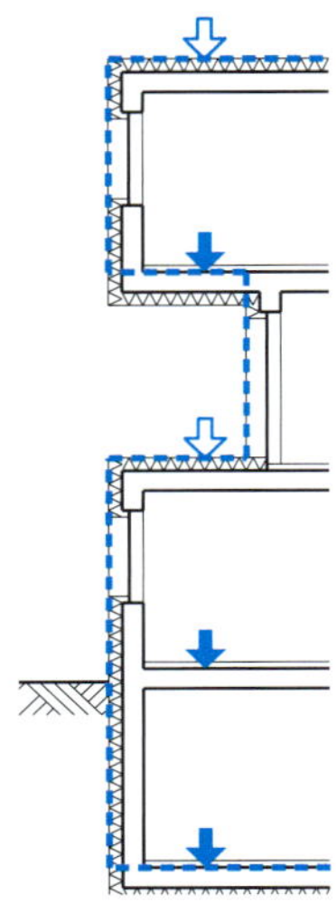

Zu § 25 (9)
Maßbezüge der wärmeübertragenden Umfassungsflächen von Gebäuden und Systemgrenzen von Zonen eines Nichtwohngebäudes im Vertikalschnitt

Zu § 25 (9)

Als horizontale Maßbezüge gegen Außenluft, Erdreich oder unbeheizte Gebäude oder Gebäudeteile gelten immer die Außenkanten (kalten Seiten) der Außenwände. In Trennwänden zu temperierten Nachbargebäuden oder Gebäudeteilen gilt die Mitte der Rohbauwand als Maßbezug, auch bei niedrig temperierten Gebäuden.

Als vertikaler Maßbezug gilt immer die Oberkante der Rohdecke, ungeachtet der tatsächlichen Lage einer Wärmedämmschicht. Einzige Ausnahme bildet der obere Gebäudeabschluss. Hier gilt die Außenkante der äußersten wärmetechnisch wirksamen Schicht als Maßbezug.

(10) Das beheizte Gebäudevolumen eines Wohngebäudes in Kubikmetern ist das Volumen, das von der nach Absatz 9 ermittelten wärmeübertragenden Umfassungsfläche umschlossen wird. Die Gebäudenutzfläche eines Wohngebäudes ist nach DIN V 18599-1: 2018-09 Gleichung 30 zu ermitteln. Abweichend von Satz 1 ist die Gebäudenutzfläche nach DIN V 18599-1: 2018-09 Gleichung 31 zu ermitteln, wenn die durchschnittliche Geschosshöhe eines Wohngebäudes, gemessen von der Oberfläche des Fußbodens zur Oberfläche des Fußbodens des darüber liegenden Geschosses, mehr als 3 Meter oder weniger als 2,5 Meter beträgt.

(11) Abweichend von DIN V 18599-10: 2018-09 sind die Zonen nach DIN V 18599-10: 2018-09 Tabelle 5 Nutzung 32 und 33 als unbeheizt und ungekühlt anzunehmen und damit nicht Gegenstand von Berechnungen und Anforderungen nach diesem Gesetz.

Zu § 25 (10)

Siehe auch § 3 (1) Nummer 10, Begriffsbestimmung „Gebäudenutzfläche"

§ 26
Prüfung der Dichtheit eines Gebäudes

(1) Wird die Luftdichtheit eines zu errichtenden Gebäudes vor seiner Fertigstellung nach DIN EN ISO 9972: 2018-12 Anhang NA überprüft, darf die gemessene Netto-Luftwechselrate bei der Ermittlung des Jahres-Primärenergiebedarfs nach § 20 Absatz 1 oder Absatz 2 und nach § 21 Absatz 1 und 2 nach Maßgabe der Absätze 2 bis 5 als Luftwechselrate in Ansatz gebracht werden. Bei der Überprüfung der Luftdichtheit sind die Messungen nach den Absätzen 2 bis 5 sowohl mit Über- als auch mit Unterdruck durchzuführen. Die genannten Höchstwerte sind für beide Fälle einzuhalten.

(2) Der bei einer Bezugsdruckdifferenz von 50 Pascal gemessene Volumenstrom in Kubikmeter pro Stunde darf

1. ohne raumlufttechnische Anlagen höchstens das 3fache des beheizten oder gekühlten Luftvolumens des Gebäudes in Kubikmetern betragen und
2. mit raumlufttechnischen Anlagen höchstens das 1,5fache des beheizten oder gekühlten Luftvolumens des Gebäudes in Kubikmetern betragen.

(3) Abweichend von Absatz 2 darf bei Gebäuden mit einem beheizten oder gekühlten Luftvolumen von über 1 500 Kubikmetern der bei einer Bezugsdruckdifferenz von 50 Pascal gemessene Volumenstrom in Kubikmeter pro Stunde

1. ohne raumlufttechnische Anlagen höchstens das 4,5fache der Hüllfläche des Gebäudes in Quadratmetern betragen und
2. mit raumlufttechnischen Anlagen höchstens das 2,5fache der Hüllfläche des Gebäudes in Quadratmetern betragen.

(4) Wird bei Nichtwohngebäuden die Dichtheit lediglich für bestimmte Zonen berücksichtigt oder ergeben sich für einzelne Zonen aus den Absätzen 2 und 3 unterschiedliche Anforderungen, so kann der Nachweis der Dichtheit für diese Zonen getrennt durchgeführt werden.

(5) Besteht ein Gebäude aus gleichartigen, nur von außen erschlossenen Nutzeinheiten, so darf die Messung nach Absatz 1 nach Maßgabe von DIN EN ISO 9972: 2018-12 Anhang NB auf eine Stichprobe dieser Nutzeinheiten begrenzt werden.

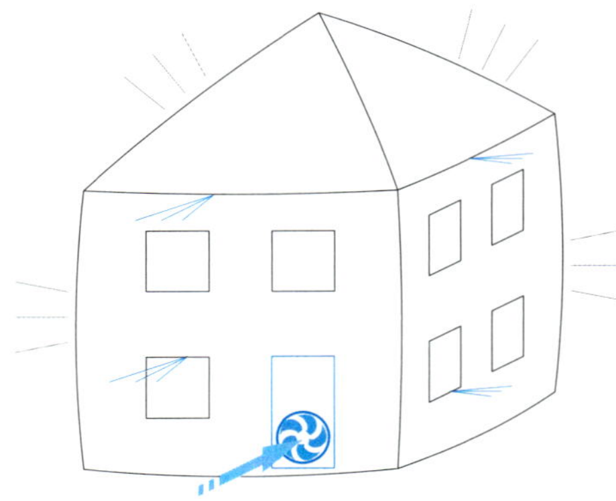

Zu § 26
Überprüfung der Luftdichtheit mittels Druckdifferenztest (z. B. mit Blower-Door)

Zu § 26

Die Gebäudehülle ist zwar dauerhaft luftundurchlässig auszuführen, eine Prüfung dieser Vorgabe schreibt das GEG jedoch nicht zwingend vor. Wird die Luftdichtheit nach DIN EN ISO 9972, Anhang NA, geprüft – was auch hinsichtlich der Qualitätskontrolle auf der Baustelle zu empfehlen ist –, so gibt es dafür definierte Anforderungen. Ein Nachweis der Luftdichtheit ist mittels Druckdifferenztest bei einer Druckdifferenz von 50 Pa zu führen. Bei der Überprüfung der Luftdichtheit sind die Messungen sowohl mit Über- als auch mit Unterdruck durchzuführen. Ein Gebäude gilt als luftdicht, wenn die folgenden Luftwechsel während des Druckdifferenztests nicht überschritten werden:

- Gebäude mit Luftvolumen bis maximal 1.500 m^3
  – ohne raumlufttechnische Anlagen 3,0 h^{-1}
  – mit raumlufttechnischen Anlagen 1,5 h^{-1}
  bezogen auf das beheizte und gekühlte Luftvolumen des Gebäudes
- Gebäude mit Luftvolumen über 1.500 m^3
  – ohne raumlufttechnische Anlagen 4,5 m/h
  – mit raumlufttechnischen Anlagen 2,5 m/h
  bezogen auf die Hüllfläche des Gebäudes

Bei Nichtwohngebäuden kann die Berücksichtigung der Luftdichtheit bei der Berechnung des Jahres-Primärenergiebedarfs zonenweise erfolgen. Der Nachweis der Luftdichtheit muss dann auch nur für diese Zonen geführt werden. Bei gleichartigen, nur von außen erschlossenen Nutzungseinheiten genügt eine Stichprobe.

Bei Wohngebäuden ist der Nachweis der Luftdichtheit Voraussetzung für die Anrechnung von Wärmerückgewinnung und regelungstechnisch optimierten Luftwechselraten in Lüftungsanlagen: siehe § 28 (1). Dies gilt nicht für Nichtwohngebäude.

§ 27
Gemeinsame Heizungsanlage für mehrere Gebäude

Wird ein zu errichtendes Gebäude mit Wärme aus einer Heizungsanlage versorgt, aus der auch andere Gebäude oder Teile davon Wärme beziehen, ist es abweichend von DIN V 18599: 2018-09 und bis zum 31. Dezember 2023 auch von DIN V 4701-10: 2003-08 zulässig, bei der Ermittlung des Jahres-Primärenergiebedarfs des zu errichtenden Gebäudes eigene zentrale Einrichtungen der Wärmeerzeugung, Wärmespeicherung oder Warmwasserbereitung anzunehmen, die hinsichtlich ihrer Bauart, ihres Baualters und ihrer Betriebsweise den gemeinsam genutzten Einrichtungen entsprechen, hinsichtlich ihrer Größe und Leistung jedoch nur auf das zu berechnende Gebäude ausgelegt sind. Soweit dabei zusätzliche Wärmeverteil- und Warmwasserleitungen zur Verbindung der versorgten Gebäude verlegt werden, sind deren Wärmeverluste anteilig zu berücksichtigen.

Zu § 27

Die Möglichkeit, eine gemeinsame Heizungsanlage für mehrere Gebäude in jedem Gebäude als einzelne Heizungsanlage anzusetzen, erspart die ansonsten vorgeschriebene Berechnung derartiger Heizsysteme als Gebäudenetz.

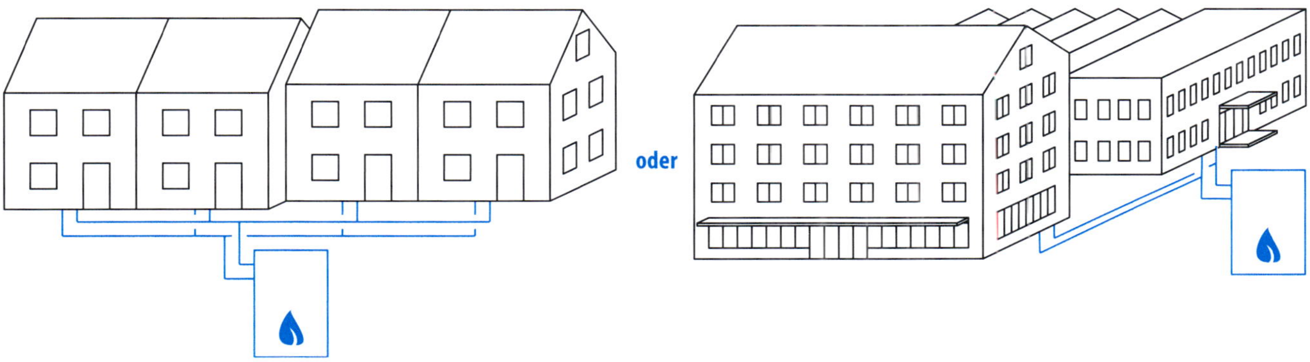

Zu § 27
Gemeinsame Heizungsanlage für mehrere Gebäude

§ 28
Anrechnung mechanisch betriebener Lüftungsanlagen

(1) Im Rahmen der Berechnung nach § 20 Absatz 1 oder Absatz 2 ist bei mechanischen Lüftungsanlagen die Anrechnung der Wärmerückgewinnung oder einer regelungstechnisch verminderten Luftwechselrate nur zulässig, wenn

1. die Dichtheit des Gebäudes nach § 13 in Verbindung mit § 26 nachgewiesen wird,
2. die Lüftungsanlage mit Einrichtungen ausgestattet ist, die eine Beeinflussung der Luftvolumenströme jeder Nutzeinheit durch den Nutzer erlauben und
3. sichergestellt ist, dass die aus der Abluft gewonnene Wärme vorrangig vor der vom Heizsystem bereitgestellten Wärme genutzt wird.

(2) Die bei der Anrechnung der Wärmerückgewinnung anzusetzenden Kennwerte der Lüftungsanlage sind nach den anerkannten Regeln der Technik zu bestimmen oder den allgemeinen bauaufsichtlichen Zulassungen der verwendeten Produkte zu entnehmen.

(3) Auf ein Wohngebäude mit nicht mehr als zwei Wohnungen, von denen eine nicht mehr als 50 Quadratmeter Gebäudenutzfläche hat, ist Absatz 1 Nummer 2 nicht anzuwenden.

Zu § 28 (1)

Achtung, um Lüftungsanlagen bei der Berechnung des Jahres-Primärenergiebedarfs von Wohngebäuden berücksichtigen zu dürfen, müssen die Anforderungen der Nummern 1 bis 3 vollständig erfüllt sein. Ohne die erfolgreiche Prüfung der Dichtheit des Gebäudes ist eine Wärmerückgewinnung oder bedarfsabhängige Volumenstromregelung der Lüftungsanlage somit in der Berechnung nicht ansetzbar. Der Strombedarf der Lüftungsanlage ist hingegen trotzdem zu berücksichtigen.

§ 29
Berechnung des Jahres-Primärenergiebedarfs und des Transmissionswärmeverlustes bei aneinandergereihter Bebauung von Wohngebäuden

(1) Bei der Berechnung des Jahres-Primärenergiebedarfs nach § 20 und des Transmissionswärmeverlustes von aneinandergereihten Wohngebäuden werden Gebäudetrennwände zwischen

1. Gebäuden, die nach ihrem Verwendungszweck auf Innentemperaturen von mindestens 19 Grad Celsius beheizt werden, als nicht wärmedurchlässig angenommen und bei der Ermittlung der wärmeübertragenden Umfassungsfläche nicht berücksichtigt,
2. Wohngebäuden und Gebäuden, die nach ihrem Verwendungszweck auf Innentemperaturen von mindestens 12 Grad Celsius und weniger als 19 Grad Celsius beheizt werden, bei der Berechnung des Wärmedurchgangskoeffizienten mit einem Temperatur-Korrekturfaktor nach DIN V 18599-2: 2018-09 oder bis zum 31. Dezember 2023 auch nach DIN V 4108-6: 2003-06, geändert durch DIN V 4108-6 Berichtigung 1: 2004-03, gewichtet und
3. Wohngebäuden und Gebäuden oder Gebäudeteilen, in denen keine beheizten Räume im Sinne des § 3 Absatz 1 Nummer 4 vorhanden sind, bei der Berechnung des Wärmedurchgangskoeffizienten mit einem Temperaturfaktor in Höhe von 0,5 gewichtet.

(2) Werden beheizte Teile eines Gebäudes getrennt berechnet, ist Absatz 1 Nummer 1 sinngemäß für die Trennflächen zwischen den Gebäudeteilen anzuwenden.

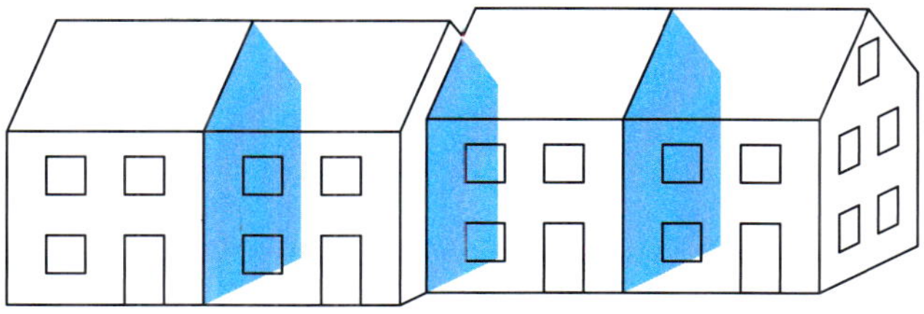

Zu § 29
Gebäudetrennwände

Zu § 29

Die Trennwände zwischen Wohngebäuden und Nichtwohngebäuden mit Raumsolltemperaturen ≥ 19 °C sind nicht wärmeübertragend und müssen daher weder in der Berechnung des Jahres-Primärenergiebedarfs noch des spezifischen Transmissionswärmeverlusts berücksichtigt werden. Trennwände zu niedrig beheizten oder unbeheizten Räumen werden mit Reduktionsfaktoren für den Transmissionswärmeverlust bewertet.

§ 30
Zonenweise Berücksichtigung von Energiebedarfsanteilen bei einem zu errichtenden Nichtwohngebäude

Zu § 30

Bei Nichtwohngebäuden muss der Energiebedarfsanteil einer Versorgungstechnik bei der Ermittlung des Jahres-Primärenergiebedarfs einer Gebäudezone oder eines Gebäudes nur dann berücksichtigt werden, wenn er einen bestimmten Umfang übersteigt.

(1) Ist ein zu errichtendes Nichtwohngebäude nach § 21 Absatz 2 für die Berechnung des Jahres-Primärenergiebedarfs nach § 21 Absatz 1 in Zonen zu unterteilen, sind Energiebedarfsanteile nach Maßgabe der Absätze 2 bis 7 in die Ermittlung des Jahres-Primärenergiebedarfs einer Zone einzubeziehen.

(2) Der Primärenergiebedarf für das Heizungssystem und die Heizfunktion der raumlufttechnischen Anlage ist zu bilanzieren, wenn die Raum-Solltemperatur des Gebäudes oder einer Gebäudezone für den Heizfall mindestens 12 Grad Celsius beträgt und eine durchschnittliche Nutzungsdauer für die Gebäudebeheizung auf Raum-Solltemperatur von mindestens vier Monaten pro Jahr vorgesehen ist.

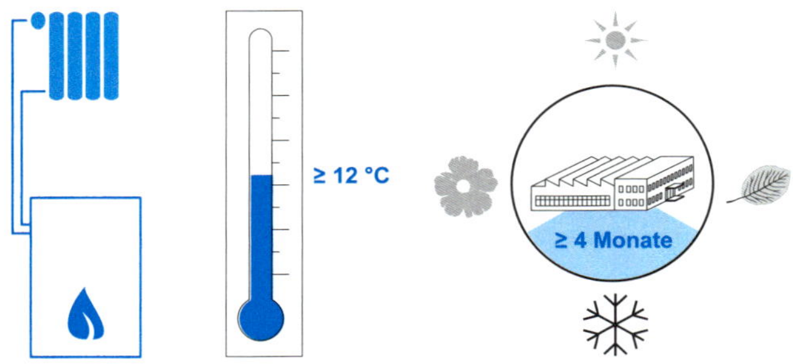

Zu § 30 (2)
Voraussetzungen für die Ermittlung des Jahres-Primärenergiebedarfs für Heizung

(3) Der Primärenergiebedarf für das Kühlsystem und die Kühlfunktion der raumlufttechnischen Anlage ist zu bilanzieren, wenn für das Gebäude oder eine Gebäudezone für den Kühlfall der Einsatz von Kühltechnik und eine durchschnittliche Nutzungsdauer für Gebäudekühlung auf Raum-Solltemperatur von mehr als zwei Monaten pro Jahr und mehr als zwei Stunden pro Tag vorgesehen sind.

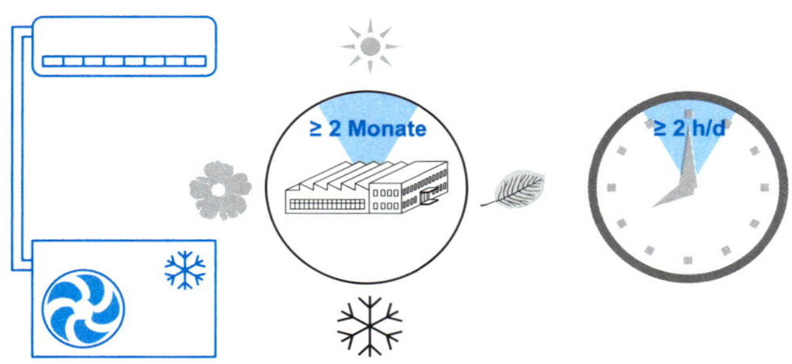

Zu § 30 (3)
Voraussetzungen für die Ermittlung des Jahres-Primärenergiebedarfs für Kühlung

(4) Der Primärenergiebedarf für die Dampfversorgung ist zu bilanzieren, wenn für das Gebäude oder eine Gebäudezone eine solche Versorgung wegen des Einsatzes einer raumlufttechnischen Anlage nach Absatz 3 für durchschnittlich mehr als zwei Monate pro Jahr und mehr als zwei Stunden pro Tag vorgesehen ist.

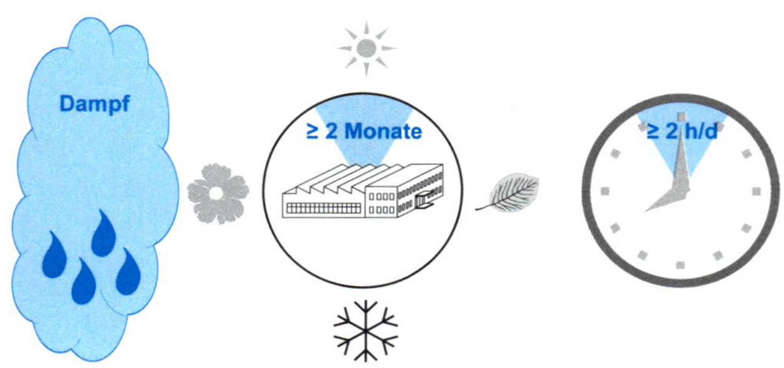

Zu § 30 (4)
Voraussetzungen für die Ermittlung des Jahres-Primärenergiebedarfs für Dampfversorgung

(5) Der Primärenergiebedarf für Warmwasser ist zu bilanzieren, wenn ein Nutzenergiebedarf für Warmwasser in Ansatz zu bringen ist und der durchschnittliche tägliche Nutzenergiebedarf für Warmwasser wenigstens 0,2 Kilowattstunden pro Person und Tag oder 0,2 Kilowattstunden pro Beschäftigtem und Tag beträgt.

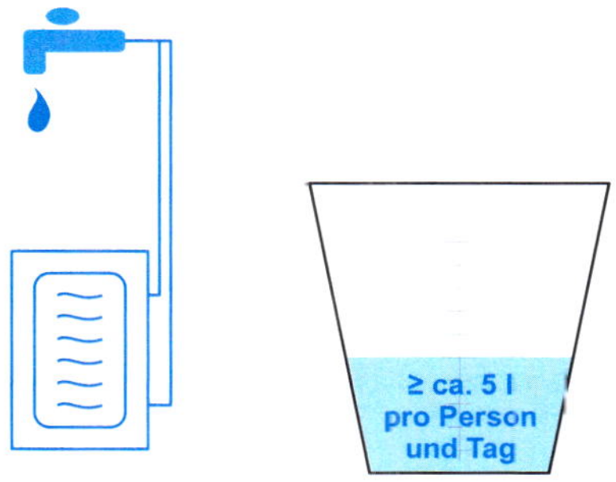

Zu § 30 (5)
Voraussetzungen für die Ermittlung des Jahres-Primärenergiebedarfs für Warmwasser; entspricht rund 5 l Warmwasser je Person und Tag

(6) Der Primärenergiebedarf für Beleuchtung ist zu bilanzieren, wenn in einem Gebäude oder einer Gebäudezone eine Beleuchtungsstärke von mindestens 75 Lux erforderlich ist und eine durchschnittliche Nutzungsdauer von mehr als zwei Monaten pro Jahr und mehr als zwei Stunden pro Tag vorgesehen ist.

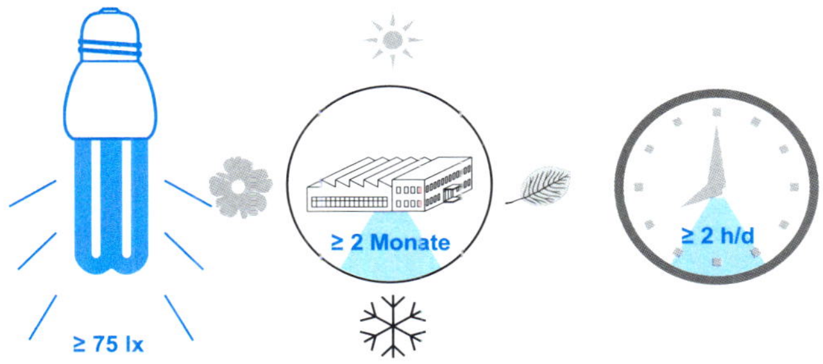

Zu § 30 (6)
Voraussetzungen für die Ermittlung des Jahres-Primärenergiebedarfs für Beleuchtung

(7) Der Primärenergiebedarf für Hilfsenergien ist zu bilanzieren, wenn er beim Heizungssystem und bei der Heizfunktion der raumlufttechnischen Anlage, beim Kühlsystem und bei der Kühlfunktion der raumlufttechnischen Anlage, bei der Dampfversorgung, bei der Warmwasseranlage und der Beleuchtung auftritt. Der Anteil des Primärenergiebedarfs für Hilfsenergien für Lüftung ist zu bilanzieren, wenn eine durchschnittliche Nutzungsdauer der Lüftungsanlage von mehr als zwei Monaten pro Jahr und mehr als zwei Stunden pro Tag vorgesehen ist.

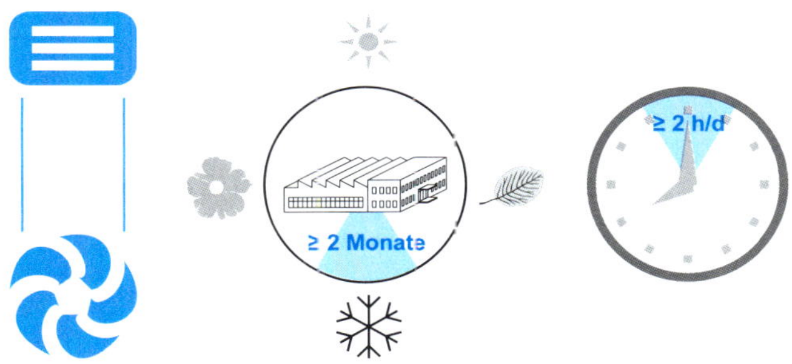

Zu § 30 (7)
Voraussetzungen für die Ermittlung des Jahres-Primärenergiebedarfs für Lüftung

§ 31
Vereinfachtes Nachweisverfahren für ein zu errichtendes Wohngebäude

(1) Ein zu errichtendes Wohngebäude erfüllt die Anforderungen nach § 10 Absatz 2 in Verbindung mit den §§ 15 bis 17, wenn es die Voraussetzungen nach Anlage 5 Nummer 1 erfüllt und seine Ausführung den Vorgaben von Anlage 5 Nummer 2 und 3 entspricht.

(2) Das Bundesministerium für Wirtschaft und **Klimaschutz** macht gemeinsam mit dem Bundesministerium **für Wohnen, Stadtentwicklung und Bauwesen** im Bundesanzeiger bekannt, welche Angaben für die auf Grundlage von Absatz 1 zu errichtenden Wohngebäude ohne besondere Berechnungen in Energiebedarfsausweisen zu verwenden sind.

Zu § 31

Erfüllt ein Neubau die Anwendungsvoraussetzungen dieses Modellgebäudeverfahrens sowie die Anforderungen an die Wärmedurchgangskoeffizienten (*U*-Werte) der Außenbauteile und wird eines der beschriebenen Anlagenkonzepte realisiert, sind keine rechnerischen Nachweise des sommerlichen Wärmeschutzes nach § 14, des Jahres-Primärenergiebedarfs nach § 15, des spezifischen Transmissionswärmeverlustes nach § 16 und der Nutzung erneuerbarer Energien nach § 71 (1) erforderlich. Ohne rechnerischen Nachweis fehlen jedoch die Angaben zur Ausstellung eines Energieausweises. Diese werden daher in einer Bekanntmachung festgelegt. Ebenso ist im Modellgebäudeverfahren keine energetische Optimierung unter Betrachtung der energetisch bedingten Investitionskosten und der Energiekosten im Betrieb des Gebäudes möglich.

Die Berechnungsergebnisse werden in den Bekanntmachungen zu den Angaben in Energiebedarfsausweisen nach dem Gebäudeenergiegesetz bei Anwendung des vereinfachten Nachweisverfahrens für zu errichtende Wohngebäude veröffentlicht (www.geg.bund.de ⟶ Energieausweis ⟶ Ausstellungsregeln), die die bisherigen Bekanntmachungen vom 8. Dezember 2020 ablösen.

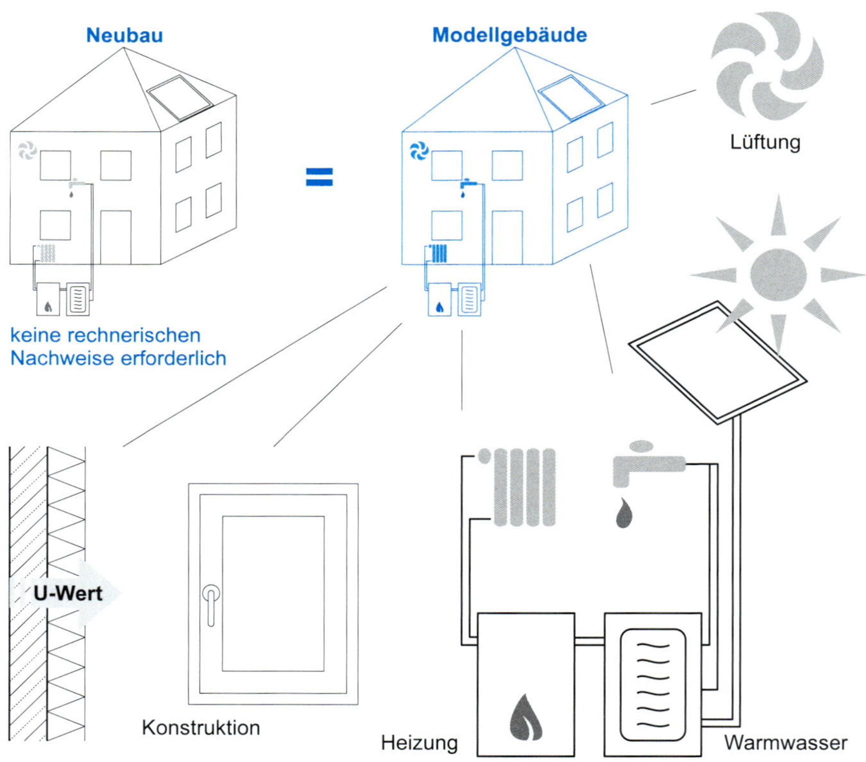

Modellgebäude nach GEG Anlage 5

Zu § 31
Entspricht ein Neubau einem der in Anlage 5 beschriebenen Modellgebäude, gelten die Anforderungen des GEG als erfüllt.

§ 32
Vereinfachtes Berechnungsverfahren für ein zu errichtendes Nichtwohngebäude

(1) Abweichend von § 21 Absatz 1 und 2 darf der Jahres-Primärenergiebedarf des zu errichtenden Nichtwohngebäudes und des Referenzgebäudes unter Verwendung eines Ein-Zonen-Modells ermittelt werden, wenn

Zu § 32

Der Primärenergiebedarf darf unter bestimmten Voraussetzungen für Nichtwohngebäude der Nutzungen nach § 32 (2) in einem Ein-Zonen-Modell berechnet werden. Dieses Vorgehen spart nicht nur den Aufwand der Zonierung, sondern vereinfacht insbesondere die gesamten Massenermittlungen des Gebäudes. Sind nicht alle Voraussetzungen für das vereinfachte Berechnungsverfahren gleichzeitig erfüllt, muss der Primärenergiebedarf in einem Mehr-Zonen-Modell nach § 21 ermittelt werden. Die Anwendbarkeit des vereinfachten Verfahrens ist sehr beschränkt, gerade im Bestand. Für die Energieberatung ist das Verfahren nicht geeignet, da dazu die Nutzungsprofile und Randbedingungen angepasst werden müssten.

1. die Summe der Nettogrundflächen aus der typischen Hauptnutzung und den Verkehrsflächen des Gebäudes mehr als zwei Drittel der gesamten Nettogrundfläche des Gebäudes beträgt,

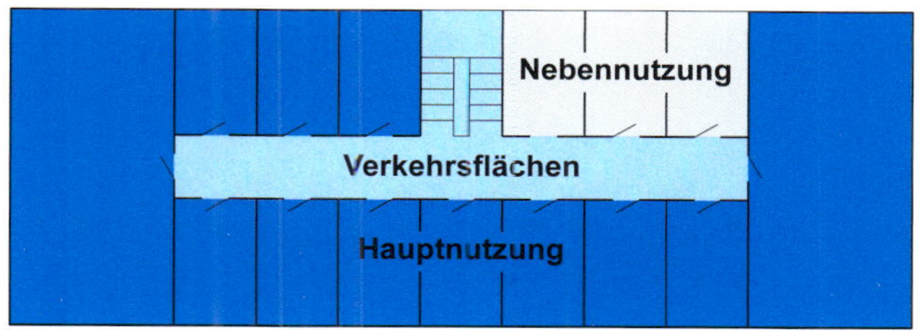

Zu § 32 (1) Nummer 1
Hauptnutzung nach Anlage 5 und Verkehrsflächen > ⅔ der Nettogrundfläche des Gebäudes

2. in dem Gebäude die Beheizung und die Warmwasserbereitung für alle Räume auf dieselbe Art erfolgen,

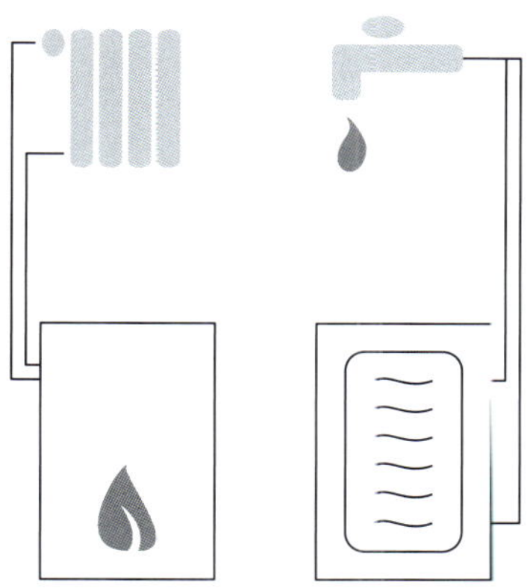

Zu § 32 (1) Nummer 2
Gleiche Beheizung und Warmwasserbereitung für alle Räume des Gebäudes

3. das Gebäude nicht gekühlt wird,

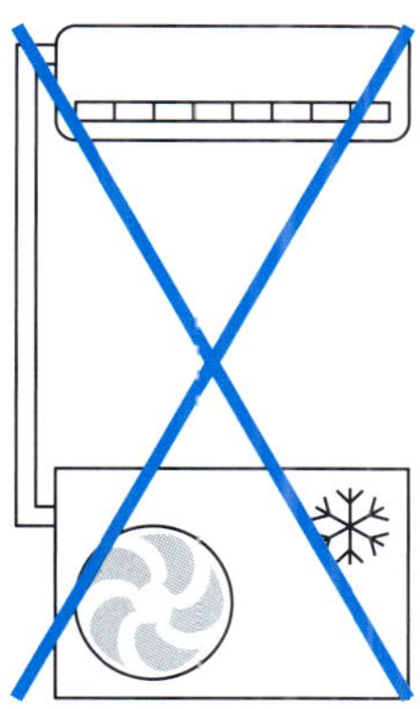

Zu § 32 (1) Nummer 3
Keine Kühlung, außer in Verkaufseinrichtung, Gewerbebetrieb oder Gaststätte mit bis zu 450 m² gekühlter Nettogrundfläche in Bürogebäuden (siehe § 32 (4)); der Primärenergiebedarf zur Kühlung wird nach § 32 (5) pauschal mit 50 kWh/(m² · a) angesetzt.

4. höchstens 10 Prozent der Nettogrundfläche des Gebäudes durch Glühlampen, Halogenlampen oder durch die Beleuchtungsart „indirekt" nach DIN V 18599: 2018-09 beleuchtet werden und

Zu § 32 (1) Nummer 4
Maximal 10 % der Nettogrundfläche mit Glühlampen, Halogenlampen oder indirekt beleuchtet

5. außerhalb der Hauptnutzung keine raumlufttechnische Anlage eingesetzt wird, deren Werte für die spezifische Leistungsaufnahme der Ventilatoren die entsprechenden Werte der Anlage 2 Nummer 6.1 und 6.2 überschreiten.

Zu § 32 (1) Nummer 5
Außerhalb der Hauptnutzung keine Abluftventilatoren mit einer spezifischen Ventilatorleistung $P_{SPF} > 1{,}0\ kW/(m^3 \cdot s)$ und Zuluftventilatoren mit $P_{SPF} > 1{,}5\ kW/(m^3 \cdot s)$

Zu § 32 (1)

Im Gebäudebestand können eher in seltenen Fällen alle Kriterien erfüllt werden. Typische Konstellationen, die die Zulässigkeit des vereinfachten Verfahrens verhindern, sind elektrische Untertischboiler in Verbindung mit einem zentralen Warmwasserspeicher, Lüftungsanlagen außerhalb der Hauptnutzung z. B. in Sanitärräumen oder mehr als 10 % der Nettogrundfläche mit ineffizienter Beleuchtung.

(2) Das vereinfachte Berechnungsverfahren kann angewandt werden für

1. ein Bürogebäude, auch mit Verkaufseinrichtung, einen Gewerbebetrieb oder eine Gaststätte,
2. ein Gebäude des Groß- und Einzelhandels mit höchstens 1 000 Quadratmetern Nettogrundfläche, wenn neben der Hauptnutzung nur Büro-, Lager-, Sanitär- oder Verkehrsflächen vorhanden sind,
3. einen Gewerbebetrieb mit höchstens 1 000 Quadratmetern Nettogrundfläche, wenn neben der Hauptnutzung nur Büro-, Lager-, Sanitär- oder Verkehrsflächen vorhanden sind,
4. eine Schule, eine Turnhalle, einen Kindergarten und eine Kindertagesstätte oder eine ähnliche Einrichtung,
5. eine Beherbergungsstätte ohne Schwimmhalle, Sauna oder Wellnessbereich oder
6. eine Bibliothek.

(3) Bei Anwendung des vereinfachten Verfahrens sind abweichend von den Maßgaben des § 21 Absatz 2 bei der Berechnung des Jahres-Primärenergiebedarfs die Bestimmungen für die Nutzung und die Werte für den Nutzenergiebedarf für Warmwasser der Anlage 6 zu verwenden. § 30 Absatz 5 ist entsprechend anzuwenden.

Zu § 32 (3)

Für das gesamte Gebäude sind die Nutzung und der Warmwasserbedarf nach Anlage 6 einheitlich anzusetzen. Damit werden unter Umständen erhebliche Anteile des Gebäudes unter „falschen" Nutzungsrandbedingungen bewertet. Die Prognose des Energiebedarfs ist dementsprechend wenig belastbar.

Für den Nachweis nach GEG ist jedoch nicht der absolute Energiebedarf, sondern dessen Verhältnis zum Energiebedarf des Referenzgebäudes maßgeblich. Da das Referenzgebäude den gleichen Randbedingungen unterliegt, sind das Verhältnis und damit auch die baulichen und anlagentechnischen Anforderungen an das Gebäude vergleichbar mit einem Mehr-Zonen-Modell.

(4) Abweichend von Absatz 1 Nummer 3 kann das vereinfachte Verfahren auch angewendet werden, wenn in einem Bürogebäude eine Verkaufseinrichtung, ein Gewerbebetrieb oder eine Gaststätte gekühlt wird und die Nettogrundfläche der gekühlten Räume jeweils 450 Quadratmeter nicht übersteigt. Der Energiebedarf für die Kühlung von Anlagen der Datenverarbeitung bleibt als Energieeinsatz für Produktionsprozesse im Sinne von § 2 Absatz 1 Satz 2 außer Betracht.

(5) Bei Anwendung des vereinfachten Verfahrens sind in den Fällen des Absatzes 4 Satz 1 der Höchstwert und der Referenzwert des Jahres-Primärenergiebedarfs pauschal um 50 Kilowattstunden pro Quadratmeter und Jahr je Quadratmeter gekühlter Nettogrundfläche der Verkaufseinrichtung, des Gewerbebetriebes oder der Gaststätte zu erhöhen. Dieser Betrag ist im Energiebedarfsausweis als elektrische Energie für Kühlung auszuweisen.

(6) Der Jahres-Primärenergiebedarf für Beleuchtung darf vereinfacht für den Bereich der Hauptnutzung berechnet werden, der die geringste Tageslichtversorgung aufweist.

Zu § 32 (6)

Welcher Teilbereich die geringste Tageslichtversorgung aufweist, ist in der Praxis oft schwer einschätzbar, da die Tageslichtversorgung von verschiedenen Parametern wie Qualität, Größe und Orientierung der Verglasungen sowie Einrichtungen zum Sonnen- oder Blendschutz abhängt. Zudem kann die Vereinfachung im Einzelfall zu einer extrem ungünstigen Betrachtung mit extrem hohem Primärenergiebedarf für Beleuchtung führen. Ist dieser Bereich jedoch gleichzeitig mit sehr effizienter Beleuchtung ausgestattet, sodass der Primärenergiebedarf des Referenzgebäudes weit unterschritten wird, könnten im Gegenzug andere Anforderungen deutlich reduziert werden.

Die Vereinfachungen bei der Bewertung des Primärenergiebedarfs zur Beleuchtung sind eine zweischneidige Regelung.

(7) Der im vereinfachten Verfahren ermittelte Jahres-Primärenergiebedarf des Referenzgebäudes nach § 18 Absatz 1 in Verbindung mit der Anlage 2 ist um 10 Prozent zu reduzieren. Der reduzierte Wert ist der Höchstwert des Jahres-Primärenergiebedarfs des zu errichtenden Gebäudes.

Zu § 32 (7)

Achtung, verschärfte Anforderungen im vereinfachten Verfahren für Nichtwohngebäude

Im vereinfachten Verfahren für Nichtwohngebäude wird der Jahres-Primärenergiebedarf des Referenzgebäudes um 10 % reduziert. Nach § 18 ist dieser Wert zusätzlich um mindestens 45 % zu unterschreiten. Im vereinfachten Verfahren darf der Jahres-Primärenergiebedarf des Nichtwohngebäudes also maximal 49,5 % des Referenzgebäudes betragen. Diese verschärfte Anforderung an den Jahres-Primärenergiebedarf muss durch zusätzliche bauliche oder anlagentechnische Maßnahmen erreicht werden.

Durch diese Vorgabe ist das vereinfachte Verfahren insbesondere für hocheffiziente Gebäude interessant, die die Anforderungen des GEG ohnehin problemlos unterschreiten, oder zur Ausstellung von Energieausweisen im Gebäudebestand, bei denen keine Anforderungen an den Jahres-Primärenergiebedarf einzuhalten sind. Im Gebäudebestand darf das Verfahren aufgrund der Kriterien nach § 32 (1) sehr oft aber gar nicht angewandt werden.

(8) § 20 Absatz 3 ist entsprechend anzuwenden.

Zu § 32 (8)

Die Berechnungen sind für das zu errichtende Gebäude und das Referenzgebäude mit demselben Verfahren durchzuführen.

§ 33
Andere Berechnungsverfahren

Werden in einem Gebäude bauliche oder anlagentechnische Komponenten eingesetzt, für deren energetische Bewertung weder anerkannte Regeln der Technik noch nach § 50 Absatz 4 Satz 2 bekannt gemachte gesicherte Erfahrungswerte vorliegen, so dürfen die energetischen Eigenschaften dieser Komponenten unter Verwendung derselben Randbedingungen wie in den Berechnungsverfahren und Maßgaben nach den §§ 20 bis 30 durch dynamisch-thermische Simulationsrechnungen ermittelt werden oder es sind hierfür andere Komponenten anzusetzen, die ähnliche energetische Eigenschaften besitzen und für deren energetische Bewertung anerkannte Regeln der Technik oder bekannt gemachte gesicherte Erfahrungswerte vorliegen.

§ 34
(weggefallen)

§ 35
(weggefallen)

§ 36
(weggefallen)

§ 37
(weggefallen)

§ 38
(weggefallen)

§ 39
(weggefallen)

§ 40
(weggefallen)

§ 41
(weggefallen)

§ 42
(weggefallen)

§ 43
(weggefallen)

§ 44
(weggefallen)

§ 45
(weggefallen)

Teil 3
Anforderungen an bestehende Gebäude

Abschnitt 1
(weggefallen)

§ 46
Aufrechterhaltung der energetischen Qualität; entgegenstehende Rechtsvorschriften

(1) Außenbauteile eines bestehenden Gebäudes dürfen nicht in einer Weise verändert werden, dass die energetische Qualität des Gebäudes verschlechtert wird. Satz 1 ist nicht anzuwenden auf Änderungen von Außenbauteilen, wenn die Fläche der geänderten Bauteile nicht mehr als 10 Prozent der gesamten Fläche der jeweiligen Bauteilgruppe nach Anlage 7 betrifft.

(2) Die Anforderungen an ein bestehendes Gebäude nach diesem Teil sind nicht anzuwenden, soweit ihre Erfüllung anderen öffentlich-rechtlichen Vorschriften zur Standsicherheit, zum Brandschutz, zum Schallschutz, zum Arbeitsschutz oder zum Schutz der Gesundheit entgegensteht.

Zu § 46 (1)
Die energetische Qualität eines Gebäudes darf nicht verschlechtert werden.

Zu § 46 (1)

Das Verschlechterungsverbot untersagt die Verschlechterung der energetischen Qualität von Außenbauteilen des Gebäudes, wenn dabei mehr als 10 % der Gesamtfläche einer Bauteilgruppe nach Anlage 7 verändert werden. Bestehende Wärmedämmungen dürfen daher nicht demontiert werden, sofern sie nicht durch mindestens gleichwertige ersetzt werden. Beim Ersatz sind zudem die Mindestanforderungen an Außenbauteile nach Anlage 7 zu einzuhalten.

Ein Verschlechterungsverbot der technischen Gebäudeausrüstung regelt § 57.

Beispiel zu § 46 (1)

Die Bagatellregelung ermöglicht es z. B., in eine Außenwand ein Fenster einzubauen, das einen schlechteren *U*-Wert als die umgebende Wand hat.

§ 47
Nachrüstung eines bestehenden Gebäudes

(1) Eigentümer eines Wohngebäudes sowie Eigentümer eines Nichtwohngebäudes, die nach ihrer Zweckbestimmung jährlich mindestens vier Monate auf Innentemperaturen von mindestens 19 Grad Celsius beheizt werden, müssen dafür sorgen, dass oberste Geschossdecken, die nicht den Anforderungen an den Mindestwärmeschutz nach DIN 4108-2: 2013-02 genügen, so gedämmt sind, dass der Wärmedurchgangskoeffizient der obersten Geschossdecke 0,24 Watt pro Quadratmeter und Kelvin nicht überschreitet. Die Pflicht nach Satz 1 gilt als erfüllt, wenn anstelle der obersten Geschossdecke das darüber liegende Dach entsprechend gedämmt ist oder den Anforderungen an den Mindestwärmeschutz nach DIN 4108-2: 2013-02 genügt.

(2) Wird der Wärmeschutz nach Absatz 1 Satz 1 durch Dämmung in Deckenzwischenräumen ausgeführt und ist die Dämmschichtdicke im Rahmen dieser Maßnahmen aus technischen Gründen begrenzt, so gelten die Anforderungen als erfüllt, wenn die nach anerkannten Regeln der Technik höchstmögliche Dämmschichtdicke eingebaut wird, wobei ein Bemessungswert der Wärmeleitfähigkeit von 0,035 Watt pro Meter und Kelvin einzuhalten ist. Abweichend von Satz 1 ist ein Bemessungswert der Wärmeleitfähigkeit von 0,045 Watt pro Meter und Kelvin einzuhalten, soweit Dämmmaterialien in Hohlräume eingeblasen oder Dämmmaterialien aus nachwachsenden Rohstoffen verwendet werden. Wird der Wärmeschutz nach Absatz 1 Satz 2 als Zwischensparrendämmung ausgeführt und ist die Dämmschichtdicke wegen einer innenseitigen Bekleidung oder der Sparrenhöhe begrenzt, sind die Sätze 1 und 2 entsprechend anzuwenden.

(3) Bei einem Wohngebäude mit nicht mehr als zwei Wohnungen, von denen der Eigentümer eine Wohnung am 1. Februar 2002 selbst bewohnt hat, ist die Pflicht nach Absatz 1 erst im Fall eines Eigentümerwechsels nach dem 1. Februar 2002 von dem neuen Eigentümer zu erfüllen. Die Frist zur Pflichterfüllung beträgt zwei Jahre ab dem ersten Eigentumsübergang nach dem 1. Februar 2002.

(4) Die Absätze 1 bis 3 sind **bei Wohngebäuden mit nicht mehr als zwei Wohnungen, von denen der Eigentümer eine Wohnung selbst bewohnt,** nicht anzuwenden, soweit die für eine Nachrüstung erforderlichen Aufwendungen durch die eintretenden Einsparungen nicht innerhalb angemessener Frist erwirtschaftet werden können.

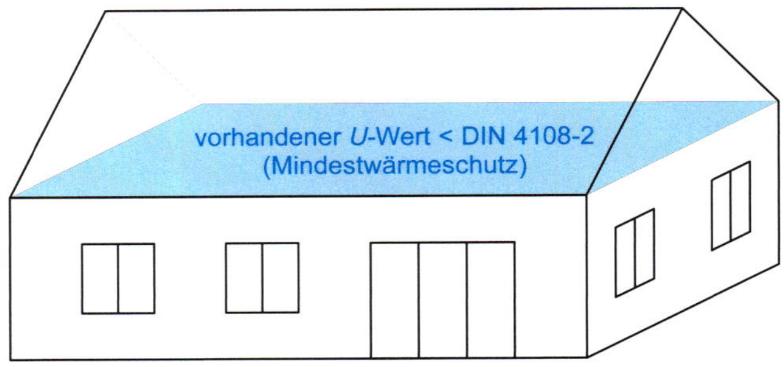

Zu § 47
Nachrüstpflicht für Wärmedämmung von obersten Geschossdecken

Zu § 47

Oberste Geschossdecken oder das darüber liegende Dach müssen so gedämmt sein, dass ein *U*-Wert von 0,24 W/(m^2 · K) nicht überschritten wird.

Zu § 47

Achtung, Ausnahmen: Ausgenommen sind oberste Geschossdecken oder das darüberliegende Dach, wenn eines der beiden Bauteile die Anforderungen an den Mindestwärmeschutz nach DIN 4108-2 erfüllt. Der Mindestwärmeschutz ist erfüllt, wenn der Wärmedurchgangskoeffizient der obersten Geschossdecke nicht höher als $U = 0{,}91$ W/(m^2 · K) oder der Wärmedurchgangskoeffizient des darüberliegenden Daches nicht höher als $U = 0{,}71$ W/(m^2 · K) ist.

Bei Ein- und Zweifamilienhäusern, bei denen seit dem 1. Februar 2002 kein Eigentümerwechsel stattgefunden hat und der Eigentümer seither eine Wohnung selbst bewohnt, ist eine entsprechende Wärmedämmung der obersten Geschossdecke oder des darüberliegenden Daches erst innerhalb von 2 Jahren nach einem Eigentümerwechsel vom neuen Eigentümer nachzurüsten. Im Falle der Nachrüstung einer Wärmedämmung zwischen Sparren oder Deckenbalken genügt der Einbau einer nach anerkannten Regeln der Technik höchstmöglichen Dämmstoffstärke mit einem Bemessungswert der Wärmeleitfähigkeit von $\lambda = 0{,}035$ W/(m · K) bzw. $\lambda = 0{,}045$ W/(m · K) bei Einblasdämmung oder Wärmedämmung aus nachwachsenden Rohstoffen.

Darüber hinaus gelten Ausnahmen für alle Gebäude, wenn die für die Nachrüstung erforderlichen Aufwendungen durch die eintretenden Einsparungen nicht innerhalb angemessener Frist erwirtschaftet werden können. Ein Antrag auf Befreiung nach § 102 ist dabei nicht erforderlich.

Zu § 47
Ausnahmen bei Unwirtschaftlichkeit von Nachrüstpflichten

§ 48
Anforderungen an ein bestehendes Gebäude bei Änderung

Soweit bei beheizten oder gekühlten Räumen eines Gebäudes Außenbauteile im Sinne der Anlage 7 erneuert, ersetzt oder erstmalig eingebaut werden, sind diese Maßnahmen so auszuführen, dass die betroffenen Flächen des Außenbauteils die Wärmedurchgangskoeffizienten der Anlage 7 nicht überschreiten. Ausgenommen sind Änderungen von Außenbauteilen, die nicht mehr als 10 Prozent der gesamten Fläche der jeweiligen Bauteilgruppe des Gebäudes betreffen. Nimmt der Eigentümer eines Wohngebäudes mit nicht mehr als zwei Wohnungen Änderungen im Sinne der Sätze 1 und 2 an dem Gebäude vor und werden unter Anwendung des § 50 Absatz 1 und 2 für das gesamte Gebäude Berechnungen nach § 50 Absatz 3 durchgeführt, hat der Eigentümer vor Beauftragung der Planungsleistungen ein informatorisches Beratungsgespräch mit einer nach § 88 zur Ausstellung von Energieausweisen berechtigten Person zu führen, wenn ein solches Beratungsgespräch als einzelne Leistung unentgeltlich angeboten wird. Wer geschäftsmäßig an oder in einem Gebäude Arbeiten im Sinne des Satzes 3 für den Eigentümer durchführen will, hat bei Abgabe eines Angebots auf die Pflicht zur Führung eines Beratungsgesprächs schriftlich hinzuweisen.

Zu § 48

Achtung, Pflicht zur energetischen Verbesserung bei Änderungen an Außenbauteilen und Beratungspflicht, siehe auch § 50

Bei Erneuerung, Ersatz oder erstmaligem Einbau von Außenbauteilen bestehender Gebäude ist immer zu prüfen, ob dadurch eine Pflicht zur energetischen Verbesserung ausgelöst wird. Dies ist grundsätzlich der Fall, wenn eine der in Anlage 7 aufgeführten Maßnahmen umgesetzt wird, z. B. auch beim Austausch von Verglasungen, bei der Erneuerung von Fußbodenaufbauten oder beim Anbringen von Dränagen.

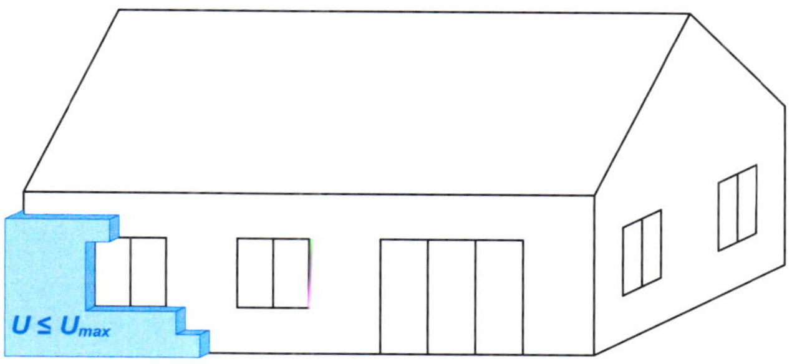

Zu § 48
Werden Außenbauteile eines Gebäudes verändert, kann der Nachweis der energetischen Verbesserung über den U-Wert des Bauteils erbracht werden, z. B. $U_{max} = 0{,}24\ W/(m^2 \cdot K)$ bei Außenwänden von Räumen mit Solltemperaturen ≥ 19 °C.

Zu § 48

Bei Sanierungsmaßnahmen im Sinne der Anlage 7 können wahlweise die Anforderungen des § 48 an die Wärmedurchgangskoeffizienten oder die Anforderungen des § 50 an den baulichen Wärmeschutz und den Jahres-Primärenergiebedarf erfüllt werden. Im Falle der Einhaltung der Wärmedurchgangskoeffizienten veränderter Bauteile gibt Anlage 7 genauen Aufschluss darüber, in welchen Fällen welche Anforderungen einzuhalten sind. Zu berechnen sind die Wärmedurchgangskoeffizienten nach § 49.

Bei Sanierungsmaßnahmen, die nicht in Anlage 7 genannt sind, besteht hingegen keine Pflicht zur energetischen Verbesserung des Bauteils oder Gebäudes. Dies ist z. B. bei Änderungen an der Innenseite (beheizten Seite) von Wänden, Dächern und obersten Geschossdecken der Fall. An das Anbringen einer Innendämmung an solchen Bauteilen werden somit ebenfalls keine Anforderungen gestellt. Grundsätzlich ausgenommen sind auch Änderungen von Außenbauteilen, die nicht mehr als 10 % der gesamten Fläche der jeweiligen Bauteilgruppe der Anlage 7 betreffen.

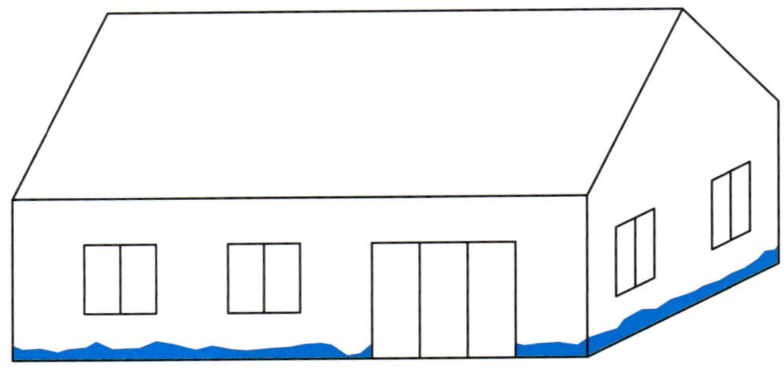

Zu § 48
Bagatellregelung

Von der Pflicht zur energetischen Verbesserung ist jedoch immer nur die veränderte Teilfläche eines Bauteils betroffen. Die Anforderungen nach den §§ 48 oder 50 erstrecken sich nicht auf angrenzende unveränderte Flächen oder andere Gebäudeteile. Kann im Einzelfall die Einhaltung der Anforderung aus Anlage 7 ohne Ausweitung auf angrenzende Flächen technisch nicht fachgerecht erfüllt oder nur teilweise erfüllt werden, entfällt oder verringert sich die Anforderung auf das fachgerecht ausführbare Maß. Es entsteht dadurch auch keine Pflicht zur Einhaltung des baulichen Wärmeschutzes und des Jahres-Primärenergiebedarfs nach § 50. Die Anforderungen des § 50 sind immer optional. Werden diese erfüllt, müssen jedoch die Anforderungen der Anlage 7 an einzelne Bauteile nicht mehr eingehalten werden.

Wird bei Ein- und Zweifamilienhäusern der Nachweis der energetischen Qualität bei Änderungen an Außenbauteilen im Sinne der Anlage 7 über die Anforderungen des § 50 geführt, besteht eine Beratungspflicht. Der Eigentümer muss eine kostenlos angebotene Energieberatung in Anspruch nehmen. Bauunternehmen haben darauf in ihren Angeboten zur Ausführung von Maßnahmen an den Außenbauteilen nach Anlage 7 schriftlich hinzuweisen. Die Beratungs- und die Hinweispflicht bestehen nicht, wenn der Nachweis der energetischen Verbesserung nach § 48 in Verbindung mit Anlage 7 geführt wird. Fraglich ist jedoch, wie der Unternehmer Kenntnis davon erhält, wie der Bauherr den Nachweis der energetischen Verbesserung führen möchte.

Beispiele zu § 48

Nicht jede Änderung oder Sanierung eines Bauteils löst eine Anforderung zur energetischen Verbesserung aus. So gelten bei Außenwänden Anforderungen, wenn der Putz erneuert wird, nicht jedoch, wenn der Putz lediglich ertüchtigt wird. Bei Dächern gelten nur Anforderungen, wenn die Dachdeckung einschließlich darunterliegender Lattungen und Verschalungen ersetzt oder neu aufgebaut wird. Wird dagegen nur die Dacheindeckung erneuert, z. B. wegen eines Hagelschadens, muss das Dach nicht gedämmt werden.

Die Anforderung gilt immer nur an die Außenbauteile, die an beheizte oder gekühlte Räume grenzen. Des Weiteren gelten die Anforderungen lediglich für die geänderte Fläche eines Außenbauteils, nicht für die gesamte Bauteilfläche. Werden z. B. einzelne Fenster ausgetauscht, gilt der maximal zulässige *U*-Wert nur für die ausgetauschten Fenster, nicht jedoch für die verbleibenden Fenster. Wird der Außenputz einer Fassade teilweise erneuert, gilt der maximal zulässige *U*-Wert nur für den Teil der Fassade mit erneuertem Außenputz, nicht jedoch für den Fassadenteil mit verbleibendem Putz.

§ 49
Berechnung des Wärmedurchgangskoeffizienten

(1) Der Wärmedurchgangskoeffizient eines Bauteils nach § 48 wird unter Berücksichtigung der neuen und der vorhandenen Bauteilschichten berechnet. Für die Berechnung sind folgende Verfahren anzuwenden:

1. DIN V 18599-2: 2018-09 Abschnitt 6.1.4.3 für die Berechnung der an Erdreich grenzenden Bauteile,
2. DIN 4108-4: 2017-03 in Verbindung mit DIN EN ISO 6946: 2008-04 für die Berechnung opaker Bauteile und
3. DIN 4108-4: 2017-03 für die Berechnung transparenter Bauteile sowie von Vorhangfassaden.

Zu § 49 (1)

Unabhängig vom gewählten Berechnungsverfahren für den Jahres-Primärenergiebedarf sind die Wärmedurchgangskoeffizienten *U* der Bauteile gegen Erdreich immer nach DIN V 18599-2, Abschnitt 6.1.4.3, zu berechnen. Danach gelten allgemein die Randbedingungen nach DIN EN ISO 6946. Die Wärmeübergangswiderstände sind nach DIN V 18599-2, Abschnitt 6.1.4.3, anzusetzen. Nach DIN 4108-4 „Wärmeschutz und Energie-Einsparung in Gebäuden – Teil 4: Wärme- und feuchteschutztechnische Bemessungswerte" (2017) erfolgt die Berechnung der Wärmedurchgangskoeffizienten transparenter Bauteile letztendlich nach DIN EN ISO 10077-1 „Wärmetechnisches Verhalten von Fenstern, Türen und Abschlüssen – Berechnung des Wärmedurchgangskoeffizienten – Teil 1: Allgemeines (ISO 10077-1:2017, korrigierte Fassung 2020-02); Deutsche Fassung EN ISO 10077-1:2017" (2020) und DIN EN ISO 10077-2 „Wärmetechnisches Verhalten von Fenstern, Türen und Abschlüssen – Berechnung des Wärmedurchgangskoeffizienten – Teil 2: Numerisches Verfahren für Rahmen (ISO 10077-2:2017); Deutsche Fassung EN ISO 10077-2:2017" (2018).

Fehlen energetische Kennwerte des bestehenden Gebäudes, dürfen dafür Kennwerte aus vergleichbaren Gebäuden nach § 50 (4) angesetzt werden.

(2) Werden bei Maßnahmen nach § 48 Gefälledächer durch die keilförmige Anordnung einer Dämmschicht aufgebaut, so ist der Wärmedurchgangskoeffizient nach Anhang C der DIN EN ISO 6946: 2008-04 in Verbindung mit DIN 4108-4: 2017-03 zu ermitteln. Dabei muss der Bemessungswert des Wärmedurchgangswiderstandes am tiefsten Punkt der neuen Dämmschicht den Mindestwärmeschutz nach § 11 erfüllen.

Zu § 49 (2)

Bei keilförmigen Dämmschichten entspricht der *U*-Wert des Gesamtbauteils nach Anhang C der DIN EN ISO 6946 nicht dem *U*-Wert beim Mittel zwischen minimaler und maximaler Dämmstoffstärke, da sich der *U*-Wert nicht linear zur Dämmstoffstärke verhält. Bei dreieckigen Flächen – wie sie durch Kehlen und Grate in der Gefälledämmung entstehen – entspricht die flächengewichtete mittlere Dämmstoffstärke zudem auch nicht dem Mittel zwischen minimaler und maximaler Dämmstoffstärke. Dem trägt die Berechnung des *U*-Wertes nach Anhang C der DIN EN ISO 6946 Rechnung.

§ 50
Energetische Bewertung eines bestehenden Gebäudes

(1) Die Anforderungen des § 48 gelten als erfüllt, wenn

1. das geänderte Wohngebäude insgesamt
   a) den Jahres-Primärenergiebedarf für Heizung, Warmwasserbereitung, Lüftung und Kühlung den auf die Gebäudenutzfläche bezogenen Wert des Jahres-Primärenergiebedarfs eines Referenzgebäudes, das die gleiche Geometrie, Gebäudenutzfläche und Ausrichtung wie das geänderte Gebäude aufweist und der technischen Referenzausführung der Anlage 1 entspricht, um nicht mehr als 40 Prozent überschreitet und
   b) den Höchstwert des spezifischen, auf die wärmeübertragende Umfassungsfläche bezogenen Transmissionswärmeverlusts nach Absatz 2 um nicht mehr als 40 Prozent überschreitet,
2. das geänderte Nichtwohngebäude insgesamt
   a) den Jahres-Primärenergiebedarf für Heizung, Warmwasserbereitung, Lüftung, Kühlung und eingebaute Beleuchtung den auf die Nettogrundfläche bezogenen Wert des Jahres-Primärenergiebedarfs eines Referenzgebäudes, das die gleiche Geometrie, Nettogrundfläche, Ausrichtung und Nutzung, einschließlich der Anordnung der Nutzungseinheiten, wie das geänderte Gebäude aufweist und der technischen Referenzausführung der Anlage 2 entspricht, um nicht mehr als 40 Prozent überschreitet und
   b) das auf eine Nachkommastelle gerundete 1,25fache der Höchstwerte der mittleren Wärmedurchgangskoeffizienten der wärmeübertragenden Umfassungsfläche gemäß der Anlage 3 um nicht mehr als 40 Prozent überschreitet.

   § 18 Absatz 1 Satz 2 ist entsprechend anzuwenden.

Änderung von Außenbauteilen bestehender Gebäude

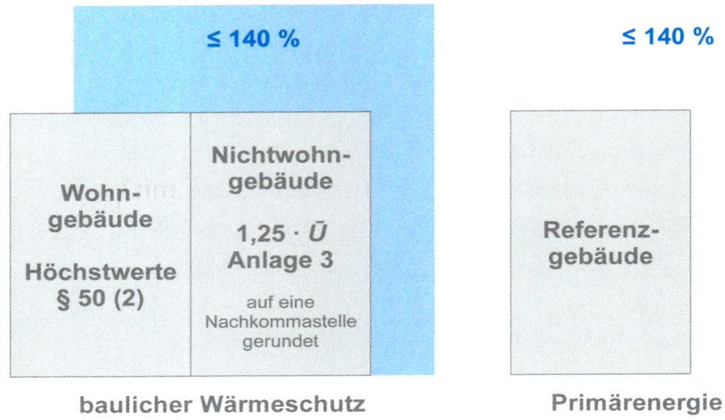

Zu § 50 (1)
Zulässige Höchstwerte beim alternativen Nachweis der energetischen Verbesserung bei der Änderung von Außenbauteilen nach § 48

Zu § 50 (1)

Die Einhaltung der Anforderungen an den baulichen Wärmeschutz und den Jahres-Primärenergiebedarf eines Gebäudes ist ein alternativer Nachweis der energetischen Verbesserung bei der Änderung von Außenbauteilen nach § 48. Die Anforderungen des § 50 sind immer optional. Werden diese erfüllt, müssen jedoch die Anforderungen der Anlage 7 an einzelne Bauteile nicht mehr eingehalten werden. Bei Wohngebäuden liegt der zulässige Höchstwert des baulichen Wärmeschutzes je nach Gebäudetyp zwischen 0,56 W/(m² · K) und 0,91 W/(m² · K) inklusive der Fensterflächen. Bei Nichtwohngebäuden sind die Anforderungen an den baulichen Wärmeschutz deutlich geringer. Bei opaken Bauteilen und niedrig beheizten Zonen wurden sie gegenüber der EnEV 2013 zudem deutlich entschärft.

Zu § 50 (1)

Wird bei Ein- und Zweifamilienhäusern der Nachweis der energetischen Qualität bei Änderungen an Außenbauteilen im Sinne der Anlage 7 über die Anforderungen des § 50 geführt, besteht eine Beratungspflicht. Der Eigentümer muss eine kostenlos angebotene Energieberatung in Anspruch nehmen. Bauunternehmen haben darauf in ihren Angeboten zur Ausführung von Maßnahmen an den Außenbauteilen nach Anlage 7 schriftlich hinzuweisen. Die Beratungs- und die Hinweispflicht bestehen nicht, wenn der Nachweis der energetischen Verbesserung nach § 48 in Verbindung mit Anlage 7 geführt wird. Fraglich ist jedoch, wie der Unternehmer Kenntnis davon erhält, wie der Bauherr den Nachweis der energetischen Verbesserung führen möchte.

Nummer	Bauteile	Höchstwerte der Mittelwerte der Wärmedurchgangskoeffizienten für bestehende Nichtwohngebäude	
		Zonen mit Raumsolltemperaturen im Heizfall ≥ 19 °C	**Zonen mit Raumsolltemperaturen im Heizfall von 12 bis < 19 °C**
1	opake Außenbauteile, soweit nicht in Bauteilen der Nummern 3 und 4 enthalten	$\bar{U} = 0{,}56\ W/(m^2 \cdot K)$	$\bar{U} = 0{,}88\ W/(m^2 \cdot K)$
2	transparente Außenbauteile, soweit nicht in Bauteilen der Nummern 3 und 4 enthalten	$\bar{U} = 2{,}66\ W/(m^2 \cdot K)$	$\bar{U} = 4{,}9\ W/(m^2 \cdot K)$
3	Vorhangfassade	$\bar{U} = 2{,}66\ W/(m^2 \cdot K)$	$\bar{U} = 5{,}32\ W/(m^2 \cdot K)$
4	Glasdächer, Lichtbänder, Lichtkuppeln	$\bar{U} = 4{,}34\ W/(m^2 \cdot K)$	$\bar{U} = 5{,}46\ W/(m^2 \cdot K)$

Zu § 50 (1)
Höchstwerte der mittleren Wärmedurchgangskoeffizienten bei der Änderung von Außenbauteilen bei Nichtwohngebäuden, sofern der Nachweis nicht über die Anforderungen aus Anlage 7 geführt wird

(2) Der Höchstwert nach Absatz 1 Satz 1 Nummer 1 Buchstabe b beträgt

1. bei einem freistehenden Wohngebäude mit einer Gebäudenutzfläche von bis zu 350 Quadratmetern 0,40 Watt pro Quadratmeter und Kelvin,
2. bei einem freistehenden Wohngebäude mit einer Gebäudenutzfläche von mehr als 350 Quadratmetern 0,50 Watt pro Quadratmeter und Kelvin,
3. bei einem einseitig angebauten Wohngebäude 0,45 Watt pro Quadratmeter und Kelvin oder
4. bei allen anderen Wohngebäuden 0,65 Watt pro Quadratmeter und Kelvin.

(3) In den Fällen des Absatzes 1 sind die Berechnungsverfahren nach § 20 Absatz 1 oder Absatz 2 oder nach § 21 Absatz 1 und 2 unter Beachtung der Maßgaben nach § 20 Absatz 3 bis 6, der §§ 22 bis 30 und der §§ 32 und 33 sowie nach Maßgabe von Absatz 4 entsprechend anzuwenden.

(4) Fehlen Angaben zu geometrischen Abmessungen eines Gebäudes, können diese durch vereinfachtes Aufmaß ermittelt werden. Liegen energetische Kennwerte für bestehende Bauteile und Anlagenkomponenten nicht vor, können gesicherte Erfahrungswerte für Bauteile und Anlagenkomponenten vergleichbarer Altersklassen verwendet werden. In den Fällen der Sätze 1 und 2 können anerkannte Regeln der Technik verwendet werden. Die Einhaltung solcher Regeln wird vermutet, soweit Vereinfachungen für die Datenaufnahme und die Ermittlung der energetischen Eigenschaften sowie gesicherte Erfahrungswerte verwendet werden, die vom Bundesministerium für Wirtschaft und **Klimaschutz** und vom Bundesministerium **für Wohnen, Stadtentwicklung und Bauwesen** gemeinsam im Bundesanzeiger bekannt gemacht worden sind.

(5) Absatz 4 kann auch in den Fällen des § 48 sowie des § 51 angewendet werden.

Zu § 50 (2)

Die in § 50 (2) genannten Höchstwerte dürfen um 40 % überschritten werden, siehe dazu § 50 (1) Nummer 1b).

Daraus ergeben sich bei geänderten Wohngebäuden Höchstwerte für den spezifischen Transmissionswärmeverlust H'_T von

- 0,56 W/(m² · K) (nach Nummer 1),
- 0,70 W/(m² · K) (nach Nummer 2),
- 0,63 W/(m² · K) (nach Nummer 3),
- 0,91 W/(m² · K) (nach Nummer 4).

Diese Höchstwerte sind nur dann maßgeblich, wenn der Nachweis nicht über die Anforderungen aus Anlage 7 geführt wird.

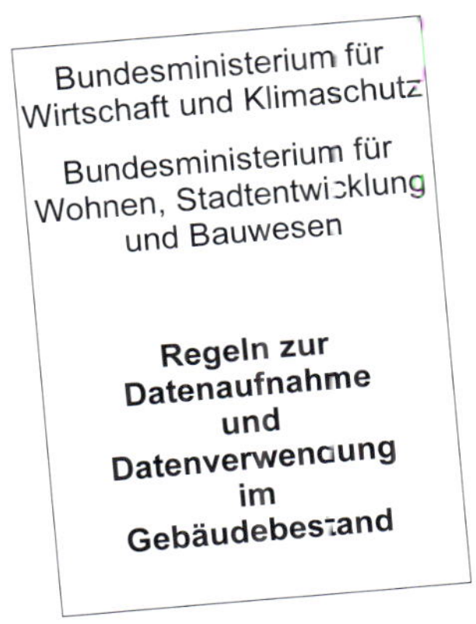
Bundesministerium für Wirtschaft und Klimaschutz

Bundesministerium für Wohnen, Stadtentwicklung und Bauwesen

Regeln zur Datenaufnahme und Datenverwendung im Gebäudebestand

Zu § 50 (4)
Zulässige Vereinfachungen bei der Datenerfassung werden im Bundesanzeiger bekannt gemacht.

Zu § 50 (4)

Fehlen geometrische Abmessungen des Gebäudes, dürfen z. B. Flächen von Fenstern, Außentüren oder Rollladenkästen abgeschätzt oder innen liegende Treppenauf- und -abgänge zum Dach oder Keller übermessen werden. Fehlen energetische Kennwerte des Gebäudes, dürfen dafür Kennwerte aus vergleichbaren Gebäuden angesetzt werden. Neben den gemeinsamen Bekanntmachungen des Bundesministeriums für Wirtschaft und Klimaschutz und des Bundesministeriums für Wohnen, Stadtentwicklung und Bauwesen gibt es hierzu noch eine Reihe weiterer sogenannter Gebäudetypologien mit deutlich differenzierteren Kennwerten, z. B. beim Institut Wohnen und Umwelt (IWU) in Darmstadt oder beim Zentrum für Umweltbewusstes Bauen e. V. (ZUB) in Kassel.

Zu § 50 (4)

Achtung, Ausnahmen nur bei fehlenden Angaben

Ein vereinfachtes Aufmaß und energetische Kennwerte nach Baualtersklassen dürfen nur für fehlende Angaben verwendet werden. Liegen Pläne vor, dürfen beispielsweise Kellerabgänge nicht übermessen werden.

§ 51
Anforderungen an ein bestehendes Gebäude bei Erweiterung und Ausbau

(1) Bei der Erweiterung und dem Ausbau eines Gebäudes um beheizte oder gekühlte Räume darf

1. bei Wohngebäuden der spezifische, auf die wärmeübertragende Umfassungsfläche bezogene Transmissionswärmeverlust der Außenbauteile der neu hinzukommenden beheizten oder gekühlten Räume das 1,2fache des entsprechenden Wertes des Referenzgebäudes gemäß der Anlage 1 nicht überschreiten oder
2. bei Nichtwohngebäuden die mittleren Wärmedurchgangskoeffizienten der wärmeübertragenden Umfassungsfläche der Außenbauteile der neu hinzukommenden beheizten oder gekühlten Räume das auf eine Nachkommastelle gerundete 1,25fache der Höchstwerte gemäß der Anlage 3 nicht überschreiten.

Abweichend von Satz 1 Nummer 2 sind in Fällen, bei denen die hinzukommende zusammenhängende Nutzfläche mehr als 100 Prozent der Nutzfläche des bisherigen Gebäudes beträgt, die Anforderungen nach den §§ 18 und 19 einzuhalten.

Zu § 51

Gegenüber der EnEV 2013 wurden die Anforderungen an Erweiterungen und Ausbauten bestehender Gebäude vereinheitlicht. Nach GEG werden nur noch Anforderungen an den baulichen Wärmeschutz gestellt, unabhängig davon, ob mit dem Anbau oder der Erweiterung auch ein neuer Wärmeerzeuger eingebaut wird. Bei Anbauten und Erweiterungen mit einer Nutzfläche über 50 m^2 kommt noch ein Nachweis des sommerlichen Wärmeschutzes hinzu. Die Anforderungen an den Jahres-Primärenergiebedarf bei Erweiterungen und Ausbauten mit neuem Wärmeerzeuger sind komplett entfallen. Dafür sind grundsätzlich Berechnungen des spezifischen Transmissionswärmeverlusts bei Wohngebäuden und der mittleren $\bar{U}$-Werte bei Nichtwohngebäuden erforderlich.

Fehlen bei Ausbauten geometrische Abmessungen oder energetische Kennwerte des bestehenden Gebäudes, dürfen die Vereinfachungen und Kennwerte vergleichbarer Gebäude nach § 50 (4) angewendet werden.

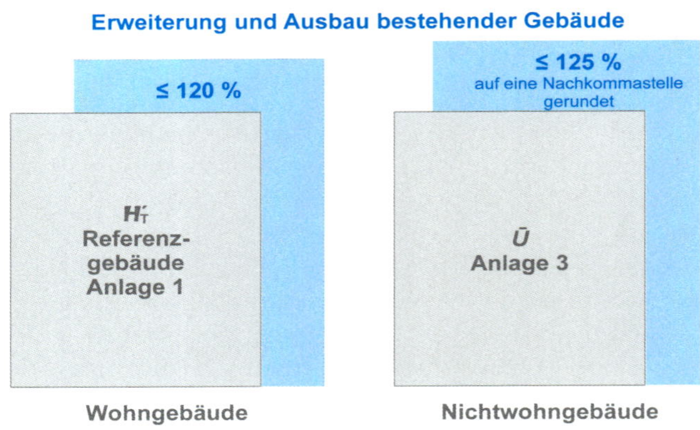

Zu § 51
Zulässige Höchstwerte für den baulichen Wärmeschutz bei Erweiterung und Ausbau bestehender Gebäude

Zu § 51

Seit der Einführung des GEG ist es bei Wohngebäuden durch die Umstellung der Nachweisgröße der U- Werte der Anlage 3 der EnEV bzw. des spezifischen Transmissionswärmeverlustes von 0,65 W/(m^2 · K) für Erweiterungen und Anbauten der EnEV 2013 auf das 1,2-Fache des spezifischen Transmissionswärmeverlusts des Referenzgebäudes nach GEG in der Regel zu einer Entschärfung der Anforderungen an Erweiterungen und Ausbauten gegenüber der EnEV 2013 gekommen.

Bei Nichtwohngebäuden ergab sich gegenüber der EnEV 2013 grundsätzlich keine Verschärfung, in vielen Fällen jedoch eine teils deutliche Entschärfung. Da es bislang bei den Erweiterungen keine Größenbeschränkung gab, durften an sehr kleine Gebäude unbeschränkt große Erweiterungen angebaut werden, an die lediglich Anforderungen an den Wärmeschutz gestellt werden. Bei diesen Quasineubauten können Fenster in Qualitäten aus den 1980er-Jahren eingesetzt werden. Weder an die Anlagentechnik noch an die Beleuchtung noch an den Primärenergiebedarf werden Anforderungen gestellt, eine Zonierung ist nicht notwendig. Der Aufwand für die Nachweisführung reduziert sich auf einen Bruchteil. Diese Regelungslücke ist nun verkleinert worden. Die Anforderung an die Erweiterung von Nichtwohngebäuden ist nun ab einer neu hinzukommenden Nutzfläche von mehr als 100 % der Nutzfläche des bisherigen Gebäudes an die Anforderungen von Neubauten angepasst.

Die im Koalitionsvertrag vorgesehene Anpassung der Anforderungen bei wesentlichen Ausbauten, Umbauten und Erweiterungen von Bestandsgebäuden wurde in der Novelle ansonsten noch nicht umgesetzt.

Nummer	Bauteile	Höchstwerte der Mittelwerte der Wärmedurchgangskoeffizienten für Erweiterungen und Ausbauten	
		Zonen mit Raumsolltemperaturen im Heizfall ≥ 19 °C	Zonen mit Raumsolltemperaturen im Heizfall von 12 bis < 19 °C
1	opake Außenbauteile, soweit nicht in Bauteilen der Nummern 3 und 4 enthalten	$\bar{U} = 0{,}4\ W/(m^2 \cdot K)$	$\bar{U} = 0{,}6\ W/(m^2 \cdot K)$
2	transparente Außenbauteile, soweit nicht in Bauteilen der Nummern 3 und 4 enthalten	$\bar{U} = 1{,}9\ W/(m^2 \cdot K)$	$\bar{U} = 3{,}5\ W/(m^2 \cdot K)$
3	Vorhangfassade	$\bar{U} = 1{,}9\ W/(m^2 \cdot K)$	$\bar{U} = 3{,}3\ W/(m^2 \cdot K)$
4	Glasdächer, Lichtbänder, Lichtkuppeln	$\bar{U} = 3{,}1\ W/(m^2 \cdot K)$	$\bar{U} = 3{,}9\ W/(m^2 \cdot K)$

Zu § 51 (1)
Höchstwerte der mittleren Wärmedurchgangskoeffizienten bei Erweiterung und Ausbau bestehender Nichtwohngebäude

(2) Ist die hinzukommende zusammenhängende Nutzfläche größer als 50 Quadratmeter, sind außerdem die Anforderungen an den sommerlichen Wärmeschutz nach § 14 einzuhalten.

Nachweis sommerlicher Wärmeschutz bei Nutzfläche > 50 m²

Zu § 51 (2)
Bei Erweiterung und Ausbau bestehender Gebäude sind nur Anforderungen an den baulichen Wärmeschutz und – sofern die hinzukommende zusammenhängende Nutzfläche größer als 50 m² ist – an den sommerlichen Wärmeschutz zu erfüllen.

Abschnitt 2
(weggefallen)

§ 52
(weggefallen)

§ 53
(weggefallen)

§ 54
(weggefallen)

§ 55
(weggefallen)

§ 56
(weggefallen)

Teil 4
Anlagen der Heizungs-, Kühl- und Raumlufttechnik sowie der Warmwasserversorgung

Abschnitt 1
Aufrechterhaltung der energetischen Qualität bestehender Anlagen

Unterabschnitt 1
Veränderungsverbot

§ 57
Verbot von Veränderungen; entgegenstehende Rechtsvorschriften

(1) Eine Anlage und Einrichtung der Heizungs-, Kühl- oder Raumlufttechnik oder der Warmwasserversorgung darf, soweit sie zum Nachweis der Anforderungen energieeinsparrechtlicher Vorschriften des Bundes zu berücksichtigen war, nicht in einer Weise verändert werden, dass die energetische Qualität des Gebäudes verschlechtert wird.

(2) Die Anforderungen an Anlagen und Einrichtungen nach diesem Teil sind nicht anzuwenden, soweit ihre Erfüllung anderen öffentlich-rechtlichen Vorschriften zur Standsicherheit, zum Brandschutz, zum Schallschutz, zum Arbeitsschutz oder zum Schutz der Gesundheit entgegensteht.

Zu § 57 (1)
Die energetische Qualität der technischen Gebäudeausrüstung darf nicht verschlechtert werden.

Beispiele zu § 57 (1)

Das Verschlechterungsverbot für technische Gebäudeausrüstung betrifft nur Anlagen, die bei der Erfüllung energiesparrechtlicher Vorschriften des Bundes berücksichtigt wurden, allerdings unabhängig davon, ob sie dazu auch erforderlich waren. Wurde z. B. bei der Errichtung eines Gebäudes eine Anlagenkomponente eingebaut, die zur Erfüllung der EnEV nicht erforderlich gewesen wäre, darf diese nur dann wieder ausgebaut oder verschlechtert werden, wenn sie im Nachweis nach EnEV auch nicht berücksichtigt wurde. Wurde hingegen in einem Bestandsgebäude nachträglich eine Biomasseheizung eingebaut, darf diese nach GEG auch wieder ausgebaut werden. Allerdings können andere Pflichten dem Ausbau entgegenstehen, z. B., weil die Anlage gefördert wurde.

Zu § 57 (1)

Achtung, wird Biomethan oder Bioöl im Nachweis berücksichtigt, darf im Nachhinein nicht zu einem anderen Brennstoff mit einem schlechteren Primärenergiefaktor gewechselt werden.
Ebenso darf in Wärmenetzen der Primärenergiefaktor nicht verschlechtert werden. Wird der Primärenergiefaktor eines Wärmenetzes auf Grundlage von Planwerten testiert, ist nach AGFW-Arbeitsblatt FW 309 Teil 7 dieser spätestens nach 7 Jahren durch Messwerte nachzuweisen.

Unterabschnitt 2
Betreiberpflichten

§ 58
Betriebsbereitschaft

(1) Energiebedarfssenkende Einrichtungen in Anlagen und Einrichtungen der Heizungs-, Kühl- und Raumlufttechnik sowie der Warmwasserversorgung sind vom Betreiber betriebsbereit zu erhalten und bestimmungsgemäß zu nutzen.

(2) Der Betreiber kann seine Pflicht nach Absatz 1 auch dadurch erfüllen, dass er andere anlagentechnische oder bauliche Maßnahmen trifft, die den Einfluss einer energiebedarfssenkenden Einrichtung auf den Jahres-Primärenergiebedarf ausgleicht.

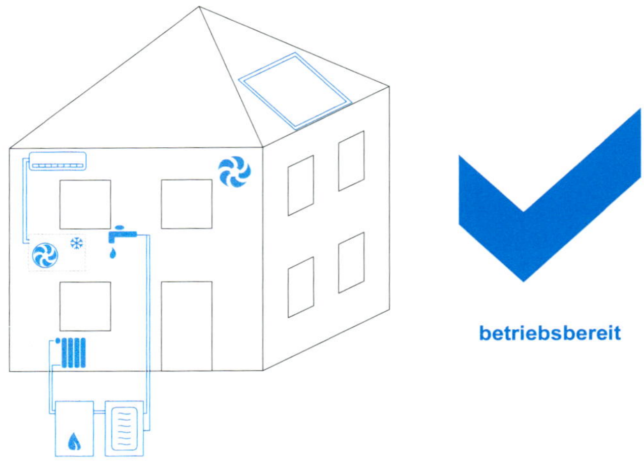

Zu § 58
Den Energiebedarf senkende Haustechnik ist in Betrieb zu halten.

Zu § 58

Das GEG verlangt, Haustechnik, die den Energiebedarf senkt, nicht nur in Betrieb zu halten, sondern auch zu nutzen. Demnach darf z. B. eine vorhandene Lüftungsanlage nicht ausgeschaltet oder Thermostatventile nicht abgebaut werden.

§ 59
Sachgerechte Bedienung

Eine Anlage und Einrichtung der Heizungs-, Kühl- oder Raumlufttechnik oder der Warmwasserversorgung ist vom Betreiber sachgerecht zu bedienen.

Zu § 59

Den Energiebedarf senkende Haustechnik ist vom Betreiber sachgerecht zu bedienen. Ist der Betreiber dafür nicht fachkundig genug, muss er – in der Regel durch Einweisung – dazu in die Lage versetzt werden.

§ 60
Wartung und Instandhaltung

(1) Komponenten, die einen wesentlichen Einfluss auf den Wirkungsgrad von Anlagen und Einrichtungen der Heizungs-, Kühl- und Raumlufttechnik sowie der Warmwasserversorgung haben, sind vom Betreiber regelmäßig zu warten und instand zu halten.

(2) Für die Wartung und Instandhaltung ist Fachkunde erforderlich. Fachkundig ist, wer die zur Wartung und Instandhaltung notwendigen Fachkenntnisse und Fertigkeiten besitzt. Die Handwerksordnung bleibt unberührt.

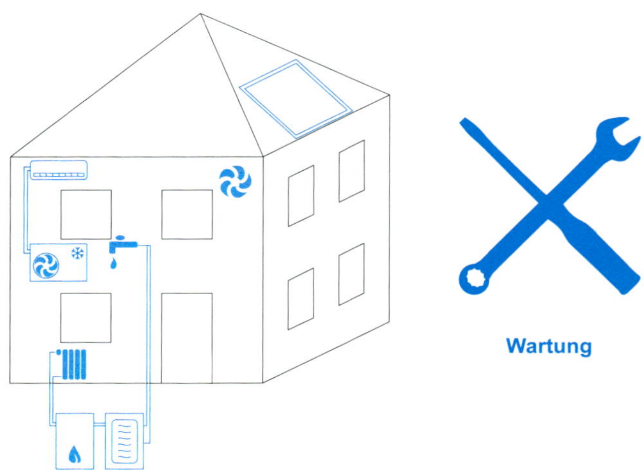

Zu § 60
Haustechnik mit Einfluss auf die Energieeffizienz des Gebäudes ist regelmäßig zu warten und instand zu halten.

Zu § 60

Wartung und Instandhaltung der Anlage müssen durch fachkundiges Personal – in der Regel durch Fachfirmen – erfolgen. Ist der Betreiber der Anlage selbst fachkundig, darf er die Wartungs- und Instandhaltungsarbeiten auch selbst durchführen.

§ 60a
Prüfung und Optimierung von Wärmepumpen

(1) Wärmepumpen, die als Heizungsanlage zum Zweck der Inbetriebnahme in einem Gebäude mit mindestens sechs Wohnungen oder sonstigen selbständigen Nutzungseinheiten oder zur Einspeisung in ein Gebäudenetz, an das mindestens sechs Wohnungen oder sonstige selbständige Nutzungseinheiten angeschlossen sind, nach Ablauf des 31. Dezember 2023 eingebaut oder aufgestellt werden, müssen nach einer vollständigen Heizperiode, spätestens jedoch zwei Jahre nach Inbetriebnahme, einer Betriebsprüfung unterzogen werden. Satz 1 ist nicht für Warmwasser-Wärmepumpen oder Luft-Luft-Wärmepumpen anzuwenden. Die Betriebsprüfung nach Satz 1 muss für Wärmepumpen, die nicht einer Fernkontrolle unterliegen, spätestens alle fünf Jahre wiederholt werden.

(2) Die Betriebsprüfung nach Absatz 1 umfasst

1. die Überprüfung, ob ein hydraulischer Abgleich durchgeführt wurde,

2. die Überprüfung der Regelparameter der Anlage einschließlich der Einstellung

   a) der Heizkurve,

   b) der Abschalt- oder Absenkzeiten,

   c) der Heizgrenztemperatur,

   d) der Einstellparameter der Warmwasserbereitung,

   e) der Pumpeneinstellungen sowie

   f) der Einstellungen von Bivalenzpunkt und Betriebsweise im Fall einer Wärmepumpen-Hybridheizung,

3. die Überprüfung der Vor- und Rücklauftemperaturen und der Funktionstüchtigkeit des Ausdehnungsgefäßes,

4. die messtechnische Auswertung der Jahresarbeitszahl und bei größeren Abweichungen von der erwarteten Jahresarbeitszahl Empfehlungen zur Verbesserung der Effizienz durch Maßnahmen an der Heizungsanlage, der Heizverteilung, dem Verhalten oder der Gebäudehülle,

5. die Prüfung des Füllstandes des Kältemittelkreislaufs,

6. die Überprüfung der hydraulischen Komponenten,

7. die Überprüfung der elektrischen Anschlüsse,

8. die Kontrolle des Zustands der Außeneinheit, sofern vorhanden, und

9. die Sichtprüfung der Dämmung der Rohrleitungen des Wasserheizungssystems.

(3) Die Betriebsprüfung nach Absatz 1 in Verbindung mit Absatz 2 ist von einer fachkundigen Person durchzuführen, die eine erfolgreiche Schulung im Bereich der Überprüfung von Wärmepumpen, die die Inhalte von Absatz 2 abdeckt, durchlaufen hat.

Zu § 60a

Für neu installierte Wärmepumpen ist in Mehrfamilienhäusern mit mindestens 6 Wohneinheiten eine Betriebsprüfung vorgesehen. Die Inhalte der Prüfung sind detailliert im Gesetzestext beschrieben, ebenso, wer diese durchführen darf. Die Ergebnisse der Prüfung sind in einer Unternehmererklärung nach § 96 (1) festzuhalten. Die erforderlichen Optimierungsmaßnahmen sind innerhalb eines Jahres nach der Betriebsprüfung durchzuführen.

Zu §§ 60a, 60b und 60c

Achtung, Die Pflicht zur Prüfung und Optimierung gilt ebenso für Nichtwohngebäude mit mindestens 6 sonstigen selbstständigen Nutzungseinheiten. Der aus der „Verordnung zur Sicherung der Energieversorgung über mittelfristig wirksame Maßnahmen (Mittelfristenergieversorgungssicherungsmaßnahmenverordnung – EnSimiMaV)" bekannte Flächenbezug – mindestens 1.000 m² Nettogrundfläche – wurde nicht übernommen. Eine Definition von „sonstigen selbstständigen Nutzungseinheiten" steht nicht im GEG.

Die Eingrenzung der Vorschriften auf Gebäude mit 6 Wohnungen oder selbstständigen Nutzungseinheiten in den §§ 60a bis c zielen – anders als die EnSiMiMaV – nicht primär darauf ab, bestimmte Gebäudegrößen zu erfassen, sondern vielmehr darauf, Mieter vor hohen Betriebskosten zu schützen. Selbstständige Nutzungseinheiten wären dahin gehend abzugrenzen, wie sie Wohnungen ähneln. Dies ist dann der Fall, wenn sie jeweils von einer eigenen (Miet-)Partei genutzt werden und wenn die Energie- oder Heizkosten separat erfasst und abgerechnet werden.

Demnach sind die Eigentümer großer Nichtwohngebäude, die nicht in selbstständige Nutzungseinheiten unterteilt sind, nicht von dem Pflichtenprogramm der §§ 60a bis c erfasst.

Beispiel zu § 60a bis c

Ein Ärztehaus mit 5 Praxen und einer Apotheke fällt unter die Pflicht nach § 60a (ebenso nach §§ 60b und 60c), ein Rathaus, eine Schule oder eine Produktionshalle in der Regel nicht.

(4) Fachkundig sind insbesondere

1. **Schornsteinfeger nach Anlage A Nummer 12 zu der Handwerksordnung,**
2. **Installateure und Heizungsbauer nach Anlage A Nummer 24 zu der Handwerksordnung,**
3. **Kälteanlagenbauer nach Anlage A Nummer 18 zu der Handwerksordnung,**
4. **Ofen- und Luftheizungsbauer nach Anlage A Nummer 2 zu der Handwerksordnung,**
5. **Elektrotechniker nach Anlage A Nummer 25 zu der Handwerksordnung oder**
6. **Energieberater, die auf der Energieeffizienz-Expertenliste für Förderprogramme des Bundes stehen.**

(5) Das Ergebnis der Prüfung und der etwaige Optimierungsbedarf hinsichtlich der Anforderungen nach Absatz 1 ist schriftlich festzuhalten und dem Verantwortlichen zum Nachweis zu übersenden. Die erforderlichen Optimierungsmaßnahmen sind innerhalb von einem Jahr nach der Betriebsprüfung durchzuführen. Das Ergebnis der Prüfung nach Satz 1 und ein Nachweis über die durchgeführten Arbeiten nach Satz 2 sind auf Verlangen dem Mieter unverzüglich vorzulegen. Satz 3 ist auf Pachtverhältnisse und auf sonstige Formen der entgeltlichen Nutzungsüberlassung von Gebäuden oder Wohnungen entsprechend anzuwenden.

§ 60b
Prüfung und Optimierung älterer Heizungsanlagen

(1) Eine Heizungsanlage mit Wasser als Wärmeträger, die nach Ablauf des 30. September 2009 eingebaut oder aufgestellt wurde, keine Wärmepumpe ist und in einem Gebäude mit mindestens sechs Wohnungen oder sonstigen selbständigen Nutzungseinheiten betrieben wird, ist innerhalb eines Jahres nach Ablauf von 15 Jahren nach Einbau oder Aufstellung einer Heizungsprüfung und Heizungsoptimierung zu unterziehen. Eine Heizungsanlage mit Wasser als Wärmeträger, die vor dem 1. Oktober 2009 eingebaut oder aufgestellt wurde und in einem Gebäude mit mindestens sechs Wohnungen oder sonstigen selbständigen Nutzungseinheiten betrieben wird, ist bis zum Ablauf des 30. September 2027 einer Heizungsprüfung und Heizungsoptimierung zu unterziehen. In der Heizungsprüfung nach Satz 1 oder Satz 2 ist zu prüfen,

1. **ob die zum Betrieb der Heizung einstellbaren technischen Parameter für den Betrieb der Anlage zur Wärmeerzeugung hinsichtlich der Energieeffizienz optimiert sind,**
2. **ob eine effiziente Heizungspumpe im Heizsystem eingesetzt wird,**
3. **inwieweit Dämmmaßnahmen von Rohrleitungen oder Armaturen durchgeführt werden sollten und**

Zu § 60b

§ 60b tritt am 1. Oktober 2024 nach Auslaufen der EnSimiMaV in Kraft. Waren in der EnSimiMaV nur Gasheizungen betroffen, sind es jetzt alle Heizungsanlagen mit Wasser als Wärmetauscher, außer Wärmepumpen und die in Absatz 7 aufgelisteten Fälle wie entsprechende Wärmenetze. Hinsichtlich der Gebäudegröße werden nur noch solche mit mindestens 6 Wohnungen oder sonstigen selbstständigen Nutzungseinheiten adressiert. Die Ergebnisse der Prüfung sind in einer Unternehmererklärung nach § 96 (1) festzuhalten. Die erforderlichen Optimierungsmaßnahmen sind innerhalb eines Jahres nach der Betriebsprüfung durchzuführen.

Die Prüfung wird einmalig durchgeführt. Erst wenn Änderungen an der Heizungsanlage vorgenommen werden oder sich der Wärmebedarf – beispielsweise durch die Dämmung der Gebäudehülle oder den Einbau von Lüftungstechnik – ändert, sind die Prüfung und Optimierung erneut vorzunehmen.

Zu § 60b

Achtung, der in § 60b (3) genannte Personenkreis ist auch dafür zugelassen, die Beratungen, die vor dem Einbau einer neuen Heizung nach § 71 (11) verpflichtend sind, zu erbringen: Schornsteinfeger, Installateure und Heizungsbauer, Ofen- und Luftheizungsbauer, Elektrotechniker oder Energieberater, die auf der Energieeffizienz-Expertenliste stehen.

4. welche Maßnahmen zur Absenkung der Vorlauftemperatur nach Inaugenscheinnahme durchgeführt werden können.

(2) Zur Optimierung einer Anlage zur Wärmeerzeugung nach Absatz 1 Satz 3 Nummer 1 sind unter Berücksichtigung möglicher negativer Auswirkungen auf die Bausubstanz des Gebäudes und die menschliche Gesundheit regelmäßig notwendig:

1. die Absenkung der Vorlauftemperatur oder die Optimierung der Heizkurve bei groben Fehleinstellungen,
2. die Aktivierung der Nachtabsenkung, Nachtabschaltung oder andere zum Nutzungsprofil sowie zu der Umgebungstemperatur passende Absenkungen oder Abschaltungen der Heizungsanlage und eine Information des Betreibers, insbesondere zur Sommerabschaltung, Urlaubsabsenkung oder Anwesenheitssteuerung,
3. die Optimierung des Zirkulationsbetriebs unter Berücksichtigung geltender Regelungen zum Gesundheitsschutz,
4. die Überprüfung der ordnungsgemäßen Einstellung der Umwälzpumpe,
5. die Absenkung der Warmwassertemperaturen unter Berücksichtigung geltender Regelungen zum Gesundheitsschutz,
6. die Absenkung der Heizgrenztemperatur, um die Heizperiode und -tage zu verringern, und
7. die Information des Eigentümers oder Nutzers über weitergehende Einsparmaßnahmen und den Einsatz erneuerbarer Energien, insbesondere die Vorgaben des § 71 Absatz 1 für Heizungsanlagen.

(3) Die Heizungsprüfung nach Absatz 1 ist von einer fachkundigen Person im Sinne des § 60a Absatz 3 durchzuführen. Fachkundig sind insbesondere Personen nach § 60a Absatz 4 Nummer 1, 2, 4 und 6.

(4) Die Heizungsprüfung nach Absatz 1 sowie danach erforderliche Maßnahmen zur Optimierung sollen im Zusammenhang mit ohnehin stattfindenden Tätigkeiten oder Maßnahmen der fachkundigen Personen nach Absatz 3, insbesondere bei der Durchführung von Kehr- und Überprüfungstätigkeiten oder einer Feuerstättenschau nach dem Schornsteinfeger-Handwerksgesetz vom 26. November 2008 (BGBl. I S. 2242) in der jeweils geltenden Fassung, oder bei Heizungswartungsarbeiten, angeboten und durchgeführt werden. Die Heizungsprüfung kann auch im Rahmen der Durchführung eines hydraulischen Abgleichs nachgewiesen werden.

(5) Das Ergebnis der Prüfung nach Absatz 1 Satz 3 und der etwaige Optimierungsbedarf sind schriftlich festzuhalten und dem Verantwortlichen zum Nachweis zu übersenden. Sofern die Prüfung Optimierungsbedarf nach Absatz 1 Satz 3 Nummer 1 in Verbindung mit Absatz 2 aufzeigt, sind die Optimierungsmaßnahmen in-

nerhalb von einem Jahr nach der Heizungsprüfung durchzuführen und schriftlich festzuhalten. Das Ergebnis der Prüfung nach Satz 1 und der Nachweis nach Satz 2 sind auf Verlangen dem Mieter unverzüglich vorzulegen. § 60a Absatz 5 Satz 4 ist entsprechend anzuwenden.

(6) Die Wiederholung der Überprüfung ist nicht erforderlich, wenn nach der Inspektion an der betreffenden Heizungsanlage oder an der betreffenden kombinierten Heizungs- und Lüftungsanlage keine Änderungen vorgenommen wurden oder in Bezug auf den Wärmebedarf des Gebäudes oder des konditionierten Bereichs keine Änderungen eingetreten sind.

(7) Die Verpflichtung zur Heizungsprüfung entfällt bei Heizungsanlagen mit standardisierter Gebäudeautomation nach § 71a sowie bei Wärmepumpen, die nach § 60a einer Betriebsprüfung unterzogen werden. Ebenfalls von der Verpflichtung nach Absatz 1 ausgenommen sind, sofern die Gesamtauswirkungen eines solchen Ansatzes gleichwertig sind, Heizungsanlagen oder kombinierte Heizungs- und Lüftungsanlagen, die

1. unter eine vertragliche Vereinbarung über ein Niveau der Gesamtenergieeffizienz oder eine Energieeffizienzverbesserung fallen, insbesondere unter einen Energieleistungsvertrag gemäß § 3 Absatz 1 Nummer 8a, oder
2. von einem Versorgungsunternehmen oder einem Netzbetreiber betrieben werden und demnach systemseitigen Maßnahmen zur Überwachung der Effizienz unterliegen.

(8) Bei einer Ausnahme von der Inspektionsverpflichtung nach Absatz 7 Satz 1 sind zum Nachweis der Ausstattung des Gebäudes mit Systemen für die Gebäudeautomatisierung nach § 71a Projektunterlagen in überprüfbarer Form vorzulegen. Für eine Ausnahme von der Inspektionsverpflichtung nach Absatz 7 Satz 2 sind zum Nachweis der Gleichwertigkeit der Maßnahmen folgende Unterlagen und Nachweise vorzulegen:

1. Unterlagen über die Gebäude-, Anlagen- und Betreiberdaten,
2. der Nachweis, dass die Anlagen unter ein vereinbartes Kriterium für die Gesamtenergieeffizienz fallen, in Form eines geeigneten Energieleistungsvertrages und
3. der Nachweis, dass die Anlagen von einem Versorgungsunternehmen oder einem Netzbetreiber betrieben werden, unter Vorlage eines geeigneten Betreibervertrages.

§ 60c
Hydraulischer Abgleich und weitere Maßnahmen zur Heizungsoptimierung

(1) Ein Heizungssystem mit Wasser als Wärmeträger ist nach dem Einbau oder der Aufstellung einer Heizungsanlage zum Zweck der Inbetriebnahme in Gebäuden mit mindestens sechs Wohnungen oder sonstigen selbständigen Nutzungseinheiten hydraulisch abzugleichen.

(2) Die Durchführung des hydraulischen Abgleichs im Sinne dieser Regelung beinhaltet unter Berücksichtigung aller wesentlichen Komponenten des Heizungssystems mindestens folgende Planungs- und Umsetzungsleistungen:

1. **eine raumweise Heizlastberechnung,**
2. **eine Prüfung und nötigenfalls eine Optimierung der Heizflächen im Hinblick auf eine möglichst niedrige Vorlauftemperatur und**
3. **die Anpassung der Vorlauftemperaturregelung.**

Für die raumweise Heizlastberechnung ist das in der DIN EN 12831, Teil 1, Ausgabe September 2017, in Verbindung mit DIN/TS 12831, Teil 1, Ausgabe April 2020,* vorgesehene Verfahren anzuwenden.

(3) Der hydraulische Abgleich ist nach Maßgabe des Verfahrens B nach der ZVSHK-Fachregel „Optimierung von Heizungsanlagen im Bestand", VdZ – Wirtschaftsvereinigung Gebäude und Energie e. V., 1. aktualisierte Neuauflage April 2022, Nummer 4.2. oder nach einem gleichwertigen Verfahren durchzuführen.

(4) Die Bestätigung des hydraulischen Abgleichs ist einschließlich der Einstellungswerte, der Heizlast des Gebäudes, der eingestellten Leistung der Wärmeerzeuger und der raumweisen Heizlastberechnung, der Auslegungstemperatur, der Einstellung der Regelung und des Drückens im Ausdehnungsgefäß schriftlich festzuhalten und dem Verantwortlichen mitzuteilen. Die Bestätigung nach Satz 1 ist auf Verlangen dem Mieter unverzüglich vorzulegen. § 60a Absatz 5 Satz 4 ist entsprechend anzuwenden.

Zu § 60c

§ 60c tritt am 1. Oktober 2024 nach Auslaufen der EnSimiMaV in Kraft. Die Ergebnisse der Prüfung sind in einer Unternehmererklärung nach § 96 (1) festzuhalten. Die erforderlichen Optimierungsmaßnahmen sind innerhalb eines Jahres nach der Betriebsprüfung durchzuführen.

* Für die raumweise Heizlastberechnung gilt das Verfahren der DIN EN 12831, Teil 1, Ausgabe September 2017, in Verbindung mit DIN/TS 12831, Teil 1, Ausgabe April 2020, die bei der DIN Media GmbH, Berlin, zu beziehen und beim Deutschen Patentamt archivmäßig gesichert hinterlegt sind.

Abschnitt 2
Einbau und Ersatz

Unterabschnitt 1
Verteilungseinrichtungen und Warmwasseranlagen

§ 61
Verringerung und Abschaltung der Wärmezufuhr sowie Ein- und Ausschaltung elektrischer Antriebe

(1) Wird eine Zentralheizung in ein Gebäude eingebaut, hat der Bauherr oder der Eigentümer dafür Sorge zu tragen, dass die Zentralheizung mit zentralen selbsttätig wirkenden Einrichtungen zur Verringerung und Abschaltung der Wärmezufuhr sowie zur Ein- und Ausschaltung elektrischer Antriebe ausgestattet ist. Die Regelung der Wärmezufuhr sowie der elektrischen Antriebe im Sinne von Satz 1 erfolgt in Abhängigkeit von

1. der Außentemperatur oder einer anderen geeigneten Führungsgröße und
2. der Zeit.

(2) Soweit die in Absatz 1 Satz 1 geforderte Ausstattung bei einer Zentralheizung in einem bestehenden Gebäude nicht vorhanden ist, muss der Eigentümer sie bis zum 30. September 2021 nachrüsten.

(3) Wird in einem Wohngebäude, das mehr als fünf Wohnungen hat, eine Zentralheizung eingebaut, die jede einzelne Wohnung mittels Wärmeübertrager im Durchlaufprinzip mit Wärme für die Beheizung und die Warmwasserbereitung aus dem zentralen System versorgt, kann jede einzelne Wohnung mit den Einrichtungen nach Absatz 1 ausgestattet werden.

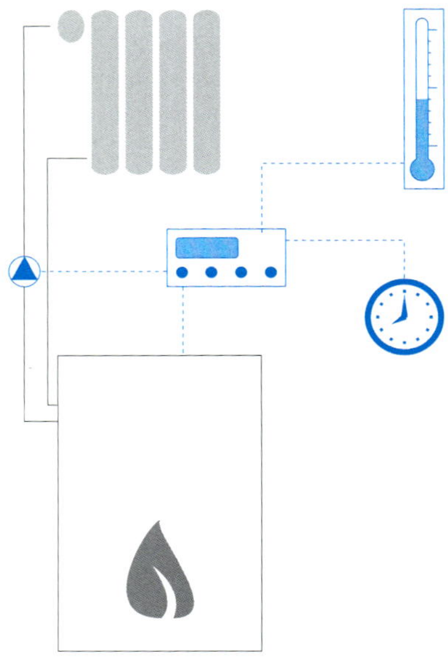

Zu § 61
Zentralheizungen müssen mit einer automatischen Regelung des Heizkreises ausgestattet sein.

Definition Zentralheizung

Eine Zentralheizung ist eine Heizungsanlage nach § 3 (1) Nr. 14a mit Wasser als Wärmeträger.

Zu § 61

Heizkreise in Zentralheizungen müssen ihre Heizleistung automatisch an den Bedarf anpassen und über eine zeitgesteuerte Absenkung oder Abschaltung, z. B. in Form einer Nacht- oder Wochenendabsenkung, verfügen. Die Anpassung der Heizleistung erfolgt üblicherweise über eine außentemperaturgesteuerte Regelung der Vorlauftemperatur des Heizkreises. Je niedriger die Vorlauftemperatur ist, desto geringer ist die Wärmeleistung der einzelnen Heizkörper oder der Flächenheizung. Die Absenkung der Heizkreistemperatur verringert zum einen die Wärmeverluste der Verteilleitungen. Zum anderen ist sie Voraussetzung für eine funktionierende Raumtemperaturregelung (siehe § 63), da bei zu hohen Vorlauftemperaturen der Regelbereich der einzelnen Heizkörperventile sehr klein wäre und somit die Raumtemperatur schlecht geregelt werden könnte. Nach § 110 gelten abweichende Vorschriften der Ökodesign-Richtlinie vorrangig vor den Anforderungen des GEG an die Verringerung und Abschaltung der Wärmezufuhr sowie Ein- und Ausschaltung elektrischer Antriebe.

Besteht kein Heizwärmebedarf im Heizkreis, z. B. während einer Nachtabschaltung, müssen auch Heizkreispumpen automatisch ausgeschaltet werden.

In Zentralheizungen mit Wohnungsübergabestationen kann die Heizkreisregelung auch wohnungsweise erfolgen. Wohnungsübergabestationen versorgen die Heizkreise einzelner Wohnungen über einen Wärmetauscher mit Wärme aus der Zentralheizung.

Zu § 61

Achtung, Nachrüstpflicht für Bestandsgebäude

In bestehenden Gebäuden musste eine automatische Heizkreisregelung entsprechend § 61 bis zum 30. September 2021 nachgerüstet werden.

§ 62
Wasserheizung, die ohne Wärmeübertrager an eine Nah- oder Fernwärmeversorgung angeschlossen ist

Bei einer Wasserheizung, die ohne Wärmeübertrager an eine Nah- oder Fernwärmeversorgung angeschlossen ist, kann die Pflicht nach § 61 hinsichtlich der Verringerung und Abschaltung der Wärmezufuhr auch ohne entsprechende Einrichtung in der Haus- und Kundenanlage dadurch erfüllt werden, dass die Vorlauftemperatur des Nah- oder Fernwärmenetzes in Abhängigkeit von der Außentemperatur und der Zeit durch eine entsprechende Einrichtung in der zentralen Erzeugungsanlage geregelt wird.

Zu § 62

Bei Wärmenetzen mit direkter Übergabe ohne Wärmetauscher, bei der das Wasser aus dem Fernwärmenetz die Heizflächen im Gebäude direkt durchströmt, kann die Vorlauftemperaturregelung nach § 61 statt im angeschlossenen Gebäude auch im Wärmenetz erfolgen.

§ 63
Raumweise Regelung der Raumtemperatur

(1) Wird eine heizungstechnische Anlage mit Wasser als Wärmeträger in ein Gebäude eingebaut, hat der Bauherr oder der Eigentümer dafür Sorge zu tragen, dass die heizungstechnische Anlage mit einer selbsttätig wirkenden Einrichtung zur raumweisen Regelung der Raumtemperatur ausgestattet ist. Satz 1 ist nicht anzuwenden auf

1. eine Fußbodenheizung in Räumen mit weniger als sechs Quadratmetern Nutzfläche oder
2. ein Einzelheizgerät, das zum Betrieb mit festen oder flüssigen Brennstoffen eingerichtet ist.

(2) Mit Ausnahme von Wohngebäuden ist für Gruppen von Räumen gleicher Art und Nutzung eine Gruppenregelung zulässig.

(3) Soweit die in Absatz 1 Satz 1 geforderte Ausstattung bei einem bestehenden Gebäude nicht vorhanden ist, muss der Eigentümer sie nachrüsten. Absatz 1 Satz 2 und Absatz 2 sind entsprechend anzuwenden.

(4) Eine Fußbodenheizung, die vor dem 1. Februar 2002 eingebaut worden ist, darf abweichend von Absatz 1 Satz 1 mit einer Einrichtung zur raumweisen Anpassung der Wärmeleistung an die Heizlast ausgestattet werden.

Zu § 63

Achtung, Ausnahmen von der Pflicht zur raumweisen Regelung

Fußbodenheizungen in Räumen unter 6 m^2 Nutzfläche und Einzelöfen mit festen oder flüssigen Brennstoffen benötigen keine raumweise Regelung. Grundsätzlich nicht von § 63 erfasst sind Luftheizungen, Elektroheizungen oder Einzelöfen, die kein Wasser als Wärmeträger verwenden.

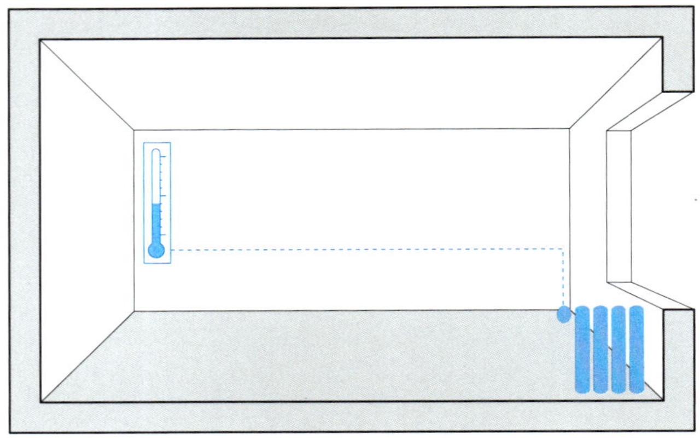

Zu § 63
Zentralheizungen müssen mit einer raumweisen selbsttätig wirkenden Regelung ausgestattet sein.

Zu § 63

Heizungsanlagen mit Wasser als Wärmeträger (z. B. gebäude- oder wohnungszentrale Heizanlagen) müssen über eine raumweise Regelung verfügen, die die Heizleistung selbstständig an die eingestellte Solltemperatur anpasst. Die Einstellung der Solltemperatur kann dabei auch manuell erfolgen, z. B. mit manuell einstellbaren Thermostatreglern.

Eine Gruppenregelung ist ausschließlich in Nichtwohngebäuden für Räume gleicher Art und Nutzung zulässig. Sinnvoll wäre diese Gruppenregelung für gleiche Räume gleicher Orientierung mit gleicher Nutzung und gleicher Nutzungszeit wie z. B. Gruppenräume in Kindergärten. Stimmen die Nutzungszeiten oder Solltemperaturen jedoch nicht überein, ist auch in diesem Fall bei gleichen Räumen eine raumweise Regelung sinnvoll.

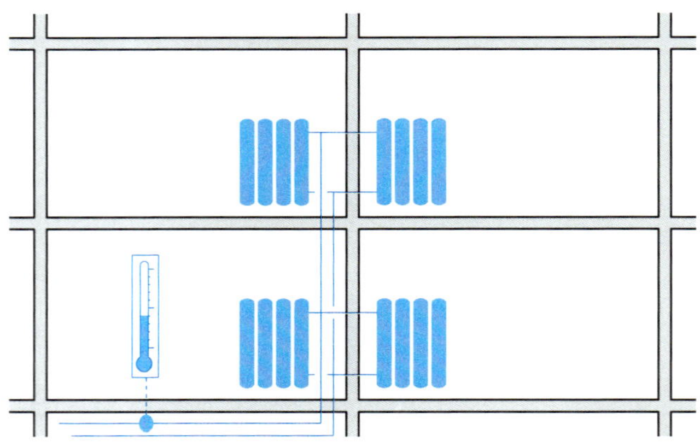

Zu § 63
In Nichtwohngebäuden ist für gleiche Räume eine Gruppenregelung zulässig.

Zu § 63

Achtung, Nachrüstpflicht für Bestandsgebäude

In bestehenden Gebäuden müssen nach § 63 erforderliche raumweise Regelungen der Raumtemperatur nachgerüstet werden. Lediglich ältere Fußbodenheizungen (eingebaut vor dem 1. Februar 2002, d. h. vor Inkrafttreten der ersten EnEV) dürfen in Abhängigkeit von der Heizlast geregelt werden. Bei alten Fußbodenheizungen – mit vom zu beheizenden Raum entfernt platzierten Heizkreisverteilern – ist eine thermostatische Regelung ggf. nicht oder nur sehr aufwendig nachrüstbar.

§ 64
Umwälzpumpe, Zirkulationspumpe

Eine Zirkulationspumpe muss beim Einbau in eine Warmwasseranlage mit einer selbsttätig wirkenden Einrichtung zur Ein- und Ausschaltung ausgestattet werden. Die Trinkwasserverordnung bleibt unberührt.

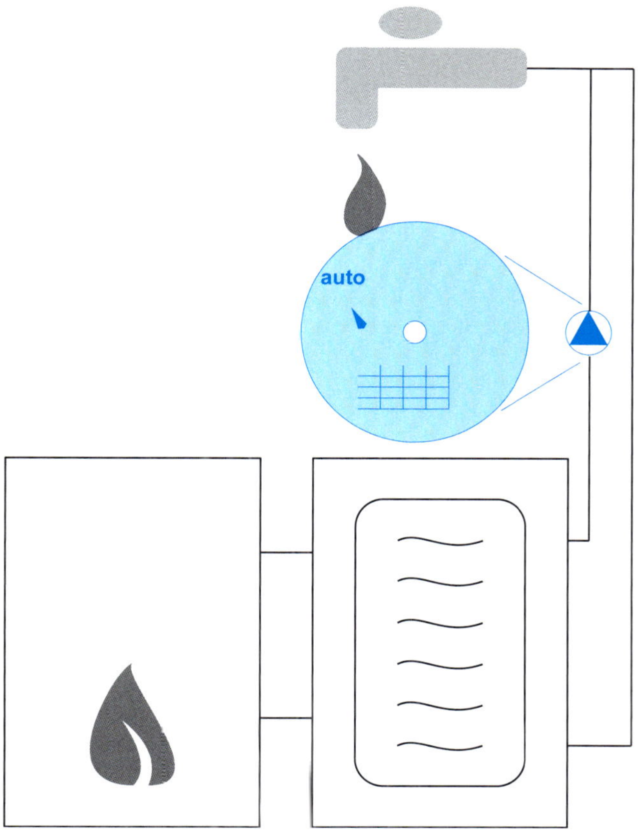

Zu § 64 (2)
Zirkulationspumpen in Warmwasseranlagen müssen automatisch ein- und ausschalten.

Zu § 64 (2)

Die Regelung von Zirkulationspumpen erfolgt entweder zeit- oder bedarfsabhängig. Eine bedarfsabhängige Regelung der Pumpen orientiert sich meist an der Temperatur. Sinkt die Temperatur am Zirkulationsrücklauf, schaltet die Pumpe ein. Ist der Rücklauf warm und wird kein Warmwasser entnommen, schaltet die Pumpe aus. Nach § 110 gelten abweichende Vorschriften der Ökodesign-Richtlinie vorrangig vor den Anforderungen des GEG an Zirkulationspumpen.

Unterabschnitt 2
Klimaanlagen und sonstige Anlagen der Raumlufttechnik

§ 65
Begrenzung der elektrischen Leistung

Beim Einbau einer Klimaanlage, die eine Nennleistung für den Kältebedarf von mehr als 12 Kilowatt hat, und einer raumlufttechnischen Anlage mit Zu- und Abluftfunktion, die für einen Volumenstrom der Zuluft von wenigstens 4 000 Kubikmetern je Stunde ausgelegt ist, in ein Gebäude sowie bei der Erneuerung von einem Zentralgerät oder Luftkanalsystem einer solchen Anlage muss diese Anlage so ausgeführt werden, dass bei Auslegungsvolumenstrom der Grenzwert für die spezifische Ventilatorleistung nach DIN EN 16798-3: 2017-11 Kategorie 4 nicht überschritten wird von

1. der auf das Fördervolumen bezogenen elektrischen Leistung der Einzelventilatoren oder
2. dem gewichteten Mittelwert der auf das jeweilige Fördervolumen bezogenen elektrischen Leistung aller Zu- und Abluftventilatoren.

Der Grenzwert für die spezifische Ventilatorleistung der Kategorie 4 kann um Zuschläge nach DIN EN 16798: 2017-11 Abschnitt 9.5.2.2 für Gas- und Schwebstofffilter- sowie Wärmerückführungsbauteile der Klasse H2 nach DIN EN 13053: 2012-02 erweitert werden.

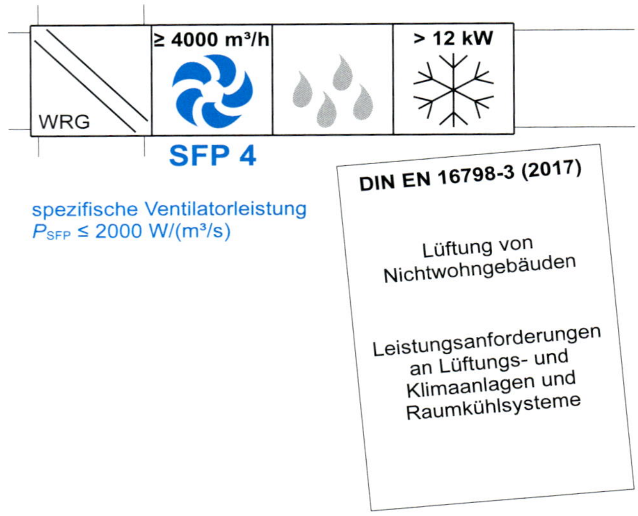

Zu § 65
Effizienz der Ventilatoren in Klima- und raumlufttechnischen Anlagen (RLT-Anlagen)

Zu § 65

Die spezifische Ventilatorleistung (SFP) ist die Summe aller Ventilatorleistungen bezogen auf die Summe aller Auslegungsvolumenströme. Bei Einbau oder Erneuerung von Klimaanlagen mit einer Nennkälteleistung über 12 kW und RLT-Anlagen mit einem Zuluftvolumenstrom von mindestens 4.000 m^3/h darf diese 2,0 kW/(m^3/s) nicht übersteigen.

Als Erneuerung gilt der Einbau neuer Zentralgeräte oder Luftkanalsysteme. Bei Einsatz von Filtern und bei Wärmerückgewinnung gelten entsprechend höhere Grenzwerte der spezifischen Ventilatorleistung (SFP). Der Austausch der Ventilatoren in bestehenden Anlagen ist nicht verpflichtend vorgeschrieben. Nach § 110 gelten abweichende Vorschriften der Ökodesign-Richtlinie vorrangig vor den Anforderungen des GEG an die Begrenzung der elektrischen Leistung von Klimaanlagen und sonstigen Anlagen der Raumlufttechnik.

§ 66
Regelung der Be- und Entfeuchtung

(1) Soweit eine Anlage nach § 65 Satz 1 dazu bestimmt ist, die Feuchte der Raumluft unmittelbar zu verändern, muss diese Anlage beim Einbau in ein Gebäude und bei Erneuerung des Zentralgerätes einer solcher Anlage mit einer selbsttätig wirkenden Regelungseinrichtung ausgestattet werden, bei der getrennte Sollwerte für die Be- und die Entfeuchtung eingestellt werden können und als Führungsgröße mindestens die direkt gemessene Zu- oder Abluftfeuchte dient.

(2) Sind solche Einrichtungen in einer bestehenden Anlage nach § 65 Satz 1 nicht vorhanden, muss der Betreiber sie innerhalb von sechs Monaten nach Ablauf der Frist des § 76 Absatz 1 Satz 2 nachrüsten. Für sonstige raumlufttechnische Anlagen ist Satz 1 entsprechend anzuwenden.

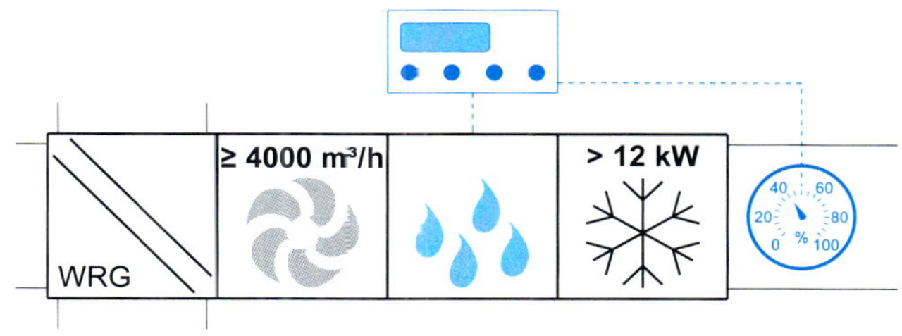

Zu § 66
Feuchteregelung von Klima- und RLT-Anlagen in Abhängigkeit von der Zu- oder Abluftfeuchte

Zu § 66

Bei Einbau oder Erneuerung von Klimaanlagen mit einer Nennkälteleistung über 12 kW und RLT-Anlagen mit einem Zuluftvolumenstrom von mindestens 4.000 m³/h zur Raumbe- oder -entfeuchtung sind Anforderungen an die Feuchteregelung einzuhalten. In der Regelung müssen getrennte Sollwerte für die Be- und Entfeuchtung eingestellt werden können. Als Führungsgröße muss die Zu- oder Abluftfeuchte gemessen werden.

Zu § 66

Achtung, Nachrüstpflicht für bestehende Anlagen

Verfügt eine bestehende Klimaanlage oder eine RLT-Anlage mit Zu-Abluft-Funktion nach § 65 Satz 1 noch nicht über eine Regelung der Be- und Entfeuchtung der Raumluft, ist diese innerhalb von 6 Monaten nach der energetischen Inspektion der Anlage nachzurüsten. Nach § 110 gelten abweichende Vorschriften der Ökodesign-Richtlinie vorrangig vor den Anforderungen des GEG an die Regelung der Be- und Entfeuchtung von Klimaanlagen und sonstigen Anlagen der Raumlufttechnik.

§ 67
Regelung der Volumenströme

(1) Beim Einbau einer Anlage nach § 65 Satz 1 in Gebäude und bei der Erneuerung eines Zentralgerätes oder eines Luftkanalsystems einer solcher Anlage muss diese Anlage mit einer Einrichtung zur selbsttätigen Regelung der Volumenströme in Abhängigkeit von den thermischen und stofflichen Lasten oder zur Einstellung der Volumenströme in Abhängigkeit von der Zeit ausgestattet werden, wenn der Zuluftvolumenstrom dieser Anlage höher ist als

1. neun Kubikmeter pro Stunde je Quadratmeter versorgter Nettogrundfläche des Nichtwohngebäudes oder
2. neun Kubikmeter pro Stunde je Quadratmeter versorgter Gebäudenutzfläche des Wohngebäudes.

(2) Absatz 1 ist nicht anzuwenden, soweit in den versorgten Räumen auf Grund des Arbeits- und Gesundheitsschutzes erhöhte Zuluftvolumenströme erforderlich oder Laständerungen weder messtechnisch noch hinsichtlich des zeitlichen Verlaufs erfassbar sind.

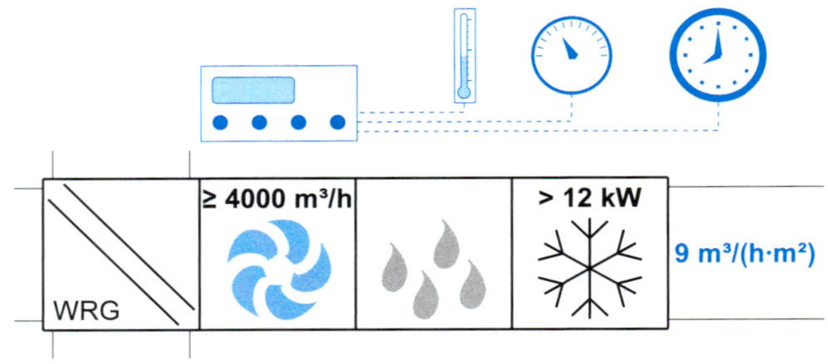

Zu § 67
Volumenstromregelung von Klima- und RLT-Anlagen in Abhängigkeit von Temperatur und Luftqualität oder Zeit

Zu § 67

Bei Einbau oder Erneuerung von Klimaanlagen mit einer Nennkälteleistung über 12 kW und RLT-Anlagen mit einem Zuluftvolumenstrom von mindestens 4.000 m^3/h sind Anforderungen an die Volumenstromregelung einzuhalten. Übersteigt der Volumenstrom 9 $m^3/(h \cdot m^2)$, muss die Volumenstromregelung in Abhängigkeit von Temperatur und Luftqualität oder Zeit erfolgen. Als Bezugsfläche für den Volumenstrom gilt bei Nichtwohngebäuden die versorgte Nettogrundfläche, bei Wohngebäuden die versorgte Gebäudenutzfläche. Als Erneuerung gilt der Einbau neuer Zentralgeräte oder Luftkanalsysteme. Eine Nachrüstverpflichtung für bestehende Anlagen gibt es jedoch nicht. Nach § 110 gelten abweichende Vorschriften der Ökodesign-Richtlinie vorrangig vor den Anforderungen des GEG an die Regelung der Volumenströme von Klimaanlagen und sonstigen Anlagen der Raumlufttechnik.

§ 68
Wärmerückgewinnung

Wird eine Anlage nach § 65 Satz 1 in Gebäude eingebaut oder ein Zentralgerät einer solchen Anlage erneuert, muss diese mit einer Einrichtung zur Wärmerückgewinnung ausgestattet sein, es sei denn, die rückgewonnene Wärme kann nicht genutzt werden oder das Zu- und das Abluftsystem sind räumlich vollständig getrennt. Die Einrichtung zur Wärmerückgewinnung muss mindestens der DIN EN 13053: 2007-11 Klassifizierung H3 entsprechen. Für die Betriebsstundenzahl sind die Nutzungsrandbedingungen nach DIN V 18599-10: 2018-09 und für den Luftvolumenstrom der Außenluftvolumenstrom maßgebend.

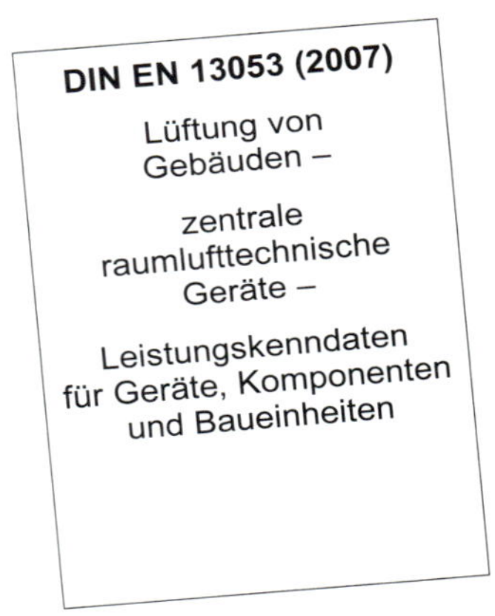

Zu § 68
Wärmerückgewinnung in Klima- und RLT-Anlagen

Zu § 68

Bei Einbau oder Erneuerung von Klimaanlagen mit einer Nennkälteleistung über 12 kW und RLT-Anlagen mit einem Zuluftvolumenstrom von mindestens 4.000 m^3/h ist eine Wärmerückgewinnung einzubauen. Dabei sind die Mindestanforderungen an die Rückwärmzahl und der maximal zulässige Druckverlust einzuhalten. Diese ergeben sich aus der Klassifizierung H3 nach DIN EN 13053 „Lüftung von Gebäuden – Zentrale raumlufttechnische Geräte – Leistungskenndaten für Geräte, Komponenten und Baueinheiten" (2007) in Abhängigkeit von der Betriebszeit und dem Außenluftvolumenstrom. Als Erneuerung gilt der Einbau neuer Zentralgeräte. Eine Nachrüstverpflichtung für bestehende Anlagen gibt es jedoch nicht. Nach § 110 gelten abweichende Vorschriften der Ökodesign-Richtlinie vorrangig vor den Anforderungen des GEG an die Wärmerückgewinnung in Klimaanlagen und sonstigen Anlagen der Raumlufttechnik.

Unterabschnitt 3
Wärmedämmung von Rohrleitungen und Armaturen

§ 69
Wärmeverteilungs- und Warmwasserleitungen sowie Armaturen

(1) Werden Wärmeverteilungs- und Warmwasserleitungen sowie Armaturen erstmalig in ein Gebäude eingebaut oder werden sie ersetzt, hat der Bauherr oder der Eigentümer dafür Sorge zu tragen, dass die Wärmeabgabe der Rohrleitungen und Armaturen nach Anlage 8 begrenzt wird.

(2) Der Eigentümer eines Gebäudes hat dafür Sorge zu tragen, dass die Wärmeabgabe von bisher ungedämmten, zugänglichen Wärmeverteilungs- und Warmwasserleitungen, die sich nicht in beheizten Räumen befinden, nach Anlage 8 begrenzt wird.

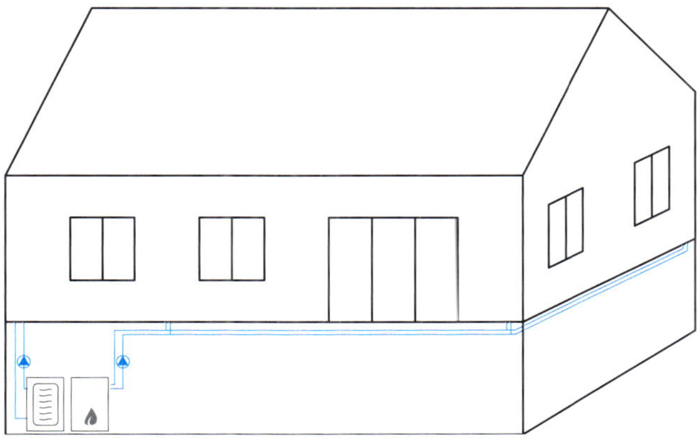

Zu § 69 (2)
Nachrüstpflicht für Wärmedämmung von Heizungs- und Warmwasserinstallation in unbeheizten Räumen

Zu § 69 (2)

Die Nachrüstpflicht gilt nur für ungedämmte Heizungs- und Warmwasserinstallationen in unbeheizten Räumen, z. B. unbeheizten Kellern. Vollständig ungedämmte Wärmeverteilungs- und Warmwasserleitungen sind in der Praxis kaum mehr anzutreffen. Ungedämmte Bögen, Abzweige oder Armaturen kommen hingegen sehr häufig vor. Sie werden von dieser Nachrüstpflicht ebenfalls erfasst. Auch gilt die Nachrüstpflicht nur für zugängliche Leitungen, unter Putz verlegte Rohre sind somit ausgenommen.

Zu § 69 (2)

Achtung, Ausnahmen für Ein- und Zweifamilienhäuser siehe § 73. Darüber hinaus wird die Wirtschaftlichkeit der Maßnahme angenommen, die alte Ausnahmeregelung des § 71 (2) GEG 2023 wurde gestrichen.

§ 70
Kälteverteilungs- und Kaltwasserleitungen sowie Armaturen

Werden Kälteverteilungs- und Kaltwasserleitungen sowie Armaturen, die zu Klimaanlagen oder sonstigen Anlagen der Raumlufttechnik im Sinne des § 65 Satz 1 gehören, erstmalig in ein Gebäude eingebaut oder werden sie ersetzt, hat der Bauherr oder der Eigentümer dafür Sorge zu tragen, dass die Wärmeaufnahme der eingebauten oder ersetzten Kälteverteilungs- und Kaltwasserleitungen sowie Armaturen nach Anlage 8 begrenzt wird.

Zu §§ 69 und 70
Wärmedämmung von Verteilleitungen und Armaturen

Zu §§ 69 und 70

Wärmeverteilungs- und Warmwasserleitungen sowie Kälteverteilungs- und Kaltwasserleitungen in Klimaanlagen mit einer Nennkälteleistung über 12 kW und RLT-Anlagen mit einem Zuluftvolumenstrom von mindestens 4.000 m^3/h müssen inkl. aller Armaturen wärmegedämmt werden. Dies gilt sowohl für Neubauten als auch für bestehende Gebäude bei erstmaligem Einbau und Ersatz solcher Leitungen. Die Mindestdicke der Dämmschicht ist nach Anlage 8 bei Wärmeverteilungs- und Warmwasserleitungen sowie deren Armaturen abhängig von Innendurchmesser und Lage der Leitungen und Armaturen, bei Kälteverteilungs- und Kaltwasserleitungen sowie deren Armaturen beträgt sie unabhängig davon 6 mm. Eine Nachrüstverpflichtung besteht nach § 71 für Wärmeverteilungs- und Warmwasserleitungen und darin enthaltene Armaturen, nicht jedoch für Kälteverteilungs- und Kaltwasserleitungen.

Unterabschnitt 4
Anforderungen an Heizungsanlagen; Betriebsverbot für Heizkessel

§ 71
Anforderungen an eine Heizungsanlage

(1) Eine Heizungsanlage darf zum Zweck der Inbetriebnahme in einem Gebäude nur eingebaut oder aufgestellt werden, wenn sie mindestens 65 Prozent der mit der Anlage bereitgestellten Wärme mit erneuerbaren Energien oder unvermeidbarer Abwärme nach Maßgabe der Absätze 4 bis 6 sowie der §§ 71b bis 71h erzeugt. Satz 1 ist entsprechend für eine Heizungsanlage anzuwenden, die in ein Gebäudenetz einspeist.

Zu § 71 (1)

In § 71 (1) ist die grundsätzliche Anforderung an Heizungsanlagen definiert: Wird eine Heizung neu eingebaut, so ist deren Wärmeabgabe zu mindestens 65 % aus erneuerbaren Energien zu erzeugen. Betroffen sind ausschließlich neu eingebaute oder aufgestellte Heizungen, nicht bereits bestehende.

Eine Heizungsanlage ist dabei definiert als eine Anlage zur Erzeugung von Raumwärme, Warmwasser oder einer Kombination davon, einschließlich Hausübergabestationen zum Anschluss an ein Wärmenetz und Wärmeüberträger von unvermeidbarer Abwärme, mit Ausnahme von handbeschickten Einzelraumfeuerungsanlagen im Sinne des § 2 Nummer 3, offenen Kaminen nach § 2 Nummer 12 und Badeöfen nach § 1 Absatz 2 Satz 1 Nummer 2 Buchstabe d der Verordnung über kleine und mittlere Feuerungsanlagen vom 26. Januar 2010 (BGBl. I S. 38) in der jeweils geltenden Fassung. Beispielsweise sind Pelletöfen von den Anforderungen nach § 71 (1) erfasst, ebenso wie Scheitholzöfen mit Wassertasche (die die Wärme überwiegend an andere Räume als den Aufstellungsraum abgeben), nicht jedoch Scheitholzöfen zur Beheizung des Aufstellungsraums (siehe § 3 (1) Nummer 14a).

„Der Einschub ‚nach Maßgabe der Absätze 4 bis 6 sowie der §§ 71b bis 71h' soll sicherstellen, dass diese Regelungen auch für Anlagen(-kombinationen) gelten, die nicht in Absatz 3 genannt sind. Die genannten Vorgaben müssen demnach auch im Rahmen des Einzelnachweises nach Absatz 2 eingehalten werden." (Bundesdrucksache 20/6875, S. 108).

Ebenso gilt diese Anforderung an ein Gebäudenetz. Ein Gebäudenetz ist ein Netz zur ausschließlichen Versorgung mit Wärme und Kälte von mindestens 2 und bis zu 16 Gebäuden und bis zu 100 Wohneinheiten. Größere Netze werden als Wärmenetz bezeichnet. An diese werden Anforderungen aus dem Wärmeplanungsgesetz gestellt.

„Adressat der Pflicht aus Absatz 1 Satz 1 ist der Verantwortliche nach § 8. Er hat sicherzustellen, dass mindestens 65 % der mit der Anlage bereitgestellten Wärme mit erneuerbaren Energien oder unvermeidbarer Abwärme erzeugt wird." (Bundesdrucksache 20/6875, S. 108)

(2) Der Gebäudeeigentümer kann frei wählen, mit welcher Heizungsanlage die Anforderungen nach Absatz 1 erfüllt werden. Die Einhaltung der Anforderungen des Absatzes 1 in Verbindung mit den §§ 71b bis 71h ist auf Grundlage von Berechnungen nach der DIN V 18599: 2018-09* durch eine nach § 88 berechtigte Person vor Inbetriebnahme nachzuweisen. Der Gebäudeeigentümer ist verpflichtet, die Heizungsanlage nach den Anforderungen des Nachweises einzubauen oder aufzustellen und zu betreiben. Der Nachweis ist von dem Eigentümer und von dem Aussteller mindestens zehn Jahre aufzubewahren und der nach Landesrecht zuständigen Behörde sowie dem bevollmächtigten Bezirksschornsteinfeger auf Verlangen vorzulegen.

* Amtlicher Hinweis: Zu beziehen bei der DIN Media GmbH, 10787 Berlin, und in der Deutschen Nationalbibliothek archivmäßig gesichert niedergelegt.

Zu § 71 (2)

Die Wahlfreiheit bedeutet: Ein Nachweis des Deckungsteils kann – wie bislang auch – für jede mögliche Technik nach DIN V 18599 geführt werden. Dazu ist der Wärmeenergiebedarf für das Gebäude zu ermitteln, der dann zu mindestens 65 % durch erneuerbare Energien oder unvermeidbare Abwärme zu decken ist. Versorgt die Heizungsanlage nur einen Teil des Gebäudes mit Wärme, kann gemäß § 71 (4) der Nachweis nach DIN V 18599 allein für den entsprechenden Gebäudeteil geführt werden.

Der Wärmeenergiebedarf ist in § 3 (1) Nummer 31 definiert als die Summe der zur Deckung des Wärmebedarfs für Heizung und Warmwasserbereitung jährlich benötigten Wärmemenge, einschließlich des thermischen Aufwands für Übergabe, Verteilung und Speicherung der Energiemenge. Die Berechnung des Wärmeenergiebedarfs ist nach DIN V 18599 durchzuführen. Dabei wird die Summe aller Erzeugernutzwärmeabgaben für Heizung und Trinkwassererwärmung des Gebäudes oder Gebäudenetzes ermittelt, die Erzeugernutzwärmeabgabe für die Dampfversorgung/Befeuchtung über Raumlufttechnik ($Q_{st,outg}$) bleibt dabei unberücksichtigt:

$$Q_{outg} = Q_{h,outg} + Q_{h^*,outg} + Q_{w,outg} + Q_{rv,outg}$$

mit

Q_{outg} Erzeugernutzwärmeabgabe nach DIN V 18599

$Q_{h,outg}$ Erzeugernutzwärmeabgabe an das Heizsystem (für statische Heizung)

$Q_{h^*,outg}$ Erzeugernutzwärmeabgabe für Heizung über Raumlufttechnik

$Q_{w,outg}$ Erzeugernutzwärmeabgabe für die Trinkwarmwasserbereitung

$Q_{rv,outg}$ Erzeugernutzwärmeabgabe für Heizung über das Wohnungslüftungssystem

Anmerkung: Im Gegensatz zur Nomenklatur $Q_{h^*,outg}$ in DIN V 18599-1 wird in DIN V 18599-5 auch bei Heizung über Raumlufttechnik die Bezeichnung $Q_{h,outg}$ verwendet.

Es werden bei der Berechnung nur die relevanten Bedarfe berücksichtigt. Gibt es beispielsweise keine Heizung über Raumlufttechnik oder in Nichtwohngebäuden keinen Warmwasserbedarf, dann fallen diese Anteile weg.

Als Wärmeerzeuger können die in §§ 71b bis 71h aufgeführten Systeme berücksichtigt werden sowie dezentrale, handbeschickte Einzelraumfeuerungsanlagen. Letztere pauschal mit einem Wert von 0,10 für den Deckungsanteil am Nutzwärmebedarf. Der Deckungsanteil von Einzelraumfeuerungsanlagen kann flächenanteilig für diejenige(n) Wohneinheit(en) angesetzt werden, die über eine Einzelraumfeuerungsanlage verfügen (siehe § 71 (6)). Unvermeidbare Abwärme (siehe § 3 (1) Nummer 30a) kann im Nachweis angerechnet werden, soweit sie über ein technisches System nutzbar gemacht und im Gebäude zur Deckung des Wärmebedarfs eingesetzt wird.

Zur Bestimmung und Dokumentation (Formblatt: Berechnung des Deckungsanteils mit DIN V 18599) des Deckungsanteils steht die neue DIN/TS 18599-14 zur Verfügung. Der Nachweis ist mindestens 10 Jahre aufzubewahren. Er ist dem bevollmächtigten Bezirksschornsteinfeger im Rahmen der bauordnungsrechtlichen Abnahme der Anlage oder, wenn eine solche Abnahme nicht vorgesehen ist, als Beliehener im Rahmen der ersten Feuerstättenschau nach dem Einbau vorzulegen (siehe § 97).

(3) Die Anforderungen des Absatzes 1 gelten für die folgenden Anlagen einzeln oder in Kombination miteinander als erfüllt, so dass ein Nachweis nach Absatz 2 Satz 2 nicht erforderlich ist, wenn sie zum Zweck der Inbetriebnahme in einem Gebäude oder der Einspeisung in ein Gebäudenetz eingebaut oder aufgestellt werden und den Wärmebedarf des Gebäudes, der durch die Anlagen versorgten Wohnungen oder sonstigen selbständigen Nutzungseinheiten oder des Gebäudenetzes vollständig decken:

1. **Hausübergabestation zum Anschluss an ein Wärmenetz nach Maßgabe des § 71b,**
2. **elektrisch angetriebene Wärmepumpe nach Maßgabe des § 71c,**
3. **Stromdirektheizung nach Maßgabe des § 71d,**
4. **solarthermische Anlage nach Maßgabe des § 71e,**
5. **Heizungsanlage zur Nutzung von Biomasse oder grünem oder blauem Wasserstoff einschließlich daraus hergestellter Derivate nach Maßgabe der §§ 71f und 71g,**

Zu §71 (3)

Die Checkliste bedeutet: Ohne einen rechnerischen Nachweis nach DIN V 18599 werden die unter den Nummern 1 bis 7 aufgeführten Systeme als Nachweis für die Anforderungen an eine Heizungsanlage nach § 71 (1) anerkannt. Der Wärmebedarf des Gebäudes – oder der durch die Anlagen versorgten Wohnungen oder sonstigen selbstständigen Nutzungseinheiten oder des Gebäudenetzes – ist durch diese Anlagen oder eine Kombination daraus vollständig zu decken. Die Nachweisführung ist somit für den weit überwiegenden Teil der in der Praxis installierten Anlagen einfach ohne eine Gesamtbilanzierung des Gebäudes möglich.

„Soweit die Pflicht nach Absatz 1 Satz 1 den Gebäude- oder Wohnungseigentümer trifft und dieser nicht gleichzeitig auch die Anlage betreibt, hat bei den Erfüllungsoptionen Nummer 5 und 6 der Betreiber der Heizungsanlage gesonderte Pflichten im Hinblick auf den Bezug der bezogenen biogenen Brennstoffe bzw. den grünen oder blauen Wasserstoff zu erfüllen. Der Betreiber hat sicherzustellen, dass die Anforderungen nach § 71f und § 71g, die den Betrieb der Anlage betreffen, eingehalten werden. Diese Pflichten regeln spezielle Anforderungen an die Brennstoffe, um die 65-Prozent-Vorgabe auch im Hinblick auf die verwendete Biomasse sicherzustellen.

Diese Pflichten werden regelmäßig den Gebäude- oder Wohnungseigentümer treffen, wenn er die Wohnung selber nutzt und damit Gebäude- oder Wohnungseigentümer und gleichzeitig Betreiber der Heizungsanlage ist. Im Falle der Ver-

6. **Wärmepumpen-Hybridheizung bestehend aus einer elektrisch angetriebenen Wärmepumpe in Kombination mit einer Gas-, Biomasse- oder Flüssigbrennstofffeuerung nach Maßgabe des § 71h Absatz 1 oder**
7. **Solarthermie-Hybridheizung bestehend aus einer solarthermischen Anlage nach Maßgabe der §§ 71e und 71h Absatz 2 in Kombination mit einer Gas-, Biomasse- oder Flüssigbrennstofffeuerung nach Maßgabe des § 71h Absatz 4.**

Beim Betrieb einer Heizungsanlage nach Satz 1 Nummer 5 bis 7 hat der Betreiber sicherzustellen, dass die Anforderungen an die Belieferung des jeweiligen Brennstoffs aus § 71f Absatz 2 bis 4 und § 71g Nummer 2 und 3 eingehalten werden.

mietung wird auch der Vermieter regelmäßig Betreiber einer zentralen Heizungsanlage sein, wenn er Bezieher der Energielieferung ist. Die beiden Funktionen können jedoch dann auseinanderfallen, wenn ein Nutzer eines Gebäudes oder einer Wohnung einen direkten Energieliefervertrag abschließt, während die Heizungsanlage im Eigentum des Gebäude- oder Wohnungseigentümers steht.

Hat der Gebäudeeigentümer den Betrieb der Heizungsanlage – etwa im Rahmen eines Wärmecontracting-Vertrages – einem Dritten übertragen, so trifft den Contractor die Pflicht zur Erfüllung der Anforderungen aus § 71f und § 71g.

Für die einzelnen Erfüllungsoptionen werden nach den §§ 71b bis 71h weitere Voraussetzungen geregelt, die bei Vorliegen dieser Anforderungen einen Verzicht auf einen Einzelnachweis nach Absatz 3 rechtfertigen." (Bundesdrucksache 20/6875, S. 109)

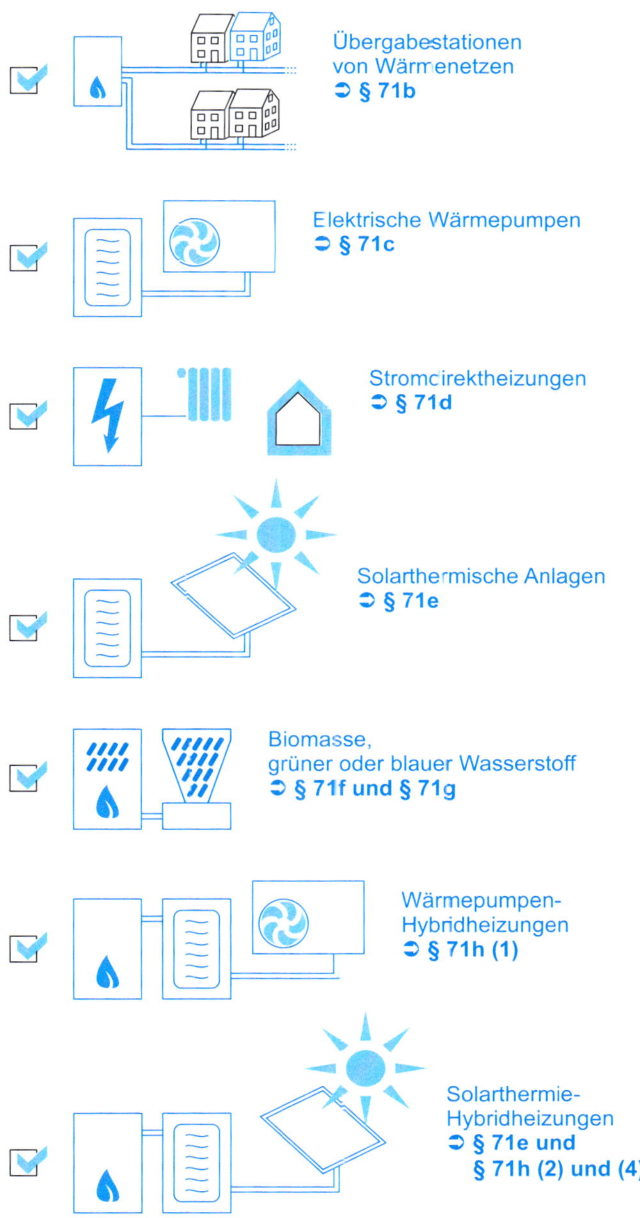

Zu § 71 (3)
Checkliste: Erfüllungsoptionen bei vollständiger Deckung des Wärmebedarfs

(4) Die Pflicht nach Absatz 1 ist anzuwenden

1. **bei einer Heizungsanlage, die sowohl Raumwärme als auch Warmwasser erzeugt, auf das Gesamtsystem,**
2. **bei einer Heizungsanlage, in der Raumwärme und Warmwasser getrennt voneinander erzeugt werden, nur auf das Einzelsystem, das neu eingebaut oder aufgestellt wird, oder**
3. **bei mehreren Heizungsanlagen in einem Gebäude oder in einem Quartier bei zur Wärmeversorgung verbundenen Gebäuden nach Absatz 1 Satz 2 entweder auf die einzelne Heizungsanlage, die neu eingebaut oder aufgestellt wird, oder auf die Gesamtheit aller installierten Heizungsanlagen.**

Sofern die neu eingebaute Heizungsanlage eine bestehende Heizungsanlage ergänzt, ist ein Nachweis nach Absatz 2 Satz 2 entbehrlich, wenn die neu eingebaute Heizungsanlage einer der in Absatz 3 Satz 1 Nummer 1 bis 7 genannten Anlagenformen entspricht.

Zu § 71 (4)

Einerseits wird klargestellt, dass sich der Bilanzrahmen je nach Anlage auf die Heizung, die Warmwasserbereitung oder die Kombination daraus beziehen kann. Die 65-%-EE-Vorgabe gilt jeweils nur für den betroffenen neuen Wärmeerzeuger. Anderseits wird der Freiheitsgrad für die Nachweisführung dahin gehend erweitert, dass auch bestehende Anlagen in die Bilanzierung aufgenommen werden dürfen. Wird beispielsweise ein Hackschnitzelkessel gemeinsam mit einem Gas-Spitzenkessel betrieben, darf ein erneuerter Gaskessel wieder mit Erdgas betrieben werden, sofern der Gaskessel gemeinsam mit der bestehenden Hackschnitzelheizung bilanziert wird und dabei mindestens 65 % erneuerbare Energien nachgewiesen werden. Oder wurde als erster Erzeuger beispielsweise eine Wärmepumpe eingebaut, so kann der zweite Erzeuger ein Kessel mit fossilen Brennstoffen sein, wenn die Gesamtanlage die Bedingungen an eine Wärmepumpen-Hybridheizung nach § 71h erfüllt. Diese Regelung erhöht dadurch insbesondere die Flexibilität bei Mehrkesselanlagen.

Versorgt die Heizungsanlage nur einen Teil des Gebäudes mit Wärme, kann nach § 71 (2) der Nachweis nach DIN V 18599 allein für denjenigen Gebäudeteil geführt werden, der von der neuen Heizungsanlage versorgt wird.

Sofern das Warmwasser in einer getrennten Anlage nur dezentral erzeugt wird, ist die Sonderregel nach § 71 (5) zu beachten.

(5) Sofern die Warmwasserbereitung dezentral und unabhängig von der Erzeugung von Raumwärme erfolgt, gelten die Anforderungen des Absatzes 1 für die Anlage der Warmwasserbereitung auch als erfüllt, wenn die dezentrale Warmwasserbereitung elektrisch erfolgt. Im Fall einer dezentralen Warmwasserbereitung mit elektrischen Durchlauferhitzern müssen diese zur Erfüllung der Pflicht nach Absatz 1 elektronisch geregelt sein.

Zu § 71 (5)

Die Ausnahme gilt nur für elektrisch betriebene Warmwasserbereitung, die unabhängig von der Erzeugung der Raumwärme ist, beispielsweise elektronische Durchlauferhitzer, Trinkwarmwasser-Wärmepumpen oder elektrische Warmwasserboiler.

Mit Gas betriebene Anlagen, z. B. Gas-Durchlauferhitzer, sind Heizungsanlagen nach § 3 (1) Nummer 14a. Es gilt § 71 (2) mit den Anforderungen an den Einsatz erneuerbarer Energien nach § 71 (1). Befindet sich im Gebäude nicht nur eine solche nicht elektrische Heizungsanlage, sondern mehrere – z. B. in einem Mehrfamilienhaus zur Versorgung jeweils einzelner Wohnungen oder unabhängiger Nutzereinheiten –, sind diese zudem Etagenheizungen (siehe §§ 71 l und n sowie S. 122, Kasten „Definition Etagenheizung“).

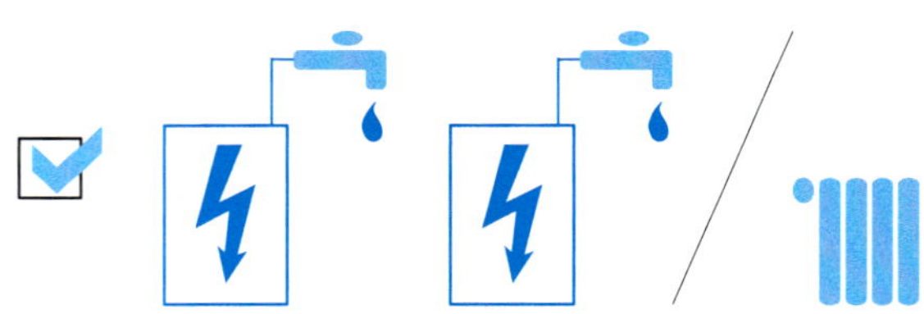

Zu § 71 (5)
Dezentrale elektrische Warmwasserbereitung als Erfüllungsoption

(6) Unvermeidbare Abwärme kann im Nachweis der Pflichterfüllung nach Absatz 1 angerechnet werden, soweit sie über ein technisches System nutzbar gemacht und im Gebäude zur Deckung des Wärmebedarfs eingesetzt wird. Beim Betrieb einer dezentralen, handbeschickten Einzelraumfeuerungsanlage kann im Nachweis der Pflichterfüllung nach Absatz 1 ein vom Standardwert der DIN V 18599-5: 2018-09* abweichender Wert von 0,10 für den Deckungsanteil am Nutzwärmebedarf angerechnet werden.

Zu § 71 (6) Satz 1

Unvermeidbare Abwärme, die über ein technisches System nutzbar gemacht wird, etwa durch einen Wärmeübertrager, gilt als pflichterfüllende Wärme wie erneuerbare Energien. Wenn beispielsweise aus Fertigungsprozessen Abwärme zur Verfügung steht und diese zur Deckung des Wärmeenergiebedarfs eingesetzt wird, kann diese Wärmemenge angerechnet werden. Auch kann Abwärme aus der Kühlung von Serverräumen, Kühlräumen oder von Druckluftkompressoren angerechnet werden. Es handelt sich um Abwärme, die mittels Wärmeübertrager aus dem Abgas von Verbrennungsanlagen oder gewerblichen Produktionsprozessen rückgewonnen wird, insofern diese Wärme nicht mit Maßnahmen nach Stand der Technik vermieden werden kann. Das Gleiche gilt für Abwärme aus dem Abwasser. Ist das Temperaturniveau der Abwärme hoch genug, kann diese direkt zur Beheizung eingesetzt werden. Ansonsten kann die Temperatur der Abwärme durch Wärmepumpen auf ein notwendiges Niveau angehoben werden.

Zu § 71 (6) Satz 1

Achtung, nicht anrechenbar ist Abwärme, die direkt den Raum wärmt wie Maschinenabwärme, die direkt die Produktionshalle heizt. Bei den Berechnungen wird diese Abwärme als Wärmequelle mit den Standardwerten der Nutzungsprofile aus DIN V 18599-10 zur Ermittlung des Nutzenergiebedarfs angesetzt, unabhängig vom tatsächlichen Wärmeeintrag.

Achtung, wird in Lüftungsanlagen eine Wärmerückgewinnung installiert, zählt die rückgewonnene Wärme nicht als unvermeidbare Abwärme. Nicht prozessbezogene Wärme aus Abluft, Raumluft oder Fortluft kann ausschließlich dann als unvermeidbare Abwärme angerechnet werden, wenn sie über eine Wärmepumpe nutzbar gemacht wird.

Keine unvermeidbare Abwärme ist Nutzwärme aus KWK-Prozessen nach § 2 Nummer 26 KWKG, während Wärme aus der Rauchgaskondensation von KWK-Anlagen unvermeidbare Abwärme ist (siehe § 3 (1) Nummer 30a).

Zu § 71 (6) Satz 2

Der Deckungsanteil von Einzelraumfeuerungsanlagen kann flächenanteilig für diejenige(n) Wohneinheit(en) angesetzt werden, die über eine Einzelraumfeuerungsanlage verfügen. Zudem können über 10 % hinausgehenden Deckungsanteile aus DIN V 18599-5, Abschnitt 6.5.6.2 angesetzt werden, wenn es sich nicht um eine Einzelraumfeuerungsanlage handelt, sondern um eine Heizungsanlage nach § 3 (1) Nummer 14a.

Beispiel: Mehrfamilienhaus mit 6 Wohneinheiten mit jeweils 100 m² (vereinfacht kann die Wohnfläche angesetzt werden). 3 Wohneinheiten haben Holzöfen im Wohnzimmer. Somit wäre der Deckungsanteil am Nutzwärmebedarf des Gebäudes nach DIN V 18599 : $0{,}10 \cdot 300\ m^2/600\ m^2 = 5\ \%$.

* Zu beziehen bei der DIN Media GmbH, 10787 Berlin, und in der Deutschen Nationalbibliothek archivmäßig gesichert niedergelegt.

(7) Die Anforderungen nach Absatz 1 sind nicht für eine Heizungsanlage anzuwenden, die zur ausschließlichen Versorgung von Gebäuden der Landes- und Bündnisverteidigung betrieben, eingebaut oder aufgestellt wird, soweit ihre Erfüllung der Art und dem Hauptzweck der Landes- und Bündnisverteidigung entgegensteht.

Zu § 71 (7)

Gebäude zur Landes- und Bündnisverteidigung sind von der Pflicht zur Nutzung erneuerbarer Energien ausgenommen, soweit diese dem Zweck des Gebäudes entgegensteht.

(8) In einem bestehenden Gebäude, das in einem Gemeindegebiet liegt, in dem am 1. Januar 2024 mehr als 100 000 Einwohner gemeldet sind, kann bis zum Ablauf des 30. Juni 2026 eine Heizungsanlage ausgetauscht und eine andere Heizungsanlage zum Zweck der Inbetriebnahme eingebaut oder aufgestellt und betrieben werden, die nicht die Vorgaben des Absatzes 1 erfüllt. In einem bestehenden Gebäude, das in einem Gemeindegebiet liegt, in dem am 1. Januar 2024 100 000 Einwohner oder weniger gemeldet sind, kann bis zum Ablauf des 30. Juni 2028 eine Heizungsanlage ausgetauscht und eine andere Heizungsanlage zum Zweck der Inbetriebnahme eingebaut oder aufgestellt und betrieben werden, die nicht die Vorgaben des Absatzes 1 erfüllt. Sofern das Gebäude in einem Gebiet liegt, für das vor Ablauf des 30. Juni 2026 im Fall des Satzes 1 oder vor Ablauf des 30. Juni 2028 im Fall des Satzes 2 durch die nach Landesrecht zuständige Stelle unter Berücksichtigung eines Wärmeplans, der auf der Grundlage einer bundesgesetzlichen Regelung zur Wärmeplanung erstellt wurde, eine Entscheidung über die Ausweisung als Gebiet zum Neu- oder Ausbau eines Wärmenetzes oder als Wasserstoffnetzausbaugebiet getroffen wurde, sind die Anforderungen nach Absatz 1 einen Monat nach Bekanntgabe dieser Entscheidung anzuwenden. Gemeindegebiete, in denen nach Ablauf des 30. Juni 2026 im Fall des Satzes 1 oder nach Ablauf des 30. Juni 2028 im Fall des Satzes 2 keine Wärmeplanung vorliegt, werden so behandelt, als läge eine Wärmeplanung vor.

Zu § 71 (8)

Die Anforderung aus § 71 (1) zum Einsatz von erneuerbaren Energien sind – außer bei Neubauten in Neubaugebieten – noch nicht sofort „scharfgeschaltet“. Es gelten Übergangsfristen für Bestandsgebäude sowie nach § 71 (10) für Neubauten, sofern es sich um die Schließung von Baulücken handelt. Sie dienen der Verzahnung des GEG mit der Wärmeplanung (siehe Wärmeplanungsgesetz). Spätestens zu den in Satz 1 bis 3 genannten Zeitpunkten – 30. Juni 2026 bzw. 30. Juni 2028 – muss die Wärmeplanung vorliegen.

„Auf dieser Grundlage kann die zuständige Stelle eine gesonderte Entscheidung zur Ausweisung von Wasserstoff- oder Wärmenetzgebieten vornehmen. Erst mit dieser zusätzlichen Entscheidung, der anders als der Wärmeplan rechtliche Außenwirkung zukommt, wird die Verpflichtung zur Nutzung von 65 Prozent erneuerbaren Energien vor den in den Sätzen 1 und 2 genannten Zeitpunkten ausgelöst.

Sofern die zuständige Stelle gemäß Satz 3 keine gesonderte Entscheidung zur Ausweisung von Wasserstoff- oder Wärmenetzgebieten vornimmt, gelten spätestens die Zeitpunkte für das Ende der Übergangsfristen nach den Sätzen 1 und 2, in Abhängigkeit von der Einwohnerzahl der Gemeinde. Sofern eine Entscheidung nach Satz 3 bekanntgemacht wird, endet die Übergangsfrist einen Monat nach Bekanntgabe; die nachfolgenden Absätze der für die in der Übergangsfrist eingebauten Heizungen gelten somit nur für die Heizungen, die nach dem Inkrafttreten des Gesetzes eingebaut wurden und nicht die Anforderungen nach § 71 Absatz 1 erfüllen.“ (Bundesdrucksache 20/7619, S. 91)

Nach den in Satz 1 bis 3 genannten Zeitpunkten kann nach § 71i höchstens für 5 Jahre übergangsweise eine alte Heizungsanlage ausgetauscht und eine andere Heizungsanlage zum Zweck der Inbetriebnahme eingebaut oder aufgestellt und betrieben werden, die nicht die Anforderungen des § 71 (1) erfüllt und mit fossilen Energien betrieben werden darf. Die Frist nach Satz 1 beginnt mit dem Tag, an dem erstmals Arbeiten zum Austausch der Heizungsanlage durchgeführt werden. Sofern innerhalb der in Satz 1 genannten Frist ein weiterer Heizungstausch stattfindet, ist für den Fristbeginn nach Satz 1 der Zeitpunkt des erstmaligen Austauschs der alten Heizungsanlage maßgeblich.

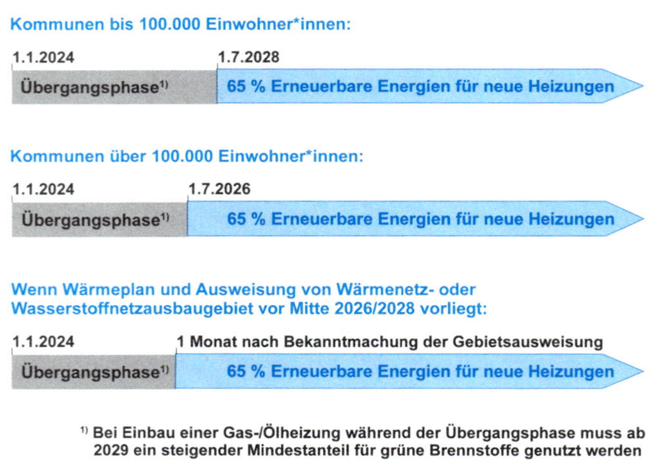

Zu § 71 (8)
Verknüpfung der Einbaufristen und Anforderungen an neue Heizungen mit der Wärmeplanung nach „Informationen vor dem Einbau einer neuen Heizung“ (Bundesministerium für Wirtschaft und Klimaschutz [BMWK]/Bundesministerium für Wohnen, Stadtentwicklung und Bauwesen[BMWSB]), Stand: 1. März 2024, S. 3

(9) Der Betreiber einer mit einem flüssigen oder gasförmigen Brennstoff beschickten Heizungsanlage, die nach Ablauf des 31. Dezember 2023 und vor Ablauf des 30. Juni 2026 im Fall des Absatzes 8 Satz 1 oder vor Ablauf des 30. Juni 2028 im Fall des Absatzes 8 Satz 2 oder vor Ablauf von einem Monat nach der Bekanntgabe der Entscheidung nach Absatz 8 Satz 3 eingebaut wird und die nicht die Anforderungen des Absatzes 1 erfüllt, hat sicherzustellen, dass ab dem 1. Januar 2029 mindestens 15 Prozent, ab dem 1. Januar 2035 mindestens 30 Prozent und ab dem 1. Januar 2040 mindestens 60 Prozent der mit der Anlage bereitgestellten Wärme aus Biomasse oder grünem oder blauem Wasserstoff einschließlich daraus hergestellter Derivate erzeugt wird. § 71f Absatz 2 bis 4 ist entsprechend anzuwenden.

Zu § 71 (9)

Öl- und Gasheizungsanlagen, die in der Übergangszeit nach dem Inkrafttreten des GEG 2024 und vor dem „Scharfschalten“ (siehe § 71 (8), spätestens jedoch Mitte 2026/2028) eingebaut werden, müssen zukünftig ab 2029 mit steigenden Anteilen (15/30/60/100 %) zugelassener Brennstoffe wie Biomethan, grünem oder blauem Wasserstoff, Bioöl oder E-Fuels betrieben werden (Anforderungen an den Brennstoff siehe § 71f (2) bis (4)). Dabei ist es unerheblich, ob andere Maßnahmen zur Reduktion des Wärmeenergiebedarfs wie beispielsweise Dämmmaßnahmen umgesetzt wurden.

Der Nachweis ist über einen entsprechenden Liefervertrag des Brennstoffs zu erbringen. Es ist also zulässig, eine althergebrachte Gasheizung einzubauen und beim Gasversorger einen Biomethan-Tarif mit dem geforderten Bioanteil zu buchen. Ebenso werden sich Wasserstoff-Tarife etablieren. Die Heizung verbrennt jedoch das, was aus der Leitung kommt – eine Umrüstung ist üblicherweise nicht notwendig. Der Markt für nachhaltig produziertes Biomethan und biogenes Flüssiggas ist deutlich kleiner als der für fossiles Gas und Heizöl. Hinzu kommt, dass Bioenergie und Wasserstoff auch in anderen Sektoren benötigt werden. Daher ist zu erwarten, dass die Preise auch in Zukunft über denen für Erdgas oder Heizöl liegen und entsprechende Lieferverträge teuer sein werden. Da in Mietobjekten die Mieterinnen und Mieter in der Regel keinen Einfluss auf die Art der Heizungsanlagen haben, resultiert aus dem Einbau von neuen Öl- oder Gasheizungen ein erhebliches Heizkostenrisiko.

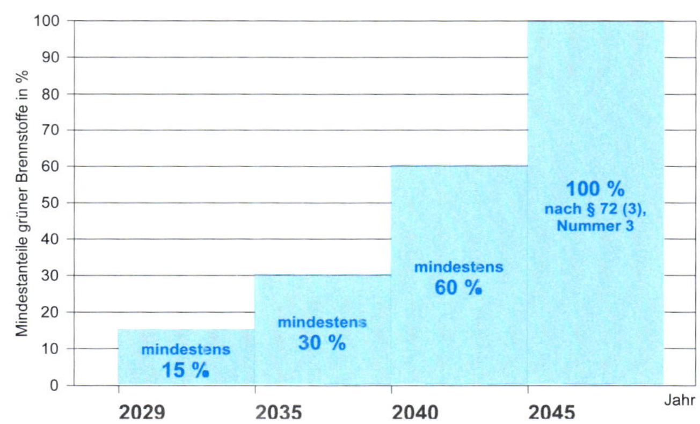

Zu § 71 (9)
Mindestanteile grüner Brennstoffe nach „Informationen vor dem Einbau einer neuen Heizung“ (BMWK/BMWSB). Stand: 1. März 2024, S. 6

(10) Die Absätze 8 und 9 sind entsprechend anzuwenden bei zu errichtenden Gebäuden, sofern es sich um die Schließung von Baulücken handelt und sich die bauplanungsrechtliche Zulässigkeit der zu errichtenden Gebäude aus § 34 oder § 35 des Baugesetzbuchs in der jeweils geltenden Fassung oder, sofern die Öffentlichkeitsbeteiligung nach § 3 Absatz 2 des Baugesetzbuchs vor dem 3. April 2023 eingeleitet worden ist, aus § 30 Absatz 1 oder Absatz 2 des Baugesetzbuchs ergibt.

Zu § 71 (10)

Die Übergangsfristen für Bestandsgebäude gelten auch für Neubauten, sofern es sich um die Schließung von Baulücken handelt. Für Neubauten in Neubaugebieten gelten diese Übergangsfristen nicht. Unabhängig davon gelten immer die „Allgemeinen Übergangsvorschriften“ nach § 111, falls die Bauantragstellung oder der Antrag auf Zustimmung oder die Bauanzeige vor dem Inkrafttreten dieses Gesetzes erfolgte.

(11) Vor Einbau und Aufstellung einer Heizungsanlage, die mit einem festen, flüssigen oder gasförmigen Brennstoff betrieben wird, hat eine Beratung zu erfolgen, die auf mögliche Auswirkungen der Wärmeplanung und eine mögliche Unwirtschaftlichkeit, insbesondere aufgrund ansteigender Kohlenstoffdioxid-

Zu § 71 (11)

Um die Entscheidung, welche Heizungsanlage eingebaut werden soll, auf eine möglichst belastbare Grundlage zu stellen, ist die Pflicht zur Beratung eingeführt worden. Hierbei sind die Aspekte der konkreten Heizmöglichkeiten zu berücksichtigen. Wenn als Ergebnis der Wärmeplanung vonseiten der Kommune festgestellt wurde, dass sich das Gebäude in einem Gebiet befindet, in dem

Bepreisung, hinweist. Die Beratung ist von einer fachkundigen Person nach § 60b Absatz 3 Satz 2 oder § 88 Absatz 1 durchzuführen. Das Bundesministerium für Wirtschaft und Klimaschutz und das Bundesministerium für Wohnen, Stadtentwicklung und Bauwesen stellen bis zum 1. Januar 2024 Informationen zur Verfügung, die als Grundlage für die Beratung zu verwenden sind.

bereits ein Wärmenetz vorhanden ist oder dieses aufgebaut werden soll, so ist diese Information für die Entscheidung wesentlich. Ebenso soll die Beratung dazu dienen, den Fokus von einer reinen Investitionskosten- hin zu einer Wirtschaftlichkeitsbetrachtung zu lenken. Mit steigenden CO_2-Preisen werden die Betriebskosten steigen. Etwaige Empfehlungen aus der Beratung haben jedoch keinen bindenden Charakter.

Nicht expliziert definiert ist, wer Adressat der Beratung ist noch wer die Beratung durchzuführen hat. Es ist lediglich festgelegt, dass eine Beratung zu erfolgen hat. In Verbindung mit § 8 schließt sich der Kreis: Auch die vom Eigentümer oder Bauherrn beauftragten Personen sind zur Einhaltung der Anforderungen aus dem GEG verpflichtet. Dazu gehört auch die Pflicht zur Beratung. Wird die Beratung vom Unternehmer nicht selbst erbracht, hat er den Eigentümer auf die Pflicht hinzuweisen, damit dieser die Beratung durch Dritte veranlasst. Ohne diese Beratung kann der Unternehmer folglich nicht die verpflichtende korrekte Unternehmererklärung nach § 96 ausstellen, in der er die Einhaltung der Vorschriften des GEG bescheinigt (siehe § 8 und § 96). Ein Verstoß gegen die Ausstellung der Unternehmererklärung stellt eine Ordnungswidrigkeit nach § 108 (1) Nummer 29 dar und zieht Bußgelder nach sich.

Für die Beratung hat das BMWK eine Informationsschrift zur Verfügung gestellt. Als Nachweis zur Erfüllung der Informationspflicht nach § 71 (11) dient das dort auf der letzten Seite stehende Formular, das vom Eigentümer und der fachkundigen Person zu unterzeichnen ist. Es kann heruntergeladen werden unter www.energiewechsel.de/geg, Punkt „Weitere Informationen zum GEG", „Pflichtinformationen bei Einbau einer Öl-/Gasheizung nach § 71 Abs. 11 GEG".

(12) Absatz 1 ist nicht für Heizungsanlagen anzuwenden, für die ein Lieferungs- oder Leistungsvertrag vor dem 19. April 2023 geschlossen wurde und die bis zum Ablauf des 18. Oktober 2024 zum Zwecke der Inbetriebnahme eingebaut oder aufgestellt werden.

Zu § 71 (12)

Die Übergangsregelung erlaubt, dass bis zum 18. Oktober 2024 beispielsweise Öl- oder Gasheizungen eingebaut werden dürfen, die nicht mit 65 % erneuerbaren Energien betrieben werden. Voraussetzung ist allerdings das Vorliegen eines vor dem 19. April 2023 geschlossenen Liefer- oder Leistungsvertrags. Ein Liefer- oder Leistungsvertrag wird in der Regel schriftlich geschlossen. Dabei werden auf Grundlage eines Angebots der Gegenstand der Leistung, Preis und Zeitpunkt der Erbringung vereinbart. Eine bloße Absichtserklärung – beispielsweise zum Kauf einer neuen Heizung – stellt keinen Vertrag in diesem Sinne dar. Die Regeln des Vertragsrechtes nach BGB sind zu beachten. Kann der Nachweis über einen vor dem 19. April 2023 getätigten Abschluss eines Liefer- und Leistungsvertrags, beispielsweise bei mündlich geschlossenen Verträgen, nicht erbracht und keine entsprechend dokumentierte Erklärung bei der Heizungsabnahme vorgelegt werden, kann diese Übergangsregelung nicht angewandt werden.

§ 71a
Gebäudeautomation

(1) Ein Nichtwohngebäude mit einer Nennleistung der Heizungsanlage oder der kombinierten Raumheizungs- und Lüftungsanlage von mehr als 290 Kilowatt muss bis zum Ablauf des 31. Dezember 2024 mit einem System für die Gebäudeautomatisierung und -steuerung nach Maßgabe der Absätze 2 bis 4 ausgerüstet werden. Satz 1 ist auch für ein Nichtwohngebäude mit einer Nennleistung für eine Klimaanlage oder eine kombinierte Klima- und Lüftungsanlage von mehr als 290 Kilowatt anzuwenden.

Zu § 71a

„Mit dem neuen § 71a werden die Anforderungen an die Messausstattung und die Messwerte geregelt für Heizungsanlagen, die ab dem 1. Januar 2025 eingebaut werden (vgl. Absätze 1 bis 3). Darüber hinaus enthält § 71a in Absatz 4 eine Informationspflicht des Gebäudeeigentümers gegenüber den Nutzern des Gebäudes über die Effizienz der Heizungsanlage. Absätze 4 bis 7 enthalten Vorgaben über die Gebäudeautomation.

Für die systemdienliche Einbindung von elektrischen Wärmepumpen und Stromdirektheizungen sind dagegen die gesetzlichen Regelungen, insbesondere des Energiewirtschaftsrechts, sowie die Festlegungen der Bundesnetzagentur zu beachten. Das GEG trifft hierzu keine eigenen Regelungen." (Bundesdrucksache 20/6875, S. 110)

(2) Zur Erfüllung der Anforderung nach Absatz 1 muss ein Nichtwohngebäude mit digitaler Energieüberwachungstechnik ausgestattet werden, mittels derer

1. **eine kontinuierliche Überwachung, Protokollierung und Analyse der Verbräuche aller Hauptenergieträger sowie aller gebäudetechnischen Systeme durchgeführt werden kann,**
2. **die erhobenen Daten über eine gängige und frei konfigurierbare Schnittstelle zugänglich gemacht werden, sodass Auswertungen firmen- und herstellerunabhängig erfolgen können,**
3. **Anforderungswerte in Bezug auf die Energieeffizienz des Gebäudes aufgestellt werden können,**
4. **Effizienzverluste von gebäudetechnischen Systemen erkannt werden können und**
5. **die für die Einrichtung oder das gebäudetechnische Management zuständige Person über mögliche Verbesserungen der Energieeffizienz informiert werden kann.**

Zusätzlich ist eine für das Gebäude-Energiemanagement zuständige Person oder ein Unternehmen zu benennen oder zu beauftragen, um in einem kontinuierlichen Verbesserungsprozess die Potenziale für einen energetisch optimierten Gebäudebetrieb zu analysieren und zu heben.

(3) Neben der Anforderung nach Absatz 2 muss ein zu errichtendes Nichtwohngebäude

1. **mit einem System für die Gebäudeautomatisierung entsprechend dem Automatisierungsgrad B nach der DIN V 18599-11: 2018-09* oder besser ausgestattet sein und**
2. **ein technisches Inbetriebnahme-Management einschließlich der Einregelung der gebäudetechnischen Anlagen durchlaufen, um einen optimalen Betrieb zu gewährleisten.**

Bei der Ausstattung des Systems für die Gebäudeautomatisierung nach Satz 1 Nummer 1 muss sichergestellt sein, dass dieses System die Kommunikation zwischen miteinander verbundenen gebäudetechnischen Systemen und anderen Anwendungen innerhalb des Gebäudes ermöglicht und gemeinsam mit anderen Typen gebäudetechnischer Systeme betrieben werden kann, auch bei unterschiedlichen herstellereigenen Technologien, Geräten und Herstellern. Das technische Inbetriebnahme-Management nach Satz 1 Nummer 2 muss mindestens den Zeitraum einer Heizperiode für Anlagen zur Wärmeerzeugung und mindestens eine Kühlperiode für Anlagen zur Kälteerzeugung erfassen.

(4) Sofern in einem bestehenden Nichtwohngebäude bereits ein System für die Gebäudeautomatisierung

* Zu beziehen bei der DIN Media GmbH, 10787 Berlin, und in der Deutschen Nationalbibliothek archivmäßig gesichert niedergelegt.

entsprechend dem Automatisierungsgrad B nach der DIN V 18599-11: 2018-09* oder besser eingesetzt wird, muss bis zum Ablauf des 31. Dezember 2024 die Kommunikation zwischen miteinander verbundenen gebäudetechnischen Systemen und anderen Anwendungen innerhalb des Gebäudes ermöglicht werden sowie sichergestellt werden, dass diese Systeme gemeinsam mit anderen Typen gebäudetechnischer Systeme betrieben werden können, auch bei unterschiedlichen herstellereigenen Technologien, Geräten und Herstellern.

§ 71b
Anforderungen bei Anschluss an ein Wärmenetz und Pflichten für Wärmenetzbetreiber

(1) Beim Einbau oder bei der Aufstellung einer Hausübergabestation zum Anschluss an ein neues Wärmenetz, dessen Baubeginn nach Ablauf des 31. Dezember 2023 liegt, hat der Wärmenetzbetreiber sicherzustellen, dass das Wärmenetz die zum Zeitpunkt der Beauftragung des Netzanschlusses jeweils geltenden rechtlichen Anforderungen an dieses Wärmenetz erfüllt. Ein neues Wärmenetz nach Satz 1 liegt vor, wenn dessen Wärmebereitstellung nicht oder im Jahresmittel zu weniger als 20 Prozent thermisch, durch direkte hydraulische Verbindung oder indirekt über Wärmeübertragung aus einem bestehenden vorgelagerten Wärmenetz erfolgt. Der Wärmenetzbetreiber hat dem Verantwortlichen die Erfüllung der Voraussetzungen nach Satz 1 zum Zeitpunkt der Herstellung des Netzanschlusses schriftlich zu bestätigen.

(2) Beim Einbau oder bei der Aufstellung einer Hausübergabestation zum Anschluss an ein Wärmenetz, dessen Baubeginn vor dem 1. Januar 2024 liegt und in dem weniger als 65 Prozent der insgesamt verteilten Wärme aus erneuerbaren Energien oder unvermeidbarer Abwärme stammen, hat der Wärmenetzbetreiber sicherzustellen, dass das Wärmenetz zum Zeitpunkt des Netzanschlusses die jeweils geltenden rechtlichen Anforderungen an dieses Wärmenetz erfüllt. Der Wärmenetzbetreiber hat dem Verantwortlichen die Erfüllung der Voraussetzungen nach Satz 1 zum Zeitpunkt des Netzanschlusses schriftlich zu bestätigen.

(3) Die Bestätigung des Wärmenetzbetreibers nach Absatz 1 Satz 3 und Absatz 2 Satz 2 steht für den nach § 71 Absatz 1 Verantwortlichen der Erfüllung der Anforderungen der Absätze 1 und 2 gleich.

Zu § 71b

Anstatt erneuerbare Energien direkt im Gebäude einzusetzen, kann der Nachweis auch über den Anschluss an ein Wärmenetz geführt werden.

Ein neues Wärmenetz (Baubeginn nach dem 31. Dezember 2023) muss seinen Wärmebedarf zu mindestens 65 % aus erneuerbaren Energien oder Abwärme decken. Bestehende Wärmenetze dürfen übergangsweise auch geringere Anteile aufweisen. Betreiber von Bestandsnetzen müssen bis zum 31. Dezember 2026 einen Transformationsplan vorlegen, der im Einklang mit den Anforderungen aus dem Wärmeplanungsgesetz stehen muss.

Bis zum Jahr 2030 ist im bundesweiten Mittel ein Anteil von 50 % Wärme aus erneuerbaren Energien und unvermeidbarer Abwärme in Wärmenetzen geregelt und für die Betreiber von Wärmenetzen die Pflicht verbindlich verankert, bis zum Jahr 2030 einen Anteil von 30 % Wärme aus erneuerbaren Energien in der leitungsgebundenen Wärme zu erreichen. Ab dem Jahr 2045 müssen in Übereinstimmung mit den Zielen des Bundes-Klimaschutzgesetzes alle Wärmenetze vollständig klimaneutral betrieben werden.

Nach § 109 können die Gemeinden und Gemeindeverbände von einer Bestimmung nach Landesrecht, die sie zur Begründung eines Anschluss- und Benutzungszwangs an ein Netz der öffentlichen Fernwärme- oder Fernkälteversorgung ermächtigt, auch zum Zwecke des Klima- und Ressourcenschutzes Gebrauch machen. Dies kann zur notwendigen Anschlussdichte beitragen, die einen entscheidenden Parameter hinsichtlich der Wirtschaftlichkeit von Wärmenetzen darstellt.

Zu § 71b

Achtung, Wärmenetze sind keine Gebäudenetze nach § 3 (1) Nummer 9a. Letztere unterliegen den gleichen Anforderungen wie Heizungsanlagen. Der Anschluss an ein Wärmenetz mittels Hausübergabestation gilt als Erfüllungsoption. Die Anforderungen an die Wärmenetze hat der Netzbetreiber konform zum Wärmeplanungsgesetz zu erbringen.

§ 71c
Anforderungen an die Nutzung einer Wärmepumpe

Beim Einbau einer oder mehrerer elektrischer Wärmepumpen gelten die Anforderungen des § 71 Absatz 1 als erfüllt, wenn eine oder mehrere Wärmepumpen den Wärmebedarf des Gebäudes oder der über ein Gebäudenetz verbundenen Gebäude decken.

Zu § 71c

Zum Betrieb einer Wärmepumpe ist immer eine Wärmequelle notwendig. Die Wärme kann aus Geothermie, Umweltwärme oder Abwärme aus Abwasser stammen. Je höher das Temperaturniveau der Wärmequelle und je tiefer dasjenige der Wärmesenke (z. B. Fußbodenheizung), desto effizienter wird die zum Antrieb der Wärmepumpe benötigte Energie genutzt. Das Verhältnis von Erzeugernutzwärmeabgabe zu zugeführter Energie wird als Jahresarbeitszahl bezeichnet. Elektrisch angetriebene Wärmepumpen können eine mehrfach höhere Jahresarbeitszahl erreichen als solche mit Brennstoffen. Die pauschale Erfüllungsoption gilt daher nur bei elektrischen Wärmepumpen. Bei dieser Festlegung wurde berücksichtigt, dass der Anteil der erneuerbaren Energien bei der Stromerzeugung von derzeit 50 auf 80 % im Jahr 2030 steigen soll.

Die Anforderungen an Wärmepumpen werden durch die Ökodesign-Richtlinie geregelt. *„Die von einem in der Wärmepumpe vorhandenen Heizstab bereitgestellte Wärme wird dabei als von der Wärmepumpe erzeugt angesehen. Zur Erfüllung der Deckung des Wärmebedarfs wird also ein monoenergetischer, jedoch kein monovalenter Betrieb der Wärmepumpe gefordert. Luft-Luft-Wärmepumpen fallen auch in den Anwendungsbereich dieser Regelung.*

Anforderungen an die Kombination einer Wärmepumpe mit einem zweiten Wärmeerzeuger werden in § 71h definiert. Anforderungen an das Zusammenspiel mit weiteren Anlagen regelt § 71 (4).“ (Bundesdrucksache 20/6875, S. 114)

In § 60a sind Regelungen zur Optimierung der Wärmepumpe im Betrieb getroffen.

§ 71d
Anforderungen an die Nutzung einer Stromdirektheizung

(1) Eine Stromdirektheizung darf in einem zu errichtenden Gebäude zum Zweck der Inbetriebnahme nur eingebaut oder aufgestellt werden, wenn das Gebäude die Anforderungen an den baulichen Wärmeschutz nach den §§ 16 und 19 um mindestens 45 Prozent unterschreitet.

(2) Eine Stromdirektheizung darf in ein bestehendes Gebäude zum Zweck der Inbetriebnahme nur eingebaut oder aufgestellt werden, wenn das Gebäude die Anforderungen an den baulichen Wärmeschutz nach den §§ 16 und 19 um mindestens 30 Prozent unterschreitet. Wenn ein bestehendes Gebäude bereits über eine Heizungsanlage mit Wasser als Wärmeträger verfügt, ist der Einbau einer Stromdirektheizung nur zulässig, wenn das Gebäude die Anforderungen an den baulichen Wärmeschutz nach den §§ 16 und 19 um mindestens 45 Prozent unterschreitet. Die Einhaltung der Anforderungen nach den Sätzen 1 und 2 ist durch eine nach § 88 berechtigte Person nachzuweisen. Der Nachweis ist von dem Eigentümer mindestens zehn Jahre aufzubewahren und der nach Landesrecht zuständigen Behörde auf Verlangen vorzulegen.

(3) Absatz 2 ist nicht beim Austausch einer bestehenden einzelnen Einzelraum-Stromdirektheizung anzuwenden.

(4) Die Absätze 1 und 2 sind nicht anzuwenden

1. **auf eine Stromdirektheizung in einem Gebäude, in dem ein dezentrales Heizungssystem zur Beheizung von Gebäudezonen mit einer Raumhöhe von mehr als 4 Metern eingebaut oder aufgestellt wird und**
2. **in einem Wohngebäude mit nicht mehr als zwei Wohnungen, von denen der Eigentümer eine Wohnung selbst bewohnt.**

Zu § 71d

Auch wenn der Anteil der erneuerbaren Energien an der Stromerzeugung von derzeit 50 auf 80 % bis 2030 steigen soll, spielen bei einer erhöhten Nutzung von Strom zum Heizen die Aspekte der Verfügbarkeit, Netzstabilität und Stromkosten eine wesentliche Rolle. Vor diesem Hintergrund ist beim Einsatz von Stromdirektheizungen ein sparsamer Energieeinsatz durch gut gedämmte Gebäude sehr wichtig. Eine Stromdirektheizung ist ein Gerät zur direkten Erzeugung von Raumwärme durch Ausnutzung des elektrischen Widerstands, auch in Verbindung mit Wärmespeichern. Stromdirektheizungen sind mit dem Gebäude verbunden. Steckerfertige Geräte fallen nicht darunter.

„Nach Absatz 1 werden bei zu errichtenden Gebäuden besonders hohe Anforderungen an den baulichen Wärmeschutz gestellt, da hier eine bessere Ausführung des baulichen Wärmeschutzes technisch gut realisierbar und gleichzeitig wegen der vergleichsweise hohen Wärmegestehungskosten von Stromdirektheizungen auch wirtschaftlich vertretbar ist. Ein zusätzlicher Aufwand entsteht für die Nachweisführung nicht, da bei zu errichtenden Gebäuden die Einhaltung der baulichen Anforderungen ohnehin nachgewiesen werden muss.

Nach Absatz 2 werden bei Bestandsgebäuden für die Verbesserung des baulichen Wärmeschutzes zusätzliche Restriktionen vorgesehen. Für bestehende Gebäude wird daher eine im Vergleich zum Absatz 1 etwas geringere, aber immer noch ambitioniertere Ausführung des baulichen Wärmeschutzes gegenüber dem gesetzlichen Standard gefordert. Wenn in einem Bestandsgebäude bereits eine Heizungsanlage mit Wasser als Wärmeträger vorhanden ist, wird der Einbau einer neuen Stromdirektheizung nur in Ausnahmen zugelassen, da dann energieeffizientere und wirtschaftlichere Alternativen verfügbar sind.

Absatz 3 stellt sicher, dass einzelne defekte Stromdirektheizungen oder Nachtspeicherheizungen ausgetauscht werden können, ohne die gesamte Heizungsanlage zu erneuern oder den baulichen Wärmeschutz des Gebäudes zu verbessern […]

Absatz 4 Nummer 1 ermöglicht in Hallen den Einsatz von Stromdirektheizungen, darunter auch elektrische Infrarotheizungen, unabhängig vom baulichen Wärmeschutz der Gebäude. Im Neubau sind jedoch immer die allgemeinen Anforderungen an den Primärenergiebedarf (und den baulichen Wärmeschutz) einzuhalten, so dass keine speziellen Anforderungen an den baulichen Wärmeschutz bei Stromdirektheizungen gestellt werden müssen.

Daneben nimmt Absatz 4 Nummer 2 Wohngebäude mit nicht mehr als zwei Wohnungen, von denen der Eigentümer eine Wohnung selbst bewohnt, vom Anwendungsbereich der Vorgaben aus § 71d Absatz 1 und 2 aus. Denn die Regelung soll vor allem für Mieterinnen und Mieter die Heizkosten auf ein akzeptables Kostenniveau begrenzen. Hingegen wird im Fall von selbstgenutzten Ein- und Zweifami-

lienhäusern von einem überwiegenden Eigeninteresse des Gebäudeeigentümers bzw. der Gebäudeeigentümerin ausgegangen, die Heizkosten zu begrenzen, bzw. es wird die Disposition über ein sinnvolles Verhältnis zwischen Investitions- und Betriebskosten in das Ermessen des selbstnutzenden Gebäudeeigentümers bzw. der Gebäudeeigentümerin gestellt." (Bundesdrucksache, 20/6875, S. 115)

Zu § 71d (3)

Achtung, der Austausch einer bestehenden einzelnen Einzelraum-Stromdirektheizung in einem Bestandsgebäude ist ohne weitergehende Anforderungen an den Wärmeschutz möglich. Dieser Austausch muss einen Einzelfallcharakter haben. Es darf nicht der Eindruck entstehen, dass durch eine zeitliche Streckung eines konzertierten Austauschs mehrerer Stromdirektheizungen in einem Gebäude die Vorgabe des § 71d umgangen werden soll. Als Anhaltspunkt kann dabei gelten, dass innerhalb von 3 Jahren in einem Gebäude bis zu 3 Einzelraum-Stromdirektheizungen ausgetauscht werden dürfen.

§ 71e
Anforderungen an eine solarthermische Anlage

Wird eine solarthermische Anlage mit Flüssigkeiten als Wärmeträger genutzt, müssen die darin enthaltenen Kollektoren oder das System mit dem europäischen Prüfzeichen „Solar Keymark" zertifiziert sein, solange und soweit die Verwendung einer CE-Kennzeichnung nach Maßgabe eines Durchführungsrechtsaktes auf der Grundlage der Richtlinie 2009/125/EG des Europäischen Parlaments und des Rates vom 21. Oktober 2009 zur Schaffung eines Rahmens für die Festlegung von Anforderungen an die umweltgerechte Gestaltung energieverbrauchsrelevanter Produkte (ABl. L 285 vom 31.10.2009, S. 10), die zuletzt durch die Richtlinie 2012/27/EU (ABl. L 315 vom 14.11.2012, S. 1) geändert worden ist, nicht zwingend vorgeschrieben ist. Die Zertifizierung muss nach den anerkannten Regeln der Technik erfolgen.

Zu § 71e

Damit eine solarthermische Anlage angerechnet werden darf, muss sie mit dem europäischen Prüfzeichen „Solar Keymark" zertifiziert sein. Die Datenbank mit den Kenndaten – einschließlich der Apertur- und Bruttoflächen – aller mit dem europäischen Prüfzeichen „Solar Keymark" zertifizierten Kollektoren und Systeme ist öffentlich zugänglich unter www.solarkeymark.dk. Die Zertifizierung nach Solar Keymark ist auch eine Voraussetzung dafür, dass Kollektoren gefördert werden. Diese technischen Anforderungen gelten, solange und soweit ein Durchführungsakt auf Grundlage der Ökodesign-Richtlinie nicht etwas anderes vorschreibt. Entweder sind die in einer Anlage enthaltenen Kollektoren oder es ist das Solarsystem zu zertifizieren.

§ 71f
Anforderungen an Biomasse und Wasserstoff einschließlich daraus hergestellter Derivate

(1) Der Betreiber einer mit flüssigen oder gasförmigen Brennstoffen beschickten Heizungsanlage hat sicherzustellen, dass mindestens 65 Prozent der mit der Anlage bereitgestellten Wärme aus Biomasse oder grünem oder blauem Wasserstoff einschließlich daraus hergestellter Derivate erzeugt wird. Satz 1 ist nicht anzuwenden, soweit der Nachweis nach § 71 Absatz 2 Satz 4 einen geringeren Anteil der mit der Anlage bereitgestellten Wärme aus Biomasse oder grünem oder blauem Wasserstoff einschließlich daraus hergestellter Derivate erlaubt.

Zu § 71f (1)

„Der Betreiber einer Heizungsanlage zur Nutzung von flüssiger oder [gasförmiger] Biomasse oder grünem oder blauem Wasserstoff einschließlich daraus hergestellter Derivate hat sicherzustellen, dass mindestens 65 Prozent der mit der Anlage bereitgestellten Wärme aus diesen Brennstoffen erzeugt wird. Die Regelung ergänzt die einbaubezogenen Pflichten, um zu gewährleisten, dass die nach § 71 eingebauten oder aufgestellten Heizungsanlagen auch tatsächlich mindestens 65 Prozent der mit der Anlage bereitgestellten Wärme mit erneuerbaren Energien oder unvermeidbarer Abwärme erzeugen." (Bundesdrucksache 20/6875, S. 116)

(2) Der Betreiber der Heizungsanlage hat sicherzustellen, dass die eingesetzte flüssige Biomasse die Anforderungen an einen nachhaltigen Anbau und eine nachhaltige Herstellung der Biomassestrom-Nachhaltigkeitsverordnung vom 2. Dezember 2021 (BGBl. I S. 5126) in der jeweils geltenden Fassung erfüllt.

(3) Der Betreiber der Heizungsanlage hat sicherzustellen, dass bei der Nutzung von Biomethan die Voraussetzungen des § 22 Absatz 1 Satz 1 Nummer 2 Buchstabe c und d eingehalten werden. Bei der Nutzung von biogenem Flüssiggas sind die Anforderungen des § 22 Absatz 1 Satz 1 Nummer 3 Buchstabe c einzuhalten. Bei der Nutzung von grünem oder blauem Wasserstoff einschließlich daraus hergestellter Derivate, die über ein netzgebundenes System geliefert werden, muss die Menge des entnommenen grünen oder blauen Wasserstoffs oder daraus hergestellter Derivate im Wärmeäquivalent am Ende eines Kalenderjahres der Menge von grünem oder blauem Wasserstoff oder daraus hergestellter Derivate entsprechen, die an anderer Stelle in das Netz eingespeist worden ist, und es müssen Massebilanzsysteme für den gesamten Transport und Vertrieb des grünen oder blauen Wasserstoffs oder daraus hergestellter Derivate von seiner Herstellung über seine Einspeisung in das Netz, seinen Transport im Netz bis zu seiner Entnahme aus dem Netz verwendet worden sein. Bei der sonstigen Nutzung von grünem oder blauem Wasserstoff muss die Menge des entnommenen grünen oder blauen Wasserstoffs oder daraus hergestellter Derivate am Ende eines Kalenderjahres der Menge von grünem oder blauem Wasserstoff oder daraus hergestellter Derivate entsprechen, die an anderer Stelle hergestellt worden ist, und es müssen Massebilanzsysteme für den gesamten Transport und Vertrieb des grünen oder blauen Wasserstoffs oder daraus hergestellter Derivate von seiner Herstellung über seine Zwischenlagerung und seinen Transport bis zu seiner Einlagerung in den Verbrauchstank verwendet worden sein.

(4) Der zur Erzeugung der gasförmigen Biomasse eingesetzte Anteil von Getreidekorn oder Mais in jedem Kalenderjahr darf insgesamt höchstens 40 Masseprozent betragen. Als Mais im Sinne von Satz 1 sind Ganzpflanzen, Maiskorn-Spindel-Gemisch, Körnermais und Lieschkolbenschrot anzusehen. Satz 1 ist nur für neue Vergärungsanlagen ab einer Leistung von 1 Megawatt anwendbar, die nach Ablauf des 31. Dezember 2023 in Betrieb genommen werden. Für den Begriff der Anlage ist § 24 Absatz 1 Satz 1 und 2 des Erneuerbare-Energien-Gesetzes vom 21. Juli 2014 (BGBl. I S. 1066) in der jeweils geltenden Fassung entsprechend anzuwenden.

Zu § 71f (2)

An den Brennstoff werden Anforderungen aus der Verordnung über Anforderungen an eine nachhaltige Herstellung von flüssiger Biomasse zur Stromerzeugung (Biomassestrom-Nachhaltigkeitsverordnung – BioSt-NachV) gestellt. Bei Kauf des Kraftstoffs ist darauf zu achten, dass diese Anforderungen erfüllt und dokumentiert sind. Die Dokumentation ist in das Nachweisverfahren einzubringen.

Zu § 71f (3)

Biomethan wird in das Erdgasnetz eingespeist und muss daher im Gegensatz zu Biogas aufbereitet werden. Es ist hierbei kein räumlicher Zusammenhang notwendig. An die Aufbereitung und Einspeisung des Biomethans gelten Anforderungen aus dem EEG. Des Weiteren muss vom Gasversorger nachgewiesen werden, dass am Ende des Kalenderjahres nicht mehr Biomethan verkauft als eingespeist wurde. Die Dokumentation darüber ist in das Nachweisverfahren einzubringen (siehe § 22 (1)).

Ebenso wird bei der Nutzung von grünem oder blauem Wasserstoff gefordert, dass sowohl bei der netzgebundenen Belieferung als auch bei jeglicher sonstiger Nutzung ohne Verwendung eines Netzes ein Wärmeäquivalent zwischen Entnahmeseite sowie der Einspeise- oder Herstellungsseite besteht. Des Weiteren wird die Anwendung von Massebilanzverfahren gefordert.

Zu § 71f (4)

Biomethan darf zur Erfüllung der Pflicht nur genutzt werden, wenn bei neuen Vergärungsanlagen ab einer Leistung von 1 MW über ein Kalenderjahr insgesamt nicht mehr als 40 Masseprozent Mais (Ganzpflanze) und Getreidekorn einschließlich Körnermais zur Biomethanerzeugung eingesetzt wurden.

§ 71g
Anforderungen an eine Heizungsanlage zur Nutzung von fester Biomasse

Der Betreiber einer Feuerungsanlage im Sinne von § 1 Absatz 1 und § 2 Nummer 5 der Verordnung über klei-

Zu § 71g

Es darf zum einen nicht jede Biomassefeuerungsanlage und zum anderen nicht jeder Biomassebrennstoff angerechnet werden. Die Feuerungsanlage muss der 1. BImSchV entsprechen. Darin werden Anforderungen an die Wirkungsgrade und die Emissionswerte bezüglich Staub und Kohlenmonoxid gestellt. Auch zählt nur ein automatisch beschickter Biomasseofen mit Wassertasche oder ein

ne und mittlere Feuerungsanlagen hat bei der Nutzung von fester Biomasse sicherzustellen, dass

1. **die Nutzung in einem automatisch beschickten Biomasseofen mit Wasser als Wärmeträger oder einem Biomassekessel erfolgt,**
2. **ausschließlich Biomasse nach § 3 Absatz 1 Nummer 4, 5, 5a, 8 oder Nummer 13 der Verordnung über kleine und mittlere Feuerungsanlagen eingesetzt wird und**
3. **Biomasse entsprechend den Vorgaben der Verordnung (EU) 2023/1115 des Europäischen Parlaments und des Rates vom 31. Mai 2023 über die Bereitstellung bestimmter Rohstoffe und Erzeugnisse, die mit Entwaldung und Waldschädigung in Verbindung stehen, auf dem Unionsmarkt und ihre Ausfuhr aus der Union sowie zur Aufhebung der Verordnung (EU) Nr. 995/2010 (ABl. L 150 vom 9.6.2023, S. 206) eingesetzt wird.**

Biomassekessel. Beispielsweise stellen Einzelraumfeuerungsanlagen, Grundöfen, luftgeführte Pelletöfen oder offene Kamine keine Erfüllungsoption dar. Die Anrechenbarkeit von Einzelraumfeuerungsanlagen kann nach § 71 (2) im Rahmen eines Nachweises nach DIN V 18599 erfolgen, zur Bestimmung und Dokumentation steht die neue DIN/TS 18599-14 zur Verfügung.

An Brennstoffen darf nur naturbelassenes stückiges Holz (Scheitholz oder Hackschnitzel) angerechnet werden, ebenso naturbelassenes nicht stückiges Holz (Sägemehl, Späne und Schleifstaub), Presslinge aus naturbelassenem Holz in Form von Holzbriketts oder Holzpellets, Stroh und ähnliche pflanzliche Stoffe oder sonstige nachwachsende Rohstoffe, die die genormten Qualitätsanforderungen nach der 1. BImSchV erfüllen. Verbrennung von Sperrholz, Spanplatten, Faserplatten oder sonstiges verleimtes oder beschichtetes Holz zählt nicht.

§ 71h
Anforderungen an eine Wärmepumpen- oder eine Solarthermie-Hybridheizung

(1) Eine Wärmepumpen-Hybridheizung, bestehend aus einer elektrisch angetriebenen Wärmepumpe in Kombination mit einer Gas-, Biomasse- oder Flüssigbrennstofffeuerung, darf nur eingebaut oder aufgestellt und betrieben werden, wenn die Anforderungen nach den Sätzen 2 und 3 erfüllt sind. Die Anforderungen des § 71 Absatz 1 gelten als erfüllt, wenn

1. **der Betrieb für Raumwärme oder Raumwärme und Warmwasser bivalent parallel oder bivalent teilparallel oder bivalent alternativ mit Vorrang für die Wärmepumpe erfolgt, so dass der Spitzenlasterzeuger nur eingesetzt wird, wenn der Wärmebedarf nicht mehr von der Wärmepumpe gedeckt werden kann,**
2. **die einzelnen Wärmeerzeuger, aus denen die Wärmepumpen-Hybridheizung kombiniert ist, über eine gemeinsame, fernansprechbare Steuerung verfügen und**
3. **der Spitzenlasterzeuger im Fall des Einsatzes von gasförmigen oder flüssigen Brennstoffen ein Brennwertkessel ist.**

Im Fall des § 71 Absatz 3 Satz 1 Nummer 6 muss zusätzlich die thermische Leistung der Wärmepumpe bei bivalent parallelem oder bivalent teilparallelem Betrieb mindestens 30 Prozent der Heizlast, bei bivalent alternativem Betrieb mindestens 40 Prozent des von der Wärmepumpen-Hybridheizung versorgten Gebäudes oder Gebäudeteils betragen. Die Anforderung nach

* DIN EN 14825, Ausgabe Juli 2019, die bei der DIN Media GmbH, Berlin, zu beziehen und beim Deutschen Patentamt archivmäßig gesichert ist.

Zu § 71h (1)

Der vereinfachte Nachweis für eine Wärmepumpen-Hybridheizung kann über das Verhältnis von Leistung der Wärmepumpe zur Heizlast geführt werden. Die Heizlast wird dabei nach DIN/TS 12831 berechnet. Die Leistung der Wärmepumpe wird beim Teillastpunkt A nach DIN EN 14825 ermittelt, also bei einer Außentemperatur von −7 °C unter durchschnittlichen Klimaverhältnissen gemäß der Ökodesign-Verordnung. Dieser Wert (Pdh) kann den Datenblättern der Hersteller entnommen werden. Werden verschiedene Leistungswerte angegeben, dann ist bei einer Auslegungsvorlauftemperatur der Heizungsanlage bis 45 °C die Leistungsangabe für niedrige Vorlauftemperaturen (wie A-7/W35) anzusetzen. Bei höheren Auslegungsvorlauftemperaturen bis 70 °C gilt die Leistungsangabe Pdh für mittlere Vorlauftemperaturen (wie A-7/W55), sofern dieser Wert vorliegt. Ansonsten ist eine detaillierte Berechnung zu machen oder ein Nachweis nach § 71 (2) über den anteiligen Wärmeenergiebedarf nach DIN V 18599 zu führen.

Die Berechnungen können sich lediglich auf die von der Hybrid-Heizung versorgten Bereiche bzw. Wohnungen beziehen, sofern sie nicht das gesamte Gebäude versorgt.

Zu § 71h (2) bis (5)

Solarthermie-Hybridheizungen können auch ohne rechnerischen Nachweis nach § 71 (2) eingesetzt werden. Dafür werden je nach Kollektortyp Anforderungen an die Mindestaperturfläche gestellt.

„Sind diese erfüllt, kann die solarthermische Anlage mit einem Deckungsanteil von rund 15 Prozent berücksichtigt werden. Entsprechend müssen nur noch weitere 50 Prozent (entspricht 60 Prozent der verbliebenen 85 Prozent Erzeugernutzwärmeabgabe) der Wärme mit Erneuerbaren Energien mit Biomasse oder grünem oder blauem Wasserstoff gedeckt werden.

Sofern die Aperturfläche der solarthermischen Anlage kleiner ist als in Absatz 2 vorgegeben, muss entsprechend der Reduktion der Aperturfläche der Anteil der mit der Anlage bereitgestellten Wärme aus Biomasse oder grünem oder blauem Wasserstoff einschließlich daraus hergestellter Derivate von 60 Prozent auf 65 Prozent erhöht werden." (Bundesdrucksache 20/7619, S. 92)

Unter Heranziehung dieser Vereinfachung nach § 71 (3) kann der Anteil von beispielsweise Biomethan von 65 auf bis zu 60 % reduziert werden, weniger ist mit diesem Pauschalansatz nicht realisierbar. Es besteht aber auch die Mög-

Satz 2 gilt als erfüllt, wenn die Leistung der Wärmepumpe beim Teillastpunkt A nach der DIN EN 14825* bei bivalent parallelem oder bivalent teilparallelem Betrieb mindestens 30 Prozent oder bei bivalent alternativem Betrieb mindestens 40 Prozent der Leistung des Spitzenlasterzeugers entspricht.

(2) Eine Solarthermie-Hybridheizung, bestehend aus einer solarthermischen Anlage und in Kombination mit einer Gas-, Biomasse- oder Flüssigbrennstofffeuerung, darf nur eingebaut oder aufgestellt und betrieben werden, wenn die Anforderungen nach den Absätzen 3 bis 5 erfüllt sind.

(3) Die solarthermische Anlage muss mindestens folgende Aperturflächen erreichen:

1. **bei Wohngebäuden mit höchstens zwei Wohneinheiten eine Fläche von mindestens 0,07 Quadratmetern Aperturfläche je Quadratmeter Nutzfläche oder**
2. **bei Wohngebäuden mit mehr als zwei Wohneinheiten oder Nichtwohngebäuden eine Fläche von mindestens 0,06 Quadratmetern Aperturfläche je Quadratmeter Nutzfläche.**

Beim Einsatz von Vakuumröhrenkollektoren verringert sich die Mindestfläche um 20 Prozent.

(4) Im Fall einer Solarthermie-Hybridheizung nach Absatz 2 muss bei der Biomasse-, Gas- oder Flüssigbrennstofffeuerung ein Anteil von mindestens 60 Prozent der aus der Biomasse-, Gas- oder Flüssigbrennstofffeuerung bereitgestellten Wärme aus Biomasse oder grünem oder blauem Wasserstoff einschließlich daraus hergestellter Derivate erzeugt werden.

(5) Sofern eine solarthermische Anlage mit kleinerer Aperturfläche als der in Absatz 3 genannten eingesetzt wird, ist die Reduktion der Anforderung an den Anteil von mit der Anlage bereitgestellter Wärme aus Biomasse oder grünem oder blauem Wasserstoff einschließlich daraus hergestellter Derivate nach Absatz 3 von 65 Prozent auf 60 Prozent entsprechend dem Anteil der eingesetzten Aperturfläche an der in Absatz 3 [Anm. Verf.: Redaktioneller Fehler: korrekt Absatz 4] genannten Aperturfläche zu mindern.

lichkeit, solarthermische Anlagen nach § 71 (2) im Rahmen eines Nachweises nach DIN V 18599 zu bewerten. Zur Bestimmung und Dokumentation des Deckungsanteils steht die neue DIN/TS 18599-14 zur Verfügung. Gerade bei großen solarthermischen Anlagen und Solaraktivhäusern sind nach DIN V 18599 auch solare Deckungsanteile von über 50 % nachweisbar. Wird in diesem Fall die Restwärme hingegen nicht von einer Gasheizung, sondern z. B. von einem Pelletkessel gedeckt, wäre nach § 72 (3) kein weiterer rechnerischer Nachweis notwendig, da die Kombination aus Pelletheizung und Solarthermieanlage den Wärmebedarf des Gebäudes vollständig deckt.

Beispiel zu § 71h (2) bis (5):

Wohngebäude Einfamilienhaus mit Gebäudenutzfläche $A_N = 150\ m^2$

Flachkollektor Aperturfläche $A_{c,vorhanden} = 8\ m^2$

$A_{c,mindest} = 0{,}07\ m^2/m^2 \cdot 150\ m^2 = 10{,}5\ m^2$

$$\begin{aligned} \text{EE-Anteil}_{mindest} &= 65\ \% - [(A_{c,vorhanden} : A_{c,mindest}) \cdot (65\ \% - 60\ \%)] \\ &= 65\ \% - [(8\ m^2 : 10{,}5\ m^2) \cdot (65\ \% - 60\ \%)] \\ &= 61{,}2\ \% \end{aligned}$$

Die Pflicht zur Nutzung von erneuerbarer Energie ist dann ohne weitere Berechnung erfüllt, wenn mindestens 61,2 % gasförmige Biomasse oder grüner oder blauer Wasserstoff (einschließlich daraus hergestellter Derivate) beim Betrieb des Gas-Brennwertkessels eingesetzt werden.

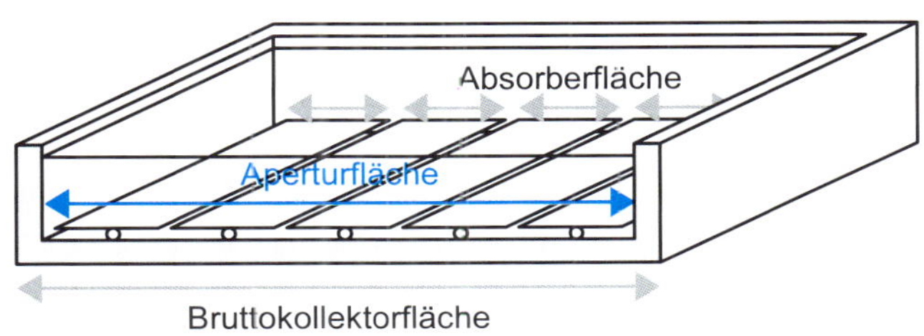

Zu § 71h (3)
Die Aperturfläche ist das lichte Öffnungsmaß des Kollektorrahmens. Die Aperturfläche ist bei Flachkollektoren rund 10 % kleiner als die Bruttokollektorfläche, bei Vakuumröhrenkollektoren können es durchaus 40 % sein.

§ 71i
Allgemeine Übergangsfrist

Im Fall eines Heizungsaustauschs nach den in § 71 Absatz 8 Satz 1 bis 3 genannten Zeitpunkten kann höchstens für fünf Jahre übergangsweise eine alte Heizungsanlage ausgetauscht und eine andere Heizungsanlage zum Zweck der Inbetriebnahme eingebaut oder aufgestellt und betrieben werden, die nicht die Anforderungen des § 71 Absatz 1 erfüllt. Die Frist nach Satz 1 beginnt mit dem Tag, an dem erstmals Arbeiten zum Austausch der Heizungsanlage durchgeführt werden. Sofern innerhalb der in Satz 1 genannten Frist ein weiterer

Zu § 71i

Im Grundsatz darf für einen Zeitraum von 5 Jahren, nachdem die Arbeiten zum Austausch begonnen wurden, eine Heizung auch mit fossilen Brennstoffen wie Heizöl oder Erdgas betrieben werden. Anforderungen an den Einsatz von erneuerbaren Energien gibt es so lange nicht. Diese Übergangsfrist gilt für einen Heizungstausch nach dem 30. Juni 2026 (bei Kommunen über 100.000 Einwohnern) bzw. nach dem 30. Juni 2028 (bei Kommunen bis 100.000 Einwohner) oder einen Monat nach Ausweisung als Gebiet zum Neu- oder Ausbau eines Wärmenetzes oder als Wasserstoffnetzausbaugebiet nach § 71 (8). Die Frist gilt auch für den Einbau von Stromdirektheizungen oder von gebrauchten Heizungen. Die Anforderungen aus der Ökodesign-Richtlinie – bis auf wenige Ausnahmen müssen Öl- und Gasheizungen Brennwertheizungen sein – gelten für das Inverkehrbringen

Heizungstausch stattfindet, ist für den Fristbeginn nach Satz 1 der Zeitpunkt des erstmaligen Austauschs der alten Heizungsanlage maßgeblich. Satz 1 ist nicht anzuwenden für eine Etagenheizung nach § 71l Absatz 1 und für eine Einzelraumfeuerungsanlage nach § 71l Absatz 7 sowie für eine Hallenheizung nach § 71m.

von Heizungen. Sofern die sonstigen Anforderungen eingehalten werden, dürfen somit auch gebrauchte Niedertemperaturheizungen eingebaut und 5 Jahre ohne Anforderungen an die erneuerbaren Energien betrieben werden. Nach der Frist sind die Anforderungen aus § 71 (3), beispielsweise durch 65 % Biomethan oder die Nachrüstung zu einer Wärmepumpen-Hybrid-Heizung, zu erfüllen. Hierbei muss bei der Wärmepumpen-Hybrid-Heizung die Gasheizung ein Brennwertkessel sein. Die maximale Handlungsfreiheit lässt der Nachweis nach § 71 (2) zu.

Für Etagenheizungen und Einzelraumfeuerstätten gelten hingegen die Fristen, die in § 71l genannt werden. Hier beginnt die Frist von fünf Jahren mit dem Austausch der ersten Etagenheizung oder Einzelraumfeuerstätte. Beim späteren Austausch weiterer Etagenheizungen oder Einzelraumfeuerstätten bleibt es bei dem mit dem ersten Austausch festgelegten Fristende.

Prinzipiell gilt: Bis spätestens 2045 müssen alle Heizungsanlagen vollständig auf erneuerbare Energien umgestellt werden.

§ 71j
Übergangsfristen bei Neu- und Ausbau eines Wärmenetzes

(1) Bis zum Anschluss an ein Wärmenetz nach § 71b Absatz 1 oder Absatz 2 kann eine Heizungsanlage zum Zweck der Inbetriebnahme eingebaut oder aufgestellt und ohne Einhaltung der Anforderungen nach § 71 Absatz 1 oder § 71 Absatz 9 zur Wärmeerzeugung betrieben werden, wenn vor Einbau oder Aufstellung der Heizungsanlage zur Inbetriebnahme

1. **der Gebäudeeigentümer einen Vertrag zur Lieferung von mindestens 65 Prozent Wärme aus erneuerbaren Energien oder unvermeidbarer Abwärme sowie zum Anschluss des Gebäudes an ein Wärmenetz nachweist, auf dessen Basis er ab dem Zeitpunkt des Anschlusses des Gebäudes an das Wärmenetz, spätestens innerhalb von zehn Jahren nach Vertragsschluss, beliefert wird,**
2. **der Wärmenetzbetreiber der nach Landesrecht zuständigen Behörde für das Versorgungsgebiet einen Wärmenetzausbau- und -dekarbonisierungsfahrplan, der in Einklang mit den jeweils geltenden gesetzlichen Anforderungen steht, mit zwei- bis dreijährlichen Meilensteinen für die Erschließung des Gebiets mit einem Wärmenetz vorgelegt hat und**
3. **der Wärmenetzbetreiber sich gegenüber dem Gebäudeeigentümer verpflichtet, dass das Wärmenetz innerhalb der vom Wärmenetzausbau- und -dekarbonisierungsfahrplan vorgesehenen Fristen, spätestens innerhalb von zehn Jahren nach Vertragsschluss, in Betrieb genommen wird.**

Der Wärmenetzbetreiber hat in Textform gegenüber dem Gebäudeeigentümer auf dessen Anforderung die Erfüllung der Voraussetzungen nach Satz 1 Nummer 1 und 2 vor Einbau oder der Aufstellung der Heizungsanlage zur Inbetriebnahme zu bestätigen.

(2) Sofern die nach Landesrecht zuständige Behörde durch Bescheid gegenüber dem Wärmenetzbetreiber

Zu § 71j

Wenn ein neues Wärmenetz geplant, aber noch nicht fertiggestellt ist oder wenn die Erweiterung eines bestehenden Wärmenetzes geplant ist und die Heizungsanlage sich im Gebiet des geplanten Ausbaus befindet, aber der Ausbau noch nicht abgeschlossen ist, gelten Übergangsfristen von bis zu 10 Jahren. Die alleinige Ausweisung als Wärmenetzgebiet genügt dabei nicht, es ist ein konkreter Vertrag mit dem – zukünftigen – Wärmenetzbetreiber zu schließen. Damit sich ein solcher Betreiber findet, haben die Kommunen die Möglichkeit, nach § 109 vom Anschluss- und Benutzungszwang Gebrauch zu machen. Diese Regelung dient der Investitionssicherheit und langfristigen Betriebssicherheit unter der Prämisse, die Wärme so wirtschaftlich und klimafreundlich wie möglich bereitstellen zu können. Scheitert der Wärmenetzbetreiber, können Gebäudeeigentümer Schadensersatzforderungen gegen ihn geltend machen. Der Haftungsmaßstab für Wärmenetzbetreiber ist eine Verschuldenshaftung.

„Dem Ausbau und der Verdichtung der vorhandenen Wärmenetze und dem Bau von neuen Wärmenetzen kommen ein besonders hoher Stellenwert bei der Dekarbonisierung der Wärmeversorgung zu. Wärmenetze lösen Herausforderungen insbesondere bei der Dekarbonisierung von Gebäuden in verdichteten Gebieten. Aus diesem Grund werden der Ausbau und die Dekarbonisierung von Wärmenetzen staatlich gefördert und Wärmenetze sollen zu einer noch wichtigeren Säule der Wärmewende werden." (Bundesdrucksache 20/6875, S. 122)

Bei Heizungsanlagen, die nach dem Inkrafttreten und vor dem nach § 71 (8) genannten Zeitpunkt eingebaut wurden, entfällt die Pflicht zum stufenweise ansteigenden Bezug von grünen Gasen bzw. Brennstoffen nach § 71 (9).

feststellt, dass die Umsetzung der Maßnahmen des Wärmenetzausbau- und -dekarbonisierungsfahrplans zum Wärmenetzausbau vollständig oder für bestimmte Gebiete nicht weiterverfolgt wird, muss in den von der Feststellung betroffenen Gebieten jede Heizungsanlage, die spätestens bis zum Ablauf eines Jahres, nachdem der Bescheid bestandskräftig und die Bestandskraft öffentlich bekanntgegeben worden ist, neu eingebaut oder aufgestellt worden ist, die Anforderungen nach § 71 Absatz 1 spätestens bis zum Ablauf einer Übergangsfrist von drei Jahren nach öffentlicher Bekanntgabe des Eintritts der Bestandskraft des Bescheids erfüllen.

(3) Sofern die Heizungsanlage nach Ablauf der Frist in Absatz 1 Satz 1 Nummer 3 nicht über das Wärmenetz mit mindestens 65 Prozent Wärme aus erneuerbaren Energien oder unvermeidbarer Abwärme betrieben oder versorgt werden kann, ist der Gebäudeeigentümer verpflichtet, die Anforderungen nach § 71 Absatz 1 nach Ablauf von drei Jahren ab Ablauf der Frist in Absatz 1 Satz 1 Nummer 3 einzuhalten.

(4) Der Gebäudeeigentümer hat in den Fällen des Absatzes 2 oder des Absatzes 3 einen Anspruch gegen den Wärmenetzbetreiber, der sich nach Absatz 1 Satz 1 Nummer 1 zum Anschluss des Gebäudeeigentümers an das Wärmenetz verpflichtet hat, auf Erstattung der daraus entstehenden Mehrkosten. Dies ist nicht anzuwenden, wenn der Wärmenetzbetreiber die Entstehung der Mehrkosten nicht zu vertreten hat.

§ 71k
Übergangsfristen bei einer Heizungsanlage, die sowohl Gas als auch Wasserstoff verbrennen kann; Festlegungskompetenz

(1) Bis zum Anschluss an ein Wasserstoffnetz kann eine Heizungsanlage, die Erdgas verbrennen kann und auf die Verbrennung von 100 Prozent Wasserstoff umrüstbar ist, zum Zweck der Inbetriebnahme eingebaut oder aufgestellt und ohne Einhaltung der Anforderungen nach § 71 Absatz 1 oder Absatz 9 zur Wärmeerzeugung betrieben werden, wenn

1. **das Gebäude in einem Gebiet liegt, für das die nach Landesrecht zuständige Stelle unter Berücksichtigung eines Wärmeplans, der auf der Grundlage einer bundesgesetzlichen Regelung zur Wärmeplanung erstellt wurde, eine Entscheidung über die Ausweisung als Wasserstoffnetzausbaugebiet getroffen hat, und das spätestens bis zum Ablauf des 31. Dezember 2044 vollständig mit Wasserstoff versorgt werden soll und**
2. **der Betreiber des Gasverteilernetzes, an dessen Netz die Heizungsanlage angeschlossen ist, und die nach Landesrecht für die Wärmeplanung zuständige Stelle bis zum Ablauf des 30. Juni 2028 einen**

Zu § 71k

Mit dem Aufbau von Wasserstoffnetzen zur Gebäudeheizung wird Neuland betreten. Daher werden hier sehr lange Fristen bis Ende 2044 gewährt. Inwiefern eine großflächige Wasserstoffnetzstruktur in Zukunft kommen wird, wird in Fachkreisen skeptisch gesehen. Wie bei den Wärmenetzen nach § 71j gilt auch hier, dass die alleinige Ausweisung als Wasserstoffnetzgebiet nicht genügt; es ist ein konkreter Vertrag mit dem – zukünftigen – Netzbetreiber zu schließen.

„Der Gasnetzbetreiber, an dessen Netz die Heizungsanlage angeschlossen ist, und die nach Landesrecht für die Wärmeplanung zuständige Stelle müssen bis 30. Juni 2028 einen einvernehmlichen, mit Zwischenzielen versehenen, verbindlichen Fahrplan für die Umstellung der Netzinfrastruktur auf die vollständige Versorgung der Anschlussnehmer mit Wasserstoff vorlegen. Der verbindliche Fahrplan muss ebenfalls die erforderlichen Investitionen aufschlüsseln und hierfür zwei- bis dreijährliche Meilensteine für die Umsetzung des Neubaus oder der Umstellung des Gasnetzes auf Wasserstoff definieren. Die Bundesnetzagentur kontrolliert regelmäßig und überprüft dabei insbesondere, ob der Fahrplan technisch umsetzbar erscheint, die wirtschaftlichen Darstellungen auf objektiv überprüfbaren Kriterien beruhen und er mit dem bestehenden Rechts- und Regulierungsrahmen vereinbar ist, also ob der Fahrplan tatsächlich realistisch so umgesetzt werden kann (Monitoring). Es muss insbesondere auch dargelegt werden, welchen Umgang der Betreiber von Gasverteilernetzen mit den an sein Gasverteilernetz angeschlossenen Gasheizungen vorsieht, die nicht nach Absatz 7 auf Wasserstoff umrüstbar sind.

einvernehmlichen, mit Zwischenzielen versehenen, verbindlichen Fahrplan für die bis zum Ablauf des 31. Dezember 2044 zu vollendende Umstellung der Netzinfrastruktur auf die vollständige Versorgung der Anschlussnehmer mit Wasserstoff beschlossen und veröffentlicht haben und darin mindestens festgelegt haben,

a) in welchen technischen und zeitlichen Schritten die Umstellung der Infrastruktur und der Hochlauf auf Wasserstoff erfolgt; dabei muss der Fahrplan in Übereinstimmung mit den Netzentwicklungsplänen der Fernleitungsebene stehen oder der Betreiber des Gasverteilernetzes darlegen, wie vor Ort ausreichend Wasserstoff produziert und gespeichert werden kann,

b) wie die Umstellung auf die vollständige Versorgung der Anschlussnehmer auf Wasserstoff finanziert wird, insbesondere, wer die Kosten der Umrüstungen und des Austauschs der nicht umrüstbaren Verbrauchsgeräte tragen soll, und

c) mit welchen zeitlichen und räumlichen Zwischenschritten in den Jahren 2035 und 2040 die Umstellung von Netzteilen in Einklang mit den Klimaschutzzielen des Bundes unter Berücksichtigung der verbleibenden Treibhausgasemissionen erfolgt.

(2) Der verbindliche Fahrplan nach Absatz 1 Nummer 2 muss einen Investitionsplan mit zwei- bis dreijährlichen Meilensteinen für die Umsetzung des Neubaus oder der Umstellung des Gasnetzes auf Wasserstoff enthalten.

(3) Der Fahrplan nach Absatz 1 Nummer 2 wird nach Genehmigung durch die Bundesnetzagentur wirksam und veröffentlicht sowie von ihr regelmäßig alle drei Jahre überprüft. Die Bundesnetzagentur prüft dabei, ob die Anforderungen nach Absatz 1 Nummer 2 und Absatz 2 vorliegen und fristgerecht umgesetzt werden, insbesondere, ob

1. die Umstellung der Infrastruktur auf Wasserstoff im Rahmen der rechtlichen Vorgaben technisch und wirtschaftlich gesichert erscheint und die Versorgung des Wasserstoffverteilnetzes fristgemäß über die darüberliegenden Netzebenen sichergestellt ist oder

2. der Betreiber des Gasverteilernetzes eine Abkoppelung seines Netzes vom vorgelagerten Netz vorsieht und eine gesicherte Wasserstoffversorgung durch lokale Erzeugung nachgewiesen wird.

Die Bundesnetzagentur bestimmt erstmals zum 31. Dezember 2024 nach § 29 Absatz 1 des Energiewirtschaftsgesetzes vom 7. Juli 2005 (BGBl. I S. 1970; 3621) in der jeweils geltenden Fassung durch Festlegung das Format des Fahrplans und die Art der dafür vorzulegenden Nachweise, wie vorzulegende Verträge und Finanzierungszusagen, die Art der Übermittlung und die Methodik zur Überprüfung der Anforderungen nach Absatz 1 Nummer 2.

Die Sicherstellung der Versorgungssicherheit mit (gasförmiger) Energie ist elementar für das Funktionieren der Volkswirtschaft. Dies muss im Plan berücksichtigt und die Einhaltung der Versorgungssicherheit für die Gaskunden jederzeit gewährleistet sein." (Bundesdrucksache 20/7619, S. 93)

Im Gegensatz zu Wärmenetzen haben die Kommunen nicht die Möglichkeit, vom Anschluss- und Benutzungszwang nach § 109 Gebrauch zu machen. Es bleibt abzuwarten, ob sich Betreiber finden, die die Anforderungen nach § 71k erfüllen und auch die Haftung im Falle eines Scheiterns übernehmen.

(4) Sofern die Bundesnetzagentur nach Überprüfung nach Absatz 3 gegenüber dem Betreiber eines Gasverteilernetzes und der nach Landesrecht für die Wärmeplanung zuständigen Stelle durch Bescheid feststellt, dass die Umsetzung des Fahrplans nicht die Anforderungen nach Absatz 1 Nummer 2, Absatz 2 oder Absatz 3 erfüllt oder die beabsichtigte Umstellung oder der Neubau eines Wasserstoffverteilnetzes nicht weiterverfolgt wird, muss jede Heizungsanlage, die spätestens bis zum Ablauf eines Jahres, nachdem der Bescheid über eine nicht den Anforderungen genügende oder eingestellte Umsetzung des Fahrplans der Bundesnetzagentur bestandskräftig und die Bestandskraft öffentlich bekanntgegeben worden ist, neu eingebaut oder aufgestellt worden ist, die Anforderungen nach § 71 Absatz 1 spätestens bis zum Ablauf einer Übergangsfrist von drei Jahren nach öffentlicher Bekanntgabe des Eintritts der Bestandskraft des Bescheids erfüllen. Der Betreiber des geplanten Wasserstoffverteilnetzes muss die Entscheidung der Bundesnetzagentur in Textform jedem Anschlussnehmer unverzüglich mitteilen.

(5) Für die Wahrnehmung der Aufgaben der Bundesnetzagentur nach diesem Gesetz sind die Bestimmungen des Teils 8 des Energiewirtschaftsgesetzes entsprechend anzuwenden.

(6) Der Gebäudeeigentümer hat im Fall des Absatzes 4 einen Anspruch auf Erstattung der daraus entstehenden Mehrkosten gegen den Betreiber des Gasverteilernetzes, an dessen Netz seine Heizungsanlage angeschlossen ist. Dies ist nicht anzuwenden, wenn der Betreiber des Gasverteilernetzes die Entstehung der Mehrkosten nicht zu vertreten hat.

(7) Eine Heizungsanlage ist nach Absatz 1 auf die Verbrennung von 100 Prozent Wasserstoff umrüstbar, wenn die Heizungsanlage mit niederschwelligen Maßnahmen nach dem Austausch einzelner Bauteile mit 100 Prozent Wasserstoff betrieben werden kann. Der Nachweis der Umrüstbarkeit auf die Verbrennung von 100 Prozent Wasserstoff im Sinne des Satzes 1 kann durch eine Hersteller- oder Handwerkererklärung erbracht werden.

§ 71l
Übergangsfristen bei einer Etagenheizung oder einer Einzelraumfeuerungsanlage

(1) In einem Gebäude, in dem mindestens eine Etagenheizung betrieben wird, sind die Anforderungen des § 71 Absatz 1 für Etagenheizungen erst fünf Jahre nach dem Zeitpunkt anzuwenden, zu dem die erste Etagenheizung oder zentrale Heizungsanlage ausgetauscht und eine andere Heizungsanlage zum Zweck der Inbetriebnahme in dem Gebäude eingebaut oder aufgestellt wurde. § 71i Satz 2 ist entsprechend anzuwenden.

(2) Entscheidet sich der Verantwortliche bei einem Gebäude, in dem mindestens eine Etagenheizung betrieben wird, innerhalb der Frist nach Absatz 1 für eine

Zu § 71l (1) bis (5)

Etagenheizungen sind oftmals unterschiedlich alt, auch fehlt eine gemeinsame Wärmeverteilung. Deshalb ist in diesen Fällen die Herausforderung zur Umstellung auf erneuerbare Energien anspruchsvoller als bei einer Heizungsanlage für das gesamte Gebäude. Die Regelung im GEG lässt die Freiheit, bei einem Austausch auch zukünftig bei dezentralen Heizungen zu bleiben oder auf eine zentrale Heizungsanlage umzurüsten. Technische Lösungen gibt es für beide Fälle. Um die optimale Lösung zu finden, ist in besonderem Maße eine Energieberatung angeraten. Bei zentralen Heizungsanlagen können Wohnungsübergabestationen zum Einsatz kommen, die von einem gemeinsamen Wärmeerzeuger oder einer Wärmeübergabestation gespeist werden. Dezentrale Lösungen können beispielsweise über Kombithermen mit Biomethan oder Luft-Luft-Wärmepumpen realisiert werden. Im Kern geht es in § 71l (1) darum, dass mit dem ersten Austausch innerhalb von 5 Jahren eine Strategie entwickelt werden muss, wie das Gebäude zukünftig beheizt werden soll.

teilweise oder vollständige Umstellung der Wärmeversorgung des Gebäudes auf eine zentrale Heizungsanlage zur Erfüllung der Anforderungen des § 71 Absatz 1, verlängert sich die Frist nach Absatz 1 für alle Wohnungen und sonstigen selbständigen Nutzungseinheiten, die von der Umstellung auf eine zentrale Heizungsanlage erfasst sind, um den Zeitraum bis zur Fertigstellung der zentralen Heizungsanlage, längstens jedoch um acht Jahre. Nach Fertigstellung der zentralen Heizungsanlage, spätestens 13 Jahre nach dem Zeitpunkt, zu dem die erste Etagenheizung oder zentrale Heizungsanlage ausgetauscht und eine andere Heizungsanlage zum Zweck der Inbetriebnahme eingebaut oder aufgestellt wurde, sind alle Wohnungen und sonstigen selbständigen Nutzungseinheiten, die von der Umstellung auf die zentrale Heizungsanlage erfasst sind und deren Etagenheizungen ausgetauscht werden, an die zentrale Heizungsanlage anzuschließen, sobald sie ausgetauscht werden müssen. Etagenheizungen, die innerhalb der Frist des Satzes 2 zum Zweck der Inbetriebnahme eingebaut oder aufgestellt wurden, sind erst nach dem Ablauf eines weiteren Jahres an die zentrale Heizungsanlage anzuschließen. Für Wohnungen und sonstige selbständige Nutzungseinheiten, die weiterhin mit Etagenheizungen versorgt werden sollen, muss jede nach Ablauf der Frist des Absatzes 1 zum Zweck der Inbetriebnahme neu eingebaute oder aufgestellte Etagenheizung die Anforderungen des § 71 Absatz 1 erfüllen. Für Etagenheizungen, die innerhalb der Frist des Absatzes 1 zum Zweck der Inbetriebnahme eingebaut oder aufgestellt wurden, sind die Anforderungen nach § 71 Absatz 1 erst nach dem Ablauf eines weiteren Jahres anzuwenden. Für Wohnungen und sonstige selbständige Nutzungseinheiten mit Etagenheizungen, die an eine bestehende zentrale Heizungsanlage angeschlossen werden, gelten die Anforderungen des § 71 Absatz 1 als erfüllt.

(3) Entscheidet sich der Verantwortliche bei einem Gebäude, in dem mindestens eine Etagenheizung betrieben wird, innerhalb der Frist des Absatzes 1 Satz 1 dafür, dass die Wohnungen und sonstigen selbständigen Nutzungseinheiten mit Etagenheizungen weiterhin mit Etagenheizungen oder zusätzliche Wohnungen oder selbständige Nutzungseinheiten künftig mit Etagenheizungen betrieben werden sollen, muss jede nach Ablauf dieser Frist neu eingebaute oder aufgestellte Etagenheizung die Anforderungen des § 71 Absatz 1 erfüllen. Absatz 2 Satz 5 ist entsprechend anzuwenden.

(4) Sofern der Verantwortliche innerhalb der Frist des Absatzes 1 Satz 1 keine Entscheidung nach Absatz 2 Satz 1 oder nach Absatz 3 Satz 1 trifft, ist er zur vollständigen Umstellung auf eine zentrale Heizungsanlage verpflichtet. Für die Umstellung sind die Vorgaben des Absatzes 2 anzuwenden.

Eine Entscheidung zur Umrüstung auf eine zentrale Heizungsanlage verlängert die Frist um weitere 8 Jahre, sodass spätestens 13 Jahre nach dem Austausch der ersten Etagenheizung die Umrüstung erfolgt sein muss. Werden in der Zwischenzeit Etagenheizungen außer Betrieb genommen und die Wohnung an die zentrale Heizung angeschlossen, resultieren daraus zunächst keine weiteren Anforderungen an die zentrale Heizung. So können die Etagenheizungen in einem Gebäude sukzessive umgestellt werden. Es ist auch möglich, dass innerhalb eines Gebäudes ein Teil der Wohnungen oder Nutzungseinheiten von einer gemeinsamen Heizungsanlage und die restlichen weiterhin dezentral beheizt werden.

Definition Etagenheizung

Eine Etagenheizung ist eine Heizungsanlage nach § 3 (1) Nummer 14a (d. h. keine handbeschickten Einzelraumfeuerungsanlagen, offenen Kamine oder Badeöfen), die der Versorgung einer oder mehrerer Wohnungen, Nutzungseinheiten, Räume oder Etagen mit Raumwärme, Warmwasser oder einer Kombination davon dient und nicht das gesamte Gebäude versorgt.

Eine einzige Heizungsanlage mit mehreren Wärmeerzeugern, die mit einer gemeinsamen Wärmeverteilung das gesamte Gebäude versorgt, ist keine Etagenheizung.

Definition zentrale Heizungsanlage

Eine zentrale Heizungsanlage in diesem Sinne versorgt Bereiche, die bislang von mehreren Etagenheizungen oder Einzelraumfeuerungsanlagen versorgt wurden.

Zu § 71l (4)

Achtung, abzuwarten empfiehlt sich nicht. Fällt innerhalb von 5 Jahren keine Entscheidung, wird die vollständige Umstellung auf eine zentrale Heizungsanlage Pflicht. Dies trifft unabhängig davon zu, ob das Gebäude einem Einzeleigentümer oder einer Wohnungseigentümergemeinschaft mit Heizungen im Sondereigentum (siehe auch § 71n) gehört. Die Entscheidung ist in jedem Fall dem bevollmächtigten Bezirksschornsteinfeger mitzuteilen.

(5) Die Entscheidung nach Absatz 2 oder Absatz 3 ist dem bevollmächtigten Bezirksschornsteinfeger unverzüglich in Textform mitzuteilen.

(6) In einem Gebäude, in dem mindestens eine Einzelraumfeuerungsanlage im Sinne des § 2 Nummer 3 der Verordnung über kleine und mittlere Feuerungsanlagen zur Erzeugung von Raumwärme, Warmwasser oder einer Kombination davon betrieben wird, sind die Absätze 1 bis 5 anzuwenden, sobald die erste Einzelraumfeuerungsanlage zum Zweck der Inbetriebnahme in dem Gebäude eingebaut oder aufgestellt wurde.

Zu § 71l (6)

§ 71l (6) löst auch für Einzelfeuerungsanlagen die gleiche Rechtsfolge von § 71l (1) bis (5) aus. Bildlich gesprochen wird im Text der Begriff „Etagenheizung" durch „Einzelraumfeuerungsanlagen" ausgetauscht.

Eine Einzelraumfeuerungsanlage für feste Biomasse (beispielsweise ein Holzofen), die zusätzlich zur Heizungsanlage (Zentralheizung für das gesamte Gebäude) betrieben wird, ist nach Auffassung der Autoren von den Regelungen nach § 71 l (6) nicht erfasst. Das Ziel des GEG ist es, Maßnahmen zur Steigerung der Energieeffizienz und zur Reduzierung von Treibhausgasemissionen zu fördern sowie die Nutzung erneuerbarer Energien für die Energieversorgung von Gebäuden zu erhöhen. Nach § 71 (4) sind neu eingebaute Heizungsanlagen, die eine bestehende Heizungsanlage ergänzen und vollständig mit Biomasse betrieben werden, ausgenommen. Wird dieser Grundgedanke auf Einzelraumfeuerungsanlagen für feste Biomasse übertragen, gehen die Autoren davon aus, dass die Anwendung des § 71l (6) in diesem Kontext nicht erforderlich ist. Dies bedeutet, dass die Regelungen des § 71l in einem Gebäude mit einer Zentralheizung nicht greifen, wenn eine Einzelraumfeuerungsanlage, die mit fester Biomasse betrieben wird, erneuert oder erstmals eingebaut wird.

Definition Einzelraumfeuerungsanlage

Nach § 2 Nummer 3 1. BImSchV ist eine Einzelraumfeuerungsanlage eine Feuerungsanlage, die vorrangig zur Beheizung des Aufstellraumes verwendet wird, sowie Herde mit oder ohne indirekt beheizte Backvorrichtung. Die Nennwärmeleistung der Einzelraumfeuerungsanlage muss sich danach am Wärmebedarf des Aufstellungsraumes orientieren. Eine Feuerungsanlage erfüllt dies beispielsweise, wenn sie die erzeugte Wärme nicht über Leitungen oder andere spezielle Einrichtungen, wie beispielsweise Luftschächte, an angrenzende Räume weitergibt und sie nicht auf einer Verkehrsfläche der Wohneinheit (wie Diele, Treppenhaus) aufgestellt ist (vgl. „Auslegungsfragen / Vollzugsempfehlungen / Hinweise zur Verordnung über kleine und mittlere Feuerungsanlagen 1. BImSchV" [Bund/Länder-Arbeitsgemeinschaft Immissionsschutz], Stand: 5. März 2024). Feuerungsanlagen mit Wasserwärmetauscher („Wassertasche") sind nur dann Einzelraumfeuerungsanlagen, wenn über den Wasserwärmetauscher weniger als die Hälfte der Wärme abgeführt wird. Somit sind Feuerungsanlagen, die zwar in einem Raum stehen, die Wärme aber über Wärmetauscher („Wassertasche") oder über Verbund („Kachelöfen") nicht vorrangig an den Aufstellraum, sondern auch an andere Räume abgeben, Heizungsanlagen und somit nicht von der Regelung nach § 71 l (6) erfasst, sondern von § 71l (1) bis (5).

Wird eine mit fossilen Brennstoffen betriebene Feuerungsanlage eingebaut, die vorrangig zur Beheizung des Aufstellraumes verwendet wird, sowie Herde mit oder ohne indirekt beheizte Backvorrichtung, so greift mit dem ersten Einbau die Fünfjahresfrist. Die allgemeine Übergangsfrist nach § 71i von 5 Jahren für jeden einzelnen Einbau gilt hier nicht. Es ist ebenso wie bei Etagenheizungen innerhalb von 5 Jahren zu entscheiden, ob danach die Beheizung des Gebäudes zentral oder dezentral erfolgen soll.

Beispiel 1 zu § 71l

Ein Einfamilienhaus ist mit einer Zentralheizung ausgestattet. Zusätzlich steht im Wohnzimmer ein älterer Holzeinzelofen. Aufgrund der Anforderungen der 1. BImSchV muss der Ofen stillgelegt werden. Der Eigentümer tauscht den Ofen gegen einen neuen Holzofen aus. Unter Berücksichtigung, dass nur fossil betriebene Einzelraumfeuerstätten gemeint sind, gibt es in diesem Fall aus dem GEG weder Anforderungen an den Anteil erneuerbarer Energien – handbeschickte Einzelraumfeuerstätten werden von § 71 (1) nicht adressiert – noch löst er Fristen nach § 71l (1) bis (4) aus. Für die Nachweisführung – sofern notwendig – darf nach § 71 (6) für die dezentrale, handbeschickte Einzelraumfeuerungsanlage ein Wert von 0,10 für den Deckungsanteil am Nutzwärmebedarf angerechnet werden.

Beispiel 2 zu § 71l

Ein Zweifamilienhaus ist im Erdgeschoss mit einem Gas-Kachelofen und im ersten Stock mit Gas-Einzelraumfeuerungsanlagen in jedem Zimmer ausgestattet. Die Warmwasserbereitung erfolgt über Gas-Durchlauferhitzer in jeder Etage getrennt. Geht nun als Erstes der Gas-Kachelofen oder einer der Gas-Durchlauferhitzer kaputt und wird gegen ein gleiches Gerät ausgetauscht, greift § 71 (1) bis (5). Geht hingegen erst eine der Gas-Einzelraumfeuerstätten kaputt, greift § 71 (6). Beides löst die gleiche Rechtsfolge aus. Innerhalb von 5 Jahren ist eine Entscheidung zu fällen, für

a) eine teilweise oder vollständige Umstellung der Wärmeversorgung des Gebäudes auf eine zentrale Heizungsanlage oder dafür

b), dass die Wohnungen und sonstigen selbstständigen Nutzungseinheiten mit Etagenheizungen weiterhin mit Etagenheizungen oder zusätzliche Wohnungen oder selbstständige Nutzungseinheiten künftig mit Etagenheizungen betrieben werden sollen. Im ersten Fall hat der Verantwortliche weitere 8 Jahre Zeit, um auf eine zentrale Heizungsanlage umzustellen. Es gelten alle Anforderungen aus § 71l (2). Im zweiten Fall muss jede nach Ablauf von 5 Jahren nach dem ersten Austausch neu eingebaute oder aufgestellte Etagenheizung die Anforderungen des § 71 (1) erfüllen. Es gelten die Anforderungen aus § 71 (3) sowie analog für Einzelraumfeuerstätten.

Geht nun innerhalb der folgenden 5 Jahre die Zentralheizung kaputt und muss durch eine neue ersetzt werden, so kann diese maximal ein weiteres Jahr betrieben werden, ohne die Anforderungen nach § 71 (1), also 65 % erneuerbare Energien, zu erfüllen. Die allgemeine Übergangsfrist nach § 71i gilt nicht.

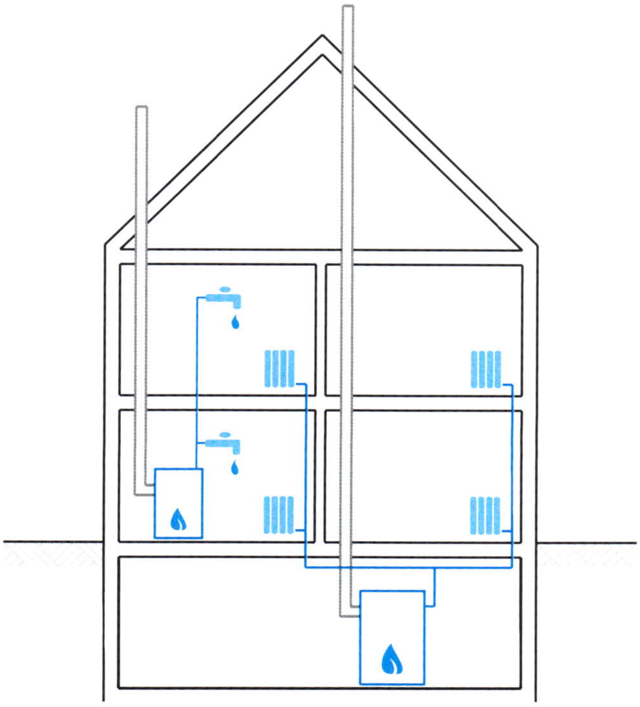

Zu § 71l
Fall 1: Ein Wärmeerzeuger für die Raumwärme („Zentralheizung") und zusätzlich ein gesonderter Wärmeerzeuger für Warmwasser
⟶ keine Etagenheizung, keine Frist nach § 71l (1)

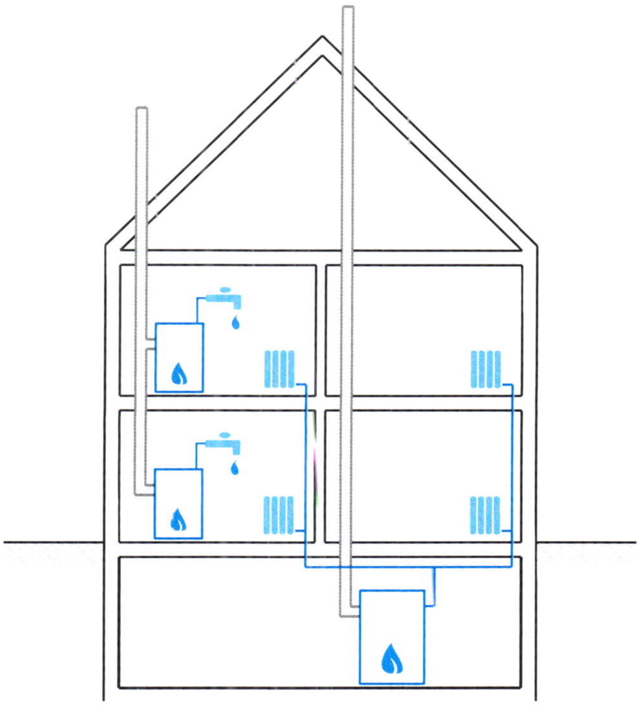

Zu § 71l
Fall 2: Ein Wärmeerzeuger für die Raumwärme („Zentralheizung") und zusätzlich mehrere dezentrale nicht elektrische Wärmeerzeuger für Warmwasser
⟶ Etagenheizung, Frist nach § 71l (1)

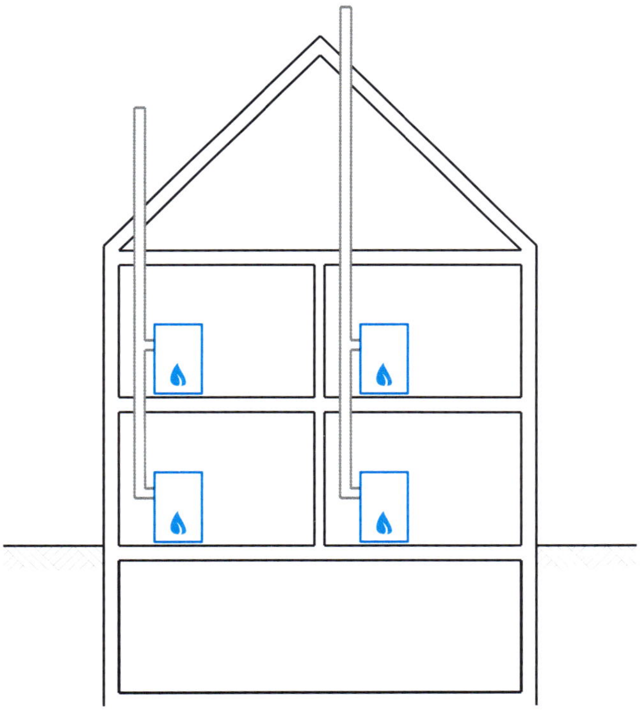

Zu § 71l
Fall 3.1: Beheizung mit Einzelraumfeuerstätten (keine handbeschickten Einzelraumfeuerungsanlagen)
⟶ Frist nach § 71l (1)

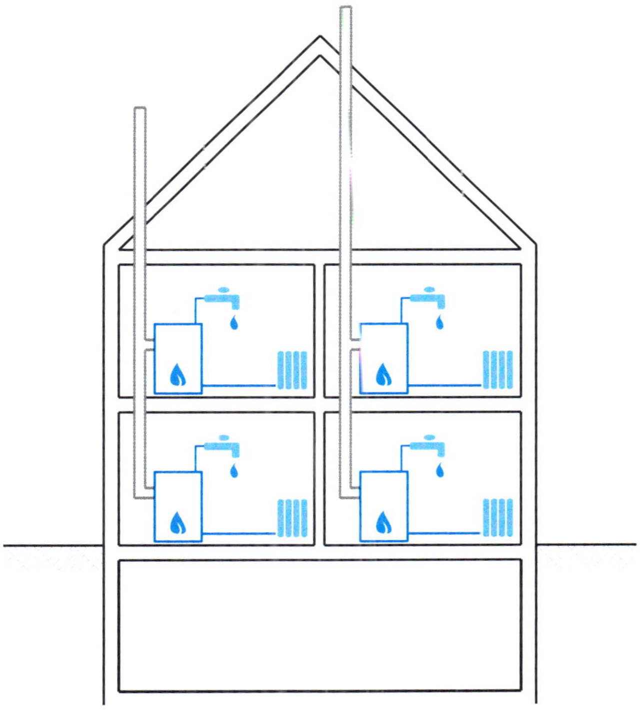

Zu § 71l
Fall 3.2: Dezentraler Wärmeerzeuger für die Raumwärme und das Warmwasser (mehrere „Kombithermen")
⟶ Etagenheizung, Frist nach § 71l (1)

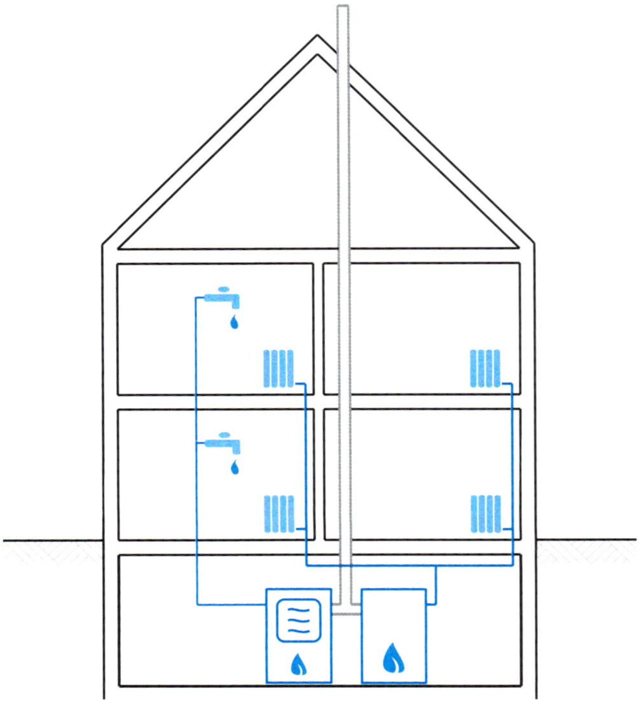

Zu § 71l
Fall 4: Ein Wärmeerzeuger für die Raumwärme („Zentralheizung") und ein zusätzlicher Wärmeerzeuger für Warmwasser
⟶ keine Etagenheizung, keine Frist nach § 71l (1)

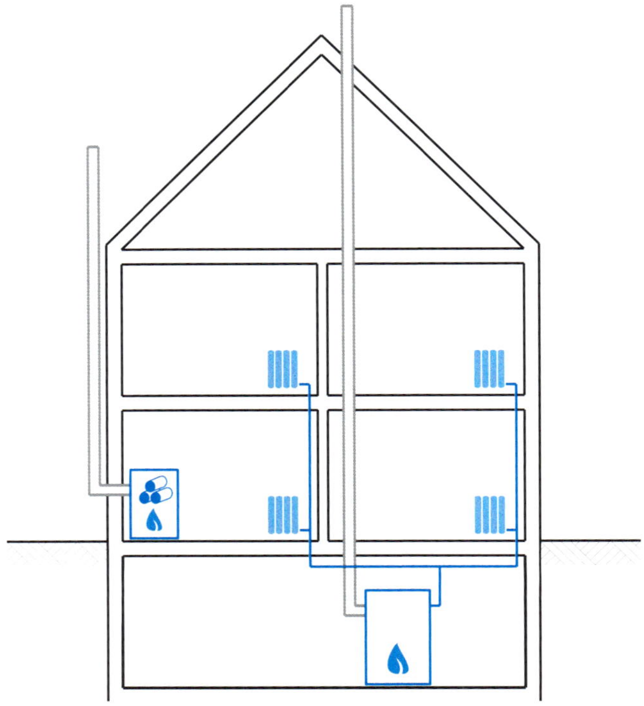

Zu § 71l
Fall 5.1: Ein Wärmeerzeuger für die Raumwärme („Zentralheizung") und eine zusätzliche Einzelraumfeuerungsanlage für feste Biomasse („Schwedenofen", Pelletofen)
⟶ Auslegung: keine Etagenheizung, keine Frist nach § 71l (1)

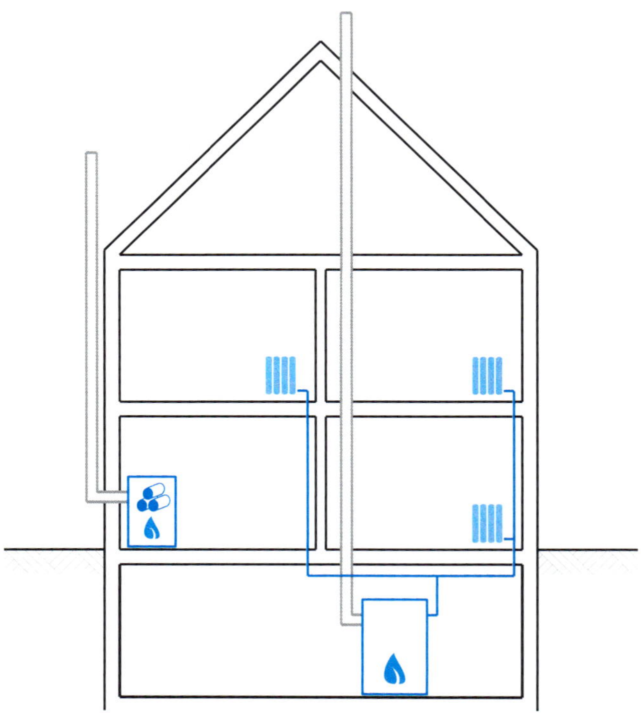

Zu § 71l
Fall 5.2: Ein Wärmeerzeuger für die Raumwärme (nicht für das gesamte Gebäude) und eine zusätzliche Einzelraumfeuerungsanlage für feste Biomasse („Schwedenofen"; Pelletofen)
⟶ Etagenheizung, Frist nach § 71l (1)

Zu § 71l
Fall 6: Beheizung mit handbeschickten Einzelraumfeuerungsanlagen für feste Biomasse („Schwedenofen")
⟶ Auslegung: keine Frist nach § 71l (1)

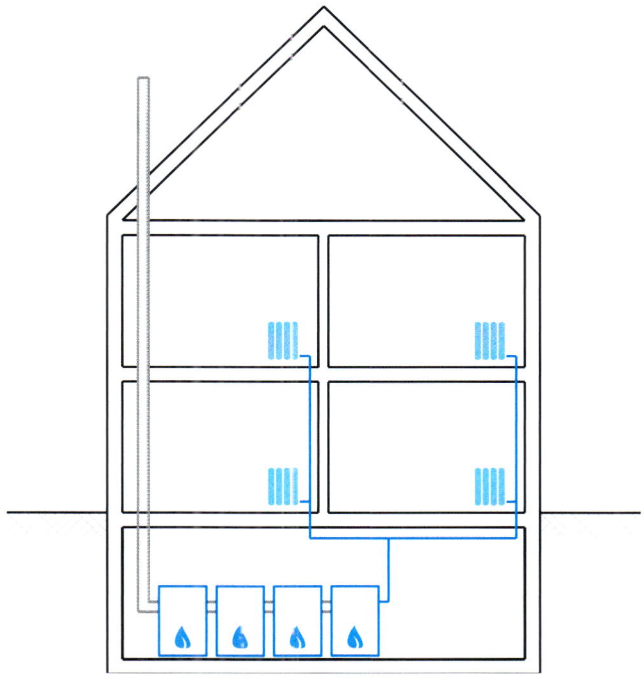

Zu § 71l
Fall 7: Mehrere Wärmeerzeuger („Kaskade") mit einer gemeinsamen Wärmeverteilung für das gesamte Gebäude
⟶ keine Etagenheizung, keine Frist nach § 71l (1)

§ 71m
Übergangsfrist bei einer Hallenheizung

(1) Abweichend von den Anforderungen des § 71 Absatz 1 kann höchstens für zehn Jahre nach dem Austausch der ersten einzelnen dezentralen Gebläse- oder Strahlungsheizung eine neue einzelne dezentrale Gebläse- oder Strahlungsheizung in einem Bestandsgebäude zur Beheizung einer Gebäudezone mit mehr als 4 Meter Raumhöhe zum Zweck der Inbetriebnahme eingebaut oder aufgestellt und betrieben werden, sofern die neue Anlage der besten verfügbaren Technik entspricht. Alle einzelnen dezentralen Gebläse- oder Strahlungsheizungen der Halle oder eine zentrale Heizungsanlage müssen spätestens innerhalb eines Jahres nach Ablauf der Frist von Satz 1 die Anforderungen nach § 71 Absatz 1 erfüllen. § 71i Satz 2 ist entsprechend anzuwenden.

(2) Abweichend von den Anforderungen des § 71 Absatz 1 kann einmalig und höchstens für zwei Jahre nach dem Austausch der Altanlage ein dezentrales Heizsystem in Bestandsgebäuden zur Beheizung von Gebäudezonen mit mehr als 4 Meter Raumhöhe zum Zweck der Inbetriebnahme eingebaut oder aufgestellt und betrieben werden. Nach Ablauf der zwei Jahre muss das neu aufgestellte oder eingebaute dezentrale Heizsystem mit mindestens 65 Prozent erneuerbaren Energien betrieben werden, sofern der Betreiber nicht nachweist, dass der Endenergieverbrauch des Gebäudes für Raum-

Zu § 71m

Bis 2023 gab es an dezentrale Gebläse- oder Strahlungsheizungen in Nichtwohngebäudezonen mit einer Höhe von mehr als 4 m gar keine Anforderungen an den Anteil erneuerbarer Energien, auch nicht im Neubau. Diese Ausnahme ist nun im § 10 für Neubauten aufgehoben worden.

Bei Bestandsgebäuden wurde in § 71m neu eine Übergangsfrist von 10 Jahren eingeführt. Alternativ kann nach § 71m (2) der Nachweis derart geführt werden, dass das neue dezentrale Heizsystem mindestens 40 % Endenergie einspart. Ein solcher Nachweis würde als Ersatz für den Einsatz von erneuerbaren Energien zählen. Der Nachweis ist über Messwerte zu führen, und zwar für das gesamte Gebäude. Dazu müssen entsprechende Gaszähler vorhanden sein. Auch wenn von mehreren Geräten nur eines ausgetauscht wird, ist der Nachweis über den tatsächlichen Verbrauch für das gesamte Gebäude zu erbringen. Ein rechnerischer Nachweis über den Bedarf ist nicht zulässig.

Der Einsatz von Stromdirektheizungen ist nach § 71 (4) möglich.

wärme gegenüber dem Endenergieverbrauch vor der Erneuerung des Heizungssystems über einen Zeitraum von einem Jahr um mindestens 40 Prozent verringert wurde. Wurde der Endenergieverbrauch nach Satz 2 um weniger als 40 Prozent, mindestens aber 25 Prozent verringert, kann der fehlende Prozentsatz in Bezug auf 40 Prozent Verringerung des Endenergieverbrauchs ausgeglichen werden durch den gleichen Prozentsatz in Bezug auf die Nutzung von 65 Prozent erneuerbaren Energien. § 71i Satz 2 ist entsprechend anzuwenden.

§ 71n
Verfahren für Gemeinschaften der Wohnungseigentümer

(1) Für ein Gebäude, in dem Wohnungs- oder Teileigentum besteht und in dem mindestens eine Etagenheizung zum Zweck der Inbetriebnahme eingebaut oder aufgestellt ist, ist die Gemeinschaft der Wohnungseigentümer verpflichtet, bis zum Ablauf des 31. Dezember 2024 von dem bevollmächtigten Bezirksschornsteinfeger die Mitteilung der im Kehrbuch vorhandenen, für die Entscheidung über eine zukünftige Wärmeversorgung erforderlichen Informationen zu verlangen. Dies umfasst Informationen, die für die Planung einer Zentralisierung der Versorgung mit Wärme notwendig sind. Zu den Informationen nach den Sätzen 1 und 2 gehören solche über

1. die Art der Anlage,

2. das Alter der Anlage,

3. die Funktionstüchtigkeit der Anlage und

4. die Nennwärmeleistung der Anlage.

Auf Verlangen der Gemeinschaft der Wohnungseigentümer ist der bevollmächtigte Bezirksschornsteinfeger verpflichtet, innerhalb von sechs Monaten nach der Aufforderung für jede Etagenheizung jeweils das zuletzt eingereichte Formblatt nach § 4 Absatz 1 des Schornsteinfeger-Handwerksgesetzes vom 26. November 2008 (BGBl. I S. 2242) in der jeweils geltenden Fassung oder die nach Satz 2 erforderlichen und im Kehrbuch vorhandenen Informationen der Gemeinschaft der Wohnungseigentümer gegen Ersatz der Aufwendungen zu übersenden.

(2) Die Gemeinschaft der Wohnungseigentümer ist verpflichtet, bis zum Ablauf des 31. Dezember 2024 von den Wohnungseigentümern der Wohnungen oder sonstigen selbständigen Nutzungseinheiten, in denen eine Etagenheizung zum Zwecke der Inbetriebnahme eingebaut oder aufgestellt ist, die Mitteilung von Informationen über die zum Sondereigentum gehörenden Anlagen und Ausstattungen zu verlangen, die für eine Ersteinschätzung etwaigen Handlungsbedarfs zur Erfüllung der Anforderungen des § 71 Absatz 1 dienlich sein können. Hierzu zählen insbesondere Informationen über

Zu § 71n

Gesetzliche Regelungen haben in der Vergangenheit bei Wohnungseigentümergemeinschaften Lösungen für mehr Energieeffizienz und erneuerbare Energien erschwert. Deshalb ist gerade an dieser Stelle der Verweis auf § 1 relevant, dass *„erneuerbare[.] Energien sowie Effizienzmaßnahmen in Gebäuden [. . .] im überragenden öffentlichen Interesse [liegen]"* und in der Abwägung als vorrangige Belange eingebracht werden.

Hausverwaltungen, möglicherweise unter Zuhilfenahme von Energieberatern, haben bis Ende 2024 Informationen zu den verbauten Heizungen einzuholen, um auf dieser Grundlage eine Ersteinschätzung des etwaigen Handlungsbedarfs vornehmen zu können. Sowohl die einzelnen Eigentümer wie auch der bevollmächtigte Bezirksschornsteinfeger sind verpflichtet, die dazu notwendigen Informationen innerhalb von 6 Monaten zu liefern. Muss eine Etagenheizung (siehe § 71l) oder Einzelraumfeuerungsanlage ersetzt werden, muss unverzüglich eine Wohnungseigentümer(WEG)-Versammlung einberufen werden. Dabei ist über das weitere Vorgehen zur Umstellung auf erneuerbare Energien zu beraten. Die Beibehaltung mindestens einer Etagenheizung kann nur mit 2/3 der abgegebenen Stimmen und der Hälfte aller Miteigentumsanteile beschlossen werden. Kommt die WEG nicht innerhalb von 5 Jahren nach Austausch der ersten Etagenheizung zu einem Beschluss, ist sie nach § 71 (4) zur vollständigen Umstellung auf eine zentrale Heizungsanlage verpflichtet.

1. den Zustand der Heizungsanlage, die die Wohnungseigentümer aus eigener Nutzungserfahrung oder aus der Beauftragung von Handwerkern erlangt haben,
2. sämtliche weiteren Bestandteile der Heizungsanlage, die zum Sondereigentum gehören, etwa Leitungen und Heizkörper, sowie sämtliche Modifikationen, die die Wohnungseigentümer selbst durchgeführt oder beauftragt haben, und
3. Ausstattungen zur Effizienzsteigerung, die im Sondereigentum stehen.

Die Wohnungseigentümer sind dazu verpflichtet, die genannten Informationen innerhalb von sechs Monaten nach der Aufforderung in Textform mitzuteilen. Die Wohnungseigentümer haben die Gemeinschaft der Wohnungseigentümer über den Ausfall einer alten Etagenheizung, den Einbau oder die Aufstellung einer neuen Etagenheizung zum Zweck der Inbetriebnahme und über weitere Änderungen zu den Informationen nach Absatz 1 Satz 2 sowie nach Satz 1 unverzüglich zu unterrichten.

(3) Nach Ablauf der Mitteilungsfrist nach Absatz 2 Satz 3 stellt die Gemeinschaft der Wohnungseigentümer die erhaltenen Informationen den Wohnungseigentümern innerhalb von drei Monaten in konsolidierter Fassung zur Verfügung.

(4) Sobald die Gemeinschaft der Wohnungseigentümer davon Kenntnis erlangt, dass die erste Etagenheizung ausgetauscht und eine andere Heizungsanlage zum Zweck der Inbetriebnahme eingebaut oder aufgestellt wurde, hat der Verwalter unverzüglich die Wohnungseigentümerversammlung einzuberufen. In der Wohnungseigentümerversammlung ist über die Vorgehensweise zur Erfüllung der Anforderungen des § 71 Absatz 1 zu beraten und auf die Rechtsfolge des § 71l Absatz 4 hinzuweisen.

(5) Die Wohnungseigentümer haben innerhalb der Frist des § 71l Absatz 1 Satz 1 über die Erfüllung der Anforderungen nach § 71 Absatz 1 zu beschließen. Für die Erfüllung dieser Anforderungen ist ein Umsetzungskonzept zu erarbeiten, zu beschließen und auszuführen. Bis zur vollständigen Umsetzung ist mindestens einmal jährlich in der Wohnungseigentümerversammlung über den Stand der Umsetzung der Erfüllung der Anforderungen des § 71 Absatz 1 zu berichten.

(6) Die Beibehaltung mindestens einer Etagenheizung kann nur mit zwei Dritteln der abgegebenen Stimmen und der Hälfte aller Miteigentumsanteile beschlossen werden. § 71l Absatz 4 und 5 ist entsprechend anzuwenden.

(7) Die Wohnungseigentümer, deren Wohnungen oder sonstige selbständige Nutzungseinheiten an eine zentrale Heizungsanlage angeschlossen werden, haben die Kosten der Umstellung der Wärmeversorgung auf eine zentrale Heizungsanlage nach dem Verhältnis

Zu § 71n (7)

„Satz 1 kann in den folgenden Konstellationen zur Anwendung kommen:

- *Teilzentralisierung: Ein vollständig dezentral versorgtes Gebäude soll zukünftig zum Teil zentral versorgt werden. Dazu wird eine zentrale Heizungsanlage in-*

ihrer Miteigentumsanteile zu tragen. Über die Verteilung von Kosten, die aus der Durchführung von Maßnahmen im Sondereigentum entstehen, können die Wohnungseigentümer durch Beschluss entscheiden. Ist das für einen Anschluss notwendige Verteilnetz oder eine zentrale Heizungsanlage bereits vorhanden, so haben die Wohnungseigentümer, deren Wohnungen oder sonstige selbständige Nutzungseinheiten daran angeschlossen werden, einen angemessenen Ausgleich zu leisten. § 16 Absatz 2 Satz 2 des Wohnungseigentumsgesetzes ist entsprechend anzuwenden.

(8) Die Absätze 1 bis 7 sind entsprechend für Wohnungen und sonstige selbständige Nutzungseinheiten anzuwenden, in denen mindestens eine Einzelraumfeuerungsanlage im Sinne des § 71l Absatz 7 eingebaut oder aufgestellt ist und betrieben wird.

stalliert und ein Verteilnetz angelegt. Die von der Zentralisierung betroffenen Eigentümer tragen die Kosten nach dem Verhältnis ihrer Miteigentumsanteile.

- *Mehrzentralisierung: In einem Gebäude, das bereits zum Teil zentral versorgt wird, wird ein Teil oder werden alle der verbleibenden dezentral versorgten Wohnungen an eine – bestehende oder zusätzlich zu errichtende – zentrale Heizungsanlage angeschlossen. Gegebenenfalls wird für die betroffenen Wohnungen auch ein zusätzliches Verteilnetz angelegt. Die betroffenen Eigentümer tragen die Kosten nach dem Verhältnis ihrer Miteigentumsanteile.*

Entscheidet sich die Gemeinschaft der Wohnungseigentümer in einem gemischtversorgten Gebäude, das Verhältnis von zentral und dezentral versorgten Wohnungen beizubehalten, so tragen die Eigentümer dezentral versorgter Wohnungen etwaige Umstellungskosten, die für ihr Sondereigentum anfallen, selbst. Umstellungskosten, die für die zentrale Heizungsanlage anfallen und die das Gemeinschaftseigentum betreffen, tragen die betroffenen Wohnungseigentümer grundsätzlich nach dem Verhältnis ihrer Miteigentumsanteile." (Bundesdrucksache 20/6875, S. 132–133)

§ 71o
Regelungen zum Schutz von Mietern

(1) In einem Gebäude mit Wohnungen, die vermietet sind, kann der Vermieter beim Einbau einer Wärmepumpe nach § 71c eine Mieterhöhung aufgrund einer Modernisierungsmaßnahme nach § 559 Absatz 1 oder § 559e Absatz 1 des Bürgerlichen Gesetzbuches in voller Höhe nur verlangen, wenn er den Nachweis erbracht hat, dass die Jahresarbeitszahl der Wärmepumpe über 2,5 liegt. Ein Nachweis nach Satz 1 ist nicht erforderlich, wenn das Gebäude

1. **nach 1996 errichtet worden ist,**
2. **mindestens nach den Vorgaben der Wärmeschutzverordnung vom 16. August 1994 (BGBl. I S. 2121) in der bis zum Ablauf des 31. Januar 2002 geltenden Fassung erbaut worden ist oder der Gebäudeeigentümer nachweist, dass der Jahres-Heizwärmebedarf die Anforderungen nach der Wärmeschutzverordnung vom 16. August 1994 (BGBl. I S. 2121) in der bis zum Ablauf des 31. Januar 2002 geltenden Fassung nicht überschreitet,**
3. **nach einer Sanierung mindestens den Anforderungen des Effizienzhausniveaus 115 oder 100 entspricht oder**
4. **mit einer Vorlauftemperatur beheizt werden kann, die nicht mehr als 55 Grad Celsius bei lokaler Norm-Außentemperatur beträgt.**

Der Nachweis nach Satz 1 muss von einem Fachunternehmer erbracht werden. Die Ermittlung der Jahresarbeitszahl erfolgt auf der Grundlage der VDI 4650 Blatt 1: 2019-03* oder eines vergleichbaren Verfahrens in der Regel vor der Inbetriebnahme der Anlage und nicht anhand von den Werten im Betrieb.

(2) Sofern der Nachweis nach Absatz 1 Satz 1 nicht erbracht wird, kann der Vermieter für eine Mieterhö-

Zu § 71o

Die Entscheidung zum Einbau einer neuen Heizung obliegt in der Regel dem Vermieter. Die energetisch bedingten Mehrkosten kann er – nach Abzug etwaiger Fördermittel – in der Modernisierungsumlage auf die Mieter umlegen. Wird beispielsweise eine alte Gasheizung gegen eine neue ausgetauscht, fallen deren Kosten komplett unter Sowieso-Kosten und die Modernisierungsumlage beträgt null. Hingegen sind die Betriebskosten, deren Hauptanteil in der Regel die Brennstoffkosten ausmachen, vom Mieter zu tragen. Wird eine neue Gasheizung eingebaut, ist diese mit Biomethan oder Wasserstoff zu betreiben. Deren Kosten liegen über denen von Erdgas, somit erhöhen sich die Heizkosten für den Mieter. Die ursprünglich vorgesehene Begrenzung der Umlage der anfallenden Mehrkosten von Brennstoffkosten in den Fällen, in denen ein Vermieter als Betreiber einer zentralen Heizungsanlage einen fossilen Brennstoff – gasförmig, fest oder flüssig – durch Wasserstoff oder einen Ersatzbrennstoff mit biogenem Anteil substituiert, wurde gestrichen. Übrig blieb nur noch die Regelung, dass bei ineffizienten Wärmepumpen (Jahresarbeitszahl bis 2,5) in ungeeigneten Gebäuden die Modernisierungsumlage nur zu Hälfte in die Mieterhöhung fließen darf. Um Anreize für den Vermieter zu schaffen, Fördergelder beim Heizungstausch in Anspruch zu nehmen, wurden die Regelungen im BGB angepasst (siehe Kasten).

Modernisierungsumlage (ModU) und Mieterschutzregelung

Für die Modernisierungsumlage beim Heizungstausch gelten nach den §§ 555b, 559f und 559e BGB folgende Regelungen:

- Der neue Modernisierungstatbestand nach § 555b Nummer 1a BGB greift, wenn *„mittels Einbaus [...] einer Heizungsanlage [...] die Anforderungen des § 71 des GEG erfüllt werden".*
- Der neue § 559e BGB („weitere" ModU) regelt weitere Modernisierungsumlagen nach dem Einbau oder der Aufstellung einer Heizungsanlage:
  - Erhöhung der jährlichen Miete um 10 % der aufgewendeten Kosten: 10 statt 8 % sind nur umlegbar, wenn öffentliche Fördermittel nach § 559a BGB genutzt werden.
  - Die aufgewendeten Kosten werden aus den um 15 % gekürzten anfallenden Kosten abzüglich der Fördermittel ermittelt. Der Pauschalabzug für die Erhaltungskosten beträgt dabei 15 %. Dies gilt unabhängig davon, ob die fiktiven Kosten für Erhaltungsmaßnahmen nach § 559 (2) BGB höher oder niedriger anzusetzen wären. Mit diesem

hung nach § 559 Absatz 1 oder § 559e Absatz 1 des Bürgerlichen Gesetzbuches nur 50 Prozent der für die Wohnung aufgewendeten Kosten zugrunde legen.

(3) Absatz 1 ist auf sonstige Formen der entgeltlichen Nutzungsüberlassung von Gebäuden oder Teilen von diesen oder Wohnungen oder Teilen von diesen entsprechend anzuwenden.

pauschalen Abzug wird der Grundsatz des § 559 (2) BGB in der neuen Modernisierungsmieterhöhung vereinfacht ausgestaltet.

- Erhöhung der monatlichen Miete um maximal 50 Cent/m² Wohnfläche. Diese heizungsspezifische Kappungsgrenze geht in der bestehenden Gesamtkappungsgrenze auf. Diese ist gedeckelt auf 3 €/m² innerhalb von 6 Jahren, sofern die zuvor festgelegte Miete mehr als 7 €/m² betragen hat. In allen anderen Fällen beträgt die Höchstgrenze 2 €/m² innerhalb von 6 Jahren.

- Die 50-Cent-Kappungsgrenze gilt sowohl für die „weiteren" ModU nach § 559e als auch für die bestehende ModU nach § 559 (2) BGB.
- Der Vermieter besitzt ein Wahlrecht zwischen bestehender und „weiterer" ModU.
- Nicht zu den aufgewendeten Kosten gehören und nicht umlagefähig sind:
  - Kosten, die nach § 559 (2) BGB für Erhaltungsmaßnahmen erforderlich gewesen wären; der Abnutzungsgrad der Bauteile und Einrichtungen ist angemessen zu berücksichtigen;
  - Zuschüsse und Zinsverbilligungen aus öffentlichen Haushalten nach § 559a BGB.

§ 71p
Verordnungsermächtigung zu dem Einsatz von Kältemitteln in elektrischen Wärmepumpen und Wärmepumpen-Hybridheizungen

Die Bundesregierung wird ermächtigt, durch Rechtsverordnung mit Zustimmung des Bundesrates den Einsatz natürlicher Kältemittel in elektrischen Wärmepumpen und in Wärmepumpen-Hybridheizungen vorzuschreiben, die zum Zweck der Inbetriebnahme in einem Gebäude eingebaut oder aufgestellt werden. In der Rechtsverordnung sind die zulässigen Kältemittel festzulegen. Soweit erforderlich, können Ausnahmeregelungen vorgesehen werden für Fälle, in denen brennbare natürliche Kältemittel aus Sicherheitsgründen nicht eingesetzt werden können.

Zu § 71p

„Die Verordnungsermächtigung versetzt die Bundesregierung in die Lage, die Anforderungen an den Betrieb elektrischer Wärmepumpen (§ 71c) und an den Betrieb von Wärmepumpen-Hybridheizungen (§ 71h) weiter zu konkretisieren und Vorgaben für die Kältemittelwahl in Deutschland zu schaffen, die über die Vorgaben des künftigen Unionsrechts hinausgehen. Ins Auge gefasst ist eine Vorgabe, nach der in Haushaltswärmepumpen nur noch klima- und umweltfreundliche natürliche Kältemittel, wie z. B. Propan oder CO_2, eingesetzt werden dürfen." (Bundesdrucksache 20/6875, S. 137)

* Die Ermittlung der Jahreszahl hat auf Grundlage der VDI Richtlinie 4650 Blatt 1: 2019-03, Erscheinungsdatum März 2019, zu erfolgen, die beim VDI Verein Deutscher Ingenieure e. V., Düsseldorf, oder bei der DIN Media GmbH, Berlin, zu beziehen und beim Deutschen Patentamt archivmäßig gesichert hinterlegt ist.

§ 72
Betriebsverbot für Heizkessel, Ölheizungen

(1) Eigentümer von Gebäuden dürfen ihre Heizkessel, die mit einem flüssigen oder gasförmigen Brennstoff beschickt werden und vor dem 1. Januar 1991 eingebaut oder aufgestellt worden sind, nicht mehr betreiben.

(2) Eigentümer von Gebäuden dürfen ihre Heizkessel, die mit einem flüssigen oder gasförmigen Brennstoff beschickt werden und ab dem 1. Januar 1991 eingebaut oder aufgestellt worden sind, nach Ablauf von 30 Jahren nach Einbau oder Aufstellung nicht mehr betreiben.

(3) Die Absätze 1 und 2 sind nicht anzuwenden auf

1. Niedertemperatur-Heizkessel und Brennwertkessel,
2. heizungstechnische Anlagen, deren Nennleistung weniger als 4 Kilowatt oder mehr als 400 Kilowatt beträgt **sowie**
3. **heizungstechnische Anlagen mit Gas-, Biomasse- oder Flüssigbrennstofffeuerung als Bestandteil einer Wärmepumpen-Hybridheizung oder einer Solarthermie-Hybridheizung nach § 71h, soweit diese nicht mit fossilen Brennstoffen betrieben werden.**

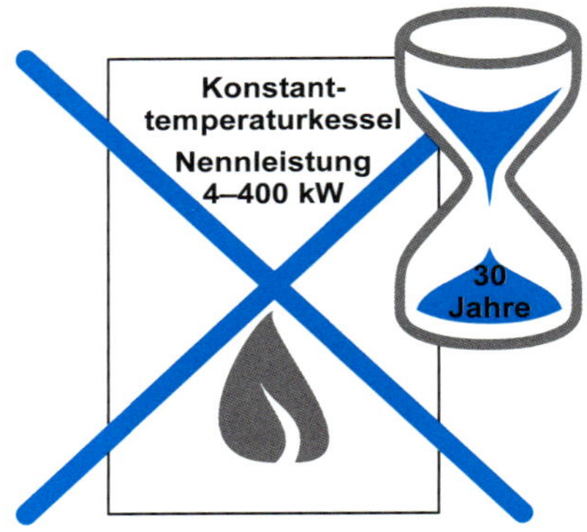

Zu § 72 (1) bis (3)
Pflicht zur Außerbetriebnahme alter Heizkessel

Zu § 72 (1) bis (3)

Alte Gas- oder Öl-Konstanttemperaturkessel mit Nennleistungen zwischen 4 und 400 kW dürfen bis maximal 30 Jahre nach Einbau oder Aufstellung betrieben werden. Danach sind sie außer Betrieb zu nehmen und durch Brennwertkessel oder andere Heizsysteme zu ersetzen. Das Einbaudatum ist im Zweifelsfall aus Abnahmebescheinigungen zu entnehmen, die bei den zuständigen Behörden hinterlegt sind.

Ausgenommen von dieser Pflicht sind Niedertemperatur- und Brennwertkessel sowie Heizkessel mit einer Nennleistung kleiner als 4 kW oder größer als 400 kW und heizungstechnische Anlagen mit Gas-, Biomasse- oder Flüssigbrennstofffeuerung als Bestandteil einer Wärmepumpen- oder Solarthermie-Hybridheizung nach § 71h, soweit diese nicht mit fossilen Brennstoffen betrieben werden. Konstanttemperaturkessel sind heutzutage nur noch selten in Betrieb. Muss im Zweifelsfall überprüft werden, ob es sich bei dem bestehenden Kessel um einen Niedertemperatur- oder Brennwertkessel nach § 3 Nummer 5 oder 24 handelt, ist dafür in den meisten Bundesländern der bevollmächtigte Bezirksschornsteinfeger zuständig.

Zu § 72 (1) bis (3)

Achtung, Ausnahme für Ein- und Zweifamilienhäuser siehe § 73

(4) Heizkessel dürfen längstens bis zum Ablauf des 31. Dezember 2044 mit fossilen Brennstoffen betrieben werden.

Zu § 72 (4)

„Der neue Absatz 4 regelt entsprechend dem Ziel der Treibhausgasneutralität bis zum Jahr 2045 anknüpfend an die Zielbestimmung in § 1 (1) ein grundsätzliches Betriebsverbot nach dem 31. Dezember 2044 für Heizkessel, die mit fossilen Brennstoffen betrieben werden. Das Wort ‚längstens' stellt sicher, dass durch die Regelung kein Vertrauensschutz dahingehend entsteht, dass mit fossilen Brennstoffen beschickte Heizkessel tatsächlich bis zum 31. Dezember 2044 betrieben werden dürfen." (Bundesdrucksache 20/6875, S. 137))

§ 73
Ausnahme

(1) Bei einem Wohngebäude mit nicht mehr als zwei Wohnungen, von denen der Eigentümer eine Wohnung am 1. Februar 2002 selbst bewohnt hat, sind die Pflichten nach **§ 69 Absatz 2** und § 72 Absatz 1 und 2 erst im Falle eines Eigentümerwechsels nach dem 1. Februar 2002 von dem neuen Eigentümer zu erfüllen.

(2) Die Frist zur Pflichterfüllung beträgt zwei Jahre ab dem ersten Eigentumsübergang nach dem 1. Februar 2002.

(3) § 72 Absatz 4 ist entsprechend anzuwenden.

Zu § 73 (1) bis (3)

Bei Ein- und Zweifamilienhäusern, in denen seit dem 1. Februar 2002 kein Eigentümerwechsel stattgefunden hat und der Eigentümer seither eine Wohnung selbst bewohnt, sind die Pflichten zur Dämmung von Wärmeverteilungs- und Warmwasserleitungen nach § 69 (2) und zur Außerbetriebnahme alter Heizkessel nach § 72 erst innerhalb von 2 Jahren nach einem Eigentümerwechsel vom neuen Eigentümer zu erfüllen. In jedem Fall dürfen mit fossilen Brennstoffen beschickte Heizkessel längstens bis zum 31. Dezember 2044 betrieben werden.

Abschnitt 3
Energetische Inspektion von Klimaanlagen

§ 74
Betreiberpflicht

(1) Der Betreiber von einer in ein Gebäude eingebauten Klimaanlage mit einer Nennleistung für den Kältebedarf von mehr als 12 Kilowatt oder einer kombinierten Klima- und Lüftungsanlage mit einer Nennleistung für den Kältebedarf von mehr als 12 Kilowatt hat innerhalb der in § 76 genannten Zeiträume energetische Inspektionen dieser Anlage durch eine berechtigte Person im Sinne des § 77 Absatz 1 durchführen zu lassen.

(2) Der Betreiber kann die Pflicht nach Absatz 1 Satz 1 durch eine stichprobenweise Inspektion nach Maßgabe von § 75 Absatz 4 erfüllen, wenn er mehr als zehn Klimaanlagen mit einer Nennleistung für den Kältebedarf von mehr als 12 Kilowatt und bis zu 70 Kilowatt oder mehr als zehn kombinierte Klima- und Lüftungsanlagen mit einer Nennleistung für den Kältebedarf von mehr als 12 Kilowatt und bis zu 70 Kilowatt betreibt, die in vergleichbare Nichtwohngebäude eingebaut und nach Anlagentyp und Leistung gleichartig sind. Ein Nichtwohngebäude ist vergleichbar, wenn es nach demselben Plan errichtet wird, der für mehrere Nichtwohngebäude an verschiedenen Standorten erstellt wurde. Nach Anlagentyp und Leistung gleichartige Klimaanlagen oder kombinierte Klima- und Lüftungsanlagen sind Anlagen gleicher Bauart, gleicher Funktion und gleicher Kühlleistung je Quadratmeter Nettogrundfläche.

(3) Im Falle eines Nichtwohngebäudes entfällt die Pflicht nach Absatz 1,

1. **wenn das Gebäude mit einem System für die Gebäudeautomation und Gebäuderegelung nach § 71a Absatz 5 [Anm. Verf.: Redaktioneller Fehler: korrekt Absatz 2] ausgestattet ist oder**
2. **sofern die Gesamtauswirkungen eines solchen Ansatzes gleichwertig sind, wenn die Klimaanlage oder kombinierte Klima- und Lüftungsanlage**
   - **a) unter eine vertragliche Vereinbarung über ein Niveau der Gesamtenergieeffizienz oder eine Energieeffizienzverbesserung fällt, insbesondere unter einen Energieleistungsvertrag nach § 3 Absatz 1 Nummer 8a, oder**
   - **b) von einem Versorgungsunternehmen oder einem Netzbetreiber betrieben wird und demnach systemseitigen Maßnahmen zur Überwachung der Effizienz unterliegt.**

Zu Abschnitt 3

Achtung, erweiterte Pflicht zur energetischen Inspektion

Die Pflicht zur energetischen Inspektion gilt auch für Klimaanlagen in Gebäuden nach § 2 (1) Nummer 1, die ansonsten nach § 2 (2) vom GEG ausgenommen sind.

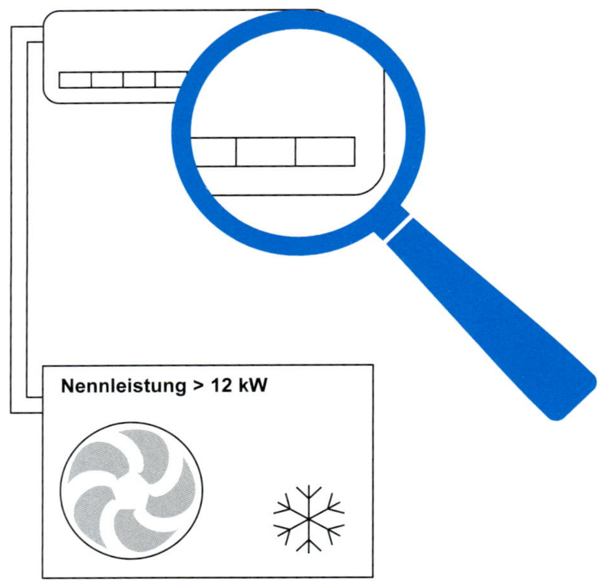

Zu § 74
Energetische Inspektion von Klimaanlagen

Zu § 74

Klimaanlagen im Sinne des § 74 sind Anlagen, mit denen die Raumtemperatur geregelt oder gesenkt werden kann. Dies kann auch in Kombination mit RLT-Anlagen zur Belüftung, Befeuchtung und Reinhaltung der Raumluft erfolgen. Von der Inspektionspflicht erfasst sind Anlagen mit gemeinsamem Kälteerzeuger mit einer Nennleistung über 12 kW. Dezentrale Anlagen mit Einzelleistungen bis maximal 12 kW fallen nicht unter die Inspektionspflicht.

Zu § 74

Achtung, neu im GEG: stichprobenartige Inspektion von Klimaanlagen

Die Inspektion gleichartiger Klimaanlagen bis 70 kW Nennleistung für den Kältebedarf kann in vergleichbaren Gebäuden auch stichprobenweise erfolgen. Nach § 75 (4) ist dabei bei bis zu 200 Klimaanlagen jede zehnte Anlage zu prüfen, bei über 200 Klimaanlagen jede zwanzigste Anlage. Vergleichbare Gebäude sind Gebäude, die nach demselben Plan erstellt wurden. Gleichartige Klimaanlagen sind Anlagen gleicher Bauart, gleicher Funktion und gleicher Kühlleistung je m^2 Nettogrundfläche.

Zu § 74

Achtung, Ausnahme: Klimaanlagen in Gebäuden mit Systemen zur Gebäudeautomation und -regelung

Klimaanlagen in Gebäuden mit Automationssystemen und -regelungen nach § 71a (2) sind von der Pflicht zur energetischen Inspektion ausgenommen. Des Weiteren werden Ansätze mit gleichwertigen Gesamtauswirkungen anerkannt.

(4) Die Pflicht nach Absatz 1 besteht nicht, wenn eine Klimaanlage oder eine kombinierte Klima- und Lüftungsanlage in ein Wohngebäude eingebaut ist, das ausgestattet ist mit

1. einer kontinuierlichen elektronischen Überwachungsfunktion, die die Effizienz der vorhandenen gebäudetechnischen Systeme misst und den Eigentümer oder Verwalter des Gebäudes darüber informiert, wenn sich die Effizienz erheblich verschlechtert hat und eine Wartung der vorhandenen gebäudetechnischen Systeme erforderlich ist, und
2. einer wirksamen Regelungsfunktion zur Gewährleistung einer optimalen Erzeugung, Verteilung, Speicherung oder Nutzung von Energie.

§ 75
Durchführung und Umfang der Inspektion

(1) Die Inspektion einer Klimaanlage oder einer kombinierten Klima- und Lüftungsanlage umfasst Maßnahmen zur Prüfung der Komponenten, die den Wirkungsgrad der Anlage beeinflussen, und der Anlagendimensionierung im Verhältnis zum Kühlbedarf des Gebäudes.

(2) Die Inspektion bezieht sich insbesondere auf

1. die Überprüfung und Bewertung der Einflüsse, die für die Auslegung der Anlage verantwortlich sind, insbesondere Veränderungen der Raumnutzung und -belegung, der Nutzungszeiten, der inneren Wärmequellen sowie der relevanten bauphysikalischen Eigenschaften des Gebäudes und der vom Betreiber geforderten Sollwerte hinsichtlich Luftmengen, Temperatur, Feuchte, Betriebszeit sowie Toleranzen, und
2. die Feststellung der Effizienz der wesentlichen Komponenten.

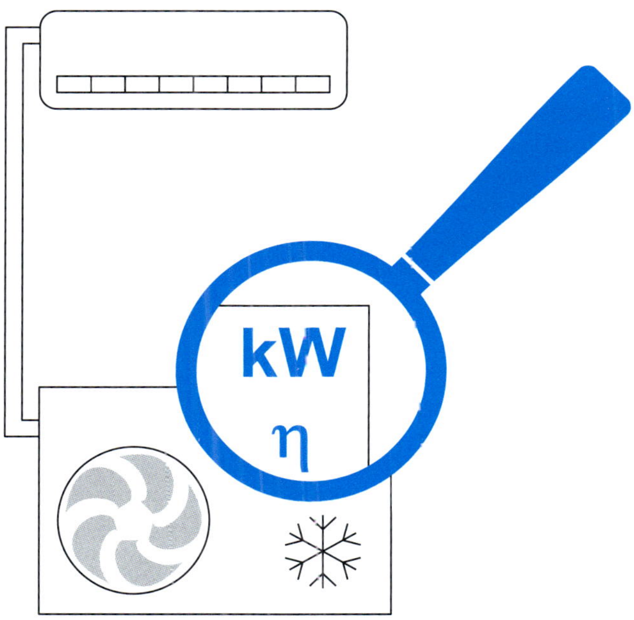

Zu § 75 (1)
Prüfung der Anlagendimensionierung und des Wirkungsgrades

Zu § 75

Durch Veränderungen bei der Nutzung und durch bauliche Maßnahmen am Gebäude kann sich der Kühlbedarf eines Gebäudes ändern. Daher ist bei der energetischen Inspektion der Klimaanlage zu prüfen, ob die Anlagendimensionierung noch zu einem eventuell veränderten Kühlbedarf passt. Die wesentlichen Komponenten der Anlage, wie z. B. Kälteerzeuger, Rückkühler, Ventilatoren oder Wärmerückgewinnung, werden zudem auf ihre Effizienz überprüft.

(3) Die Inspektion einer Klimaanlage mit einer Nennleistung für den Kältebedarf von mehr als 70 Kilowatt oder einer kombinierten Klima- und Lüftungsanlage mit einer Nennleistung für den Kältebedarf von mehr als 70 Kilowatt ist nach DIN SPEC 15240: 2019-03 durchzuführen.

(4) In den Fällen des § 74 Absatz 2 ist bei einem Betrieb von bis zu 200 Klimaanlagen jede zehnte Anlage und bei einem Betrieb von mehr als 200 Klimaanlagen jede 20. Anlage einer Inspektion nach Maßgabe der Absätze 1 bis 3 zu unterziehen.

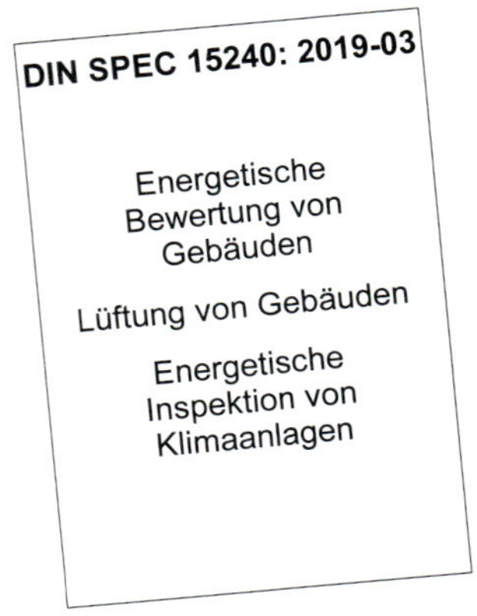

Zu § 75 (3)
Klimaanlagen mit Nennleistungen für den Kältebedarf über 70 kW sind nach DIN SPEC 15240 „Energetische Bewertung von Gebäuden – Lüftung von Gebäuden – Energetische Inspektion von Klimaanlagen" (2019) zu prüfen.

§ 76
Zeitpunkt der Inspektion

(1) Die Inspektion ist erstmals im zehnten Jahr nach der Inbetriebnahme oder der Erneuerung wesentlicher Bauteile wie Wärmeübertrager, Ventilator oder Kältemaschine durchzuführen. Abweichend von Satz 1 ist eine Klimaanlage oder eine kombinierte Klima- und Lüftungsanlage, die am 1. Oktober 2018 mehr als zehn Jahre alt war und noch keiner Inspektion unterzogen wurde, spätestens bis zum 31. Dezember 2022 erstmals einer Inspektion zu unterziehen.

(2) Nach der erstmaligen Inspektion ist die Anlage wiederkehrend spätestens alle zehn Jahre einer Inspektion zu unterziehen. Wenn an der Klimaanlage oder der kombinierten Klima- und Lüftungsanlage nach der erstmaligen Inspektion oder nach einer wiederkehrenden Inspektion keine Änderungen vorgenommen wurden oder in Bezug auf den Kühlbedarf des Gebäudes keine Änderungen eingetreten sind, muss die Prüfung der Anlagendimensionierung nicht wiederholt werden.

Zu § 76
Die energetische Inspektion von Klimaanlagen erfolgt alle 10 Jahre.

Zu § 76

Klimaanlagen sind erstmals 10 Jahre nach Inbetriebnahme oder Erneuerung wesentlicher Bauteile und dann wiederkehrend alle 10 Jahre zu inspizieren. Bis 2017 müssten alle älteren Klimaanlagen, die vor Einführung der Inspektionspflicht mit der EnEV 2007 in Betrieb genommen wurden, bereits mindestens einmal geprüft worden sein.

Wenn Klimaanlagen nach der ersten oder einer wiederkehrenden Inspektion nicht mehr verändert wurden und der Kühlbedarf des Gebäudes unverändert ist, entfällt künftig die Prüfung der Anlagendimensionierung. Dennoch ist es sinnvoll, bei verändertem Kühlbedarf, z. B. aufgrund baulicher Änderungen oder Änderungen in der Nutzung des Gebäudes, die Klimaanlage entsprechend anzupassen. Dies spart Energie und Betriebskosten für die Kühlung.

§ 77
Fachkunde des Inspektionspersonals

(1) Eine Inspektion darf nur von einer fachkundigen Person durchgeführt werden.

(2) Fachkundig ist insbesondere

1. eine Person mit einem berufsqualifizierenden Hochschulabschluss in einer der Fachrichtungen Versorgungstechnik oder Technische Gebäudeausrüstung mit mindestens einem Jahr Berufserfahrung in Planung, Bau, Betrieb oder Prüfung raumlufttechnischer Anlagen,
2. eine Person mit einem berufsqualifizierenden Hochschulabschluss in einer der Fachrichtungen Maschinenbau, Elektrotechnik, Verfahrenstechnik oder Bauingenieurwesen oder einer anderen technischen Fachrichtung mit einem Ausbildungsschwerpunkt bei der Versorgungstechnik oder der Technischen Gebäudeausrüstung mit mindestens drei Jahren Berufserfahrung in Planung, Bau, Betrieb oder Prüfung raumlufttechnischer Anlagen,
3. eine Person, die für ein zulassungspflichtiges anlagentechnisches Gewerbe die Voraussetzungen zur Eintragung in die Handwerksrolle erfüllt,
4. eine Person, die für ein zulassungsfreies Handwerk in einem der Bereiche nach Nummer 3 einen Meistertitel erworben hat,
5. eine Person, die auf Grund ihrer Ausbildung berechtigt ist, ein zulassungspflichtiges Handwerk in einem der Bereiche nach Nummer 3 ohne Meistertitel selbständig auszuüben,
6. eine Person, die staatlich anerkannter oder geprüfter Techniker ist, dessen Ausbildungsschwerpunkt auch die Beurteilung von Lüftungs- und Klimaanlagen umfasst.

(3) Eine gleichwertige Aus- oder Fortbildung, die in einem anderen Mitgliedstaat der Europäischen Union, einem anderen Vertragsstaat des Abkommens über den Europäischen Wirtschaftsraum oder der Schweiz erworben worden ist und durch einen entsprechenden Nachweis belegt werden kann, ist den in Absatz 2 genannten Aus- und Fortbildungen gleichgestellt.

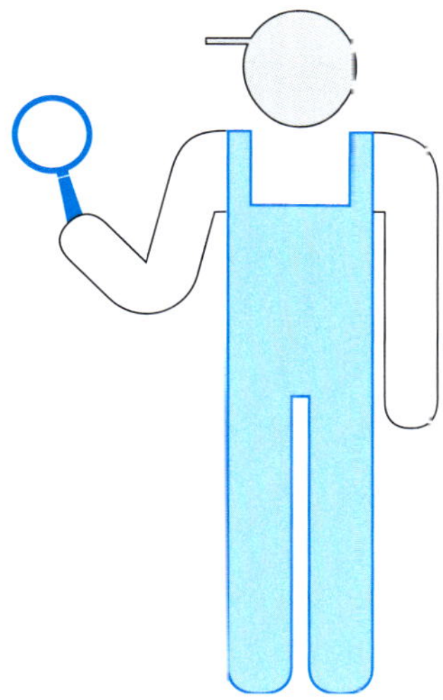

Zu § 77
Zur Inspektion von Klimaanlagen ist Fachkunde erforderlich.

Ausbildung	Berufserfahrung in Planung, Bau, Betrieb oder Prüfung raumlufttechnischer Anlagen
berufsqualifizierender Hochschulabschluss der Fachrichtungen Versorgungstechnik oder technische Gebäudeausrüstung	mindestens 1 Jahr
berufsqualifizierender Hochschulabschluss der Fachrichtungen Maschinenbau, Elektrotechnik, Verfahrenstechnik, Bauingenieurwesen oder anderer technischer Fachrichtungen mit Schwerpunkt Versorgungstechnik oder technische Gebäudeausrüstung	mindestens 3 Jahre
gewerbliche Ausbildung nach Nummer 3 bis 6	keine
Techniker mit Ausbildungsschwerpunkt in der Beurteilung von Lüftungs- und Klimaanlagen	

Zu § 77
Zur Inspektion von Klimaanlagen zugelassene fachkundige Personen

§ 78
Inspektionsbericht; Registriernummern

(1) Die inspizierende Person hat einen Inspektionsbericht mit den Ergebnissen der Inspektion und Ratschlägen in Form von kurz gefassten fachlichen Hinweisen für Maßnahmen zur kosteneffizienten Verbesserung der energetischen Eigenschaften der Anlage, für deren Austausch oder für Alternativlösungen zu erstellen.

(2) Die inspizierende Person hat den Inspektionsbericht unter Angabe ihres Namens, ihrer Anschrift und Berufsbezeichnung sowie des Datums der Inspektion und des Ausstellungsdatums eigenhändig zu unterschreiben oder mit einem Faksimile der Unterschrift zu versehen. Der Inspektionsbericht ist dem Betreiber zu übergeben.

(3) Vor Übergabe des Inspektionsberichts an den Betreiber hat die inspizierende Person die nach § 98 Absatz 2 zugeteilte Registriernummer einzutragen.

(4) Zur Sicherstellung des Vollzugs der Inspektionspflicht nach § 74 Absatz 1 hat der Betreiber den Inspektionsbericht der nach Landesrecht zuständigen Behörde auf Verlangen vorzulegen.

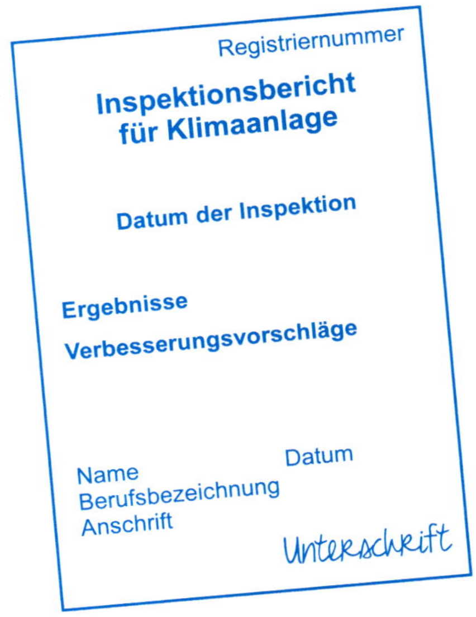

Zu § 78
Über die Inspektion von Klimaanlagen ist ein Bericht zu erstellen.

Zu § 78

Der Inspektionsbericht enthält das Datum und die Ergebnisse der Inspektion sowie Empfehlungen zur Optimierung der Klimaanlage. Die Berechtigung zur Inspektion von Klimaanlagen ist personenbezogen. Daher sind die Inspektionsberichte persönlich unter Angabe des Namens und der Berufsbezeichnung der inspizierenden Person auszustellen. Die Unterschrift kann jedoch als Nachbildung – z. B. in einem elektronisch erstellten Bericht – erfolgen.

Inspektionsberichte von Klimaanlagen werden nach § 99 einer Stichprobenkontrolle unterzogen. Dazu müssen alle ausgestellten Inspektionsberichte registriert und mit einer Registriernummer versehen werden.

Teil 5
Energieausweise

§ 79
Grundsätze des Energieausweises

(1) Energieausweise dienen ausschließlich der Information über die energetischen Eigenschaften eines Gebäudes und sollen einen überschlägigen Vergleich von Gebäuden ermöglichen. Ein Energieausweis ist als Energiebedarfsausweis oder als Energieverbrauchsausweis nach Maßgabe der §§ 80 bis 86 auszustellen. Es ist zulässig, sowohl den Energiebedarf als auch den Energieverbrauch anzugeben.

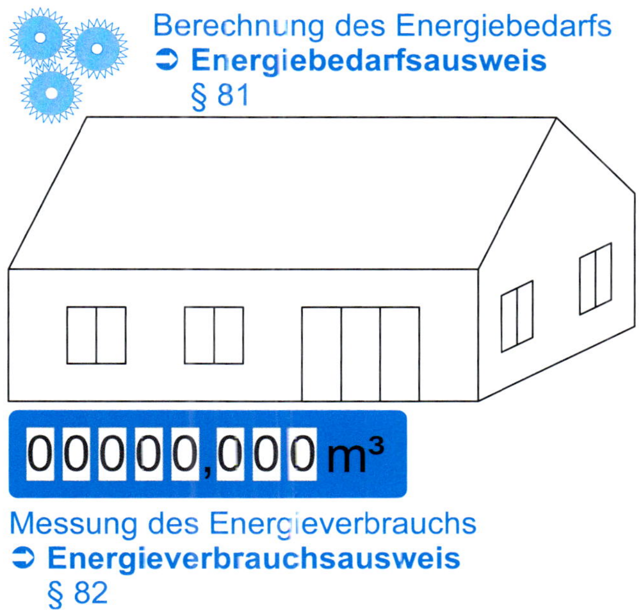

Zu § 79 (1)
Berechnung des Energiebedarfs oder Messung des Energieverbrauchs für die Angabe im Energieausweis

Zu § 79 (1)

Der Energiebedarf eines Gebäudes wird rechnerisch ermittelt. Er ist eine orts-, klima- und nutzerunabhängige Größe, die einen guten Vergleich der energetischen Qualität von Gebäuden untereinander ermöglicht. Eine Abschätzung des tatsächlich zu erwartenden Energieverbrauchs unter den örtlichen klimatischen Bedingungen ist damit nicht möglich.

Der Energieverbrauch wird über einen Zeitraum von mehreren Jahren gemessen. Dabei werden durch eine Klimabereinigung örtliche Unterschiede und jährliche Schwankungen herausgerechnet. Das Nutzerverhalten spiegelt sich jedoch im Energieverbrauch stets wider, oft sogar in starkem Maße. Da es im Extremfall die Qualität des Gebäudes vollständig überdecken kann, erschwert es die Vergleichbarkeit der energetischen Qualität von Gebäuden.

Um die jeweiligen Vorzüge beider Verfahren zu nutzen, können in einem Energieausweis sowohl Energiebedarf als auch Energieverbrauch angeben werden.

Der Gesetzgeber stellt aktuelle Informationen zum Energieausweis einschließlich Ausstellungsregeln, Muster, Klimafaktoren und FAQ online bereit unter www.geg.bund.de ⟶ Energieausweis.

(2) Ein Energieausweis wird für ein Gebäude ausgestellt. Er ist für Teile von einem Gebäude auszustellen, wenn die Gebäudeteile nach § 106 getrennt zu behandeln sind.

Zu § 79 (2)
Energieausweise sind grundsätzlich für das komplette Gebäude auszustellen.

Zu § 79 (2)

Energieausweise dürfen grundsätzlich nicht für einzelne Wohnungen oder Nutzungseinheiten eines Gebäudes ausgestellt werden. Damit ist aus dem Energieausweis auch kein Rückschluss auf die energetische Qualität einzelner Nutzungseinheiten möglich. Diese kann innerhalb eines Gebäudes jedoch sehr unterschiedlich sein, z. B., wenn das Dach bereits wärmegedämmt ist, die Fassaden aber noch nicht.

Lediglich bei Mischnutzung von Wohn- und Nichtwohnnutzung können getrennte Energieausweise für die Wohn- und die Nichtwohnnutzung erforderlich werden (siehe § 106).

Der Begriff „Gebäude" ist im GEG jedoch nicht eindeutig definiert. Laut Auslegung zur EnEV 2013 können verschiedene Anhaltspunkte zur Abgrenzung von Gebäuden, Gebäudeteilen und Wohnungen herangezogen werden:

- die selbstständige Nutzbarkeit,
- ein trennbarer räumlicher und funktionaler Zusammenhang,
- die Abgrenzung durch die wärmeübertragende Umfassungsfläche,
- eigene Hausnummer,
- Eigentumsgrenzen,
- eigener Eingang,
- die Trennung durch Brandwände.

Andererseits gelten einige dieser Kriterien auch für Nutzungseinheiten und weisen damit nicht zwingend auf ein Gebäude hin.

In der Auslegung wird jedoch klargestellt, dass Reihenhäuser und Doppelhäuser als jeweils eigene Gebäude zu betrachten sind, auch wenn sie über eine gemeinsame Wärmeerzeugung verfügen. Eigentumswohnungen gelten danach nicht als eigene Gebäude.

(3) Ein Energieausweis ist für eine Gültigkeitsdauer von zehn Jahren auszustellen. Unabhängig davon verliert er seine Gültigkeit, wenn nach § 80 Absatz 2 ein neuer Energieausweis erforderlich wird.

Zu § 79 (3)
Energieausweise sind 10 Jahre gültig.

Zu § 79 (3)

Ein Energieausweis behält seine Gültigkeit unabhängig von Sanierung, Ausbau oder Erweiterung des Gebäudes über einen Zeitraum von bis zu 10 Jahren. Nach einer energetischen Verbesserung des Gebäudes liegt es jedoch häufig im Eigeninteresse des Eigentümers, sich einen neuen Ausweis ausstellen zu lassen. Dies ist jederzeit freiwillig möglich.

Lediglich beim Nachweis der Anforderungen an die Änderung von Außenbauteilen über den baulichen Wärmeschutz und den Jahres-Primärenergiebedarf des Gebäudes nach § 50 (1) ist nach § 80 (2) ein neuer Energieausweis zu erstellen. Damit verliert ein vorhandener Energieausweis seine Gültigkeit und darf nicht mehr verwendet werden.

(4) Auf ein kleines Gebäude sind die Vorschriften dieses Abschnitts nicht anzuwenden. Auf ein Baudenkmal ist § 80 Absatz 3 bis 7 nicht anzuwenden.

Zu § 79 (4)

Achtung, Ausnahme bei kleinen Gebäuden und Baudenkmälern

Die Pflichten zur Ausstellung, zur Vorlage und zum Aushang von Energieausweisen nach Teil 5 des GEG gelten nicht für kleine Gebäude. Die Pflichten zur Ausstellung und Vorlage von Energieausweisen bei einem Nutzer- oder Eigentümerwechsel nach § 80 (3) bis (5) sowie zum Aushang nach § 80 (6) und (7) gelten nicht für Baudenkmäler. Wird der Nachweis der Anforderungen an die Änderung von Außenbauteilen über den baulichen Wärmeschutz und den Jahres-Primärenergiebedarf des Gebäudes nach § 50 (1) geführt, ist auch bei Baudenkmälern ein Energieausweis auszustellen.

§ 80
Ausstellung und Verwendung von Energieausweisen

(1) Wird ein Gebäude errichtet, ist ein Energiebedarfsausweis unter Zugrundelegung der energetischen Eigenschaften des fertiggestellten Gebäudes auszustellen. Der Eigentümer hat sicherzustellen, dass der Energieausweis unverzüglich nach Fertigstellung des Gebäudes ausgestellt und ihm der Energieausweis oder eine Kopie hiervon übergeben wird. Die Sätze 1 und 2 sind für den Bauherren entsprechend anzuwenden, wenn der Eigentümer nicht zugleich Bauherr des Gebäudes ist. Der Eigentümer hat den Energieausweis der nach Landesrecht zuständigen Behörde auf Verlangen vorzulegen.

(2) Werden bei einem bestehenden Gebäude Änderungen im Sinne des § 48 ausgeführt, ist ein Energiebedarfsausweis unter Zugrundelegung der energetischen Eigenschaften des geänderten Gebäudes auszustellen, wenn unter Anwendung des § 50 Absatz 1 und 2 für das gesamte Gebäude Berechnungen nach § 50 Absatz 3 durchgeführt werden. Absatz 1 Satz 2 bis 4 ist entsprechend anzuwenden.

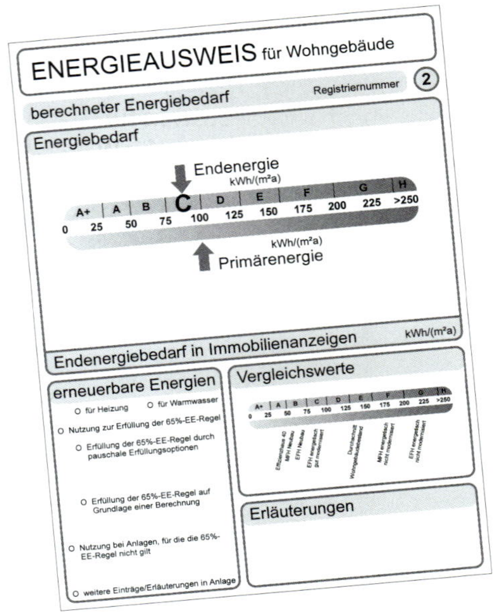

Zu § 80 (1) und (2)
Energieausweis für Neubauten

Zu § 80 (1) und (2)

Das GEG regelt im Zuge von Baumaßnahmen im Wesentlichen die Ausstellung von Energieausweisen. Diese dienen nach § 79 ausschließlich der Information über die energetischen Eigenschaften eines Gebäudes. Die Energieausweise sind bei den Baurechtsbehörden daher nur auf Verlangen vorzulegen. Die Berechtigung zur Ausstellung von Erfüllungserklärungen über die Anforderungen des GEG wird im Baurecht der Bundesländer geregelt.

Bei Neubauten und beim Nachweis der Anforderungen an die Änderung von Außenbauteilen über den baulichen Wärmeschutz und den Jahres-Primärenergiebedarf des Gebäudes nach § 50 (1) ist dem Eigentümer nach Fertigstellung der Maßnahmen ein Energieausweis auszustellen. Nachweise der Gesamtenergieeffizienz aus anderem Anlass, z. B. für Fördergelder, verpflichten hingegen nicht zur Ausstellung eines neuen Energieausweises. In der Regel hat der Eigentümer nach Sanierung des Gebäudes jedoch ein eigenes Interesse an der Ausstellung eines neuen, besseren Energieausweises. Energieausweise im Zuge von Baumaßnahmen müssen immer auf Grundlage des berechneten Energiebedarfs nach § 81 ausgestellt werden.

(3) Soll ein mit einem Gebäude bebautes Grundstück oder Wohnungs- oder Teileigentum verkauft, ein Erbbaurecht an einem bebauten Grundstück begründet oder übertragen oder ein Gebäude, eine Wohnung oder eine sonstige selbständige Nutzungseinheit vermietet, verpachtet oder verleast werden, ist ein Energieausweis auszustellen, wenn nicht bereits ein gültiger Energieausweis für das Gebäude vorliegt. In den Fällen des Satzes 1 ist für Wohngebäude, die weniger als fünf Wohnungen haben und für die der Bauantrag vor dem 1. November 1977 gestellt worden ist, ein Energiebedarfsausweis auszustellen. Satz 2 ist nicht anzuwenden, wenn das Wohngebäude

1. schon bei der Baufertigstellung das Anforderungsniveau der Wärmeschutzverordnung vom 11. August 1977 (BGBl. I S. 1554) erfüllt hat oder
2. durch spätere Änderungen mindestens auf das in Nummer 1 bezeichnete Anforderungsniveau gebracht worden ist.

Bei der Ermittlung der energetischen Eigenschaften des Wohngebäudes nach Satz 3 können die Bestimmungen über die vereinfachte Datenerhebung nach § 50 Absatz 4 angewendet werden.

(4) Im Falle eines Verkaufs oder der Bestellung eines Rechts im Sinne des Absatzes 3 Satz 1 hat der Verkäufer oder der Immobilienmakler dem potenziellen Käufer spätestens bei der Besichtigung einen Energieausweis oder eine Kopie hiervon vorzulegen. Die Vorlagepflicht wird auch durch einen deutlich sichtbaren Aushang oder ein deutlich sichtbares Auslegen während der Besichtigung erfüllt. Findet keine Besichtigung statt, haben der Verkäufer oder der Immobilienmakler den Energieausweis oder eine Kopie hiervon dem potenziellen Käufer unverzüglich vorzulegen. Der Energieausweis oder eine Kopie hiervon ist spätestens dann unverzüglich vorzulegen, wenn der potenzielle Käufer zur Vorlage auffordert. Unverzüglich nach Abschluss des Kaufvertrages hat der Verkäufer oder der Immobilienmakler dem Käufer den Energieausweis oder eine Kopie hiervon zu übergeben. Im Falle des Verkaufs eines Wohngebäudes mit nicht mehr als zwei Wohnungen hat der Käufer nach Übergabe des Energieausweises ein informatorisches Beratungsgespräch zum Energieausweis mit einer nach § 88 zur Ausstellung von Energieausweisen berechtigten Person zu führen, wenn ein solches Beratungsgespräch als einzelne Leistung unentgeltlich angeboten wird.

(5) Im Falle einer Vermietung, Verpachtung oder eines Leasings im Sinne des Absatzes 3 Satz 1 ist für den Vermieter, den Verpächter, den Leasinggeber oder den Immobilienmakler Absatz 4 Satz 1 bis 5 entsprechend anzuwenden.

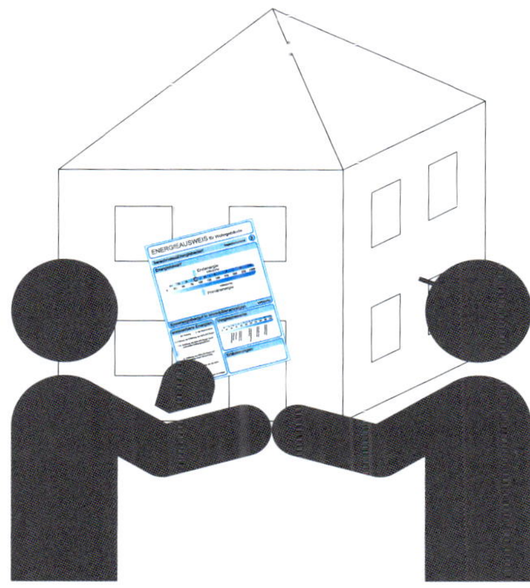

Zu § 80 (3) bis (5)
Energieausweise bei Eigentümer- oder Nutzerwechsel

Zu § 80 (3) bis (5)

Bei einem Eigentümer- oder Nutzerwechsel ist dem potenziellen neuen Eigentümer oder Nutzer unverzüglich ein Energieausweis des Gebäudes vorzulegen. Spätestens bei der Besichtigung einer Immobilie muss der Eigentümer oder Immobilienmakler einen Energieausweis präsentieren oder gut sichtbar auslegen. Außerdem muss nach Vertragsabschluss unverzüglich ein Energieausweis übergeben werden.

Liegt kein gültiger Energieausweis vor, muss zu diesem Zweck ein Energieausweis ausgestellt werden. Für Wohngebäude mit weniger als 5 Wohneinheiten, die nicht dem Anforderungsniveau der Wärmeschutzverordnung vom 11. August 1977 entsprechen, muss ein Energiebedarfsausweis ausgestellt werden. In allen anderen Fällen dürfen Energieausweise für Bestandsgebäude wahlweise auch auf Grundlage des Energieverbrauchs ausgestellt werden. Ob ein Gebäude, das vor dem 1. November 1977 errichtet wurde, dennoch das Anforderungsniveau der Wärmeschutzverordnung vom 11. August 1977 einhält, kann nach den Regeln zur Datenerfassung und Datenverwendung im Wohngebäudebestand bestimmt werden. Fehlen zur Ausstellung eines Energiebedarfsausweises geometrische Abmessungen oder energetische Kennwerte des bestehenden Gebäudes, dürfen die Vereinfachungen und Kennwerte vergleichbarer Gebäude nach § 50 (4) angewendet werden.

Zu § 80 (3) bis (5)

Achtung, Beratungspflicht

Findet bei Ein- und Zweifamilienhäusern ein Eigentümerwechsel statt, besteht eine Beratungspflicht. Der neue Eigentümer muss nach Erhalt des Energieausweises eine kostenlos angebotene Energieberatung in Anspruch nehmen.

(6) Der Eigentümer eines Gebäudes, in dem sich mehr als 250 Quadratmeter Nutzfläche mit starkem Publikumsverkehr befinden, der auf behördlicher Nutzung beruht, hat sicherzustellen, dass für das Gebäude ein Energieausweis ausgestellt wird. Der Eigentümer hat den nach Satz 1 ausgestellten Energieausweis an einer für die Öffentlichkeit gut sichtbaren Stelle auszuhängen. Wird die in Satz 1 genannte Nutzfläche nicht oder nicht überwiegend vom Eigentümer selbst genutzt, so trifft die Pflicht zum Aushang des Energieausweises den Nutzer. Der Eigentümer hat ihm zu diesem Zweck den Energieausweis oder eine Kopie hiervon zu übergeben. Zur Erfüllung der Pflicht nach Satz 2 ist es ausreichend, von einem Energieausweis nur einen Auszug nach dem Muster gemäß § 85 Absatz 8 auszuhängen.

(7) Der Eigentümer eines Gebäudes, in dem sich mehr als 500 Quadratmeter Nutzfläche mit starkem Publikumsverkehr befinden, der nicht auf behördlicher Nutzung beruht, hat einen Energieausweis an einer für die Öffentlichkeit gut sichtbaren Stelle auszuhängen, sobald für das Gebäude ein Energieausweis vorliegt. Absatz 6 Satz 3 bis 5 ist entsprechend anzuwenden.

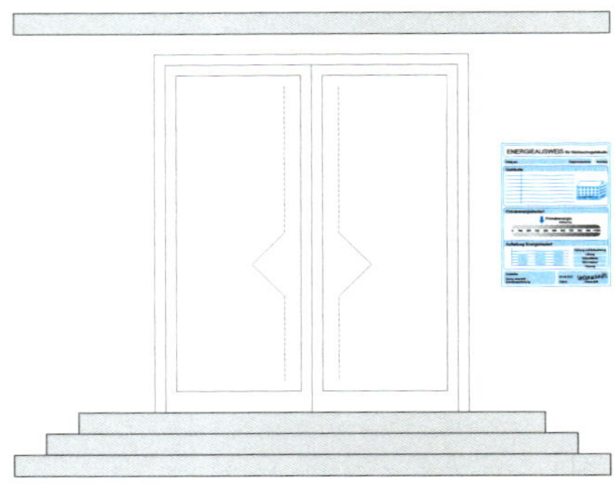

Zu § 80 (6) und (7)
Aushangpflicht für Energieausweise

Zu § 80 (6) und (7)

In Gebäuden mit starkem Publikumsverkehr ist ein Energieausweis oder ein Auszug nach dem Muster gemäß § 85 (8) auszuhängen. Beruht der Publikumsverkehr auf einer behördlichen Nutzung, ist ab einer Nutzfläche über 250 m² ein Energieausweis auszuhängen. Liegt kein gültiger Energieausweis vor, muss zu diesem Zweck ein Energieausweis ausgestellt werden. Beruht der Publikumsverkehr nicht auf behördlicher Nutzung, ist ab einer Nutzfläche über 500 m² ein Energieausweis auszuhängen, allerdings nur dann, wenn für das Gebäude bereits ein Energieausweis vorliegt.

§ 81
Energiebedarfsausweis

(1) Wird ein Energieausweis für ein zu errichtendes Gebäude auf der Grundlage des berechneten Energiebedarfs ausgestellt, sind die Ergebnisse der nach den §§ 15 und 16 oder nach den §§ 18 und 19 erforderlichen Berechnungen zugrunde zu legen. In den Fällen des § 31 Absatz 1 sind die Kennwerte zu verwenden, die in den Bekanntmachungen nach § 31 Absatz 2 der jeweils zutreffenden Ausstattungsvariante zugewiesen sind.

(2) Wird ein Energieausweis für ein bestehendes Gebäude auf der Grundlage des berechneten Energiebedarfs ausgestellt, ist auf die erforderlichen Berechnungen § 50 Absatz 3 und 4 entsprechend anzuwenden.

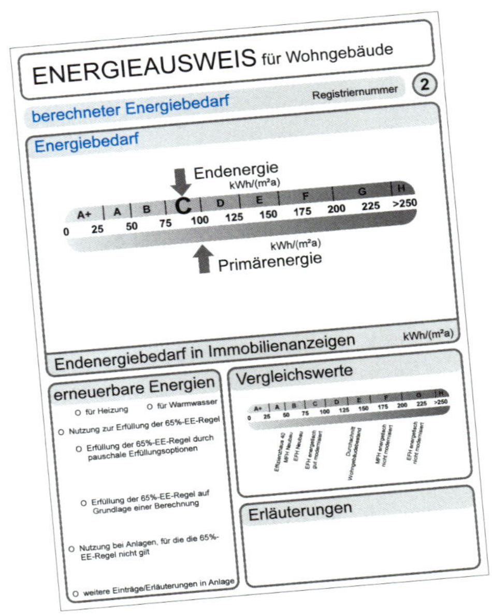

Zu § 81
Energiebedarfsausweis

Zu § 81

Die Angaben in Energiebedarfsausweisen sind nach den Berechnungsverfahren für den baulichen Wärmeschutz und den Jahres-Primärenergiebedarf für Wohn- bzw. Nichtwohngebäude zu berechnen oder im Falle des vereinfachten Verfahrens für Wohngebäude die bekannt gemachten Angaben zu verwenden. Die Berechnungsverfahren sind für Neubauten in den §§ 15 und 16 für Wohngebäude und den §§ 18 und 19 für Nichtwohngebäude festgelegt, für Bestandsgebäude in § 50 (3). Fehlen bei Bestandsgebäuden geometrische Abmessungen oder energetische Kennwerte des bestehenden Gebäudes, dürfen die Vereinfachungen und Kennwerte vergleichbarer Gebäude nach § 50 (4) angewendet werden.

§ 82
Energieverbrauchsausweis

Zu § 82

Achtung, Einschränkungen für Energieverbrauchsausweise

Für Wohngebäude mit weniger als 5 Wohneinheiten, die nicht dem Anforderungsniveau der Wärmeschutzverordnung vom 11. August 1977 entsprechen, dürfen nach § 80 (3) keine Energieverbrauchsausweise ausgestellt werden.

(1) Wird ein Energieausweis auf der Grundlage des erfassten Endenergieverbrauchs ausgestellt, sind der witterungsbereinigte Endenergie- und Primärenergieverbrauch nach Maßgabe der Absätze 2 bis 5 zu berechnen. Die Bestimmungen des § 50 Absatz 4 über die vereinfachte Datenerhebung sind entsprechend anzuwenden.

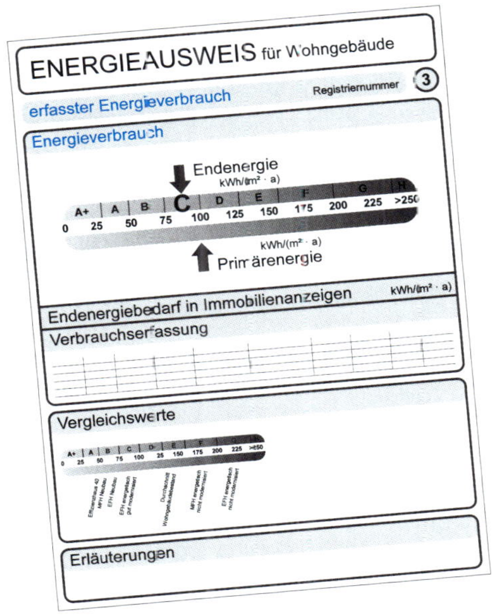

Zu § 82 (1)
Energieverbrauchsausweis

Zu § 82 (1)

Fehlen bei Bestandsgebäuden geometrische Abmessungen oder energetische Kennwerte des bestehenden Gebäudes, dürfen die Vereinfachungen und Kennwerte vergleichbarer Gebäude nach § 50 (4) angewendet werden.

(2) Bei einem Wohngebäude ist der Endenergieverbrauch für Heizung und Warmwasserbereitung zu ermitteln und in Kilowattstunden pro Jahr und Quadratmeter Gebäudenutzfläche anzugeben. Ist im Fall dezentraler Warmwasserbereitung in einem Wohngebäude der hierauf entfallende Verbrauch nicht bekannt, ist der Endenergieverbrauch um eine Pauschale von 20 Kilowattstunden pro Jahr und Quadratmeter Gebäudenutzfläche zu erhöhen. Im Fall der Kühlung von Raumluft in einem Wohngebäude ist der für Heizung und Warmwasser ermittelte Endenergieverbrauch um eine Pauschale von 6 Kilowattstunden pro Jahr und Quadratmeter gekühlter Gebäudenutzfläche zu erhöhen. Ist die Gebäudenutzfläche nicht bekannt, kann sie bei Wohngebäuden mit bis zu zwei Wohneinheiten mit beheiztem Keller pauschal mit dem 1,35fachen Wert der Wohnfläche, bei sonstigen Wohngebäuden mit dem 1,2fachen Wert der Wohnfläche angesetzt werden. Bei Nichtwohngebäuden ist der Endenergieverbrauch für Heizung, Warmwasserbereitung, Kühlung, Lüftung und eingebaute Beleuchtung zu ermitteln und in Kilowattstunden pro Jahr und Quadratmeter Nettogrundfläche anzugeben.

Zu § 82 (2)
Berücksichtigter Energieverbrauch von Wohngebäuden: Heizung, Warmwasser, Kühlung

Zu § 82 (2)

Bei Wohngebäuden wird ein elektrischer Energieverbrauch in der Regel nicht separat vom Nutzerstrom gemessen. Der Energieverbrauch einer dezentralen Warmwasserbereitung kann in diesem Fall pauschal angesetzt werden. Zur Ermittlung des Energieverbrauchsanteils für eine zentrale Warmwasserbereitung ist das Verfahren anzuwenden, das in Nummer 2 der „Bekanntmachung der Regeln für Energieverbrauchswerte im Wohngebäudebestand" vom 29. März 2021 beschrieben wird. Der Energieverbrauch für Kühlung ist hingegen immer pauschal anzusetzen. Der Energieverbrauch für Lüftung bleibt bei Energieverbrauchsausweisen – im Unterschied zu Energiebedarfsausweisen – unberücksichtigt.

Bei Bestandsgebäuden ist häufig die Gebäudenutzfläche nicht bekannt. In diesem Fall darf sie vereinfacht aus der in der Regel bekannten Wohnfläche ermittelt werden.

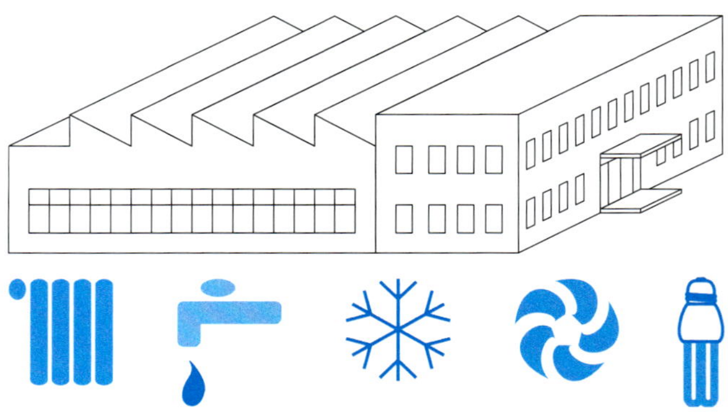

Zu § 82 (2)
Berücksichtigter Energieverbrauch von Nichtwohngebäuden: Heizung, Warmwasser, Kühlung, Lüftung und Beleuchtung

(3) Der Endenergieverbrauch für die Heizung ist einer Witterungsbereinigung zu unterziehen. Der Primärenergieverbrauch wird auf der Grundlage des Endenergieverbrauchs und der Primärenergiefaktoren nach § 22 errechnet.

(4) Zur Ermittlung des Energieverbrauchs sind die folgenden Verbrauchsdaten zu verwenden:

1. Verbrauchsdaten aus Abrechnungen von Heizkosten nach der Verordnung über Heizkostenabrechnung in der Fassung der Bekanntmachung vom 5. Oktober 2009 (BGBl. I S. 3250) für das gesamte Gebäude,
2. andere geeignete Verbrauchsdaten, insbesondere Abrechnungen von Energielieferanten oder sachgerecht durchgeführte Verbrauchsmessungen, oder
3. eine Kombination von Verbrauchsdaten nach den Nummern 1 und 2.

Den zu verwendenden Verbrauchsdaten sind mindestens die Abrechnungen aus einem zusammenhängenden Zeitraum von 36 Monaten zugrunde zu legen, der die jüngste Abrechnungsperiode einschließt, deren Ende nicht mehr als 18 Monate zurückliegen darf. Bei der Ermittlung nach Satz 2 sind längere Leerstände rechnerisch angemessen zu berücksichtigen. Der maßgebliche Energieverbrauch ist der durchschnittliche Verbrauch in dem zugrunde gelegten Zeitraum.

(5) Für die Witterungsbereinigung des Endenergieverbrauchs und die angemessene rechnerische Berücksichtigung längerer Leerstände sowie die Berechnung des Primärenergieverbrauchs auf der Grundlage des ermittelten Endenergieverbrauchs ist ein den anerkannten Regeln der Technik entsprechendes Verfahren anzuwenden. Die Einhaltung der anerkannten Regeln der Technik wird vermutet, soweit bei der Ermittlung des Energieverbrauchs Vereinfachungen verwendet werden, die vom Bundesministerium für Wirtschaft und Energie und vom Bundesministerium des Innern, für Bau und Heimat [Anm. Verf.: Redaktioneller Fehler: korrekt Bundesministerium für Wirtschaft und Klimaschutz und vom Bundesministerium für Wohnen, Stadtentwicklung und Bauwesen] im Bundesanzeiger gemeinsam bekannt gemacht worden sind.

Zu § 82 (3)
Der gemessene Energieverbrauch für Heizung wird witterungsbereinigt.

Zu § 82 (3)

Die Auswirkungen lokaler klimatischer Unterschiede und jährlicher Klimaschwankungen auf den Energieverbrauch für Heizung werden durch eine Witterungsbereinigung neutralisiert. Damit wird der gemessene Energieverbrauch auf das Referenzklima (Potsdam) für Energiebedarfsausweise umgerechnet.

Dazu stellt der Deutsche Wetterdienst (DWD) für jeden Postleitzahlbereich Umrechnungsfaktoren bereit: www.geg.bund.de → Energieausweis → Klimafaktoren.

Der Energieverbrauch für Warmwasser, Kühlung, Lüftung und Beleuchtung wird nicht an das Referenzklima (Potsdam) angepasst.

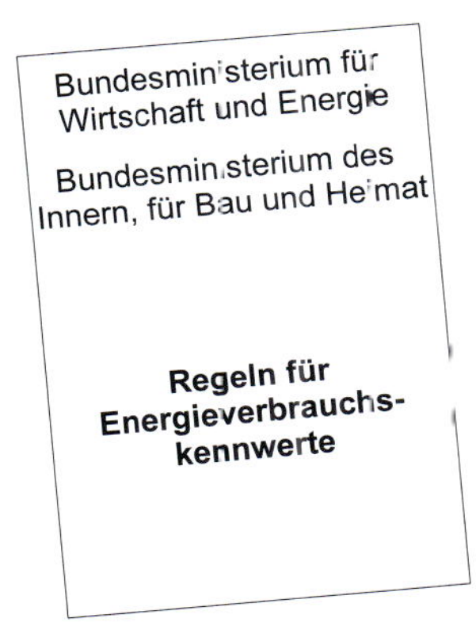

Bundesministerium für Wirtschaft und Energie

Bundesministerium des Innern, für Bau und Heimat

Regeln für Energieverbrauchskennwerte

Zu § 82 (3) und (5)
Regeln zur Ermittlung von Energieverbrauchskennwerten

Zu § 82 (3) und (5)

Zur Ausstellung von Energieverbrauchsausweisen müssen mindestens die Energieverbräuche für das gesamte Gebäude der letzten 3 Abrechnungsjahre vollständig vorliegen. Diese Vorgabe ist häufig nicht erfüllt: Wenn z. B. bei Ölheizungen nicht regelmäßig vollgetankt oder der Verbrauch nicht regelmäßig abgelesen wurde, sind keine durchgängigen Daten vorhanden. Ist die Abrechnung direkt zwischen Versorger und Nutzer erfolgt, z. B. bei dezentralen Heizungsanlagen, liegen dem Gebäudeeigentümer die Verbrauchsdaten in der Regel ebenfalls nicht vor. Die Nutzer sind nicht zur Herausgabe ihrer Verbrauchsdaten verpflichtet. Die Ausstellung eines Verbrauchsausweises ist in diesen Fällen nicht möglich.

Liegen jedoch hinreichend genaue Verbrauchsmessungen vor, können daraus mithilfe der „Regeln für Energieverbrauchskennwerte“ der zuständigen Bundesministerien oder mithilfe anerkannter Regeln der Technik die Energieverbrauchskennzahlen für den Energieausweis ermittelt werden.

§ 83
Ermittlung und Bereitstellung von Daten

(1) Der Aussteller ermittelt die Daten, die in den Fällen des § 80 Absatz 3 Satz 3 benötigt werden, sowie die Daten, die nach § 81 Absatz 1 und 2 in Verbindung mit den §§ 20 bis 33 und § 50 oder nach § 82 Absatz 1, 2 Satz 1 oder Satz 5 und Absatz 4 Satz 1 Grundlage für die Ausstellung des Energieausweises sind, selbst oder verwendet die entsprechenden vom Eigentümer des Gebäudes bereitgestellten Daten. Der Aussteller hat dafür Sorge zu tragen, dass die von ihm ermittelten Daten richtig sind.

(2) Wird ein Energiebedarfsausweis ausgestellt und stellt der Aussteller keine eigenen Berechnungen, die nach den §§ 15 und 16, nach den §§ 18 und 19 oder nach § 50 Absatz 3 erforderlich sind, an, hat er die Berechnungen einzusehen oder sich vom Eigentümer zur Verfügung stellen zu lassen. Wird ein Energieverbrauchsausweis ausgestellt und stellt der Aussteller keine eigenen Berechnungen nach § 82 Absatz 1 an, hat er die Berechnungen einzusehen oder sich vom Eigentümer zur Verfügung stellen zu lassen.

(3) Stellt der Eigentümer des Gebäudes die Daten bereit, hat er dafür Sorge zu tragen, dass die Daten richtig sind. Der Aussteller muss die vom Eigentümer bereitgestellten Daten sorgfältig prüfen und darf die Daten seinen Berechnungen nicht zugrunde legen, wenn Zweifel an deren Richtigkeit bestehen.

Zu § 83
Bereitstellung von Daten

Zu § 83

Der Aussteller kann die benötigten Daten zur Ausstellung von Energieausweisen selbst ermitteln oder vom Eigentümer bereitgestellte Daten verwenden. Aussteller und Eigentümer sind jeweils für die Richtigkeit der von ihnen ermittelten bzw. bereitgestellten Daten verantwortlich. Vom Eigentümer bereitgestellte Daten sind zusätzlich vom Aussteller sorgfältig zu prüfen und er darf sie bei Zweifeln bezüglich ihrer Richtigkeit nicht verwenden. Dies erfordert zumindest bei der Erstellung von Energiebedarfsausweisen in der Regel eine Begehung des Gebäudes. Da der Gebäudeeigentümer in der Regel Laie ist, wird sich der Ausweisaussteller bei fehlerhaften Ausweisen schwerlich auf mangelhafte Datengrundlagen des Eigentümers berufen können. Wer die Daten nicht richtig ermittelt – das gilt sowohl für den die Daten bereitstellenden Eigentümer als auch den Ausweisaussteller –, handelt nach § 108 (1) Nummer 26 ordnungswidrig und kann mit einem Bußgeld von 10.000 € belegt werden. Zur korrekten Datenermittlung im Gebäudebestand sind die 4 Ausstellungsregeln für Energieverbrauchswerte sowie zur Datenaufnahme und Datenverwendung im Wohn- und Nichtwohngebäudebestand (www.geg.bund.de ⟶ Energieausweis ⟶ Ausstellungsregelungen) zu beachten. Dort ist beispielsweise geregelt, dass die Kellerabgänge nicht übermessen werden dürfen, sofern entsprechende Pläne vorliegen. Siehe dazu auch § 50 (4).

§ 84
Empfehlungen für die Verbesserung der Energieeffizienz

(1) Der Aussteller hat ein bestehendes Gebäude, für das er einen Energieausweis erstellt, vor Ort zu begehen oder sich für eine Beurteilung der energetischen Eigenschaften geeignete Bildaufnahmen des Gebäudes zur Verfügung stellen zu lassen und im Energieausweis Empfehlungen für Maßnahmen zur kosteneffizienten Verbesserung der energetischen Eigenschaften des Gebäudes (Energieeffizienz) in Form von kurz gefassten fachlichen Hinweisen zu geben (Modernisierungsempfehlungen), es sei denn, die fachliche Beurteilung hat ergeben, dass solche Maßnahmen nicht möglich sind. Die Modernisierungsempfehlungen beziehen sich auf Maßnahmen am gesamten Gebäude, an einzelnen Außenbauteilen sowie an Anlagen und Einrichtungen im Sinne dieses Gesetzes.

(2) Die Bestimmungen des § 50 Absatz 4 über die vereinfachte Datenerhebung sind entsprechend anzuwenden. Sind Modernisierungsempfehlungen nicht möglich, hat der Aussteller dies im Energieausweis zu vermerken.

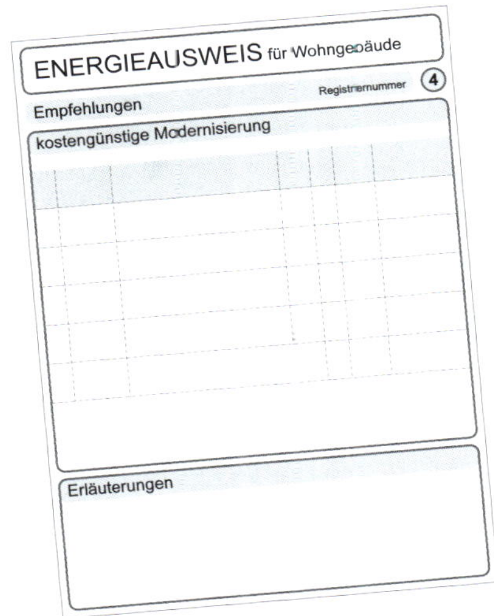
ENERGIEAUSWEIS für Wohngebäude

Registriernummer ④

Empfehlungen

kostengünstige Modernisierung

Erläuterungen

Zu § 84
Modernisierungsempfehlungen im Energieausweis

Zu § 84

Zur Ausstellung eines Energieausweises für ein Bestandsgebäude muss der Aussteller das Gebäude begehen oder sich durch zur Verfügung gestellte Fotos ein eigenes Bild über den energetischen Zustand des Gebäudes machen. Auf dieser Grundlage sind dem Eigentümer im Energieausweis Modernisierungsempfehlungen zu geben. Diese sind bei Bestandsgebäuden immer möglich, es sei denn, dass Gebäude ist bereits vollständig saniert. Als Modernisierungsempfehlungen genügen kurz gefasste fachliche Hinweise mit Nennung des Bauteils und einer Kurzbeschreibung der Maßnahme. Außerdem ist anzugeben, ob die Maßnahme im Zusammenhang mit einer größeren Modernisierung oder als Einzelmaßnahme empfohlen wird. Die Angaben zur Wirtschaftlichkeit der Modernisierungsempfehlungen (Amortisation und Kosten pro eingesparte kWh) sind freiwillig. Als Grundlage für diese Angaben müssten zunächst die Investitionskosten und die Energiekosteneinsparungen der Maßnahmen ermittelt werden. Anstatt dieser im Energieausweis freiwilligen Angaben kann dem Eigentümer optional eine Energieberatung empfohlen werden, die zudem sowohl bei Wohngebäuden (www.bafa.de/ebw) als auch bei Nichtwohngebäuden (www.bafa.de/ebn) öffentlich gefördert wird.

Die Modernisierungsempfehlungen sind Bestandteil des Energieausweises und somit auch bei Eigentümer- oder Nutzerwechsel zusammen mit dem Energieausweis einem Interessenten vorzulegen und auszuhändigen (siehe §§ 80 (4) und (5)). Durch diese Vorgaben werden die energetischen Schwachstellen des Gebäudes offengelegt, sodass sich der Druck auf die Gebäudeeigentümer erhöht. Ein Anspruch erwächst dem zukünftigen Eigentümer oder Nutzer daraus aber nicht.

§ 85
Angaben im Energieausweis

(1) Ein Energieausweis muss mindestens folgende Angaben zur Ausweisart und zum Gebäude enthalten:

1. Fassung dieses Gesetzes, auf deren Grundlage der Energieausweis erstellt wird,
2. Energiebedarfsausweis im Sinne des § 81 oder Energieverbrauchsausweis im Sinne des § 82 mit Hinweisen zu den Aussagen der jeweiligen Ausweisart über die energetische Qualität des Gebäudes,
3. Ablaufdatum des Energieausweises,
4. Registriernummer,
5. Anschrift des Gebäudes,
6. Art des Gebäudes: Wohngebäude oder Nichtwohngebäude,
7. bei einem Wohngebäude: Gebäudetyp,
8. bei einem Nichtwohngebäude: Hauptnutzung oder Gebäudekategorie,
9. im Falle des § 79 Absatz 2 Satz 2: Gebäudeteil,
10. Baujahr des Gebäudes,
11. Baujahr des Wärmeerzeugers; bei einer Fern- oder Nahwärmeversorgung Baujahr der Übergabestation,
12. bei einem Wohngebäude: Anzahl der Wohnungen und Gebäudenutzfläche; bei Ermittlung der Gebäudenutzfläche aus der Wohnfläche gemäß § 82 Absatz 2 Satz 4 ist darauf hinzuweisen,
13. bei einem Nichtwohngebäude: Nettogrundfläche,
14. wesentliche Energieträger für Heizung und Warmwasser,
15. **Art der genutzten erneuerbaren Energien zur Erfüllung der Anforderungen nach § 71 Absatz 1,**
16. Art der Lüftung und, falls vorhanden, Art der Kühlung,
17. inspektionspflichtige Klimaanlagen oder kombinierte Lüftungs- und Klimaanlage im Sinne des § 74 und Fälligkeitsdatum der nächsten Inspektion,
18. der Anlass der Ausstellung des Energieausweises,
19. Durchführung der Datenerhebung durch Eigentümer oder Aussteller,
20. Name, Anschrift und Berufsbezeichnung des Ausstellers, Ausstellungsdatum und Unterschrift des Ausstellers.

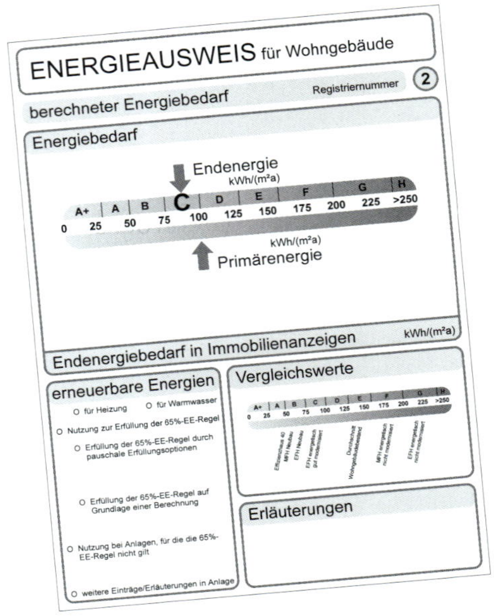

Zu § 85
Muster für Energieausweis

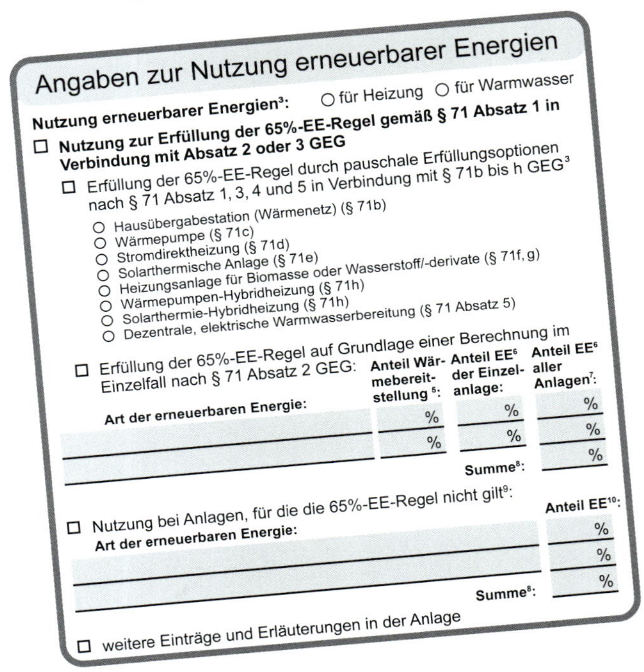

Angaben zur Nutzung erneuerbarer Energien

Nutzung erneuerbarer Energien[3]: ○ für Heizung ○ für Warmwasser

☐ **Nutzung zur Erfüllung der 65%-EE-Regel gemäß § 71 Absatz 1 in Verbindung mit Absatz 2 oder 3 GEG**

☐ Erfüllung der 65%-EE-Regel durch pauschale Erfüllungsoptionen nach § 71 Absatz 1, 3, 4 und 5 in Verbindung mit § 71b bis h GEG[3]

- ○ Hausübergabestation (Wärmenetz) (§ 71b)
- ○ Wärmepumpe (§ 71c)
- ○ Stromdirektheizung (§ 71d)
- ○ Solarthermische Anlage (§ 71e)
- ○ Heizungsanlage für Biomasse oder Wasserstoff/-derivate (§ 71f, g)
- ○ Wärmepumpen-Hybridheizung (§ 71h)
- ○ Solarthermie-Hybridheizung (§ 71h)
- ○ Dezentrale, elektrische Warmwasserbereitung (§ 71 Absatz 5)

☐ Erfüllung der 65%-EE-Regel auf Grundlage einer Berechnung im Einzelfall nach § 71 Absatz 2 GEG:

Art der erneuerbaren Energie:	**Anteil Wärmebereitstellung[5]:**	**Anteil EE[6] der Einzelanlage:**	**Anteil EE[6] aller Anlagen[7]:**
	%	%	%
	%	%	%
		Summe[8]:	%

☐ Nutzung bei Anlagen, für die die 65%-EE-Regel nicht gilt[9]:

Art der erneuerbaren Energie:	**Anteil EE[10]:**
	%
	%
Summe[8]:	%

☐ weitere Einträge und Erläuterungen in der Anlage

Zu § 85 (1)
Erneuerbare Energien im Energieausweis

Zu § 85

Energieausweise sind nach den Mustern zu erstellen, die das Bundesministerium für Wirtschaft und Klimaschutz gemeinsam mit dem Bundesministerium für Wohnen, Stadtentwicklung und Bauwesen erstellt und im Bundesanzeiger bekannt macht. Sie enthalten keine personenbezogenen Daten, damit sie auch bei Eigentümer- oder Nutzerwechsel ihre Gültigkeit behalten.

Neu sind im Energieausweis die Angaben zu inspektionspflichtigen Klimaanlagen und die Fälligkeit der nächsten Inspektion sowie die verpflichtende Angabe der Treibhausgasemissionen als äquivalente Kohlendioxidemissionen. Die Treibhausgasemissionen sind nach Anlage 9 zu ermitteln.

Energieausweise für Neubauten und bestehende Gebäude werden nach demselben Muster ausgestellt. Je nach Art und Anlass der Ausstellung sind jedoch

(2) Ein Energiebedarfsausweis im Sinne des § 81 muss zusätzlich zu den Angaben nach Absatz 1 mindestens folgende Angaben enthalten:

1. bei Neubau eines Wohn- oder Nichtwohngebäudes: Ergebnisse der nach § 81 Absatz 1 Satz 1 erforderlichen Berechnungen, einschließlich der Anforderungswerte, oder im Fall des § 81 Absatz 1 Satz 2 die in der Bekanntmachung nach § 31 Absatz 2 genannten Kennwerte und nach Maßgabe von Absatz 6 die sich aus dem Jahres-Primärenergiebedarf ergebenden Treibhausgasemissionen, ausgewiesen als äquivalente Kohlendioxidemissionen, in Kilogramm pro Jahr und Quadratmeter der Gebäudenutzfläche bei Wohngebäuden oder der Nettogrundfläche bei Nichtwohngebäuden,
2. in den Fällen des § 80 Absatz 2 bei bestehenden Wohn- oder Nichtwohngebäuden: Ergebnisse der nach § 81 Absatz 2 erforderlichen Berechnungen, einschließlich der Anforderungswerte, und nach Maßgabe von Absatz 6 die sich aus dem Jahres-Primärenergiebedarf ergebenden Treibhausgasemissionen, ausgewiesen als äquivalente Kohlendioxidemissionen, in Kilogramm pro Jahr und Quadratmeter der Gebäudenutzfläche bei Wohngebäuden oder der Nettogrundfläche bei Nichtwohngebäuden,
3. bei Neubau eines Wohn- oder Nichtwohngebäudes: Einhaltung des sommerlichen Wärmeschutzes,
4. das für die Energiebedarfsrechnung verwendete Verfahren:
   a) Verfahren nach den §§ 20, 21,
   b) Modellgebäudeverfahren nach § 31,
   c) Verfahren nach § 32 oder
   d) Vereinfachungen nach § 50 Absatz 4,
5. bei einem Wohngebäude: der Endenergiebedarf für Wärme,
6. bei einem Wohngebäude: Vergleichswerte für Endenergie,
7. bei einem Nichtwohngebäude: der Endenergiebedarf für Wärme und der Endenergiebedarf für Strom,
8. bei einem Nichtwohngebäude: Gebäudezonen mit jeweiliger Nettogrundfläche und deren Anteil an der gesamten Nettogrundfläche,
9. bei einem Nichtwohngebäude: Aufteilung des jährlichen Endenergiebedarfs auf Heizung, Warmwasser, eingebaute Beleuchtung, Lüftung, Kühlung einschließlich Befeuchtung.

unterschiedliche Angaben nötig. Die übrigen, im speziellen Fall nicht erforderlichen Angaben bleiben frei. Dies bedeutet z. B., dass der Energieausweis auch bei Neubauten immer die Seite 3 mit Angaben zum Energieverbrauch enthält. Diese sind jedoch nicht ausgefüllt.

Die Ausstellungsberechtigung für Energieausweise nach § 88 ist stets personenbezogen. Daher muss der Aussteller namentlich und mit Berufsbezeichnung auf dem Ausweis angegeben werden. Eine eigenhändige Unterschrift ist jedoch nicht erforderlich, stattdessen genügt der Aufdruck einer Unterschrift. Aufgrund dieser Vorgabe kann ein Energieausweis auch elektronisch erstellt werden.

Energieausweise werden nach § 99 einer Stichprobenkontrolle unterzogen. Dazu müssen alle ausgestellten Energieausweise registriert und mit einer Registriernummer versehen werden

(3) Ein Energieverbrauchsausweis im Sinne des § 82 muss zusätzlich zu den Angaben nach Absatz 1 mindestens folgende Angaben enthalten:

1. bei einem Wohngebäude: Endenergie- und Primärenergieverbrauch des Gebäudes für Heizung und Warmwasser entsprechend den Berechnungen nach § 82 Absatz 1, 2 Satz 1 und Absatz 3 in Kilowattstunden pro Jahr und Quadratmeter Gebäudenutzfläche und nach Maßgabe von Absatz 6 die sich aus dem Primärenergieverbrauch ergebenden Treibhausgasemissionen, ausgewiesen als äquivalente Kohlendioxidemissionen, in Kilogramm pro Jahr und Quadratmeter Gebäudenutzfläche,
2. bei einem Nichtwohngebäude: Endenergieverbrauch des Gebäudes für Wärme und Endenergieverbrauch für den zur Heizung, Warmwasserbereitung, Kühlung und zur Lüftung und für die eingebaute Beleuchtung eingesetzten Strom sowie Primärenergieverbrauch entsprechend den Berechnungen nach § 82 Absatz 1, 2 Satz 5 und Absatz 3 in Kilowattstunden pro Jahr und Quadratmeter Nettogrundfläche und nach Maßgabe von Absatz 6 die sich aus dem Primärenergieverbrauch ergebenden Treibhausgasemissionen, ausgewiesen als äquivalente Kohlendioxidemissionen, in Kilogramm pro Jahr und Quadratmeter Nettogrundfläche des Gebäudes,
3. Daten zur Verbrauchserfassung, einschließlich Angaben zu Leerständen,
4. bei einem Nichtwohngebäude: Gebäudenutzung,
5. bei einem Wohngebäude: Vergleichswerte für Endenergie,
6. bei einem Nichtwohngebäude: Vergleichswerte für den Energieverbrauch, die jeweils vom Bundesministerium für Wirtschaft und **Klimaschutz** gemeinsam mit dem Bundesministerium **für Wohnen, Stadtentwicklung und Bauwesen** im Bundesanzeiger bekannt gemacht worden sind.

(4) Modernisierungsempfehlungen nach § 84 sind Bestandteil der Energieausweise.

(5) Ein Energieausweis ist vom Aussteller unter Angabe seines Namens, seiner Anschrift und Berufsbezeichnung sowie des Ausstellungsdatums eigenhändig oder durch Nachbildung der Unterschrift zu unterschreiben.

(6) Zur Ermittlung der Treibhausgasemissionen für die nach Absatz 2 Nummer 1 und 2 sowie nach Absatz 3 Nummer 1 und 2 zu machenden Angaben sind die Berechnungsregelungen und Emissionsfaktoren der Anlage 9 anzuwenden.

(7) Vor Übergabe des neu ausgestellten Energieausweises an den Eigentümer hat der Aussteller die nach § 98 Absatz 2 zugeteilte Registriernummer einzutragen.

(8) Das Bundesministerium für Wirtschaft und **Klimaschutz** erstellt gemeinsam mit dem Bundesministerium **für Wohnen, Stadtentwicklung und Bauwesen** Muster zu den Energiebedarfs- und den Energieverbrauchsausweisen, nach denen Energieausweise auszustellen sind, sowie Muster für den Aushang von Energieausweisen nach § 80 Absatz 6 und 7 und macht diese im Bundesanzeiger bekannt.

§ 86
Energieeffizienzklasse eines Wohngebäudes

(1) Im Energieausweis ist die Energieeffizienzklasse des Wohngebäudes entsprechend der Einteilung nach Absatz 2 in Verbindung mit Anlage 10 anzugeben.

(2) Die Energieeffizienzklassen gemäß Anlage 10 ergeben sich unmittelbar aus dem Endenergieverbrauch oder Endenergiebedarf.

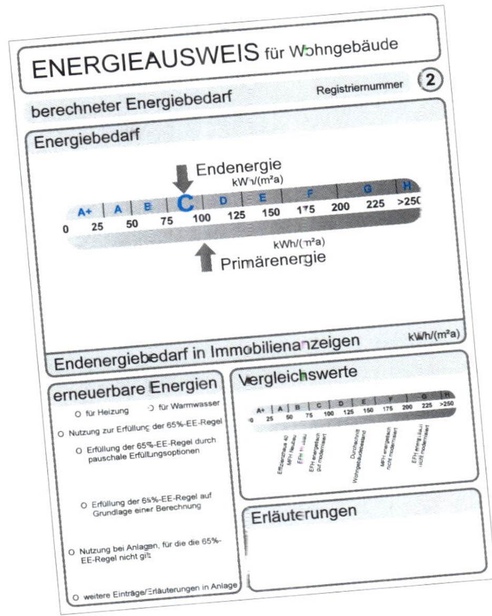

Zu § 86
Effizienzklassen im Energieausweis

Zu § 86

Die Energieeffizienzklasse eines Gebäudes ist im Energieausweis sowie in Immobilienanzeigen anzugeben. Diese Größe stellt eine Klassifizierung nach Endenergiebedarf oder -verbrauch dar und bietet damit Informationen hinsichtlich des Bedarfs oder Verbrauchs von z. B. Gas, Öl, Pellets, Nah-/Fernwärme sowie Strom für Heizen, Warmwasser und ggf. Kühlen. Sie ist jedoch weder ein Indikator für die Energiekosten noch die Klimawirkung eines Gebäudes. Die Energiekosten sind abhängig von den spezifischen Energiepreisen der verwendeten Energieträger, die Klimawirkung von deren Primärenergiebedarf und CO_2-Emissionen. Diese sind in der Energieeffizienzklasse somit nicht berücksichtigt.

Beispiele zu Anlage 10

Ein mit einer Wärmepumpe beheiztes Gebäude der Energieeffizienzklasse A mit einer Endenergie von 40 kWh/(m^2 · a) hat derzeit höhere Energiekosten als ein mit Erdgas beheiztes Gebäude der Effizienzklasse D mit 110 kWh/(m^2 · a) Endenergie, da der Strom für die Wärmepumpe deutlich teurer ist als Erdgas.

Ein mit regenerativen Brennstoffen beheiztes Gebäude hat keine bessere Energieeffizienzklasse als ein fossil beheiztes Gebäude, bei regenerativen Festbrennstoffen eventuell sogar eine schlechtere. Bei Heizkesseln ist die benötigte Brennstoffmenge nicht von ihrer Herkunft abhängig. Bei Festbrennstoffen sind zudem die Kesselwirkungsgrade etwas schlechter als bei flüssigen oder gasförmigen Brennstoffen und der Strombedarf zur Brennstoffförderung höher. Die regenerative Herkunft des Brennstoffs spielt in der Energieeffizienzklasse hingegen keine Rolle. Da aus den Effizienzklassen weder Aussagen zu den Energiekosten (wirtschaftliche Größe) noch zum Primärenergiebedarf (ökologische Größe) direkt entnommen werden können, stellt sich die Frage nach der Sinnhaftigkeit dieser Klassifizierung.

§ 87
Pflichtangaben in einer Immobilienanzeige

(1) Wird vor dem Verkauf, der Vermietung, der Verpachtung oder dem Leasing eines Gebäudes, einer Wohnung oder einer sonstigen selbständigen Nutzungseinheit eine Immobilienanzeige in kommerziellen Medien aufgegeben und liegt zu diesem Zeitpunkt ein Energieausweis vor, so hat der Verkäufer, der Vermieter, der Verpächter, der Leasinggeber oder der Immobilienmakler, wenn eine dieser Personen die Veröffentlichung der Immobilienanzeige verantwortet, sicherzustellen, dass die Immobilienanzeige folgende Pflichtangaben enthält:

1. die Art des Energieausweises: Energiebedarfsausweis im Sinne von § 81 oder Energieverbrauchsausweis im Sinne von § 82,
2. den im Energieausweis genannten Wert des Endenergiebedarfs oder des Endenergieverbrauchs für das Gebäude,
3. die im Energieausweis genannten wesentlichen Energieträger für die Heizung des Gebäudes,
4. bei einem Wohngebäude das im Energieausweis genannte Baujahr und
5. bei einem Wohngebäude die im Energieausweis genannte Energieeffizienzklasse.

(2) Bei einem Nichtwohngebäude ist bei einem Energiebedarfsausweis und bei einem Energieverbrauchsausweis als Pflichtangabe nach Absatz 1 Nummer 2 der Endenergiebedarf oder Endenergieverbrauch sowohl für Wärme als auch für Strom jeweils getrennt aufzuführen.

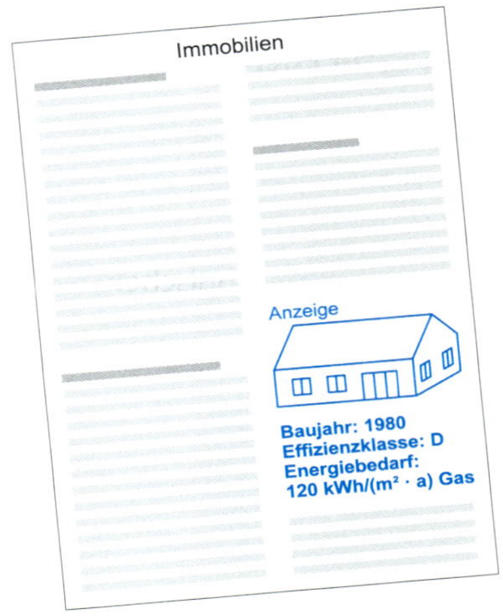

Zu § 87
Pflichtangaben zur Energieeffizienz in Immobilienanzeigen

Zu § 87

Anzeigen zum Verkauf von Immobilien in kommerziellen Medien müssen Angaben zur Energieeffizienz des Gebäudes enthalten, wenn zu diesem Zeitpunkt bereits ein Energieausweis vorliegt. Im Gegensatz zu den energetischen Anforderungen des GEG an Gebäude beziehen sich die Angaben zur Energieeffizienz in Immobilienanzeigen jedoch nicht auf die Primärenergie, sondern auf die Endenergie. Die Endenergie gibt die benötigte Menge Brennstoff oder Strom in kWh an. Aus dem Endenergiebedarf oder -verbrauch können mit den spezifischen Kosten des jeweiligen Energieträgers die zu erwartenden Energiekosten ermittelt werden. Auch die Energieeffizienzklasse ist eine Klassifizierung nur nach Endenergie mit sehr begrenzter Aussagekraft (siehe § 86).

Zu § 87

Achtung, Vorlage des Energieausweises spätestens zur Besichtigung

Pflichtangaben in Immobilienanzeigen sind zwar nur erforderlich, wenn zu diesem Zeitpunkt ein Energieausweis vorliegt. Aufgrund der Pflicht zur Vorlage von Energieausweisen nach § 80 (4) und (5) muss dieser jedoch spätestens bis zur Besichtigung der Immobilie ohnehin ausgestellt werden.

Zu § 87

Achtung, Angaben zur Energieeffizienz gelten für das gesamte Gebäude

Die Angaben in Immobilienanzeigen beziehen sich nicht auf die konkrete Wohnung oder Nutzungseinheit, sondern auf das gesamte Gebäude. Nach § 79 (2) sind Energieausweise immer für komplette Gebäude auszustellen. Ausnahmen für gemischt genutzte Gebäude sind in § 106 geregelt.

(3) Bei Energieausweisen, die nach dem 30. September 2007 und vor dem 1. Mai 2014 ausgestellt worden sind, und bei Energieausweisen nach § 112 Absatz 2 sind die Pflichten der Absätze 1 und 2 nach Maßgabe des § 112 Absatz 3 und 4 zu erfüllen.

Zu § 87 (3)

§ 112 (3) enthält Übergangsvorschriften für die Verwendung von Energieausweisen, die nach dem 30. September 2007 und bis zum 1. Mai 2021 ausgestellt wurden. Er regelt, welche Angaben aus den Energieausweisen in Immobilienanzeigen anzugeben sind.

§ 88
Ausstellungsberechtigung für Energieausweise

(1) Zur Ausstellung eines Energieausweises ist nur eine Person berechtigt,

1. die nach bauordnungsrechtlichen Vorschriften der Länder zur Unterzeichnung von bautechnischen Nachweisen des Wärmeschutzes oder der Energieeinsparung bei der Errichtung von Gebäuden berechtigt ist, im Rahmen der jeweiligen Nachweisberechtigung,
2. die eine der in Absatz 2 genannten Voraussetzungen erfüllt und einen berufsqualifizierenden Hochschulabschluss erworben hat
   a) in einer der Fachrichtungen Architektur, Innenarchitektur, Hochbau, Bauingenieurwesen, Technische Gebäudeausrüstung, Physik, Bauphysik, Maschinenbau oder Elektrotechnik oder
   b) in einer anderen technischen oder naturwissenschaftlichen Fachrichtung mit einem Ausbildungsschwerpunkt auf einem unter Buchstabe a genannten Gebiet,

Zu § 88

Die Ausstellungsberechtigung bezieht sich nur auf Energieausweise. Die Berechtigung zur Ausstellung von Erfüllungserklärungen über die Anforderungen des GEG für Neubauten, Sanierung von Außenbauteilen oder Erweiterungen und Ausbauten bestehender Gebäude ist im Baurecht der Bundesländer geregelt.

Die Ausstellungsberechtigung für Energieausweise setzt sich aus der Zugehörigkeit zu einer Personengruppe nach (1) und den Anforderungen an Aus- und Fortbildung nach (2) zusammen. Lediglich Personen nach (1) Nummer 1 mit Hochschulabschluss sind allein aufgrund ihrer mindestens zweijährigen Berufserfahrung und somit ohne weitere Aus- oder Fortbildung ausstellungsberechtigt. Neu mit Inkrafttreten des GEG dürfen auch Personen ohne Hochschulabschluss Energieausweise für Nichtwohngebäude ausstellen, sofern sie eine entsprechende Fortbildung nach Anlage 11 für Nichtwohngebäude erfolgreich absolviert haben.

Ergänzend regelt § 113 die Berechtigung zur Ausstellung von Energieausweisen für bestehende Wohngebäude durch anerkannte Energieberater. Neu hinzugekommen sind Personen, die die Qualifikationsprüfung Energieberatung des Bundesamtes für Wirtschaft und Ausfuhrkontrolle (BAFA) erfolgreich abgeschlossen haben. Auch hier gilt die Einschränkung auf Wohngebäude, sofern die Qualifikationsprüfung nur im Bereich der Wohngebäude abgelegt wurde.

Gleichwertige Ausbildungen in EU-Mitgliedstaaten, Staaten des Europäischen Wirtschaftsraums und der Schweiz werden anerkannt.

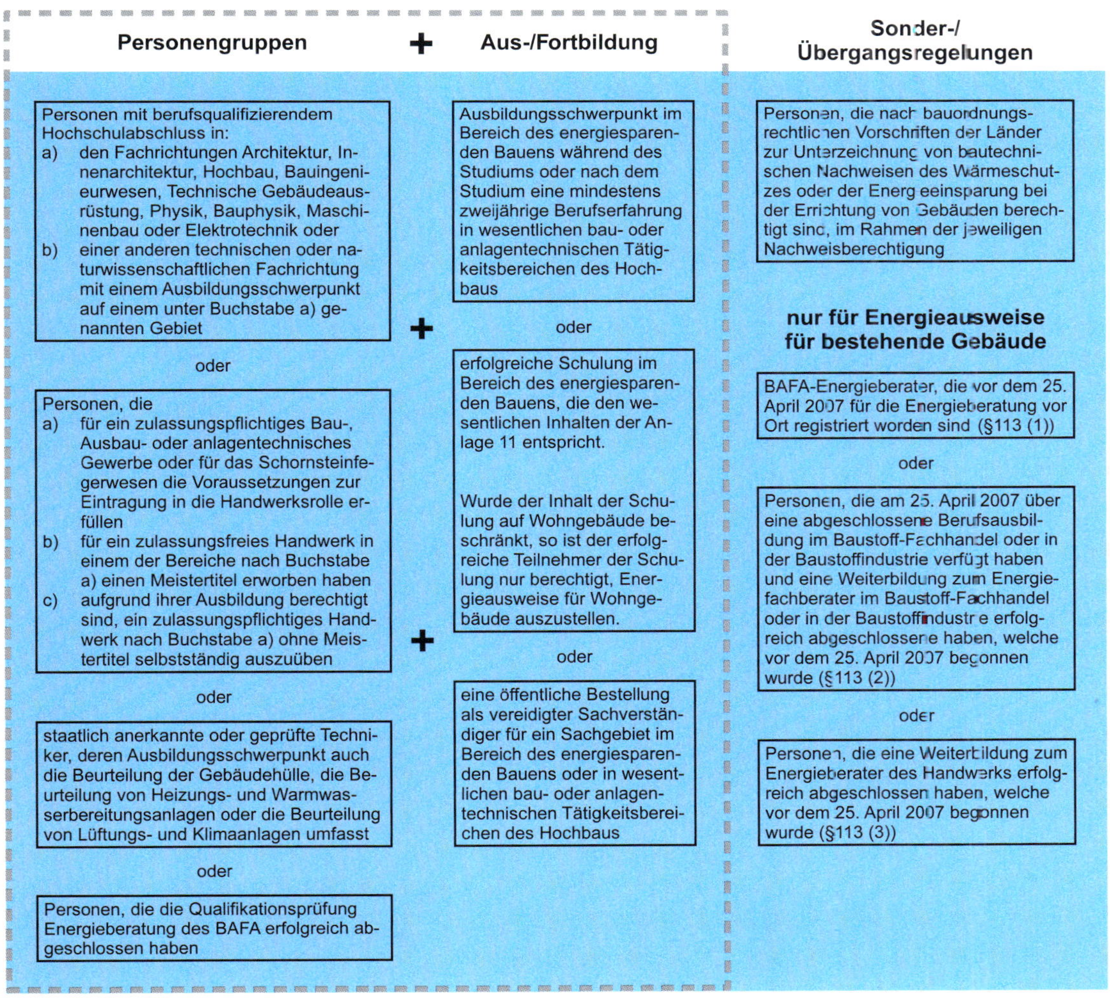

Zu § 88
Ausstellungsberechtigung für Energieausweise

3. die eine der in Absatz 2 genannten Voraussetzungen erfüllt und

   a) für ein zulassungspflichtiges Bau-, Ausbau- oder anlagentechnisches Gewerbe oder für das Schornsteinfegerhandwerk die Voraussetzungen zur Eintragung in die Handwerksrolle erfüllt,

   b) für ein zulassungsfreies Handwerk in einem der Bereiche nach Buchstabe a einen Meistertitel erworben hat oder

   c) auf Grund ihrer Ausbildung berechtigt ist, ein zulassungspflichtiges Handwerk in einem der Bereiche nach Buchstabe a ohne Meistertitel selbständig auszuüben, oder

4. die eine der in Absatz 2 genannten Voraussetzungen erfüllt und staatlich anerkannter oder geprüfter Techniker ist, dessen Ausbildungsschwerpunkt auch die Beurteilung der Gebäudehülle, die Beurteilung von Heizungs- und Warmwasserbereitungsanlagen oder die Beurteilung von Lüftungs- und Klimaanlagen umfasst.

(2) Voraussetzung für die Ausstellungsberechtigung nach Absatz 1 Nummer 2 bis 4 ist

1. während des Studiums ein Ausbildungsschwerpunkt im Bereich des energiesparenden Bauens oder nach einem Studium ohne einen solchen Schwerpunkt eine mindestens zweijährige Berufserfahrung in wesentlichen bau- oder anlagentechnischen Tätigkeitsbereichen des Hochbaus,

2. eine erfolgreiche Schulung im Bereich des energiesparenden Bauens, die den wesentlichen Inhalten der Anlage 11 entspricht, oder

3. eine öffentliche Bestellung als vereidigter Sachverständiger für ein Sachgebiet im Bereich des energiesparenden Bauens oder in wesentlichen bau- oder anlagentechnischen Tätigkeitsbereichen des Hochbaus.

(3) Wurde der Inhalt der Schulung nach Absatz 2 Nummer 2 **oder nach Absatz 5** auf Wohngebäude beschränkt, so ist der erfolgreiche Teilnehmer der Schulung nur berechtigt, Energieausweise für Wohngebäude auszustellen.

(4) § 77 Absatz 3 ist auf Aus- oder Fortbildungen im Sinne des Absatzes 1 Nummer 2 bis 4 entsprechend anzuwenden.

(5) Zur Ausstellung eines Energieausweises ist abweichend von Absatz 1 auch eine Person berechtigt, die eine Qualifikationsprüfung Energieberatung des Bundesamtes für Wirtschaft und Ausfuhrkontrolle erfolgreich abgeschlossen hat.

Teil 6
Finanzielle Förderung der Nutzung erneuerbarer Energien für die Erzeugung von Wärme oder Kälte und von Energieeffizienzmaßnahmen

§ 89
Fördermittel

(1) Die Nutzung erneuerbarer Energien für die Erzeugung von Wärme oder Kälte, die Errichtung besonders energieeffizienter und die Verbesserung der Energieeffizienz bestehender Gebäude können durch den Bund nach Maßgabe des Bundeshaushaltes gefördert werden. Gefördert werden können

1. Maßnahmen zur Nutzung erneuerbarer Energien für die Erzeugung von Wärme oder Kälte in bereits bestehenden Gebäuden nach Maßgabe des § 90,
2. Maßnahmen zur Nutzung erneuerbarer Energien für die Erzeugung von Wärme oder Kälte in neu zu errichtenden Gebäuden nach Maßgabe des § 90, wenn die Vorgaben des § 91 eingehalten werden,
3. Maßnahmen zur Errichtung besonders energieeffizienter Gebäude, wenn mit der geförderten Maßnahme die Anforderungen nach den §§ 15 und 16 sowie nach den §§ 18 und 19 übererfüllt werden, und
4. Maßnahmen zur Verbesserung der Energieeffizienz bei der Sanierung bestehender Gebäude, wenn mit der geförderten Maßnahme die Anforderungen nach den §§ 47 und 48 sowie § 50 und nach den §§ 61 bis 73 übererfüllt werden.

Einzelheiten werden insbesondere durch Verwaltungsvorschriften des Bundesministeriums für Wirtschaft und **Klimaschutz** im Einvernehmen mit dem Bundesministerium der Finanzen geregelt.

(2) Das Bundesministerium für Wirtschaft und Klimaschutz legt dem Haushaltsausschuss des Bundestages bis zum Ablauf des 30. September 2023 ein Konzept zur Zustimmung vor, das Änderungen der Richtlinie für die Bundesförderung für effiziente Gebäude – Einzelmaßnahmen (BEG EM) vom 9. Dezember 2022 (BAnz AT 30.12.2022 B1) vorsieht. Änderungen der Richtlinie nach Satz 1 bedürfen bis zum Ablauf des 31. Oktober 2025 der Zustimmung des Haushaltsausschusses des Bundestages. Danach ist die Zustimmung nur für wesentliche Änderungen der Richtlinie nach Satz 1 erforderlich. Wesentliche Änderungen sind insbesondere solche eines Fördersatzes, einer Förderhöhe oder der Art eines Bonus.

Zu § 89

Das hier vorliegende Ordnungsrecht wird den Anforderungen an den Klimaschutz, die Erhöhung des Anteils erneuerbarer Energien am Endenergieverbrauch für Wärme und Kälte und eine nachhaltige Entwicklung der Energieversorgung zu ermöglichen, nicht gerecht. Der Schwerpunkt liegt auf der Förderung. Parallel zum GEG wurde die „Bundesförderung effiziente Gebäude (BEG)" veröffentlicht. Die BEG ist am 1.Januar 2021 mit den Einzelmaßnahmen gestartet, am 1.Jul 2021 mit den Effizienzhäusern und Effizienzgebäuden. Insbesondere bei Nichtwohngebäuden wurden die Förderungen erheblich ausgeweitet. Ab 1. Januar 2024 wurden die BEG-Einzelmaßnahmen weiterentwickelt. Bei Heizungen wurden bei der Förderung Boni für Selbstnutzer und einkommensschwache Haushalte eingeführt.

§ 90
Geförderte Maßnahmen zur Nutzung erneuerbarer Energien

(1) Gefördert werden können Maßnahmen im Zusammenhang mit der Nutzung erneuerbarer Energien zur Bereitstellung von Wärme oder Kälte, insbesondere die Errichtung oder Erweiterung von

1. solarthermischen Anlagen,
2. Anlagen zur Nutzung von Biomasse,
3. Anlagen zur Nutzung von Geothermie und Umweltwärme sowie
4. Wärmenetzen, Speichern und Übergabestationen für Wärmenutzer, wenn sie auch aus Anlagen nach den Nummern 1 bis 3 gespeist werden.

(2) Vorbehaltlich weitergehender Anforderungen an die Förderung in den Regelungen nach § 89 Satz 3 ist

1. eine solarthermische Anlage mit Flüssigkeiten als Wärmeträger nur förderfähig, wenn die darin enthaltenen Kollektoren oder das System mit dem europäischen Prüfzeichen „Solar Keymark" zertifiziert sind oder ist,
2. eine Anlage zur Nutzung von fester Biomasse nur förderfähig, wenn der Umwandlungswirkungsgrad mindestens folgende Werte erreicht:
   a) 89 Prozent bei einer Anlage zur Heizung oder Warmwasserbereitung, die der Erfüllung der Anforderungen nach **§ 71 oder einer Pflicht nach § 4 Absatz 4 oder § 9a dient,**
   b) 70 Prozent bei einer Anlage, die nicht der Heizung oder Warmwasserbereitung dient,
3. eine Wärmepumpe zur Nutzung von Geothermie, Umweltwärme oder Abwärme nur förderfähig, wenn sie die Anforderungen der **Richtlinie (EU) 2018/2001 des Europäischen Parlaments und des Rates vom 11. Dezember 2018 zur Förderung der Nutzung von Energie aus erneuerbaren Quellen (ABl. L 328 vom 21.12.2018, S. 82), die zuletzt durch die Delegierte Verordnung (EU) 2022/759 (ABl. L 139 vom 18.5.2022, S. 1) geändert worden ist,** erfüllt.

Die Zertifizierung von einer solarthermischen Anlage mit dem europäischen Prüfzeichen „Solar Keymark" muss nach den anerkannten Regeln der Technik erfolgen. Der Umwandlungswirkungsgrad eines Biomassekessels ist der nach DIN EN 303-5: 2012-10 ermittelte Kesselwirkungsgrad, der Umwandlungswirkungsgrad eines Biomasseofens der nach DIN EN 14785: 2006-09 ermittelte feuerungstechnische Wirkungsgrad und in den übrigen Fällen des Satzes 1 Nummer 2 der nach den anerkannten Regeln der Technik berechnete Wirkungsgrad.

Zu § 90

Nach Inkrafttreten des GEG wurden die Förderrichtlinien der „Bundesförderung effiziente Gebäude (BEG)" veröffentlicht. Diese sind entscheidend für die Ausgestaltung der Förderprogamme, siehe www.bafa.de/beg und www.kfw.de/beg.

§ 91
Verhältnis zu den Anforderungen an ein Gebäude

(1) Maßnahmen können nicht gefördert werden, soweit sie der Erfüllung der Anforderungen nach § 10 Absatz 2, der Pflicht nach **§ 71 Absatz 1 Satz 1** oder einer landesrechtlichen Pflicht nach **§ 4 Absatz 4 oder § 9a** dienen.

(2) Absatz 1 ist nicht bei den folgenden Maßnahmen anzuwenden:

1. der Errichtung eines Wohngebäudes, bei dem Anforderungen eingehalten werden, die anspruchsvoller sind als die für die Errichtung eines Wohngebäudes jeweils geltenden Neubauanforderungen nach diesem Gesetz, sofern die Maßnahme nicht unter die Nummern 3 bis 7 fällt,
2. der Errichtung eines Nichtwohngebäudes, bei dem Anforderungen eingehalten werden, die anspruchsvoller sind als die für Nichtwohngebäude jeweils geltenden Neubauanforderungen nach diesem Gesetz, sofern die Maßnahme nicht unter die Nummern 3 bis 7 fällt,
3. Maßnahmen, die technische oder sonstige Anforderungen erfüllen, die
   a) **in den Fällen der §§ 71 bis 71h** anspruchsvoller als die **dortigen** Anforderungen oder
   b) **in den Fällen von § 4 Absatz 4 und § 9a** anspruchsvoller als die Anforderungen nach der landesrechtlichen Pflicht sind,
4. Maßnahmen, die den Wärme- und Kälteenergiebedarf zu einem Anteil decken, der
   a) **im Falle des § 71 Absatz 1 65 Prozent erneuerbare Energien übersteigt oder**
   b) **in den Fällen von § 4 Absatz 4 und § 9a** höher als der landesrechtlich vorgeschriebene Mindestanteil ist,
5. Maßnahmen, die mit weiteren Maßnahmen zur Steigerung der Energieeffizienz verbunden werden,
6. Maßnahmen zur Nutzung solarthermischer Anlagen auch für die Heizung eines Gebäudes und
7. Maßnahmen zur Nutzung von Tiefengeothermie.

(3) Die Förderung kann in den Fällen des Absatzes 2 auf die Gesamtmaßnahme bezogen werden.

(4) Einzelheiten werden in den Regelungen nach § 89 Satz 3 geregelt.

(5) Fördermaßnahmen durch das Land oder durch ein Kreditinstitut, an dem der Bund oder das Land beteiligt sind, bleiben unberührt.

Zu § 91

Nach Inkrafttreten des GEG wurden die Förderrichtlinien der „Bundesförderung effiziente Gebäude (BEG)" veröffentlicht. Diese sind entscheidend für die Ausgestaltung der Förderprogamme, siehe www.bafa.de/beg und www.kfw.de/beg.

Von der Förderung ausgeschlossen sind Maßnahmen, soweit sie der Erfüllung gesetzlicher Mindestanforderungen des Bundes oder der Bundesländer dienen. Gehen die getroffenen Maßnahmen jedoch über die gesetzlichen Mindestanforderungen hinaus, können sie gefördert werden. Die Förderung kann dann auch auf die Gesamtmaßnahme inklusive des gesetzlich geforderten Mindestanteils bezogen werden.

Teil 7
Vollzug

§ 92
Erfüllungserklärung

(1) Für ein zu errichtendes Gebäude hat der Bauherr oder Eigentümer der nach Landesrecht zuständigen Behörde durch eine Erfüllungserklärung nachzuweisen oder zu bescheinigen, dass die Anforderungen dieses Gesetzes eingehalten werden. Die Erfüllungserklärung ist nach Fertigstellung des Gebäudes vorzulegen, soweit das Landesrecht nicht einen anderen Zeitpunkt der Vorlage bestimmt. Das Landesrecht bestimmt, wer zur Ausstellung der Erfüllungserklärung berechtigt ist.

Zu § 92 (1)

Die Erfüllungserklärung (auch „öffentlich-rechtlicher Nachweis" genannt) dient sowohl dem Nachweis der Effizienzanforderungen als auch der Anforderungen an den Einsatz erneuerbarer Energien. Mit der Zusammenführung von Energieeinsparungsgesetz, Energieeinsparverordnung und Erneuerbare-Energien-Wärmegesetz können durch die Länder einheitliche Vollzugsregelungen geschaffen werden. Zentrales Instrument ist die einheitliche Erfüllungserklärung, um einen effektiven Vollzug des Gesetzes sicherzustellen. Die Länder können Muster für Erfüllungserklärungen und sonstige Nachweise und Erklärungen zur Verfügung stellen. Eine bundeseinheitliche Ausgestaltung ist nicht absehbar.

Der Energieausweis ist immer erst für das fertiggestellte Gebäude auszustellen. Die Erfüllungserklärung kann, je nach Bundesland, auch schon zu einem früheren Zeitpunkt von den zuständigen Behörden eingefordert werden. Somit kann z. B. auch die Vorlage einer (vorläufigen) Erfüllungserklärung bereits vor dem Baubeginn verlangt werden.

Auch ist die Ausstellungsberechtigung in den Ländern unterschiedlich geregelt und nicht zwingend identisch mit § 88 (Ausstellungsberechtigung für Energieausweise). Eine länderübergreifende Vereinheitlichung zur Ausstellungsberechtigung der Erfüllungserklärung ist nicht absehbar.

Darüber hinaus gibt es beim Vollzug für Gebäude öffentlicher Körperschaften länderspezifische Ausnahmeregelungen. Der aktuelle Stand der Regelungen der Länder zum Vollzug steht online unter www.geg.bund.de ⟶ Ergänzende Regelungen ⟶ Vollzugsregelungen.

(2) Werden bei einem bestehenden Gebäude Änderungen im Sinne des § 48 Satz 1 ausgeführt, hat der Eigentümer der nach Landesrecht zuständigen Behörde eine Erfüllungserklärung unter Zugrundelegung der energetischen Eigenschaften des geänderten Gebäudes abzugeben, wenn unter Anwendung des § 50 Absatz 1 und 2 für das gesamte Gebäude Berechnungen nach § 50 Absatz 3 durchgeführt werden. Die Pflicht nach Satz 1 besteht auch in den Fällen des § 51. Absatz 1 Satz 2 und 3 ist entsprechend anzuwenden.

Zu § 92 (2)

Bei Maßnahmen im Gebäudebestand ist die Erfüllungserklärung nur notwendig, wenn der Nachweis über den Primärenergiebedarf und den spezifischen Transmissionswärmeverlust – bei Nichtwohngebäuden über den Primärenergiebedarf und die mittleren Wärmedurchgangskoeffizienten – geführt wird.

Zu § 92 (2)

Achtung, einen solchen Gesamtnachweis zu erstellen, ist jedoch nie zwingend. Es ist selbst bei umfangreichen Sanierungen immer zulässig, den Bauteilnachweis nach § 48 in Verbindung mit Anlage 7 zu führen. In diesem Fall ist keine Erfüllungserklärung zu erstellen, die Unternehmererklärung nach § 96 ist jedoch notwendig.

Bei der Erweiterung oder dem Ausbau von Gebäuden beziehen sich die Anforderungen auf die durch Erweiterung oder Anbau neu hinzukommenden Räume. Nur für diese Räume sind Berechnungen durchzuführen, sodass es für die Erfüllungserklärung in diesen Fällen ausreicht, die energetischen Eigenschaften der neu hinzugekommenen Räume zugrunde zu legen. Die Berechnungen werden bei Wohngebäuden über den spezifischen Transmissionswärmeverlust H'_T, bei Nichtwohngebäuden über die mittleren Wärmedurchgangskoeffizienten $\bar{U}$ der Außenbauteile der neu hinzugekommenen Räume geführt. Die Nachweisführung ist bei Wohngebäuden unabhängig von der Größe der Erweiterung oder des Anbaus. Für die Erweiterung oder den Ausbau von Nichtwohngebäuden ist neu in § 51 (1) geregelt, dass die Anforderungen an Neubauten einzuhalten sind, wenn die hinzukommende zusammenhängende Nutzfläche mehr als 100 % der Nutzfläche des bisherigen Gebäudes beträgt.

§ 93
Pflichtangaben in der Erfüllungserklärung

In der Erfüllungserklärung sind für das gesamte Gebäude oder, soweit die Berechnungen für unterschiedliche Zonen zu erfolgen haben, stattdessen für jede Zone, unter Beachtung der sich aus diesem Gesetz ergebenden Berechnungsvorgaben, technischen Anforderungen und Randbedingungen die zur Überprüfung erforderlichen Angaben zu machen. Erforderliche Berechnungen sind beizufügen. Das Landesrecht bestimmt den näheren Umfang der Nachweispflicht.

Zu § 93

Mit der Erfüllungserklärung sind die Berechnungen detailliert zu dokumentieren. In der Regel gibt es in den Softwareprogrammen entsprechende Vorlagen. Um Berechnungen nachvollziehbar zu machen, werden weitere Unterlagen benötigt. Dazu zählen beispielsweise der Nachweis des Primärenergiefaktors, der Luftdichtigkeitsnachweis, der Nachweis des sommerlichen Wärmeschutzes, der Gleichwertigkeitsnachweis nach DIN 4108 Beiblatt 2 oder ein detaillierter Wärmebrückennachweis. Die Details regeln die Länder.

Für die nach § 99 (4) erforderlichen Stichproben von Energieausweisen gibt es bundesweit detaillierte Vorgaben für die vom Aussteller zu liefernden Pflichtangaben und Unterlagen.

§ 94
Verordnungsermächtigung

Die Landesregierungen werden ermächtigt, durch Rechtsverordnung das Verfahren zur Erfüllungserklärung, die Berechtigung zur Ausstellung der Erfüllungserklärung, die Pflichtangaben in der Erfüllungserklärung und die vorzulegenden Nachweise zu regeln, einen von § 92 Absatz 1 Satz 2 abweichenden Zeitpunkt für die Vorlage der Erfüllungserklärung zu bestimmen und weitere Bestimmungen zum Vollzug der Anforderungen und Pflichten dieses Gesetzes zu treffen. Die Landesregierungen werden ferner ermächtigt, durch Rechtsverordnung zu bestimmen, dass Aufgaben des Vollzugs dieses Gesetzes abweichend von § 92 Absatz 1 Satz 1 und Absatz 2 Satz 1 einer geeigneten Stelle, einer Fachvereinigung oder einem Sachverständigen übertragen werden. Die Landesregierungen können die Ermächtigungen nach den Sätzen 1 und 2 durch Rechtsverordnung auf andere Behörden übertragen.

Zu § 94

Die Verordnungsermächtigung soll es den Ländern ermöglichen, die notwendigen Regelungen zur Umsetzung und näheren Ausgestaltung der einheitlichen Erfüllungserklärung auch durch Rechtsverordnung zu erlassen. Die Ermächtigung in Satz 2 greift die bisherige Ermächtigung in § 7 (2) Satz 1 des Energieeinsparungsgesetzes auf und stellt sicher, dass die Länder weiterhin durch Rechtsverordnung andere als behördliche Stellen mit der Wahrnehmung der sich aus § 92 ergebenden Aufgaben betrauen können. Die Ermächtigung in Satz 3 ermöglicht es den Ländern, die Ermächtigung nach Satz 1 und 2 durch Rechtsverordnung weiter zu übertragen (Subdelegation).

§ 95
Behördliche Befugnisse

Die zuständige Behörde kann im Einzelfall die zur Erfüllung der Verpflichtungen aus diesem Gesetz erforderlichen Anordnungen treffen. Dritte, die für den Bauherren oder Eigentümer an der Planung, Errichtung oder Änderung von Gebäuden oder technischen Anlagen eines Gebäudes beteiligt sind, haben Anordnungen der Behörde, die sich auch an sie richten, unmittelbar zu befolgen.

Zu § 95

Es wird das Ziel verfolgt, einen effektiven Gesetzesvollzug zu ermöglichen. Eine allgemeine und vollstreckbare Anordnungsbefugnis war in den Vorgängergesetzen und -verordnung nicht enthalten. Dies hat die Vollzugstätigkeit der Behörden erschwert.

Da in der Praxis oft nicht der Bauherr oder Eigentümer des Gebäudes selbst für die Einhaltung der Verpflichtungen dieses Gesetzes sorgt, können die Anordnungen auch an Dritte gerichtet werden, die für den Bauherrn an der Planung, Errichtung oder Änderung von Gebäuden oder technischen Anlagen eines Gebäudes beteiligt sind.

§ 96
Private Nachweise

(1) Wer geschäftsmäßig an oder in einem bestehenden Gebäude Arbeiten durchführt, hat dem Eigentümer unverzüglich nach Abschluss der Arbeiten in folgenden Fällen schriftlich zu bestätigen, dass die von ihm geänderten oder eingebauten Bau- oder Anlagenteile den Anforderungen der in den Nummern 1 bis **11** genannten Vorschriften entsprechen (Unternehmererklärung):

1. Änderung von Außenbauteilen im Sinne von § 48,
2. Dämmung oberster Geschossdecken im Sinne von § 47 Absatz 1, auch in Verbindung mit Absatz 3,
3. Einbau von Zentralheizungen nach den §§ 61 bis 63,
4. Ausstattung von Zentralheizungen mit Regelungseinrichtungen nach den §§ 61 bis 63,
5. Einbau von Umwälzpumpen in Zentralheizungen und Zirkulationspumpen in Warmwasseranlagen nach § 64,
6. erstmaliger Einbau, Ersatz oder Wärmedämmung von Wärmeverteilungs- und Warmwasserleitungen nach **§ 69** oder von Kälteverteilungs- und Kaltwasserleitungen in Klimaanlagen oder sonstigen Anlagen der Raumlufttechnik nach § 70,
7. Einbau von Klima- und raumlufttechnischen Anlagen oder Zentralgeräten und Luftkanalsystemen solcher Anlagen nach den §§ 65 bis 68 oder
8. Ausrüstung von Anlagen nach Nummer 7 mit Einrichtung zur Feuchteregelung nach § 66,
9. **Durchführung hydraulischer Abgleiche und weiterer Maßnahmen zur Heizungsoptimierung nach § 60c,**
10. **Einbau von Systemen für die Gebäudeautomatisierung nach § 71a oder**
11. **Einbau oder Aufstellung zum Zweck der Inbetriebnahme von Heizungsanlagen zur Erfüllung der Anforderungen nach § 71 Absatz 1 bis 3, den §§ 71i, 71k Absatz 1 Wortlaut vor Nummer 1 und nach § 71m.**

Satz 1 ist entsprechend anzuwenden auf

1. **die Ergebnisse der Betriebsprüfungen von Wärmepumpen nach § 60a Absatz 5 Satz 1 und der Nachweise der durchgeführten Optimierungsmaßnahmen nach § 60a Absatz 5 Satz 2,**
2. **die Ergebnisse der Heizungsprüfungen und Heizungsoptimierungen nach § 60b Absatz 5 Satz 1 und der Nachweise der durchgeführten Optimierungsmaßnahmen nach § 60b Absatz 5 Satz 2,**
3. **die Bestätigung des Wärmenetzbetreibers nach § 71b Absatz 1 Satz 3 und Absatz 2 Satz 2 oder**
4. **den Nachweis der Reduktion des Endenergieverbrauchs um mindestens 40 Prozent nach § 71m Absatz 2 Satz 2.**

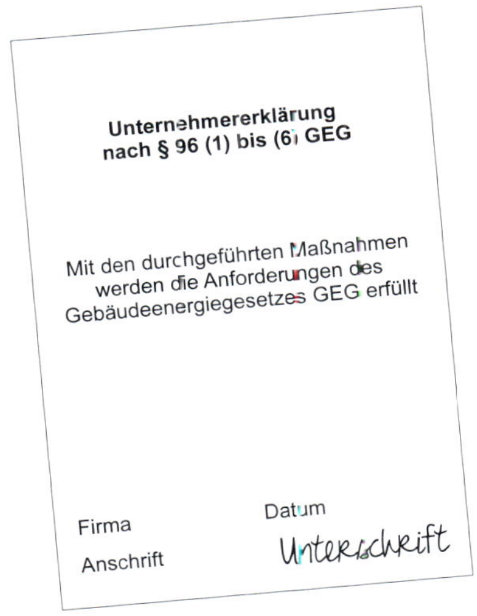
Unternehmererklärung
nach § 96 (1) bis (6) GEG

Mit den durchgeführten Maßnahmen
werden die Anforderungen des
Gebäudeenergiegesetzes GEG erfüllt

Firma
Anschrift

Datum
Unterschrift

Zu § 96 (1) bis (6)
Unternehmererklärung über die GEG-konforme Durchführung von Arbeiten an Bestandsgebäuden

Zu § 96 (1) bis (3)

Bei allen Änderungen an Außenbauteilen bestehender Gebäude sowie bei Änderung oder Einbau von Heizungs-, Warmwasser-, Klima- und RLT-Anlagen in bestehenden Gebäuden hat der Unternehmer die Übereinstimmung der Maßnahmen mit den Anforderungen des GEG unverzüglich nach Abschluss der Maßnahmen schriftlich zu bestätigen. Das Gleiche gilt für den hydraulischen Abgleich, die Gebäudeautomation, Betriebsprüfungen von Wärmepumpen sowie Heizungsüberprüfungen und -optimierungen.

Die Form der Unternehmererklärung ist in den einzelnen Bundesländern unterschiedlich geregelt. Sie reicht von vorgegebenen Formularen bis hin zu einer Ergänzung auf der detaillierten Rechnung mit der Bestätigung, dass die aufgeführten Leistungen konform zum GEG erbracht wurden.

Zu § 96 (1)

Achtung, vor dem Einbau einer Heizung für feste, flüssige oder gasförmige Brennstoffe hat eine Beratung nach § 71 (11) zu erfolgen. Verantwortlich dafür ist nach § 8 auch der beauftragte Unternehmer. Eine korrekte Unternehmererklärung kann dieser somit nur ausstellen, wenn vor (!) dem Heizungseinbau die Beratung stattgefunden hat. Ansonsten kann er die Unternehmererklärung nicht richtig oder nicht vollständig ausstellen. Ein Verstoß gegen die Ausstellung der Unternehmererklärung stellt eine Ordnungswidrigkeit nach § 108 (1) Nummer 29 dar.

(2) Zum Zwecke des Nachweises der Erfüllung der Pflichten aus den in Absatz 1 genannten Vorschriften ist die Unternehmererklärung von dem Eigentümer mindestens zehn Jahre aufzubewahren. Der Eigentümer hat die Unternehmererklärung der nach Landesrecht zuständigen Behörde auf Verlangen vorzulegen.

Zu § 96 (2)

Achtung, Verpflichtung des Unternehmers gegenüber dem Bauherrn

Im Sinne des § 8 hat der Unternehmer den Bauherrn auf die Pflicht zur Aufbewahrung der Unternehmererklärung hinzuweisen.

(3) In einer Unternehmererklärung nach Absatz 1 ist zusätzlich anzugeben:

1. im Falle von Arbeiten nach Absatz 1 Nummer 3 die Aufwandszahl der Zentralheizung für die Bereitstellung von Raumwärme und, soweit die Zentralheizung mit einer zentralen Warmwasserbereitung verbunden ist, auch die Aufwandszahl für die Warmwasserbereitung,
2. im Falle von Arbeiten nach Absatz 1 Nummer 7 der gewichtete Mittelwert der auf das jeweilige Fördervolumen bezogenen elektrischen Leistung aller Zu- und Abluftventilatoren sowie der Wärmerückgewinnungsgrad, soweit Anforderungen nach § 68 einzuhalten sind.

Die nach Satz 1 anzugebenden Eigenschaften können nach anerkannten technischen Regeln berechnet werden oder aus Herstellerangaben auf der Grundlage solcher Regeln bestimmt werden; alternativ dürfen Angaben aus Bekanntmachungen nach § 50 Absatz 4 verwendet werden. Die jeweilige Grundlage nach Satz 2 ist ebenfalls in der Unternehmererklärung anzugeben.

(4) Wer ein Gebäude geschäftsmäßig mit fester, gasförmiger oder flüssiger Biomasse, grünem oder blauem Wasserstoff oder den daraus hergestellten Derivaten zum Zweck der Erfüllung von Anforderungen nach diesem Gesetz beliefert, muss dem Belieferten mit der Abrechnung bestätigen, dass die jeweiligen Anforderungen nach § 71f Absatz 2 bis 4 und § 71g Nummer 2 und 3 erfüllt sind.

(5) Mit den Bestätigungen nach Absatz 4 wird die Erfüllung der Pflichten aus den Vorschriften nach **§ 71f Absatz 2 bis 4 und § 71g Nummer 2 und 3** nachgewiesen. **Im Falle der Nutzung von flüssiger oder gasförmiger Biomasse oder grünem oder blauem Wasserstoff einschließlich daraus hergestellter Derivate** sind die Abrechnungen und Bestätigungen in den ersten 15 Jahren nach Inbetriebnahme der Heizungsanlage von dem Eigentümer **oder Belieferten** jeweils mindestens fünf Jahre nach Lieferung aufzubewahren. **Die Abrechnungen und Bestätigungen sind der nach Landesrecht zuständigen Behörde auf Verlangen vorzulegen.**

(6) Kommt bei der Ermittlung des Jahres-Primärenergiebedarfs eines zu errichtenden Gebäudes § 22 Absatz 1 Satz 1 Nummer 2 oder Nummer 3 zur Anwendung, muss sich der Eigentümer vom Lieferanten bei Vertragsabschluss bescheinigen lassen, dass

1. die vereinbarte Biomethanlieferung die Anforderungen nach § 22 Absatz 1 Satz 1 Nummer 2 Buchstabe c und d erfüllt oder

Zu § 96 (4) bis (6)

Die Lieferantenbescheinigungen sind für den Eigentümer als Nachweis des Einsatzes erneuerbarer Energien nach den §§ 71f und 71g sowie zur Berechnung der Primärenergiefaktoren nach § 22 notwendig. Der Eigentümer hat darauf zu achten, dass die Werte der Folgebescheinigungen nicht schlechter sind als diejenigen, die zur Erfüllungserklärung verwandt wurden. So darf beispielsweise der Biogasanteil nicht sinken, da sonst ein Verstoß gegen das Verschlechterungsverbot nach § 57 gegeben wäre. Im Rahmen der turnusmäßig alle 3 bis 4 Jahre stattfindenden Feuerstättenschau prüft der bevollmächtigte Bezirksschornsteinfeger, ob die Abrechnungen und Bestätigungen nach § 96 (5) vorliegen.

2. die vereinbarte Lieferung von biogenem Flüssiggas die Anforderungen nach § 22 Absatz 1 Satz 1 Nummer 3 Buchstabe c in der gesamten Laufzeit des Liefervertrags erfüllt.

Die Bescheinigung ist der zuständigen Behörde innerhalb von einem Monat nach Fertigstellung des Gebäudes vorzulegen. Die Pflicht nach Satz 2 besteht auch, wenn der Eigentümer den Lieferanten wechselt. Die Abrechnungen der Lieferung von Biomethan oder von biogenem Flüssiggas müssen die Bestätigung des Lieferanten enthalten, dass im Fall der Lieferung von Biomethan die Anforderungen nach § 22 Absatz 1 Satz 1 Nummer 2 Buchstabe c und d oder im Fall der Lieferung von biogenem Flüssiggas die Anforderungen nach § 22 Absatz 1 Satz 1 Nummer 3 Buchstabe c im Abrechnungszeitraum erfüllt worden sind. Die Abrechnungen sind vom Eigentümer mindestens fünf Jahre ab dem Zeitpunkt der Lieferung aufzubewahren.

§ 97 Aufgaben des bevollmächtigten Bezirksschornsteinfegers

Zu § 97

In bestehenden Gebäuden überprüft der bevollmächtigte Bezirksschornsteinfeger (bBSF) im Rahmen der Feuerstättenschau die Umsetzung der Nachrüstpflichten bei heizungstechnischen Anlagen, das Betriebsverbot für mit fossilen Brennstoffen betriebene Heizkessel und die Aufrechterhaltung der energetischen Qualität bestehender Anlagentechnik sowie die Einhaltung der Anforderungen an Wärmeverteilungseinrichtungen und Warmwasseranlagen. Er setzt Fristen und informiert bei Nichterfüllung die zuständigen Behörden.

(1) Bei einer heizungstechnischen Anlage prüft der bevollmächtigte Bezirksschornsteinfeger als Beliehener im Rahmen der Feuerstättenschau nach § 14 des **Schornsteinfeger-Handwerksgesetzes vom 26. November 2008 (BGBl. I S. 2242) in der jeweils geltenden Fassung,** ob

1. ein Heizkessel, der nach **Ablauf der Übergangsfristen nach den §§ 71i bis 71m oder nach § 72,** auch in Verbindung mit § 73, außer Betrieb genommen werden musste, weiterhin betrieben wird,
2. Wärmeverteilungs- und Warmwasserleitungen, die nach **§ 69 Absatz 2,** auch in Verbindung mit § 73, gedämmt werden mussten, weiterhin ungedämmt sind und
3. **die Abrechnungen und Bestätigungen nach § 96 Absatz 5 vorliegen.**

Zu § 97 (1) und (2)
Der Bezirksschornsteinfeger übernimmt Vollzugsaufgaben im Bereich der Anlagentechnik.

(2) Bei einer heizungstechnischen Anlage, die in ein bestehendes Gebäude eingebaut wird, prüft der bevollmächtigte Bezirksschornsteinfeger im Rahmen der bauordnungsrechtlichen Abnahme der Anlage oder, wenn eine solche Abnahme nicht vorgesehen ist, als Beliehener im Rahmen der ersten Feuerstättenschau nach dem Einbau außerdem, ob

1. die Anforderungen nach § 57 Absatz 1 erfüllt sind,
2. eine Zentralheizung mit einer zentralen selbsttätig wirkenden Einrichtung zur Verringerung und Abschaltung der Wärmezufuhr sowie zur Ein- und Ausschaltung elektrischer Antriebe nach § 61 Absatz 1 ausgestattet ist,

Zu § 97 (2) Nummer 1

§ 57 (1) betrifft das Veränderungsverbot von Anlagen und Einrichtungen der Heizungs-, Kühl- und Raumlufttechnik. Dieses ist jedoch nur relevant, soweit die Anlage zum Nachweis der Anforderungen energieeinsparrechtlicher Vorschriften des Bundes, also der EnEV oder des GEG, zu berücksichtigen war.

3. **ein mit einem flüssigen oder gasförmigen Brennstoff beschickter Heizkessel entgegen den Anforderungen nach den §§ 71 bis 71m eingebaut ist; dabei beschränkt sich die Prüfung auf das Vorhandensein entsprechender notwendiger Nachweise, Belege oder Erklärungen,**
4. bei Wärmeverteilungs- und Warmwasserleitungen sowie Armaturen die Wärmeabgabe nach § 69 **Absatz 1** begrenzt ist,
5. **die Anforderungen an den Einbau von Heizungsanlagen bei Nutzung von fester Biomasse nach § 71g eingehalten werden und**
6. **die Anforderungen an den Einbau von Wärmepumpen- oder Solarthermie-Hybridheizungen nach § 71h eingehalten werden.**

Satz 1 ist bei zu errichtenden Gebäuden entsprechend anzuwenden. Die Rechtsgrundlage nach den §§ 71 bis 71m oder § 102, auf die sich der Eigentümer beim Einbau oder bei der Aufstellung einer neuen heizungstechnischen Anlage, die mit flüssigen, festen oder gasförmigen Brennstoffen beschickt wird, stützt, ist im Kehrbuch einzutragen.

(3) Der bevollmächtigte Bezirksschornsteinfeger weist den Eigentümer bei Nichterfüllung der Pflichten oder bei Nichtbeachtung eines Verbots aus den in den Absätzen 1 und 2 genannten Vorschriften schriftlich auf diese Pflichten oder Verbote hin und setzt eine angemessene Frist zu deren Nacherfüllung oder zur Beseitigung eines verbotswidrigen Zustands. Werden die Pflichten nicht innerhalb der festgesetzten Frist erfüllt oder wird ein verbotswidriger Zustand nicht beseitigt, unterrichtet der bevollmächtigte Bezirksschornsteinfeger unverzüglich die nach Landesrecht zuständige Behörde.

Zu § 97 (3)
Der Bezirksschornsteinfeger setzt und überprüft Fristen zur Nacherfüllung.

(4) Bei einer Zentralheizung, die in einem bestehenden Gebäude vorhanden ist, prüft der bevollmächtigte Bezirksschornsteinfeger als Beliehener im Rahmen der Feuerstättenschau, ob der Eigentümer zur Nachrüstung nach § 61 Absatz 2 verpflichtet ist und diese Pflicht erfüllt wurde. Bei Nichterfüllung der Pflicht unterrichtet der bevollmächtigte Bezirksschornsteinfeger unverzüglich die nach Landesrecht zuständige Behörde.

Zu § 97 (4)

Definition Zentralheizung

Eine Zentralheizung ist eine Heizungsanlage nach § 3 (1) Nr. 14a mit Wasser als Wärmeträger.

Die Anforderungen an die Ausstattung von Zentralheizungen mit einer Regelung wurden nach EnEV im Rahmen der bauordnungsrechtlichen Abnahme bzw. bei der ersten Feuerstättenschau nach der Inbetriebnahme überprüft. Die Überprüfung fand nur statt, wenn Zentralheizungen in bestehende Gebäude eingebaut wurden. Ob der Altbestand der Heizungen über eine Regelung verfügt, war kein Überprüfungstatbestand des bBSF. Dies wird durch das GEG nun geändert. Zusätzlich wurde diese Eigentümerpflicht mit einer Frist bis zum 30. September 2021 belegt. Konkret bedeutet dies, dass bestehende Zentralheizungen in bestehenden Gebäuden bis zum 30. September 2021 nachgerüstet werden mussten, wenn sie nicht mit einer zentralen, selbsttätig wirkenden Einrichtung zur Verringerung und

Abschaltung der Wärmezufuhr sowie zur Ein- und Ausschaltung elektrischer Antriebe ausgestattet waren, die in Abhängigkeit von der Außentemperatur oder einer anderen geeigneten Führungsgröße und der Zeit arbeiten.

Der bBSF prüft also seit dem 1. Oktober 2021, ob die Pflicht der Nachrüstung einer Regelung bei einer bestehenden Heizungsanlage vorliegt und ob die Nachrüstung stattgefunden hat. Wurde die Pflicht vom Eigentümer nicht erfüllt, unterrichtet der bBSF unverzüglich die nach Landesrecht zuständige Behörde.

(5) Die Erfüllung der Pflichten aus den in den Absätzen 1, 2 und 4 genannten Vorschriften kann durch Vorlage der Unternehmererklärungen gegenüber dem bevollmächtigten Bezirksschornsteinfeger nachgewiesen werden. Es bedarf dann keiner weiteren Prüfung durch den bevollmächtigten Bezirksschornsteinfeger.

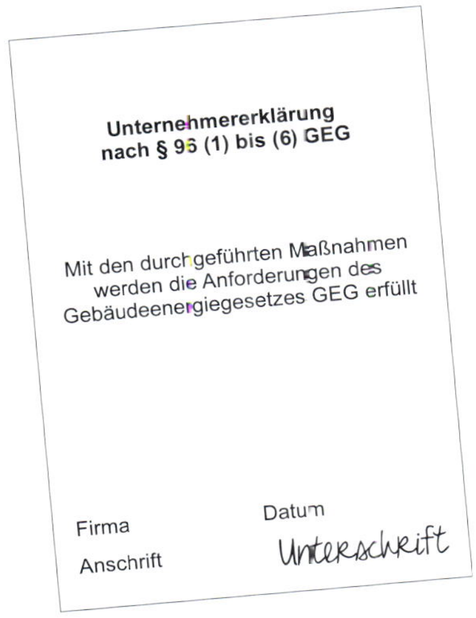

Unternehmererklärung
nach § 96 (1) bis (6) GEG

Mit den durchgeführten Maßnahmen werden die Anforderungen des Gebäudeenergiegesetzes GEG erfüllt

Firma

Anschrift

Datum

Unterschrift

Zu § 97 (5)
Die Pflichterfüllung kann mit der Unternehmererklärung nach § 96 (1) bis (5) nachgewiesen werden.

§ 98
Registriernummer

(1) Wer einen Inspektionsbericht nach § 78 oder einen Energieausweis nach § 79 ausstellt, hat für diesen Bericht oder für diesen Energieausweis bei der Registrierstelle eine Registriernummer zu beantragen. Der Antrag ist grundsätzlich elektronisch zu stellen. Eine Antragstellung in Papierform ist zulässig, soweit die elektronische Antragstellung für den Antragsteller eine unbillige Härte bedeuten würde. Bei der Antragstellung sind Name und Anschrift der nach Satz 1 antragstellenden Person, das Land und die Postleitzahl der Belegenheit des Gebäudes, das Ausstellungsdatum des Inspektionsberichts oder des Energieausweises anzugeben sowie

1. in den Fällen des § 78 die Nennleistung der inspizierten Klimaanlage oder der kombinierten Klima- und Lüftungsanlage,
2. in den Fällen des § 79
   a) die Art des Energieausweises: Energiebedarfs- oder Energieverbrauchsausweis und
   b) die Art des Gebäudes: Wohn- oder Nichtwohngebäude, Neubau oder bestehendes Gebäude.

(2) Die Registrierstelle teilt dem Antragsteller für jeden neu ausgestellten Inspektionsbericht oder Energieausweis eine Registriernummer zu. Die Registriernummer ist unverzüglich nach Antragstellung zu erteilen.

Zu § 98

Alle Energieausweise und Inspektionsberichte werden von einer Registrierstelle erfasst, um Stichproben nach § 99 ziehen zu können. Die Registrierung der Energieausweise erfolgt in der Regel automatisiert über ein einheitliches Druckmodul für Energieausweise. Nach § 85 (7) ist die Registriernummer auf dem Energieausweis einzutragen. Ein Energieausweis ohne Registriernummer ist ungültig. Gleiches gilt für Berichte über die Inspektion von Klimaanlagen nach § 78 (3).

§ 99
Stichprobenkontrollen von Energieausweisen und Inspektionsberichten über Klimaanlagen

(1) Die zuständige Behörde (Kontrollstelle) unterzieht Inspektionsberichte über Klimaanlagen oder über kombinierte Klima- und Lüftungsanlagen nach § 78 und Energieausweise nach § 79 nach Maßgabe der folgenden Absätze einer Stichprobenkontrolle.

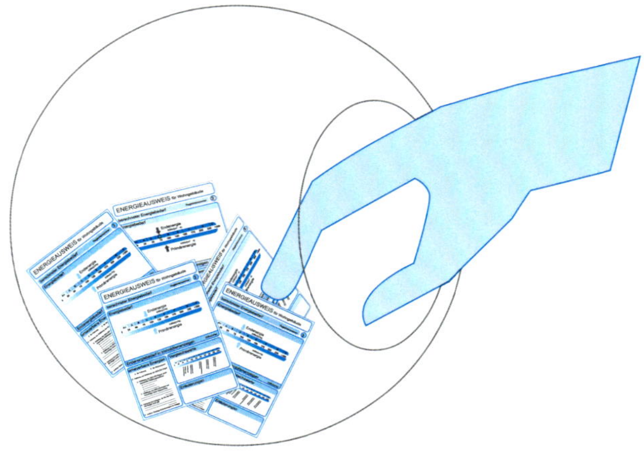

Zu § 99
Stichprobenkontrolle von Energieausweisen

Zu § 99 (1)

Die Länder können regeln, dass die Kontrollstelle zur Erfüllung ihrer Aufgaben nach § 99 (1) fachkundige Personen hinzuzieht. Fachkundige Personen wären beispielsweise Personen nach § 88 (1).

(2) Die Stichproben müssen jeweils einen statistisch signifikanten Prozentanteil aller in einem Kalenderjahr neu ausgestellten Energieausweise und neu ausgestellten Inspektionsberichte über Klimaanlagen erfassen. Die Stichprobenkontrolle von Energieausweisen, die nach dem Inkrafttreten des Gesetzes bis zum 31. Juli 2021 ausgestellt werden und auf die die Vorschriften dieses Gesetzes anzuwenden sind, kann nach dem 31. Juli 2021 durchgeführt werden.

Zu § 99 (2)

Um einen statistisch signifikanten Anteil zu erhalten, genügen einige Hundert Stichproben aller in Deutschland ausgestellten Energieausweise und Inspektionsberichte.

(3) Die Kontrollstelle kann bei der Registrierstelle Registriernummern und dort vorliegende Angaben nach § 98 Absatz 1 zu neu ausgestellten Energieausweisen und Inspektionsberichten über im jeweiligen Land belegene Gebäude und Klimaanlagen verarbeiten, soweit dies für die Vorbereitung der Durchführung der Stichprobenkontrollen erforderlich ist. Nach dem Abschluss der Stichprobenkontrolle hat die Kontrollstelle die Daten nach Satz 1 jedenfalls im Einzelfall unverzüglich zu löschen. Kommt es auf Grund der Stichprobenkontrolle zur Einleitung eines Bußgeldverfahrens gegen den Ausweisaussteller nach § 108 Absatz 1 Nummer 15, 17 oder 21 oder gegen die inspizierende Person nach § 108 Absatz 1 Nummer 11 oder 21, so sind abweichend von Satz 2 die Daten nach Satz 1, soweit diese im Rahmen des Bußgeldverfahrens erforderlich sind, erst nach dessen rechtskräftigem Abschluss unverzüglich zu löschen. [Anm. Verf.: Redaktioneller Fehler: Die Verweise auf § 108 stimmen nicht mehr, weil die Ordnungswidrigkeiten in § 108 neu nummeriert wurden.]

Zu § 99 (3)

Anhand der Registriernummern der nach § 98 der ausgestellten Energieausweise und Inspektionsberichte werden Stichproben gezogen, die nach den Vorgaben von § 99 (4) überprüft werden.

(4) Die gezogene Stichprobe von Energieausweisen wird von der Kontrollstelle auf der Grundlage der nachstehenden Optionen oder gleichwertiger Maßnahmen überprüft:

1. Validitätsprüfung der Eingabe-Gebäudedaten, die zur Ausstellung des Energieausweises verwendet wurden, und der im Energieausweis angegebenen Ergebnisse,
2. Prüfung der Eingabe-Gebäudedaten und Überprüfung der im Energieausweis angegebenen Ergebnisse einschließlich der abgegebenen Modernisierungsempfehlungen,
3. vollständige Prüfung der Eingabe-Gebäudedaten, die zur Ausstellung des Energieausweises verwendet wurden, vollständige Überprüfung der im Energieausweis angegebenen Ergebnisse einschließlich der abgegebenen Modernisierungsempfehlungen und, falls dies insbesondere auf Grund des Einverständnisses des Eigentümers des Gebäudes möglich ist, Inaugenscheinnahme des Gebäudes zur Prüfung der Übereinstimmung zwischen den im Energieausweis angegebenen Spezifikationen mit dem Gebäude, für das der Energieausweis erstellt wurde.

Wird im Rahmen der Stichprobe ein Energieausweis gezogen, der bereits auf der Grundlage von Landesrecht einer zumindest gleichwertigen Überprüfung unterzogen wurde, und ist die Überprüfung einer der Optionen nach Satz 1 gleichwertig, findet insofern keine erneute Überprüfung statt.

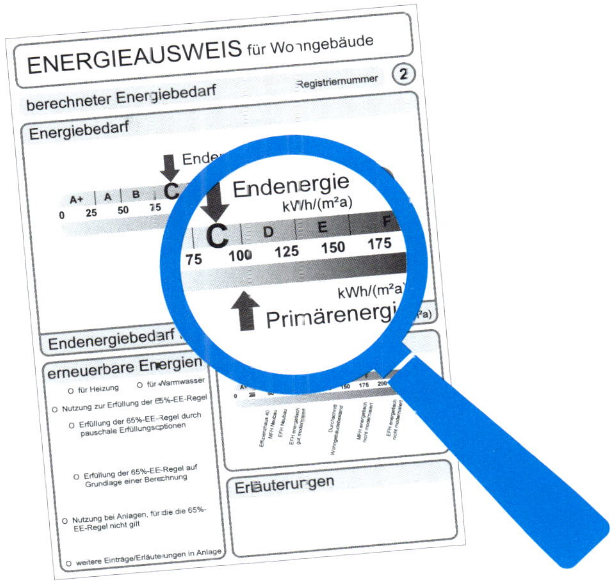

Zu § 99 (4)
Überprüfung von Energieausweisen

Zu § 99 (4)

Die Nummern 1 bis 3 beschreiben Prüfungsverfahren in unterschiedlicher Tiefe und Genauigkeit für Energieausweise und Inspektionsberichte. Bei der Anforderung der Registriernummer wird eine relativ große Stichprobe automatisiert nach dem Verfahren nach Nummer 1 überprüft. Dabei wird der Energieausweis oder Inspektionsbericht auf Basis der vom Ausweisaussteller erfassten Gebäudedaten auf Plausibilität geprüft. Die Prüfung nach Nummer 1 umfasst also lediglich die korrekte Anwendung der Verordnung und die Berechnungsverfahren, nicht jedoch die korrekte Erfassung der Gebäudedaten. Da der Aufwand der Prüfung mit der Genauigkeit und Tiefe steigt, wird eine kleinere Stichprobe zudem manuell nach dem Verfahren Nummer 2 überprüft. Eine Prüfung nach Nummer 3 dürfte nur in begründeten Ausnahmefällen, z. B. im Zusammenhang mit Bußgeldverfahren, durchgeführt werden.

(5) Aussteller von Energieausweisen sind verpflichtet, Kopien der von ihnen ausgestellten Energieausweise und der zu deren Ausstellung verwendeten Daten und Unterlagen zwei Jahre ab dem Ausstellungsdatum des jeweiligen Energieausweises aufzubewahren, um die Durchführung von Stichprobenkontrollen und Bußgeldverfahren zu ermöglichen.

(6) Die Kontrollstelle kann zur Durchführung der Überprüfung nach Absatz 4 Satz 1 in Verbindung mit Absatz 1 vom jeweiligen Aussteller die Übermittlung einer Kopie des Energieausweises und die zu dessen Ausstellung verwendeten Daten und Unterlagen verlangen. Der Aussteller ist verpflichtet, dem Verlangen der Kontrollbehörde zu entsprechen. Der Energieausweis sowie die Daten und Unterlagen sind der Kontrollstelle grundsätzlich in elektronischer Form zu übermitteln. Die Kontrollstelle darf hierfür ein Datenformat vorgeben. Eine Übermittlung in Papierform ist zulässig, soweit die elektronische Übermittlung für den Antragsteller eine unbillige Härte bedeuten würde. Angaben zum Eigentümer und zur Adresse des Gebäudes darf die Kontrollstelle nur verlangen, soweit dies zur Durchführung der Überprüfung im Einzelfall erforderlich ist. Werden die in Satz 6 genannten Angaben von der Kontrollstelle nicht verlangt, hat der Aussteller Angaben zum Eigentümer und zur Adresse des Gebäudes in der Kopie des Energieausweises sowie in den zu dessen Ausstellung verwendeten Daten und Unterlagen vor der Übermittlung unkenntlich zu machen. Im Fall der Übermittlung von Angaben nach Satz 6 in Verbindung mit Satz 2 hat der Aussteller des Energieausweises den Eigentümer des Gebäudes hierüber unverzüglich zu informieren.

(7) Die vom Aussteller nach Absatz 6 übermittelten Kopien von Energieausweisen, Daten und Unterlagen dürfen, soweit sie personenbezogene Daten enthalten, von der Kontrollstelle nur für die Durchführung der Stichprobenkontrollen und hieraus resultierender Bußgeldverfahren gegen den Ausweisaussteller nach § 108 Absatz 1 Nummer 15, 17 oder 21 verarbeitet werden, soweit dies im Einzelfall jeweils erforderlich ist. Die in Satz 1 genannten Kopien, Daten und Unterlagen dürfen nur so lange gespeichert oder aufbewahrt werden, wie dies zur Durchführung der Stichprobenkontrollen und der Bußgeldverfahren im Einzelfall erforderlich ist. Sie sind nach Durchführung der Stichprobenkontrollen und bei Einleitung von Bußgeldverfahren nach deren rechtskräftigem Abschluss jeweils im Einzelfall unverzüglich zu löschen oder zu vernichten. Im Übrigen bleiben die Verordnung (EU) 2016/679, das Bundesdatenschutzgesetz und die Datenschutzgesetze der Länder in der jeweils geltenden Fassung unberührt.

(8) Die Absätze 5 bis 7 sind auf die Durchführung der Stichprobenkontrolle von Inspektionsberichten über Klimaanlagen entsprechend anzuwenden.

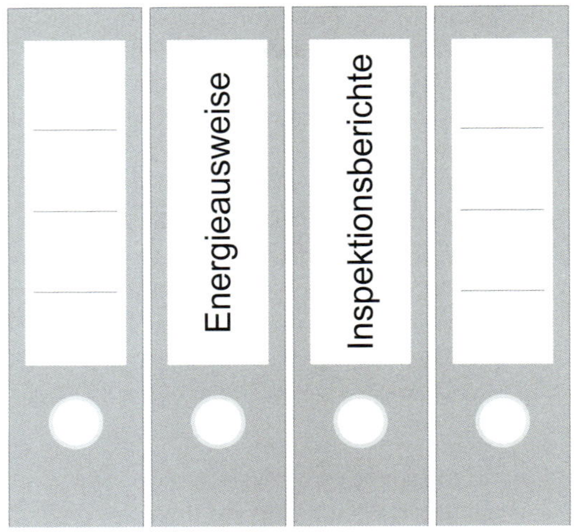

Zu § 99 (5) bis (8)
Aufbewahrungspflicht von Energieausweisen, Inspektionsberichten für Klimaanlagen und den zugehörigen Datengrundlagen

Zu § 99 (5) bis (8)

Aussteller von Energieausweisen und Inspektionsberichten haben diese zusammen mit den zugehörigen Datengrundlagen 2 Jahre aufzubewahren und auf Verlangen der Kontrollbehörde zur Prüfung zu übermitteln. Die Übermittlung soll in elektronischer Form erfolgen. Der Umfang der einzureichenden Unterlagen wird von den Ländern öffentlich bekannt gemacht. Auskunft dazu erteilen die zuständigen Behörden, die unter www.geg.bund.de ⟶ Rechtsgrundlage ⟶ Vollzugsregelungen aufgelistet sind. In der Regel werden die Erhebungsbögen online veröffentlicht, wobei sich zwischen den Erhebungsbögen der Länder keine Unterschiede ergeben dürften, da die Stichproben bundeseinheitlich ausgewertet werden. Der Aufwand für die Anonymisierung der Unterlagen kann für den Aussteller durchaus erheblich sein. Eine Vergütung hierfür ist nicht vorgesehen. Wer der Anordnung der Kontrollstelle nach § 99 (6) Satz 1 sowie (8) zuwiderhandelt, kann mit einem Ordnungsgeld von 5.000 € belegt werden.

§ 100
Nicht personenbezogene Auswertung von Daten

(1) Die Kontrollstelle kann den nicht personenbezogenen Anteil der Daten, die sie im Rahmen des § 99 Absatz 3 Satz 1, Absatz 4, 6 Satz 1 bis 5 und Absatz 8 verarbeitet hat, unbefristet zur Verbesserung der Erfüllung von Aufgaben der Energieeinsparung auswerten.

(2) Die Auswertung kann sich bei Energieausweisen insbesondere auf folgende Merkmale beziehen:

1. Art des Energieausweises: Energiebedarfs- oder Energieverbrauchsausweis,
2. Anlass der Ausstellung des Energieausweises nach § 80 Absatz 1 bis 6,
3. Art des Gebäudes: Wohn- oder Nichtwohngebäude, Neubau oder bestehendes Gebäude,
4. Gebäudeeigenschaften, wie die Eigenschaften der wärmeübertragendenden Umfassungsfläche und die Art der heizungs-, kühl- und raumlufttechnischen Anlagentechnik sowie der Warmwasserversorgung, bei Nichtwohngebäuden auch die Art der Nutzung und die Zonierung,
5. Werte des Endenergiebedarfs oder -verbrauchs sowie des Primärenergiebedarfs oder -verbrauchs für das Gebäude,
6. wesentliche Energieträger für Heizung und Warmwasser,
7. Einsatz erneuerbarer Energien und
8. Land und Landkreis der Belegenheit des Gebäudes ohne Angabe des Ortes, der Straße und der Hausnummer.

(3) Die Auswertung kann sich bei Inspektionsberichten über Klimaanlagen insbesondere auf folgende Merkmale beziehen:

1. Nennleistung der inspizierten Klimaanlage,
2. Art des Gebäudes: Wohn- oder Nichtwohngebäude und
3. Land und Landkreis der Belegenheit des Gebäudes, ohne Angabe des Ortes, der Straße und der Hausnummer.

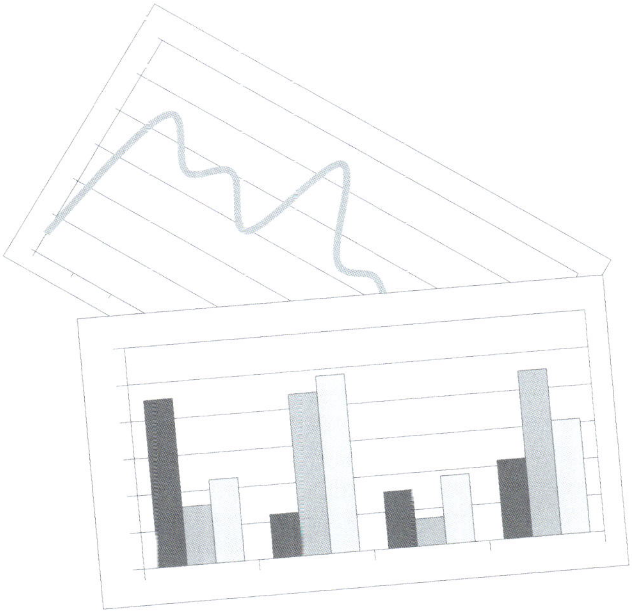

Zu § 100
Die Stichproben von Energieausweisen und Inspektionsberichten für Klimaanlagen werden von der Kontrollstelle für Energieausweise anonym ausgewertet.

Zu § 100 (1)

Die Länder können regeln, dass die Kontrollstelle zur Erfüllung ihrer Aufgaben nach § 100 (1) fachkundige Personen hinzuzieht. Fachkundige Personen wären beispielsweise Personen nach § 77 (2) und (3).

§ 101
Verordnungsermächtigung; Erfahrungsberichte der Länder

(1) Die Landesregierungen werden ermächtigt, zu den in § 78 und in den §§ 98 bis 100 getroffenen Regelungen zur Erfassung und Kontrolle von Inspektionsberichten und Energieausweisen sowie zur nicht personenbezogenen Auswertung der hierbei erhobenen und gespeicherten Daten durch Rechtsverordnung Regelungen zu erlassen

1. zur Art der Durchführung der Erfassung und Kontrolle von Inspektionsberichten und Energieausweisen sowie zur nicht personenbezogenen Auswertung der hierbei erhobenen und gespeicherten Daten, die über die Vorgaben der in § 78 und in den §§ 98 bis 100 getroffenen Regelungen hinausgehen, sowie
2. zum Verfahren, die auch von den in § 78 und in den §§ 98 bis 100 getroffenen Regelungen abweichen können.

(2) Die Landesregierungen werden ermächtigt, durch Rechtsverordnung die Übertragung von Aufgaben zur Erfassung und Kontrolle von Inspektionsberichten und Energieausweisen sowie zur nicht personenbezogenen Auswertung der hierbei erhobenen und gespeicherten Daten, die in § 78 und in den §§ 98 bis 100 und in einer Rechtsverordnung nach Absatz 1 geregelt sind, auf folgende Stellen zu regeln:

1. auf bestehende Behörden in den Ländern, auch auf bestehende Körperschaften oder Anstalten des öffentlichen Rechts, die der Aufsicht des jeweiligen Landes unterstehen, oder
2. auf Fachvereinigungen oder Sachverständige (Beleihung).

Bei der Übertragung im Wege der Beleihung können die Landesregierungen in der Rechtsverordnung nach Satz 1 Nummer 2 auch die Voraussetzungen und das Verfahren der Beleihung regeln; dabei muss sichergestellt werden, dass die Aufgaben von der beliehenen Stelle entsprechend den in § 78 und in den §§ 98 bis 100 getroffenen Regelungen und der Rechtsverordnung nach Absatz 1 wahrgenommen werden. Beliehene unterstehen der Aufsicht der jeweils zuständigen Behörde.

(3) Die Landesregierungen können die Ermächtigungen nach den Absätzen 1 und 2 Satz 1 und 2 durch Rechtsverordnung auf andere Behörden übertragen.

(4) Die Länder berichten der Bundesregierung erstmals zum 1. März 2024, danach alle drei Jahre, über die wesentlichen Erfahrungen mit den Stichprobenkontrollen nach § 99. Die Berichte dürfen keine personenbezogenen Daten enthalten.

Zu § 101

Für die Kontrolle der Energieausweise und Inspektionsberichte über Klimaanlagen sind die Bundesländer zuständig. § 101 ermächtigt die Bundesländer, die Erfassung und Kontrolle der Energieausweise und Inspektionsberichte durch Rechtsverordnungen zu regeln und zu delegieren.

Die Erfahrungen aus den Stichprobenkontrollen waren erstmals zum März 2024 und sind danach wiederkehrend alle 3 Jahre anonymisiert an die Bundesregierung zu berichten.

§ 102
Befreiungen

(1) Die nach Landesrecht zuständigen Behörden haben auf Antrag des Eigentümers oder Bauherren von den Anforderungen dieses Gesetzes zu befreien, soweit

1. die Ziele dieses Gesetzes durch andere als in diesem Gesetz vorgesehene Maßnahmen im gleichen Umfang erreicht werden oder
2. die Anforderungen im Einzelfall wegen besonderer Umstände durch einen unangemessenen Aufwand oder in sonstiger Weise zu einer unbilligen Härte führen.

Eine unbillige Härte liegt insbesondere vor, wenn die erforderlichen Aufwendungen innerhalb der üblichen Nutzungsdauer, bei Anforderungen an bestehende Gebäude innerhalb angemessener Frist durch die eintretenden Einsparungen nicht erwirtschaftet werden können, **das heißt, wenn die notwendigen Investitionen nicht in einem angemessenen Verhältnis zum Ertrag stehen. Eine unbillige Härte liegt auch vor, wenn die notwendigen Investitionen nicht in einem angemessenen Verhältnis zum Wert des Gebäudes stehen. Hierbei sind unter Berücksichtigung des Ziels dieses Gesetzes die zur Erreichung dieses Ziels erwartbaren Preisentwicklungen für Energie einschließlich der Preise für Treibhausgase nach dem europäischen und dem nationalen Emissionshandel zu berücksichtigen. Eine unbillige Härte liegt auch vor, wenn aufgrund besonderer persönlicher Umstände die Erfüllung der Anforderungen des Gesetzes nicht zumutbar ist.**

Zu § 102

Eine Befreiung von den Anforderungen des GEG ist vom Eigentümer des Gebäudes bei den zuständigen Behörden des Landes zu beantragen. Die zuständigen Behörden werden von den Ländern in deren Durchführungsverordnungen zum GEG bestimmt. Die Befreiung muss von der zuständigen Behörde im Einzelfall erteilt werden, wenn die Ziele des GEG nachweislich durch andere als im GEG vorgegebene Maßnahmen gleichwertig erfüllt werden oder ein Nachweis der unbilligen Härte – z. B. ein Nachweis der Unwirtschaftlichkeit – erbracht wird.

Zweck und Ziel des GEG sind in § 1 definiert. Die Erfüllung des Ziels mit anderen Maßnahmen zu erreichen, hat der Eigentümer oder der Bauherr darzulegen und nachzuweisen. Die nach Landesrecht zuständige Behörde kann auf Kosten des Antragsstellers die Vorlage einer Beurteilung der Erfüllung der Ziele nach § 1 durch qualifizierte Sachverständige verlangen.

Für die Wirtschaftlichkeitsberechnung gibt es jetzt im GEG die Vorgabe, dass unter Berücksichtigung des Ziels dieses Gesetzes die zur Erreichung dieses Ziels erwartbaren Preisentwicklungen für Energie einschließlich der Preise für Treibhausgase nach dem europäischen und dem nationalen Emissionshandel zu berücksichtigen sind.

Eine unbillige Härte kann neben einer nachgewiesenen Unwirtschaftlichkeit auch vorliegen, wenn aufgrund besonderer persönlicher Umstände, wie z. B. einer Pflegebedürftigkeit oder einer Schwerbehinderung, die Erfüllung der Anforderungen des Gesetzes nicht zumutbar ist. Diesbezügliche Befreiungen werden in der Regel befristet ausgesprochen.

Ausgenommen von den Befreiungen sind die Anforderungen des Teils 5 des GEG an Energieausweise und Empfehlungen zur Verbesserung der Energieeffizienz. Davon darf die zuständige Behörde auch bei unbilliger Härte nicht befreien.

Zur Unterbringung von Geflüchteten durch die öffentliche Hand oder im öffentlichen Auftrag können die nach Landesrecht zuständigen Behörden auf Antrag die Nutzung von bestimmten Gebäuden um weitere 2 Jahre verlängern. Darunter fallen

- Gebäude, die dazu bestimmt sind, wiederholt aufgestellt und zerlegt zu werden, und provisorische Gebäude mit einer geplanten Nutzungsdauer von bis zu 2 Jahren,
- kleine Gebäude und Gebäude aus Raumzellen, die für eine Nutzungsdauer von höchstens 5 Jahren bestimmt und aus Raumzellen von jeweils bis zu 50 m² Nutzfläche zusammengesetzt sind.

Zu § 102 (1) Nummer 2
Unwirtschaftlichkeit von Maßnahmen

(2) Absatz 1 ist auf die Vorschriften von Teil 5 nicht anzuwenden.

(3) Die Erfüllung der Voraussetzungen nach Absatz 1 Satz 1 Nummer 1 hat der Eigentümer oder der Bauherr darzulegen und nachzuweisen. Die nach Landesrecht zuständige Behörde kann auf Kosten des Eigentümers oder Bauherrn die Vorlage einer Beurteilung der Erfüllung der Voraussetzungen nach Absatz 1 Satz 1 Nummer 1 durch qualifizierte Sachverständige verlangen.

(4) Bis zum 31. Dezember 2024 können die nach Landesrecht zuständigen Behörden auf Antrag die zulässige Nutzungsdauer von Gebäuden im Sinne des § 2 Absatz 2 Nummer 6 und des § 104 Satz 2 um weitere zwei Jahre verlängern, wenn ansonsten die Unterbringung von Geflüchteten durch die öffentliche Hand oder im öffentlichen Auftrag erheblich verzögert würde.

(5) Die nach Landesrecht zuständigen Behörden haben einen Eigentümer, der zum Zeitpunkt der Antragstellung seit mindestens sechs Monaten ununterbrochen einkommensabhängige Sozialleistungen bezogen hat, auf Antrag von den Anforderungen des § 71 Absatz 1 zu befreien. Die Befreiung erlischt nach Ablauf von zwölf Monaten, wenn nicht in dieser Zeit eine andere Heizungsanlage eingebaut wurde. Die Sätze 1 und 2 sind entsprechend für Personen anzuwenden, die aufgrund schuldrechtlicher oder dinglicher Vereinbarungen anstelle des Eigentümers zum Austausch der Heizungsanlage verpflichtet sind.

Beispiele zu § 102 (1) Nummer 1

Würden z. B. beim Einsatz transparenter Wärmedämmung die Anforderungen an den Wärmeschutz nicht erfüllt, der Energiebedarf wäre jedoch nachweislich nicht höher als bei opaker Wärmedämmung, wäre dennoch das Ziel des GEG erreicht. Die zuständige Behörde müsste hierfür auf Antrag eine Befreiung von den Anforderungen an den baulichen Wärmeschutz erteilen.

Eine weitere bis Ende 2025 befristete Möglichkeit der gleichwertigen Erfüllung der Ziele des GEG ist die Begrenzung der Treibhausgasemissionen statt des Primärenergiebedarfs (§ 103 (1) und (2)).

Zu § 102 (5)

„Der neu aufgenommene Absatz 5 soll Eigentümer von den Anforderungen nach § 71 befreien, wenn es sich um Bezieher von einkommensabhängigen Sozialleistungen handelt. Dies trifft zu beim Bezug von laufenden Leistungen nach dem SGB II, dem Dritten oder Vierten Kapitel des SGB XII, von Leistungen zum Lebensunterhalt nach dem SGB XIV, ergänzender Hilfe zum Lebensunterhalt nach dem BVG, laufenden Leistungen nach dem Asylbewerberleistungsgesetz, dem WoGG oder Kinderzuschlag nach dem BKGG. Der Leistungsbezug muss durchgehend mindestens sechs Monate vor der Antragstellung bestanden haben, damit sich die Befreiung auf den Personenkreis beschränkt, der über einen längeren Zeitraum tatsächlich hilfebedürftig ist. Aus diesem Grund wird die Befreiung auch zeitlich befristet ausgestellt. Erfolgt der Heizungsaustausch nicht innerhalb von zwölf Monaten, erlischt die Befreiung. Kann der Austausch nicht innerhalb der zwölf Monate erfolgen, kann eine neue Befreiung für zwölf Monate beantragt werden, wenn die Voraussetzungen des Satzes 1 erneut vorliegen. Satz 3 ist erforderlich, um eine Austauschverpflichtung von Liegenschaftsbesitzern ohne Eigentumsrechte zu erfassen (Nießbrauchsrecht, dingliches Wohnrecht)." (Bundesdrucksache 20/7619, S. 96)

§ 103
Innovationsklausel

(1) Bis zum **31. Dezember 2025** können die nach Landesrecht zuständigen Behörden auf Antrag nach § 102 Absatz 1 Satz 1 Nummer 1

1. von den Anforderungen des § 10 Absatz 2 befreien, wenn
   a) ein Wohngebäude so errichtet wird, dass die Treibhausgasemissionen des Gebäudes gleichwertig begrenzt werden und der Höchstwert des Jahres-Endenergiebedarfs für Heizung, Warmwasserbereitung, Lüftung und Kühlung das 0,55fache des auf die Gebäudenutzfläche bezogenen Wertes des Jahres-Endenergiebedarfs eines Referenzgebäudes, das die gleiche Geometrie, Gebäudenutzfläche und Ausrichtung wie das zu errichtende Gebäude aufweist und der technischen Referenzausführung der Anlage 1 entspricht, nicht überschreitet oder
   b) ein Nichtwohngebäude so errichtet wird, dass die Treibhausgasemissionen des Gebäudes gleichwertig begrenzt werden und der Höchstwert des Jahres-Endenergiebedarfs für Heizung, Warmwasserbereitung, Lüftung, Kühlung und eingebaute Beleuchtung das 0,55fache des auf die Nettogrundfläche bezogenen Wertes des Jahres-Endenergiebedarfs eines Referenzgebäudes, das die gleiche Geometrie, Nettogrundfläche, Ausrichtung und Nutzung, einschließlich der Anordnung der Nutzungseinheiten, wie das zu errichtende Gebäude aufweist und der technischen Referenzausführung der Anlage 2 entspricht, nicht überschreitet oder
2. von den Anforderungen des § 50 Absatz 1 in Verbindung mit § 48 befreien, wenn
   a) ein Wohngebäude so geändert wird, dass die Treibhausgasemissionen des Gebäudes gleichwertig begrenzt werden und der Jahres-Endenergiebedarf für Heizung, Warmwasserbereitung, Lüftung und Kühlung das 1,4fache des auf die Gebäudenutzfläche bezogenen Wertes des Jahres-Endenergiebedarfs eines Referenzgebäudes, das die gleiche Geometrie, Gebäudenutzfläche und Ausrichtung wie das geänderte Gebäude aufweist und der technischen Referenzausführung der Anlage 1 entspricht, nicht überschreitet oder
   b) ein Nichtwohngebäude so geändert wird, dass die Treibhausgasemissionen des Gebäudes gleichwertig begrenzt werden und der Jahres-Endenergiebedarf für Heizung, Warmwasserbereitung, Lüftung, Kühlung und eingebaute Beleuchtung das 1,4fache des auf die Nettogrundfläche bezogenen Wertes des Jahres-Endenergiebedarfs eines Referenzgebäudes, das die gleiche Geometrie, Nettogrundfläche, Ausrichtung und Nutzung, einschließlich der Anordnung der Nutzungseinheiten, wie das geänderte Gebäude aufweist und der technischen Referenzausführung der Anlage 2 entspricht, nicht überschreitet.

Zu § 103

§ 103 regelt jeweils zeitlich befristet in (1) und (2) die Anforderungen für eine Befreiung von den Anforderungen des GEG für Gebäude, die die Ziele des GEG durch mindestens gleichwertige Treibhausgasemissionen erfüllen, sowie in (3) und (4) eine Quartierslösung zur gemeinsamen Erfüllung der Anforderungen des GEG bei der Änderung von Außenbauteilen.

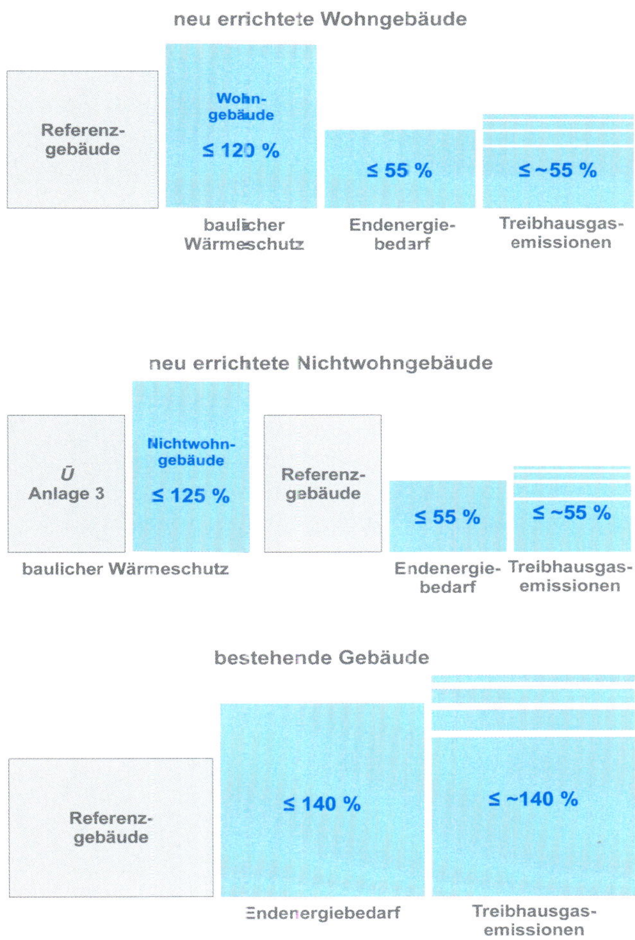

Zu § 103 (1)
Anforderungen an Gebäude bei Nachweis gleichwertiger Treibhausgasemissionen zur Erfüllung der Ziele des GEG

Die technische Referenzausführung in den Nummern 1.13 bis 9 der Anlage 2 ist nur insoweit zu berücksichtigen, wie eines der dort genannten Systeme in dem zu errichtenden Gebäude ausgeführt wird oder in dem geänderten Gebäude ausgeführt ist. In den Fällen des Satzes 1 Nummer 1 darf der spezifische, auf die wärmeübertragende Umfassungsfläche bezogene Transmissionswärmeverlust eines zu errichtenden Wohngebäudes das 1,2fache des entsprechenden Wertes eines Referenzgebäudes nach der Anlage 1 und ein zu errichtendes Nichtwohngebäude das 1,25fache der Höchstwerte der mittleren Wärmedurchgangskoeffizienten der wärmeübertragenden Umfassungsfläche nach der Anlage 3 nicht überschreiten.

(2) Der Antragsteller hat der nach Landesrecht zuständigen Behörde spätestens ein Jahr nach Abschluss der Maßnahme nach Absatz 1 einen Bericht mit den wesentlichen Erfahrungen bei der Anwendung der Regelung, insbesondere über Investitionskosten, Energieverbräuche und, soweit synthetisch erzeugte Energieträger in flüssiger oder gasförmiger Form genutzt werden, über die Herkunft, die Erzeugung und die Kosten dieser Energieträger sowie die Bestimmung der Treibhausgasemissionen, vorzulegen. Die Länder können der Bundesregierung Daten der Berichte nach Satz 1 zum Zwecke der Auswertung zur Verfügung stellen.

Zu § 103 (1) und (2)

Bei Neubauten und bei der Änderung von Außenbauteilen bestehender Gebäude dürfen die nach Landesrecht zuständigen Behörden im Einzelfall von den Anforderungen an den baulichen Wärmeschutz, den Jahres-Primärenergiebedarf und die anteilige Nutzung erneuerbarer Energien befreien, wenn die Anforderungen des § 103 (1) erfüllt sind. Bei der Änderung von Außenbauteilen bestehender Gebäude sind dabei keine Mindestanforderungen an den baulichen Wärmeschutz einzuhalten. Die Beratungspflicht nach § 48 besteht jedoch weiterhin.

Die Anforderungen an die Treibhausgasemissionen lassen sich nicht exakt bestimmen. Exakt berechnen lassen sich nur die Treibhausgasemissionen des Referenzgebäudes, nicht jedoch diejenigen eines Gebäudes, das den Jahres-Primärenergiebedarf des Referenzgebäudes um 45 % unterschreitet (Neubauanforderung) oder um 40 % überschreitet (Anforderung bei Änderung von Außenbauteilen an bestehenden Gebäuden). Deren Ausführung ist im Unterschied zum Referenzgebäude nicht definiert; damit sind deren Energiebedarf und Treibhausgasemissionen nicht berechenbar. Die Regelung ist bis zum 31. Dezember 2025 befristet.

Im Unterschied zu den Befreiungen nach § 102 sind die Behörden nach § 103 nicht zur Befreiung verpflichtet. Die gleichwertige Unterschreitung der Treibhausgasemissionen kann dabei ein Streitpunkt werden. Bei gewährter Befreiung muss der Gebäudeeigentümer jedoch binnen eines Jahres nach Fertigstellung der Baumaßnahmen der zuständigen Behörde über die Erfahrungen mit den Regelungen des § 103 schriftlich berichten.

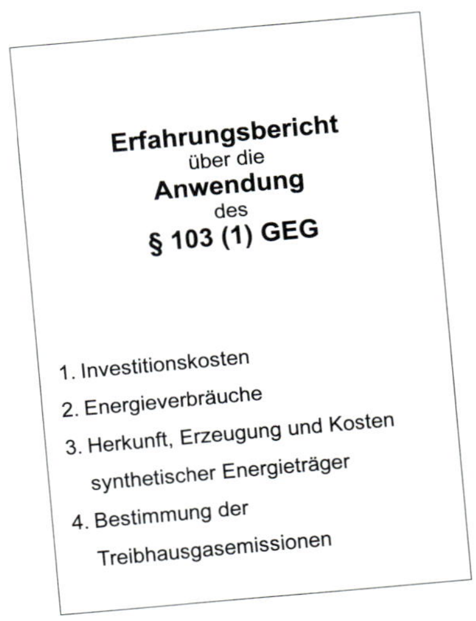

Erfahrungsbericht
über die
Anwendung
des
§ 103 (1) GEG

1. Investitionskosten
2. Energieverbräuche
3. Herkunft, Erzeugung und Kosten synthetischer Energieträger
4. Bestimmung der Treibhausgasemissionen

Zu § 103 (2)
Erfahrungsbericht über die Anwendung des § 103 (1) GEG

(3) Bis zum 31. Dezember 2025 können Bauherren oder Eigentümer bei Änderung ihrer Gebäude, die in räumlichem Zusammenhang stehen, eine Vereinbarung über die gemeinsame Erfüllung der Anforderungen nach § 50 Absatz 1 in Verbindung mit § 48 treffen, wenn sichergestellt ist, dass die von der Vereinbarung erfassten geänderten Gebäude in ihrer Gesamtheit die Anforderungen nach § 50 Absatz 1 erfüllen. Jedes geänderte Gebäude, das von der Vereinbarung erfasst wird, muss eine Mindestqualität der Anforderungen an die wärmeübertragende Umfassungsfläche einhalten. Die Mindestqualität nach Satz 2 gilt als erfüllt, wenn die Wärmedurchgangskoeffizienten der geänderten Außenbauteile jedes einzelnen Gebäudes die Höchstwerte der Wärmedurchgangskoeffizienten nach § 48 in Verbindung mit Anlage 7 um nicht mehr als 40 Prozent überschreiten.

(4) Einer Vereinbarung nach Absatz 3 muss eine einheitliche Planung zugrunde liegen, die eine Realisierung der Maßnahmen an allen von der Vereinbarung erfassten Gebäuden in einem zeitlichen Zusammenhang von nicht mehr als drei Jahren vorsieht. Der zuständigen Behörde ist die Vereinbarung anzuzeigen. § 107 Absatz 5 bis 7 ist entsprechend anzuwenden.

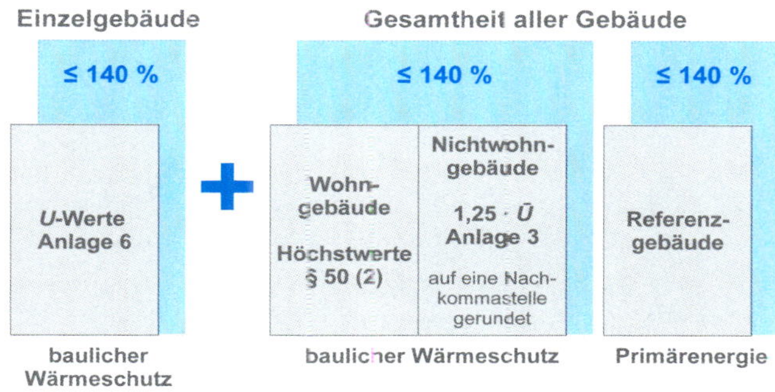

Zu § 103 (3)
Anforderungen bei gemeinsamer Erfüllung der Anforderungen nach § 50 (1) mehrerer Gebäude im räumlichen Zusammenhang

Zu § 103 (3) und (4)

In bestehenden zusammenhängenden Quartieren dürfen Bauherren und Eigentümer eine Vereinbarung über die gemeinsame Erfüllung der Anforderungen nach § 50 an den baulichen Wärmeschutz und den Jahres-Primärenergiebedarf ihrer Gebäude schließen. Dabei müssen der bauliche Wärmeschutz und der Jahres-Primärenergiebedarf aller Gebäude nach § 50 berechnet und im Mittel die Anforderungen des § 50 eingehalten werden. Zusätzlich muss jedes Einzelgebäude Mindestanforderungen an den baulichen Wärmeschutz erfüllen.

Der Vereinbarung über die gemeinsame Erfüllung der Anforderungen des § 50 muss eine einheitliche Planung zugrunde liegen, die sicherstellt, dass die Maßnahmen an allen Gebäuden innerhalb von 3 Jahren realisiert werden. Die Vereinbarung bedarf der Schriftform und ist der zuständigen Behörde auf Verlangen vorzulegen. Gehören alle Gebäude demselben Eigentümer, ist anstelle der Vereinbarung eine schriftliche Dokumentation der einheitlichen Planung vorzulegen.

Zu § 103 (3) und (4)

Achtung, die Einhaltung der Anforderungen an den baulichen Wärmeschutz und den Jahres-Primärenergiebedarf eines Gebäudes nach § 50 ist ein alternativer Nachweis der energetischen Verbesserung bei der Änderung von Außenbauteilen nach § 48. Die Anforderungen des § 50 sind immer optional. Es genügt grundsätzlich immer, die Anforderungen des § 48 an die *U*-Werte der veränderten Außenbauteile nach Maßgabe der Anlage 7 einzuhalten.

Teil 8
Besondere Gebäude, Bußgeldvorschriften, Anschluss- und Benutzungszwang

§ 104
Kleine Gebäude und Gebäude aus Raumzellen

Werden bei einem zu errichtenden kleinen Gebäude die für den Fall des erstmaligen Einbaus anzuwendenden Höchstwerte der Wärmedurchgangskoeffizienten der Außenbauteile nach § 48 eingehalten, gelten die Anforderungen des § 10 Absatz 2 als erfüllt. Satz 1 ist auf ein Gebäude entsprechend anzuwenden, das für eine Nutzungsdauer von höchstens fünf Jahren bestimmt und aus Raumzellen von jeweils bis zu 50 Quadratmetern Nutzfläche zusammengesetzt ist.

Zu § 104

Bei kleinen Gebäuden und Gebäuden aus Raumzellen müssen keine Anforderungen an

- den Jahres-Primärenergiebedarf,
- den spezifischen Transmissionswärmeverlust von Wohngebäuden,
- die mittleren Wärmedurchgangskoeffizienten von Nichtwohngebäuden und
- die anteilige Nutzung erneuerbarer Energien

eingehalten und nachgewiesen werden, wenn für alle Außenbauteile die Mindestanforderungen an die Wärmedurchgangskoeffizienten (*U*-Werte) bei erstmaligem Einbau gemäß Anlage 7 eingehalten werden.

Kleine Gebäude sind nach § 79 zudem von allen Anforderungen des Teils 5 an die Ausstellung und Verwendung von Energieausweisen befreit. Gebäude aus Raumzellen sind von der Ausstellung von Energieausweisen hingegen nicht befreit.

Zu § 104

Achtung, für kleine Gebäude und Gebäude aus Raumzellen gelten weiterhin die übrigen Anforderungen an zu errichtende Gebäude des Teils 2, Abschnitt 1:

- Anforderungen an den Mindestwärmeschutz nach § 11,
- Anforderungen an Wärmebrücken nach § 12,
- Anforderungen an die Dichtheit nach § 13 und
- Anforderungen an den sommerlichen Wärmeschutz nach § 14.

Werden Gebäude aus Raumzellen länger als 5 Jahre genutzt, müssen sie danach allen Anforderungen des GEG genügen. Für mobile Bauten nach § 2 (2) Nummer 6 gelten grundsätzlich nur die Anforderungen der §§ 74 bis 78 an die Inspektion von Klimaanlagen.

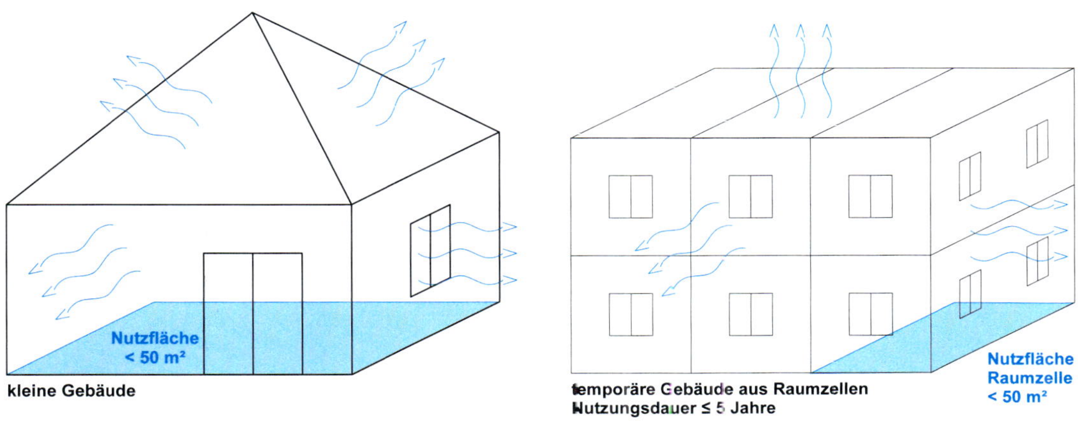

Zu § 104
An den Neubau kleiner Gebäude und temporärer Gebäude aus Raumzellen werden reduzierte Anforderungen gestellt, die keiner Gesamtbilanzierung der Gebäude bedürfen.

§ 105
Baudenkmäler und sonstige besonders erhaltenswerte Bausubstanz

Soweit bei einem Baudenkmal, bei auf Grund von Vorschriften des Bundes- oder Landesrechts besonders geschützter Bausubstanz oder bei sonstiger besonders erhaltenswerter Bausubstanz die Erfüllung der Anforderungen dieses Gesetzes die Substanz oder das Erscheinungsbild beeinträchtigt oder andere Maßnahmen zu einem unverhältnismäßig hohen Aufwand führen, kann von den Anforderungen dieses Gesetzes abgewichen werden.

Zu § 105
Baudenkmäler, besonders geschützte und sonstige erhaltenswerte Bausubstanz

Zu § 105

Ob ein Gebäude ein Denkmal, besonders geschützt oder ansonsten erhaltenswert ist, wird durch die zuständigen Behörden des Bundes, der Länder und der Kommunen z. B. in der Denkmalliste oder in Erhaltungssatzungen festgelegt. Die Abweichungen vom GEG aufgrund § 105 können dann ohne Antrag und Genehmigung erfolgen. Im Zweifelsfall wäre jedoch die Rechtmäßigkeit der Abweichung zu belegen. Daher ist eine Abstimmung mit der zuständigen Behörde im Vorfeld sinnvoll. Abweichungen sind jedoch nur für Anforderungen zulässig, die dem Schutzstatus entgegenstehen. Dem Schutzstatus nicht entgegenstehende Anforderungen sind einzuhalten. Auch sind Abweichungen nur zulässig, sofern die Erfüllung der Anforderungen des GEG die Substanz oder das Erscheinungsbild beeinträchtigt oder andere Maßnahmen zu einem unverhältnismäßig hohen Aufwand führen würden.

Baudenkmäler sind nach § 80 zudem von den Pflichten zur Vorlage und Übergabe von Energieausweisen bei Nutzer- oder Besitzerwechsel und zum Aushang von Energieausweisen in Gebäuden mit starkem Publikumsverkehr befreit.

§ 106
Gemischt genutzte Gebäude

Zu § 106

Bei gemischt genutzten Gebäuden ist zuerst festzustellen, ob es sich um ein Wohngebäude nach § 3 Nummer 33 oder um ein Nichtwohngebäude nach § 3 Nummer 23 handelt. Die gebäudetechnische Ausstattung oder wohnähnliche Nutzung spielen bei dieser Bestimmung keine Rolle. Ausschlaggebend für die Einstufung als Wohngebäude ist insbesondere der Wohnzweck, der zu mehr als 50 % überwiegen muss. Neben Wohnungen, Wohn-, Alten- oder Pflegeheimen sind beispielsweise Jugend-, Kinder- und Waisenheime oder andere Unterkunftseinrichtungen denkbar. Büros oder sonstige nicht zu Wohnzwecken genutzte Räume zählen nicht zu Wohngebäuden, egal welche technische Ausstattung sie haben.

Erst im zweiten Schritt ist für Wohngebäude zu prüfen, ob das Gebäude nach den Kriterien in § 106 (1) aufgeteilt werden muss. Im Falle von Nichtwohngebäuden sind analog die in § 106 (2) genannten Kriterien anzuwenden.

(1) Teile eines Wohngebäudes, die sich hinsichtlich der Art ihrer Nutzung und der gebäudetechnischen Ausstattung wesentlich von der Wohnnutzung unterscheiden und die einen nicht unerheblichen Teil der Gebäudenutzfläche umfassen, sind getrennt als Nichtwohngebäude zu behandeln.

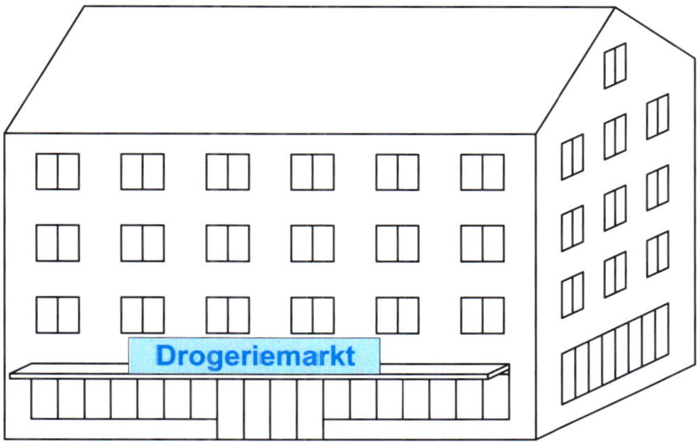

Zu § 106 (1)
Wohngebäude mit teilweiser Nichtwohnnutzung

Zu § 106 (1)

Wichtig ist hier die „und"-Verknüpfung der 3 Kriterien:

- wesentlicher Unterschied hinsichtlich der Art der Nutzung gegenüber der Wohnnutzung

und

- wesentlicher Unterschied hinsichtlich gebäudetechnischer Ausstattung gegenüber der in Wohnnutzungen

und

- nicht unerheblicher Teil der Gebäudenutzfläche.

Ist nur eines der 3 Kriterien nicht erfüllt, so ist das gesamte Gebäude als Wohngebäude zu behandeln. So führen z. B. typische in Wohnungen untergebrachte Nichtwohnnutzungen wie Kanzleien, Büros oder Praxen häufig nicht zu einer getrennten Behandlung als Nichtwohngebäude. Der Begriff „unerheblicher Anteil" ist nicht genau definiert. Flächenanteile bis 10 % können im Allgemeinen als unerheblich betrachtet werden. Darüber hinaus muss im Einzelfall entschieden werden.

Beispiel zu § 106 (1):

Die Abbildung zeigt einen Drogeriemarkt im EG mit RLT und Kühlung, darüber befinden sich 3 Etagen mit Wohnungen. Im EG besteht somit eine andere Nutzung UND eine andere gebäudetechnische Ausstattung UND ein erheblicher Flächenanteil. Das EG ist somit getrennt als Nichtwohngebäude zu bilanzieren. Befände sich im EG hingegen eine KiTa mit der gleichen gebäudetechnischen Ausstattung wie die Wohnungen darüber, wäre nicht zu trennen.

(2) Teile eines Nichtwohngebäudes, die dem Wohnen dienen und einen nicht unerheblichen Teil der Nettogrundfläche umfassen, sind getrennt als Wohngebäude zu behandeln.

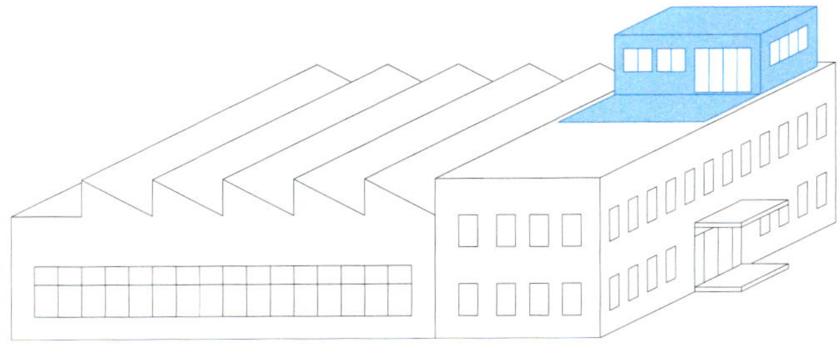

Zu § 106 (2)
Nichtwohngebäude mit teilweiser Wohnnutzung

Zu § 106 (2)

Im Gegensatz zu Wohngebäuden ist die getrennte Behandlung von Wohnnutzungen in Nichtwohngebäuden unabhängig von der gebäudetechnischen Ausstattung. Einziges Kriterium ist hier der nicht unerhebliche Anteil. Wohnnutzungen in Nichtwohngebäuden mit einem Anteil über 10 % der Nettogrundfläche werden daher in der Regel getrennt behandelt.

(3) Die Berechnung von Trennwänden und Trenndecken zwischen Gebäudeteilen richtet sich in den Fällen der Absätze 1 und 2 nach § 29 Absatz 1.

Zu § 106 (3)
Trennflächen zwischen Gebäudeteilen

Zu § 106 (3)

Werden Teile von Gebäuden getrennt als Wohn- und Nichtwohngebäude behandelt, so finden trennende Bauteile als wärmeübertragende Umfassungsfläche keine Berücksichtigung, wenn die Nichtwohnnutzung bestimmungsgemäß eine Solltemperatur von mindestens 19 °C aufweist. Dies ist in der Regel der Fall, wenn in der Nichtwohnnutzung sitzende Tätigkeiten ausgeführt werden wie z. B. in Büros, Schulen oder Gaststätten.

§ 107
Wärmeversorgung im Quartier

(1) In den Fällen des § 10 Absatz 2 oder des § 50 Absatz 1 in Verbindung mit § 48 können Bauherren oder Eigentümer, deren Gebäude in räumlichem Zusammenhang stehen, Vereinbarungen über eine gemeinsame Versorgung ihrer Gebäude mit Wärme oder Kälte treffen, um die jeweiligen Anforderungen nach § 10 Absatz 2 oder nach § 50 Absatz 1 in Verbindung mit § 48 zu erfüllen. Gegenstand von Vereinbarungen nach Satz 1 können insbesondere sein:

1. die Errichtung und der Betrieb gemeinsamer Anlagen zur zentralen oder dezentralen Erzeugung, Verteilung, Nutzung oder Speicherung von Wärme und Kälte aus erneuerbaren Energien oder Kraft-Wärme-Kopplung,
2. die gemeinsame Erfüllung der Anforderung nach **§ 71 Absatz 1,**
3. die Benutzung von Grundstücken, deren Betreten und die Führung von Leitungen über Grundstücke.

(2) Treffen Bauherren oder Eigentümer eine Vereinbarung nach Absatz 1, sind die Anforderungen nach § 10 Absatz 2 Nummer 1 und 2 und nach § 50 Absatz 1 in Verbindung mit § 48 für jedes Gebäude, das von der Vereinbarung erfasst wird, einzuhalten. § 103 Absatz 3 bleibt unberührt.

(3) Treffen Bauherren oder Eigentümer eine Vereinbarung zur gemeinsamen Erfüllung der Anforderung nach **§ 71 Absatz 1,** muss der Wärme- und Kälteenergiebedarf ihrer Gebäude insgesamt in einem Umfang durch Maßnahmen nach **§ 71 Absatz 1** gedeckt werden, der mindestens der Summe entspricht, die sich aus den einzelnen Deckungsanteilen nach **§ 71 Absatz 1** ergibt.

(4) Dritte, insbesondere Energieversorgungsunternehmen, können an Vereinbarungen im Sinne des Absatzes 1 beteiligt werden. § 22 bleibt unberührt.

(5) Die Vereinbarung ist der zuständigen Behörde auf Verlangen vorzulegen.

(6) Eine Vereinbarung im Sinne des Absatzes 1 bedarf der Schriftform, soweit nicht durch Rechtsvorschriften eine andere Form vorgeschrieben ist.

(7) Die Regelungen der Absätze 1 bis 5 sind entsprechend anwendbar, wenn die Gebäude, die im räumlichen Zusammenhang stehen und nach den Absätzen 1 bis 4 gemeinsam Anforderungen dieses Gesetzes erfüllen, einem Eigentümer gehören. An die Stelle der Vereinbarung nach Absatz 1 tritt eine schriftliche Dokumentation des Eigentümers, die der zuständigen Behörde auf Verlangen vorzulegen ist.

Zu § 107 (1)

Der Bilanzierungsrahmen der EnEV war bislang das Gebäude. Dieser wurde im GEG auf das Quartier ausgeweitet. Unter einem Quartier werden Gebäude verstanden, die in räumlichem Zusammenhang stehen. Werden diese über ein Netz gemeinsam mit Wärme oder Kälte versorgt und wird dies schriftlich zwischen den Parteien vereinbart, können sie gemeinsam die Erfüllung der Anforderungen zu den erneuerbaren Energien nach § 71 (1) nachweisen. Jedes einzelne Gebäude hat für sich die Anforderungen nach § 10 (2) Nummer 1 und 2 bzw. § 50 (1) in Verbindung mit § 48 einzuhalten. Die Anforderungen an den Primärenergiebedarf und den Wärmeschutz an die jeweiligen Gebäude bleiben also davon unberührt.

Diese Regelung ist in der Baupraxis an sich nichts Neues, denn die Versorgung mehrerer Gebäude mit einem gemeinsamen Nahwärmenetz ist gelebte Praxis. In der Bundesförderung effiziente Gebäude (BEG) werden diese Netze, sofern sie mit erneuerbaren Energien betrieben sind, umfangreich gefördert.

§ 108
Bußgeldvorschriften

(1) Ordnungswidrig handelt, wer vorsätzlich oder leichtfertig

1. entgegen § 15 Absatz 1, § 16, § 18 Absatz 1 Satz 1 oder § 19 ein dort genanntes Gebäude nicht richtig errichtet,
2. entgegen § 47 Absatz 1 Satz 1 nicht dafür sorgt, dass eine dort genannte Geschossdecke gedämmt ist,
3. entgegen § 48 Satz 1 eine dort genannte Maßnahme nicht richtig ausführt,
4. **entgegen § 60a Absatz 1 Satz 1 eine Wärmepumpe nicht oder nicht rechtzeitig einer Betriebsprüfung unterzieht,**
5. **entgegen § 60a Absatz 5 Satz 2 oder § 60b Absatz 5 Satz 2 eine Optimierungsmaßnahme nicht oder nicht rechtzeitig durchführt,**
6. **entgegen § 60b Absatz 1 Satz 1 oder Satz 2 eine Heizungsanlage nicht oder nicht rechtzeitig einer Heizungsprüfung unterzieht,**
7. **entgegen § 60c Absatz 1 ein Heizungssystem nicht oder nicht rechtzeitig hydraulisch abgleicht,**
8. entgegen § 61 Absatz 1 Satz 1 nicht dafür Sorge trägt, dass eine Zentralheizung mit einer dort genannten Einrichtung ausgestattet ist,
9. entgegen § 61 Absatz 2 eine dort genannte Ausstattung nicht, nicht richtig oder nicht rechtzeitig nachrüstet,
10. entgegen § 63 Absatz 1 Satz 1 nicht dafür Sorge trägt, dass eine heizungstechnische Anlage mit Wasser als Wärmeträger mit einer dort genannten Einrichtung ausgestattet ist,
11. entgegen **§ 69 oder § 70** nicht dafür Sorge trägt, dass die Wärmeabgabe oder Wärmeaufnahme dort genannter Leitungen oder Armaturen begrenzt wird,
12. **entgegen § 71 Absatz 2 Satz 3 eine Heizungsanlage nicht richtig einbaut, nicht richtig aufstellt oder nicht richtig betreibt,**
13. **entgegen § 71 Absatz 9 Satz 1 nicht sicherstellt, dass Wärme zu einem dort genannten Zeitpunkt mindestens in der dort genannten Menge mit einem dort genannten Brennstoff erzeugt wird,**
14. **entgegen § 71a Absatz 1 Satz 1, auch in Verbindung mit Satz 2, ein Nichtwohngebäude nicht, nicht richtig oder nicht rechtzeitig ausrüstet,**
15. **entgegen § 71b Absatz 1 Satz 3 oder Absatz 2 Satz 2 eine Bestätigung nicht, nicht richtig, nicht vollständig oder nicht rechtzeitig erbringt,**

Zu § 108
Ordnungswidrigkeiten nach § 108 (1) Nummer 1 bis 3, 8 bis 11 und 20 werden mit bis zu 50.000 € geahndet.

Zu § 108
Ordnungswidrigkeiten nach § 108 (1) Nummer 21 bis 28 werden mit bis zu 10.000 € geahndet.

Zu § 108
Ordnungswidrigkeiten nach § 108 (1) Nummer 4 bis 7, 12 bis 19 und 29 bis 32 werden mit bis zu 5.000 € geahndet.

16. **entgegen § 71d Absatz 1 oder Absatz 2 Satz 1 oder Satz 2 eine Stromdirektheizung einbaut oder aufstellt,**
17. **entgegen § 71f Absatz 1 Satz 1 nicht sicherstellt, dass mindestens 65 Prozent der mit der Anlage bereitgestellten Wärme aus den dort genannten Brennstoffen erzeugt werden,**
18. **entgegen § 71g Nummer 1 oder Nummer 2 nicht sicherstellt, dass die Nutzung der festen Biomasse in einem automatisch beschickten Biomasseofen mit Wasser als Wärmeträger oder einem Biomassekessel erfolgt und ausschließlich dort genannte Biomasse eingesetzt wird,**
19. **entgegen § 71h Absatz 1 Satz 1 oder Absatz 2 eine Wärmepumpen-Hybridheizung oder eine Solarthermie-Hybridheizung einbaut oder aufstellt oder betreibt,**
20. entgegen **§ 72 Absatz 1, 2 oder Absatz 4** einen Heizkessel betreibt,
21. entgegen § 74 Absatz 1 eine Inspektion nicht, nicht richtig oder nicht rechtzeitig durchführen lässt,
22. entgegen § 77 Absatz 1 eine Inspektion durchführt,
23. entgegen § 80 Absatz 1 Satz 2, auch in Verbindung mit Satz 3, nicht sicherstellt, dass ein Energieausweis oder eine Kopie übergeben wird,
24. entgegen § 80 Absatz 4 Satz 1 oder 4, jeweils auch in Verbindung mit Absatz 5, einen Energieausweis oder eine Kopie nicht, nicht richtig, nicht vollständig oder nicht rechtzeitig vorlegt,
25. entgegen § 80 Absatz 4 Satz 5, auch in Verbindung mit Absatz 5, einen Energieausweis oder eine Kopie nicht, nicht richtig, nicht vollständig oder nicht rechtzeitig übergibt,
26. entgegen § 83 Absatz 1 Satz 2 oder Absatz 3 Satz 1 nicht dafür Sorge trägt, dass dort genannte Daten richtig sind,
27. entgegen § 87 Absatz 1, auch in Verbindung mit Absatz 2, nicht sicherstellt, dass die Immobilienanzeige die dort genannten Pflichtangaben enthält,
28. entgegen § 88 Absatz 1 einen Energieausweis ausstellt,
29. entgegen § 96 Absatz 1 **oder Absatz 4** eine Bestätigung nicht, nicht richtig, nicht vollständig, nicht in der vorgeschriebenen Weise oder nicht rechtzeitig vornimmt,
30. entgegen § 96 Absatz 5 Satz 2 eine Abrechnung nicht oder nicht mindestens fünf Jahre aufbewahrt,
31. entgegen § 96 Absatz 6 Satz 1, auch in Verbindung mit Satz 2, eine Bescheinigung nicht, nicht richtig, nicht vollständig oder nicht rechtzeitig ausstellen lässt oder nicht, nicht richtig, nicht vollständig oder nicht rechtzeitig vorlegt oder

Zu § 108

Ordnungswidrigkeiten können nach § 108 mit einer Geldbuße von

- 50.000 € in Fällen der Nummern 1 bis 3, 8 bis 11 und 20,
- 10.000 € in Fällen der Nummern 21 bis 28 und
- 5.000 € in Fällen der Nummern 4 bis 7, 12 bis 19 und 29 bis 32

geahndet werden.

32. einer vollziehbaren Anordnung nach § 99 Absatz 6 Satz 1, auch in Verbindung mit Absatz 8, zuwiderhandelt.

(2) Die Ordnungswidrigkeit kann geahndet werden

1. in den Fällen des Absatzes 1 Nummer 1 bis 3, 8 bis 11 und 20 mit einer Geldbuße bis zu fünfzigtausend Euro,

2. in den Fällen des Absatzes 1 Nummer 21 bis 28 mit einer Geldbuße bis zu zehntausend Euro und

3. in den Fällen des Absatzes 1

a) Nummer 4 bis 7, 14, 15 und 29 bis 32,

b) Nummer 12, 13 und 16 bis 19

mit einer Geldbuße bis zu fünftausend Euro.

In den Fällen des Satzes 1 Nummer 3 Buchstabe b ist § 30 Absatz 2 Satz 3 des Gesetzes über Ordnungswidrigkeiten anzuwenden.

§ 109
Anschluss- und Benutzungszwang

Die Gemeinden und Gemeindeverbände können von einer Bestimmung nach Landesrecht, die sie zur Begründung eines Anschluss- und Benutzungszwangs an ein Netz der öffentlichen Fernwärme- oder Fernkälteversorgung ermächtigt, auch zum Zwecke des Klima- und Ressourcenschutzes Gebrauch machen.

Zu § 109

Die Regelung wurde bereits 2008 in das EEWärmeG aufgenommen und dann ins GEG übernommen. Maßgeblich ist bei deren Anwendung nicht das Wirtschaftlichkeitsgebot, sondern sie erlaubt es den Gemeinden – sofern es eine solche landesrechtliche Befugnis gibt –, einen Anschluss- und Benutzungszwang auch zum Zwecke des überörtlichen Klima- und Ressourcenschutzes anzuordnen. Aktuell werden bundesweit die Wärmepläne erstellt. Die Fristen bis 30. Juni 2026 für Kommunen über 100.000 Einwohner und bis 30. Juni 2028 in den kleineren Kommunen sind im Wärmeplanungsgesetz (WPG) festgelegt. Aus der Wärmeplanung folgt die Festlegung von Wärmenetzgebieten. Sobald die Wärmenetzgebiete ausgewiesen sind, sind die Regelungen nach § 71 (1), die Pflicht zum Einsatz erneuerbarer Energien, nach § 71j scharfgeschaltet. Damit ein Wärmenetz nach § 71b für einen Betreiber betriebswirtschaftlich sinnvoll darstellbar ist, wird eine entsprechende Anschlussdichte benötigt. Das Instrument des Anschluss- und Benutzerzwangs wird hierbei eine essenzielle Rolle spielen.

Nach einem Rechtsgutachten des Bundesverbands Wärmepumpe (BWP) vom April 2024 ist ein Anschluss- und Benutzungszwang grundsätzlich zulässig, wenn damit ein Gemeinwohlbelang wie Klimaschutz verfolgt werde. Nach dem Rechtsgrundsatz der Verhältnismäßigkeit ist es denkbar, dass eine Ausnahme abzulehnen wäre, wenn das gesamte Wärmenetz sonst unwirtschaftlich werden würde. Zum Anschluss- und Benutzungszwang sollten ausdrücklich Ausnahmen in der Satzung vorgesehen werden.

Zu § 109

Achtung, der Anschluss- und Benutzungszwang ist für Fernwärme- oder Fernkälteversorgung möglich, nicht jedoch für Wasserstoffnetze.

Teil 9
Übergangsvorschriften

§ 110
Anforderungen an Anlagen der Heizungs-, Kühl- und Raumlufttechnik sowie der Warmwasserversorgung und an Anlagen zur Nutzung erneuerbarer Energien

Die technischen Anforderungen dieses Gesetzes an Anlagen der Heizungs-, Kühl- und Raumlufttechnik sowie der Warmwasserversorgung und an Anlagen zur Nutzung erneuerbarer Energien gelten, solange und soweit ein Durchführungsrechtsakt auf der Grundlage der Richtlinie 2009/125/EG nicht etwas anderes vorschreibt.

Zu § 110

Die Richtlinie 2009/125/EG ist die sogenannte Ökodesign-Richtlinie. Sie hat in jedem Fall Vorrang vor den Anforderungen des GEG. Davon betroffene Anforderungen enthalten die §§ 61 (1), 64 bis 68, 71c, 71e und 71g.

§ 111
Allgemeine Übergangsvorschriften

(1) Die Vorschriften dieses Gesetzes sind nicht anzuwenden auf Vorhaben, welche die Errichtung, die Änderung, die **größere** Renovierung, die Erweiterung oder den Ausbau von Gebäuden zum Gegenstand haben, falls die Bauantragstellung oder der Antrag auf Zustimmung oder die Bauanzeige vor dem Inkrafttreten dieses Gesetzes erfolgte. Für diese Vorhaben sind die Bestimmungen der mit dem Inkrafttreten dieses Gesetzes zugleich abgelösten oder geänderten Rechtsvorschriften in den zum Zeitpunkt der Bauantragstellung oder des Antrags auf Zustimmung oder der Bauanzeige jeweils geltenden Fassungen weiter anzuwenden. Die Sätze 1 und 2 sind entsprechend anzuwenden auf alle Fälle nicht genehmigungsbedürftiger Vorhaben; für Vorhaben, die nach Maßgabe des Bauordnungsrechts der zuständigen Behörde zur Kenntnis zu geben sind, ist dabei auf den Zeitpunkt des Eingangs der Kenntnisgabe bei der zuständigen Behörde und für sonstige nicht genehmigungsbedürftige, insbesondere genehmigungs-, anzeige- und verfahrensfreie Vorhaben auf den Zeitpunkt des Beginns der Bauausführung abzustellen.

(2) Auf Vorhaben, welche die Errichtung, die Änderung, die **größere** Renovierung, die Erweiterung oder den Ausbau von Gebäuden zum Gegenstand haben, ist dieses Gesetz in der zum Zeitpunkt der Bauantragstellung, des Antrags auf Zustimmung oder der Bauanzeige geltenden Fassung anzuwenden. Satz 1 ist entsprechend anzuwenden auf alle Fälle nicht genehmigungsbedürftiger Vorhaben; für Vorhaben, die nach Maßgabe des Bauordnungsrechts der zuständigen Behörde zur Kenntnis zu geben sind, ist dabei auf den Zeitpunkt des Eingangs der Kenntnisgabe bei der zuständigen Behörde und für sonstige nicht genehmigungsbedürftige, insbesondere genehmigungs-, anzeige- und verfahrensfreie Vorhaben auf den Zeitpunkt des Beginns der Bauausführung abzustellen.

(3) Auf Verlangen des Bauherren ist abweichend von den Absätzen 1 und 2 das jeweils neue Recht anzuwenden, wenn über den Bauantrag oder über den Antrag auf Zustimmung oder nach einer Bauanzeige noch nicht bestandskräftig entschieden worden ist.

Zu § 111

Im Zuge von Baumaßnahmen sind immer die zum Zeitpunkt des Bauantrags, der Kenntnisgabe oder des Baubeginns geltenden Rechtsvorschriften in der jeweils dann geltenden Fassung anzuwenden. Bis zum 31. Dezember 2023 war dies das GEG in der Fassung vom 8. August 2020, das durch Artikel 18a des Gesetzes vom 20. Juli 2022 (BGBl. I S. 1237) geändert worden ist. Seit dem 1. Januar 2024 ist das GEG in der jeweils gültigen Fassung anzuwenden.

§§ 60b und 60c treten erst am 1. Oktober 2024 in Kraft. Sie sind Folgeregelungen der EnSimiMaV, die am 30. September 2024 außer Kraft tritt.

Der Heizungstausch ist in der Regel ein genehmigungsfreies Vorhaben. Ob die Anforderungen aus § 71 an die neue Heizung gelten, hängt vom Zeitpunkt des Beginns der Bauausführung ab, nicht vom Bestell- oder gar Angebotsdatum. Die Baumaßnahme ist unterbrechungsfrei durchzuführen und ist z. B. beim Heizungstausch innerhalb weniger Wochen abgeschlossen.

§ 112
Übergangsvorschriften für Energieausweise

(1) Wird nach dem 1. November 2020 ein Energieausweis gemäß § 80 Absatz 1, 2 oder Absatz 3 für ein Gebäude ausgestellt, auf das vor dem Inkrafttreten dieses Gesetzes geltende Rechtsvorschriften anzuwenden sind, ist in der Kopfzeile zumindest der ersten Seite des Energieausweises in geeigneter Form die angewandte Fassung der für den Energieausweis maßgeblichen Rechtsvorschrift anzugeben.

Zu § 112 (1)

Werden Energieausweise im Zuge von Baumaßnahmen ausgestellt, auf die nach § 111 vor dem GEG geltende Rechtsvorschriften anzuwenden sind, ist in der Kopfzeile zumindest der ersten Seite des Energieausweises in geeigneter Form die angewandte Fassung der für den Energieausweis maßgeblichen Rechtsvorschrift anzugeben. Die Ausstellung des Energieausweises erfolgt dann nach den Mustern der zum Zeitpunkt des Bauantrags, der Kenntnisgabe oder des Baubeginns geltenden Rechtsvorschriften, nicht nach den Rechtsvorschriften zum Zeitpunkt der Fertigstellung der Maßnahmen.

(2) Wird nach dem 1. November 2020 ein Energieausweis gemäß § 80 Absatz 3 Satz 1 oder Absatz 6 Satz 1 für ein Gebäude ausgestellt, sind die Vorschriften der Energieeinsparverordnung bis zum 1. Mai 2021 weiter anzuwenden.

Zu § 112 (2)

Energieausweise im Zuge eines Nutzer- oder Eigentümerwechsels gemäß § 80 (3) Satz 1 oder zum Aushang in Gebäuden mit starkem Publikumsverkehr gemäß (6) Satz 1 waren noch bis zum 1. Mai 2021 nach der EnEV 2013 auszustellen.

(3) § 87 ist auf Energieausweise, die nach dem 30. September 2007 und vor dem 1. Mai 2014 ausgestellt worden sind, mit den folgenden Maßgaben anzuwenden. Als Pflichtangabe nach § 87 Absatz 1 Nummer 2 ist in Immobilienanzeigen anzugeben:

1. bei Energiebedarfsausweisen für Wohngebäude der Wert des Endenergiebedarfs, der auf Seite 2 des Energieausweises gemäß dem bei Ausstellung maßgeblichen Muster angegeben ist,
2. bei Energieverbrauchsausweisen für Wohngebäude der Energieverbrauchskennwert, der auf Seite 3 des Energieausweises gemäß dem bei Ausstellung maßgeblichen Muster angegeben ist; ist im Energieverbrauchskennwert der Energieverbrauch für Warmwasser nicht enthalten, so ist der Energieverbrauchskennwert um eine Pauschale von 20 Kilowattstunden pro Jahr und Quadratmeter Gebäudenutzfläche zu erhöhen,
3. bei Energiebedarfsausweisen für Nichtwohngebäude der Gesamtwert des Endenergiebedarfs, der Seite 2 des Energieausweises gemäß dem bei Ausstellung maßgeblichen Muster zu entnehmen ist,
4. bei Energieverbrauchsausweisen für Nichtwohngebäude sowohl der Heizenergieverbrauchs- als auch der Stromverbrauchskennwert, die Seite 3 des Energieausweises gemäß dem bei Ausstellung maßgeblichen Muster zu entnehmen sind.

Bei Energieausweisen für Wohngebäude nach Satz 1, bei denen noch keine Energieeffizienzklasse angegeben ist, darf diese freiwillig angegeben werden, wobei sich die Klasseneinteilung gemäß § 86 aus dem Endenergieverbrauch oder dem Endenergiebedarf des Gebäudes ergibt.

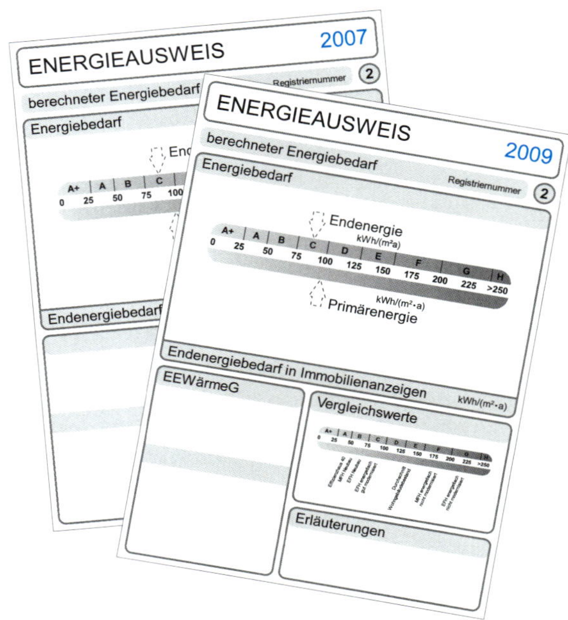

Zu § 112 (3)
Energieausweise nach EnEV 2007 und EnEV 2009

(4) In den Fällen des § 80 Absatz 4 und 5 sind begleitende Modernisierungsempfehlungen zu noch geltenden Energieausweisen, die nach Maßgabe der am 1. Oktober 2007 oder am 1. Oktober 2009 in Kraft getretenen Fassung der Energieeinsparverordnung ausgestellt worden sind, dem potenziellen Käufer oder Mieter zusammen mit dem Energieausweis vorzulegen und dem Käufer oder neuen Mieter mit dem Energieausweis zu übergeben; für die Vorlage und die Übergabe sind im Übrigen die Vorgaben des § 80 Absatz 4 und 5 entsprechend anzuwenden.

gültig bis 10 Jahre ab Ausstellungsdatum	Vorlage und Übergabe von Modernisierungsempfehlungen bei Verkauf und Vermietung	Angaben in Immobilienanzeigen
Energieausweise nach EnEV 2013	im Energieausweis enthalten	im Energieausweis enthalten
Energieausweise nach EnEV 2009 Energieausweise nach EnEV 2007	Modernisierungsempfehlungen sind potenziellen Käufern oder Mietern vorzulegen und bei Verkauf oder Vermietung zu übergeben. § 16 (2) ist entsprechend anzuwenden.	• Angaben nach § 112 (3) Satz 1 und 2 • Angabe der Energieeffizienzklasse freiwillig nach § 112 (3) Satz 4 und 5 möglich
Energieausweise nach EnEV 2004 und älter	Energieausweise sind ungültig	

Zu § 112 (3) und (4)
Gültigkeit und Verwendung von älteren Energieausweisen

§ 113
Übergangsvorschriften für Aussteller von Energieausweisen

(1) Zur Ausstellung von Energieausweisen für bestehende Wohngebäude nach § 80 Absatz 3 sind ergänzend zu § 88 auch Personen berechtigt, die vor dem 25. April 2007 nach Maßgabe der Richtlinie des Bundesministeriums für Wirtschaft und Technologie über die Förderung der Beratung zur sparsamen und rationellen Energieverwendung in Wohngebäuden vor Ort vom 7. September 2006 (BAnz S. 6379) als Antragsberechtigte beim Bundesamt für Wirtschaft und Ausfuhrkontrolle registriert worden sind.

(2) Zur Ausstellung von Energieausweisen für bestehende Wohngebäude nach § 80 Absatz 3 sind ergänzend zu § 88 auch Personen berechtigt, die am 25. April 2007 über eine abgeschlossene Berufsausbildung im Baustoff-Fachhandel oder in der Baustoffindustrie und eine erfolgreich abgeschlossene Weiterbildung zum Energiefachberater im Baustoff-Fachhandel oder in der Baustoffindustrie verfügt haben. Satz 1 ist entsprechend auf Personen anzuwenden, die eine solche Weiterbildung vor dem 25. April 2007 begonnen haben, nach erfolgreichem Abschluss der Weiterbildung.

(3) Zur Ausstellung von Energieausweisen für bestehende Wohngebäude nach § 80 Absatz 3 sind ergänzend zu § 88 auch Personen berechtigt, die am 25. April 2007 über eine abgeschlossene Fortbildung auf der Grundlage des § 42a der Handwerksordnung für Energieberatung im Handwerk verfügt haben. Satz 1 ist entsprechend auf Personen anzuwenden, die eine solche Fortbildung vor dem 25. April 2007 begonnen haben, nach erfolgreichem Abschluss der Fortbildung.

Zu § 113

Zur Ausstellungsberechtigung für Energieausweise durch BAFA-Energieberater, Energiefachberater im Baustofffachhandel und der Baustoffindustrie sowie Energieberater des Handwerks siehe auch Grafik zu § 88

§ 114
Übergangsvorschrift über die vorläufige Wahrnehmung von Vollzugsaufgaben der Länder durch das Deutsche Institut für Bautechnik

Bis zum Inkrafttreten der erforderlichen jeweiligen landesrechtlichen Regelungen zur Aufgabenübertragung nimmt das Deutsche Institut für Bautechnik vorläufig die Aufgaben des Landesvollzugs als Registrierstelle nach § 98 und als Kontrollstelle nach § 99 wahr. Die vorläufige Aufgabenwahrnehmung als Kontrollstelle nach Satz 1 bezieht sich nur auf die Überprüfung von Stichproben auf der Grundlage der in § 99 Absatz 4 Satz 1 Nummer 1 und 2 geregelten Optionen oder gleichwertiger Maßnahmen, soweit diese Aufgaben elektronisch durchgeführt werden können. Die Sätze 1 und 2 sind längstens fünf Jahre nach Inkrafttreten dieser Regelung anzuwenden.

§ 115
Übergangsvorschrift für Geldbußen

§ 108 Absatz 1 Nummer 12 und 16 bis 19, Absatz 2 Satz 1 Nummer 3 Buchstabe b und Satz 2 ist bis zum Ablauf der Fristen nach § 71 Absatz 8 nicht anzuwenden auf den Eigentümer eines Wohngebäudes mit nicht mehr als sechs Wohnungen, wenn dieser das Wohngebäude selber bewohnt.

Zu § 115

„Die Bußgeldtatbestände sind erst nach Ablauf der Übergangsvorschriften in § 71 Absatz 8 anzuwenden. Dies richtet sich entweder nach dem Datum der Entscheidung über die Ausweisung als Gebiet zum Neu- oder Ausbau eines Wärmenetzes oder als Wasserstoffnetzausbaugebiet oder nach Ablauf der in § 71 Absatz 8 Satz 1 oder 2 genannten Fristen." (Bundesdrucksache 20/7619, S. 96)

Anlage 1 (zu § 15 Absatz 1)

Technische Ausführung des Referenzgebäudes (Wohngebäude)

Nummer	Bauteile/Systeme	Referenzausführung/Wert(Maßeinheit)	
		Eigenschaft (zu den Nummern 1.1 bis 4)	
1.1	Außenwand (einschließlich Einbauten, wie Rollladenkästen), Geschossdecke gegen Außenluft	Wärmedurchgangskoeffizient	$U = 0{,}28\ W/(m^2 \cdot K)$
1.2	Außenwand gegen Erdreich, Bodenplatte, Wände und Decken zu unbeheizten Räumen	Wärmedurchgangskoeffizient	$U = 0{,}35\ W/(m^2 \cdot K)$
1.3	Dach, oberste Geschossdecke, Wände zu Abseiten	Wärmedurchgangskoeffizient	$U = 0{,}20\ W/(m^2 \cdot K)$
1.4	Fenster, Fenstertüren	Wärmedurchgangskoeffizient	$U_W = 1{,}3\ W/(m^2 \cdot K)$
		Gesamtenergiedurchlassgrad der Verglasung	Bei Berechnung nach • DIN V 4108-6: 2003-06: $g_\perp = 0{,}60$ • DIN V 18599-2: 2018-09: $g = 0{,}60$
1.5	Dachflächenfenster, Glasdächer und Lichtbänder	Wärmedurchgangskoeffizient	$U_W = 1{,}4\ W/(m^2 \cdot K)$
		Gesamtenergiedurchlassgrad der Verglasung	Bei Berechnung nach • DIN V 4108-6: 2003-06: $g_\perp = 0{,}60$ • DIN V 18599-2: 2018-09: $g = 0{,}60$
1.6	Lichtkuppeln	Wärmedurchgangskoeffizient	$U_W = 2{,}7\ W/(m^2 \cdot K)$
		Gesamtenergiedurchlassgrad der Verglasung	Bei Berechnung nach • DIN V 4108-6: 2003-06: $g_\perp = 0{,}64$ • DIN V 18599-2: 2018-09: $g = 0{,}64$
1.7	Außentüren; Türen gegen unbeheizte Räume	Wärmedurchgangskoeffizient	$U = 1{,}8\ W/(m^2 \cdot K)$

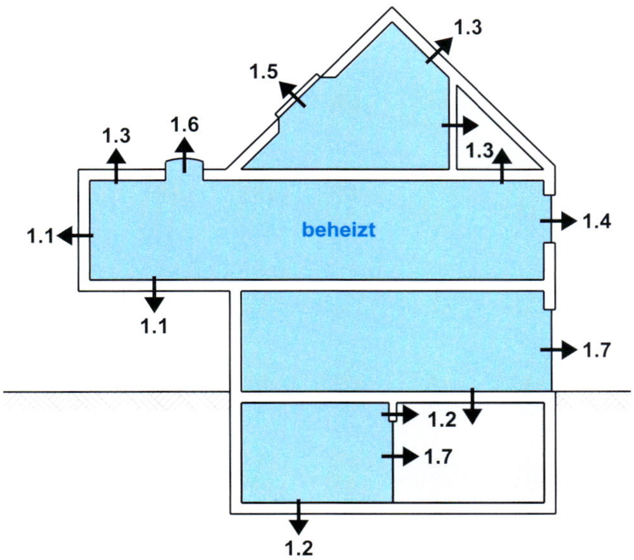

Zu Anlage 1 Tabelle 1
Bauteilzuordnung nach Anlage 1 Nummern 1.1 bis 1.7

Nummer	**Bauteile/Systeme**	**Referenzausführung/Wert(Maßeinheit)**	
		Eigenschaft (zu den Nummern 1.1 bis 4)	
2	Bauteile nach den Nummern 1.1 bis 1.7	Wärmebrückenzuschlag	$\Delta U_{WB} = 0{,}05\ W/(m^2 \cdot K)$
3	Solare Wärmegewinne über opake Bauteile	wie das zu errichtende Gebäude	
4	Luftdichtheit der Gebäudehülle	Bemessungswert n_{50}	Bei Berechnung nach • DIN V 4108-6: 2003-06: mit Dichtheitsprüfung • DIN V 18599-2: 2018-09: nach Kategorie I
5	Sonnenschutzvorrichtung	keine Sonnenschutzvorrichtung	
6	Heizungsanlage	• Wärmeerzeugung durch Brennwertkessel (verbessert, bei der Berechnung nach § 20 Absatz 1 nach 1994), Erdgas, Aufstellung: – für Gebäude bis zu 500 m² Gebäudenutzfläche innerhalb der thermischen Hülle – für Gebäude mit mehr als 500 m² Gebäudenutzfläche außerhalb der thermischen Hülle • Auslegungstemperatur 55/45 °C, zentrales Verteilsystem innerhalb der wärmeübertragenden Umfassungsfläche, innen liegende Stränge und Anbindeleitungen, Standard-Leitungslängen nach DIN V 4701-10: 2003-08 Tabelle 5.3-2, Pumpe auf Bedarf ausgelegt (geregelt, Δp const), Rohrnetz ausschließlich statisch hydraulisch abgeglichen • Wärmeübergabe mit freien statischen Heizflächen, Anordnung an normaler Außenwand, Thermostatventile mit Proportionalbereich 1 K nach DIN V 4701-10: 2003-08 bzw. P-Regler (nicht zertifiziert) nach DIN V 18599-5: 2018-09	
7	Anlage zur Warmwasserbereitung	• zentrale Warmwasserbereitung • gemeinsame Wärmebereitung mit Heizungsanlage nach Nummer 6 • bei Berechnung nach § 20 Absatz 1: allgemeine Randbedingungen gemäß DIN V 18599-8: 2018-09 Tabelle 6, Solaranlage mit Flachkollektor nach 1998 sowie Speicher ausgelegt gemäß DIN V 18599-8: 2018-09 Abschnitt 6.4.3 • bei Berechnung nach § 20 Absatz 2: Solaranlage mit Flachkollektor zur ausschließlichen Trinkwassererwärmung entsprechend den Vorgaben nach DIN V 4701-10: 2003-08 Tabelle 5.1-10 mit Speicher, indirekt beheizt (stehend), gleiche Aufstellung wie Wärmeerzeuger, – kleine Solaranlage bei $A_N \leq 500\ m^2$ (bivalenter Solarspeicher) – große Solaranlage bei $A_N > 500\ m^2$ • Verteilsystem mit Zirkulation, innerhalb der wärmeübertragenden Umfassungsfläche, innen liegende Stränge, gemeinsame Installationswand, Standard-Leitungslängen nach DIN V 4701-10: 2003-08 Tabelle 5.1-2	
8	Kühlung	keine Kühlung	
9	Lüftung	• zentrale Abluftanlage mit Außenwandluftdurchlässen (ALD), nicht bedarfsgeführt mit geregeltem DC-Ventilator, • DIN V 4701: 2003-08: Anlagen-Luftwechsel $n_A = 0{,}4\ h^{-1}$ • DIN-V 18599-10: 2018-09: nutzungsbedingter Mindestaußenluftwechsel n_{Nutz}: $0{,}5\ h^{-1}$	
10	Gebäudeautomation	Klasse C nach DIN V 18599-11: 2018-09	

Zu Anlage 1 Nummer 2

Wärmebrücken werden in der Energiebilanzierung als *U*-Wert-Zuschlag auf die Gesamtheit aller Bauteile der wärmeübertragenden Umfassungsfläche berücksichtigt. Ein pauschaler Wärmebrückenzuschlag von 0,05 W/(m² · K) kann angesetzt werden, wenn die Wärmebrücken nach DIN 4108 Beiblatt 2, Kategorie A, oder gleichwertig ausgeführt werden. Dazu ist ein Gleichwertigkeitsnachweis zu erbringen. Alternativ kann beim zu berechnenden Gebäude ein Wärmebrückenzuschlag

- von 0,03 W/(m² · K) bei Nachweis der Gleichwertigkeit zu DIN 4108 Beiblatt 2, Kategorie B, angesetzt,
- detailliert berechnet,
- von 0,15 W/(m² · K) bei Berechnungen nach DIN V 18599 für Gebäude mit Innendämmung und massiveinbindenden Deckenplatten angesetzt oder
- von 0,1 W/(m² · K) für alle anderen Gebäude ohne weiteren Nachweis angesetzt

werden.

Zu Anlage 1 Nummer 3

Solare Wärmegewinne über opake Bauteile entstehen bei Erwärmung von Bauteiloberflächen durch solare Einstrahlung. Durch die höhere Temperatur der Außenoberfläche des Bauteils sinkt die Temperaturdifferenz zwischen Innen- und Außenoberfläche des Bauteils und damit die Wärmetransmission.

Zu Anlage 1 Nummer 4

Für das Referenzgebäude ist die Luftdichtheit über eine Luftdichtheitsmessung nach Fertigstellung des Gebäudes nachgewiesen. Dabei sind die Anforderungen nach § 26 einzuhalten. Der messtechnische Nachweis dieser Anforderungen ist Voraussetzung dafür, dass reduzierte Lüftungsverluste bei der Berechnung des Primärenergiebedarfs angesetzt werden dürfen.

Zu Anlage 1 Nummer 5

Das Referenzgebäude wird nur beheizt. Während der Heizzeit eines Gebäudes wird kein Sonnenschutz benötigt. Die solaren Gewinne können bei gut wärmegedämmten Gebäuden wesentlich zur Beheizung beitragen.

Zum Nachweis des sommerlichen Wärmeschutzes bei Neubauten sowie Ausbauten und Erweiterungen über 50 m² Nutzfläche wird jedoch ein effektiver Sonnenschutz benötigt. Wird der Primärenergiebedarf eines gekühlten Gebäudes nach DIN V 18599 berechnet, muss die Verschattung auch in der Kühlenergiebilanz berücksichtigt werden.

Zu Anlage 1 Nummer 6 und 7

Die Wärmeerzeugung für Heizung und Warmwasser erfolgt im Referenzgebäude durch einen Gas-Brennwertkessel mit der Zuweisung „verbessert". „Verbessert" bedeutet in diesem Fall, dass der Kessel die in DIN V 18599 oder DIN V 4701-10 definierten besseren heizwertbezogenen Wirkungsgrade von ≥ 104 % aufweist. Die heute angebotenen Brennwertkessel erfüllen diese Anforderung in der Regel.

Die Längen der Verteilleitungen für Heizung und Trinkwarmwasser werden auch bei der Berechnung nach DIN V 18599 im Referenzgebäude immer entsprechend den Standardkennwerten des Tabellenverfahrens der DIN V 4701-10 angesetzt. Da die Standardwerte nach DIN V 18599 nicht den Standardkennwerten der DIN V 4701-10 entsprechen, weichen bei der Berechnung nach DIN V 18599 die Leitungslängen des Gebäudes trotz Anwendung von Standardleitungslängen teilweise stark von denen des Referenzgebäudes ab. Höhere Leitungslängen führen zu höherer Leitungsverlusten und höherem Primärenergiebedarf.

Als freie Heizflächen sind alle Arten von Heizkörpern anzusehen. Integrierte Heizflächen sind in Bauteile eingebaute Heizflächen wie Fußboden- oder Wandheizungen.

Zu Anlage 1 Nummer 8

Das Referenzgebäude wird nur beheizt, auch wenn das zu errichtende Gebäude gekühlt wird. Der Primärenergiebedarf zur Kühlung des Gebäudes muss also an anderer Stelle wieder eingespart werden, damit insgesamt der Primärenergiebedarf des ungekühlten Referenzgebäudes nicht überschritten wird.

Zu Anlage 1 Nummer 9

Die Abluftanlage des Referenzgebäudes ist in der Energiebilanz etwa gleichwertig zu einer Fensterlüftung (kontrollierte Stoßlüftung) anzusehen. Der Primärenergiebedarf der Ventilatoren wird in etwa durch die mit der Lüftungsanlage verbundene Reduktion der Lüftungsverluste ausgeglichen. Nach DIN 1946-6 ist für Neubauten ein Lüftungskonzept zu erstellen. In luftdichten Gebäuden entsprechend § 13 ist danach in der Regel eine lüftungstechnische Maßnahme erforderlich. Eine Abluftanlage wie im Referenzgebäude kann diese Anforderung der DIN 1946-6 erfüllen, führt jedoch nicht zu einer wesentlichen Reduktion der Lüftungswärmeverluste. Dazu wäre eine Zu-Abluft-Anlage mit Wärmerückgewinnung erforderlich.

Zu Anlage 1 Nummer 10

Nach § 25 (1) ist zur Berechnung des Jahres-Primärenergiebedarfs von Neubauten eine Gebäudeautomation der Klasse C anzusetzen. Das Referenzgebäude verhält sich damit zu dieser Vorgabe neutral. Wird das Gebäude mit einer besseren Gebäudeautomation der Klassen B oder A ausgestattet, darf diese den Berechnungen des Gebäudes zugrunde gelegt werden. Dadurch verbessert sich der Primärenergiebedarf im Verhältnis zum Referenzgebäude.

Anlage 2 (zu § 18 Absatz 1)

Technische Ausführung des Referenzgebäudes (Nichtwohngebäude)

Nummer	Bauteile/Systeme	Eigenschaft (zu den Nummern 1.1 bis 1.13)	Referenzausführung/Wert (Maßeinheit)	
			Raum-Solltemperaturen im Heizfall ≥ 19 °C	**Raum-Solltemperaturen im Heizfall von 12 bis < 19 °C**
1.1	Außenwand (einschließlich Einbauten, wie Rollladen- kästen), Geschossdecke gegen Außenluft	Wärmedurchgangskoeffizient	$U = 0{,}28\ W/(m^2 \cdot K)$	$U = 0{,}35\ W/(m^2 \cdot K)$
1.2	Vorhangfassade (siehe auch Nummer 1.14)	Wärmedurchgangskoeffizient	$U = 1{,}4\ W/(m^2 \cdot K)$	$U = 1{,}9\ W/(m^2 \cdot K)$
		Gesamtenergiedurchlassgrad der Verglasung	$g = 0{,}48$	$g = 0{,}60$
		Lichttransmissionsgrad der Verglasung	$\tau_{v,D65,SNA} = 0{,}72$	$\tau_{v,D65,SNA} = 0{,}78$
1.3	Wand gegen Erdreich, Bodenplatte, Wände und Decken zu unbeheizten Räumen (außer Abseitenwände nach Nummer 1.4)	Wärmedurchgangskoeffizient	$U = 0{,}35\ W/(m^2 \cdot K)$	$U = 0{,}35\ W/(m^2 \cdot K)$
1.4	Dach (soweit nicht unter Nummer 1.5), oberste Geschossdecke, Wände zu Abseiten	Wärmedurchgangskoeffizient	$U = 0{,}20\ W/(m^2 \cdot K)$	$U = 0{,}35\ W/(m^2 \cdot K)$
1.5	Glasdächer	Wärmedurchgangskoeffizient	$U_W = 2{,}7\ W/(m^2 \cdot K)$	$U_W = 2{,}7\ W/(m^2 \cdot K)$
		Gesamtenergiedurchlassgrad der Verglasung	$g = 0{,}63$	$g = 0{,}63$
		Lichttransmissionsgrad der Verglasung	$\tau_{v,D65,SNA} = 0{,}76$	$\tau_{v,D65,SNA} = 0{,}76$
1.6	Lichtbänder	Wärmedurchgangskoeffizient	$U_W = 2{,}4\ W/(m^2 \cdot K)$	$U_W = 2{,}4\ W/(m^2 \cdot K)$
		Gesamtenergiedurchlassgrad der Verglasung	$g = 0{,}55$	$g = 0{,}55$
		Lichttransmissionsgrad der Verglasung	$\tau_{v,D65,SNA} = 0{,}48$	$\tau_{v,D65,SNA} = 0{,}48$
1.7	Lichtkuppeln	Wärmedurchgangskoeffizient	$U_W = 2{,}7\ W/(m^2 \cdot K)$	$U_W = 2{,}7\ W/(m^2 \cdot K)$
		Gesamtenergiedurchlassgrad der Verglasung	$g = 0{,}64$	$g = 0{,}64$
		Lichttransmissionsgrad der Verglasung	$\tau_{v,D65,SNA} = 0{,}59$	$\tau_{v,D65,SNA} = 0{,}59$
1.8	Fenster, Fenstertüren (siehe auch Nummer 1.14)	Wärmedurchgangskoeffizient	$U_W = 1{,}3\ W/(m^2 \cdot K)$	$U_W = 1{,}9\ W/(m^2 \cdot K)$
		Gesamtenergiedurchlassgrad der Verglasung	$g = 0{,}60$	$g = 0{,}60$
		Lichttransmissionsgrad der Verglasung	$\tau_{v,D65,SNA} = 0{,}78$	$\tau_{v,D65,SNA} = 0{,}78$
1.9	Dachflächenfenster (siehe auch Nummer 1.14)	Wärmedurchgangskoeffizient	$U_W = 1{,}4\ W/(m^2 \cdot K)$	$U_W = 1{,}9\ W/(m^2 \cdot K)$
		Gesamtenergiedurchlassgrad der Verglasung	$g = 0{,}60$	$g = 0{,}60$
		Lichttransmissionsgrad der Verglasung	$\tau_{v,D65,SNA} = 0{,}78$	$\tau_{v,D65,SN}A = 0{,}78$
1.10	Außentüren; Türen gegen unbeheizte Räume; Tore	Wärmedurchgangskoeffizient	$U = 1{,}8\ W/(m^2 \cdot K)$	$U = 2{,}9\ W/(m^2 \cdot K)$
1.11	Bauteile in den Nummern 1.1 und 1.3 bis 1.10	Wärmebrückenzuschlag	$\Delta_{UWB} = 0{,}05\ W/(m^2 \cdot K)$	$\Delta_{UWB} = 0{,}1\ W/(m^2 \cdot K)$
1.12	Gebäudedichtheit	Kategorie nach DIN V 18599-2: 2018-09 Tabelle 7	Kategorie I	
1.13	Tageslichtversorgung bei Sonnen- oder Blendschutz oder bei Sonnen- und Blendschutz	Tageslichtversorgungsfaktor $C_{TL,Vers,SA}$ nach DIN V 18599-4: 2018-09	• kein Sonnen- oder Blendschutz vorhanden: 0,70 • Blendschutz vorhanden: 0,15	

Zu Anlage 2 Nummern 1.1 bis 1.7

Zu den Bauteilzuordnungen gilt die Abbildung zu Anlage 1 Tabelle 1 analog.

„Lichtbänder" nach Nummer 1.6 sind Dachlichtbänder mit Verglasungen aus Kunststoff bzw. Verglasungen in der Kombination von Kunststoffmaterialien und Glas nach DIN EN 14963 „Dachdeckungen – Dachlichtbänder aus Kunststoff mit oder ohne Aufsetzkränzen – Klassifizierung, Anforderungen und Prüfverfahren; Deutsche Fassung EN 14963:2006" (2006).

„Lichtkuppeln" nach Nummer 1.7 sind Lichtkuppeln mit Verglasungen aus Kunststoff bzw. Verglasungen in der Kombination von Kunststoffmaterialien und Glas nach DIN EN 1873 „Vorgefertigte Zubehörteile für Dachdeckungen – Lichtkuppeln aus Kunststoff – Produktspezifikation und Prüfverfahren; Deutsche Fassung EN 1873:2014—A1:2016" (2016).

„Glasdächer" nach Nummer 1.5 und „Dachflächenfenster" nach Nummer 1.9 sind Glaskonstruktionen in Dachflächen.

Zu Anlage 2 Nummer 1.11

Wärmebrücken werden in der Energiebilanzierung als *U*-Wert-Zuschlag auf alle Bauteile der wärmeübertragenden Umfassungsfläche berücksichtigt. Ein pauschaler Wärmebrückenzuschlag von 0,05 W/(m^2 · K) kann angesetzt werden, wenn die Wärmebrücken nach DIN 4108-2 oder gleichwertig zu Kategorie A ausgeführt werden.

Zu weiteren Möglichkeiten der Berücksichtigung von Wärmebrücken in der Energiebilanz eines Gebäudes siehe § 24.

Zu Anlage 2 Nummer 1.12

Das Referenzgebäude hält die Anforderung an die Gebäudedichtheit nach § 26 (2) und (3) ein. Das bedeutet, dass die Anforderungen an die Gebäudedichtheit entsprechend § 26 vor Fertigstellung des Gebäudes durch einen Luftdichtheitstest nachgewiesen sind.

<table>
<tr><th>Nummer</th><th>Bauteile/Systeme</th><th>Eigenschaft
(zu den Nummern 1.1 bis 1.13)</th><th colspan="2">Referenzausführung/Wert (Maßeinheit)</th></tr>
<tr><td></td><td colspan="2"></td><td>Raum-Solltemperaturen im Heizfall ≥ 19 °C</td><td>Raum-Solltemperaturen im Heizfall von 12 bis < 19 °C</td></tr>
<tr><td>1.14</td><td>Sonnenschutzvorrichtung</td><td colspan="3">Für das Referenzgebäude ist die tatsächliche Sonnenschutzvorrichtung des zu errichtenden Gebäudes anzunehmen; sie ergibt sich gegebenenfalls aus den Anforderungen zum sommerlichen Wärmeschutz nach § 14 oder aus Erfordernissen des Blendschutzes.
Soweit hierfür Sonnenschutzverglasung zum Einsatz kommt, sind für diese Verglasung folgende Kennwerte anzusetzen:
• anstelle der Werte der Nummer 1.2
– Gesamtenergiedurchlassgrad der Verglasung g: $g = 0{,}35$
– Lichttransmissionsgrad der Verglasung $\tau_{v,D65,SNA}$: $\tau_{v,D65,SNA} = 0{,}58$
• anstelle der Werte der Nummern 1.8 und 1.9:
– Gesamtenergiedurchlassgrad der Verglasung g: $g = 0{,}35$
– Lichttransmissionsgrad der Verglasung $\tau_{v,D65,SNA}$: $\tau_{v,D65,SNA} = 0{,}62$</td></tr>
<tr><td>2</td><td>Solare Wärmegewinne über opake Bauteile</td><td colspan="3">Wie beim zu errichtenden Gebäude</td></tr>
<tr><td>3.1</td><td>Beleuchtungsart</td><td colspan="3">direkt/indirekt mit elektronischem Vorschaltgerät und stabförmiger Leuchtstofflampe</td></tr>
<tr><td>3.2</td><td>Regelung der Beleuchtung</td><td colspan="3">Präsenzkontrolle:
– in Zonen der Nutzungen 4, 15 bis 19, 21 und 31*: mit Präsenzmelder
– im Übrigen: manuell
Konstantlichtkontrolle/tageslichtabhängige Kontrolle:
– in Zonen der Nutzungen 5, 9, 10, 14, 22.1 bis 22.3, 29, 37 bis 40*: Konstantlichtkontrolle gemäß DIN V 18599-4: 2018-09 Abschnitt 5.4.6
– in Zonen der Nutzungen 1 bis 4, 8, 12, 28, 31 und 36*: tageslichtabhängige Kontrolle, Kontrollart „gedimmt, nicht ausschaltend“ gemäß DIN V 18599-4: 2018-09 Abschnitt 5.5.4 (einschließlich Konstantlichtkontrolle)
– im Übrigen: manuell</td></tr>
<tr><td>4.1</td><td>Heizung (Raumhöhen ≤ 4 m)
– Wärmeerzeuger</td><td colspan="3">Brennwertkessel (verbessert, nach 1994) nach DIN V 18599-5: 2018-09, Erdgas, Aufstellung außerhalb der thermischen Hülle, Wasserinhalt > 0,15 l/kW</td></tr>
<tr><td>4.2</td><td>Heizung (Raumhöhen ≤ 4 m)
– Wärmeverteilung</td><td colspan="3">– <u>bei statischer Heizung und Umluftheizung (dezentrale Nachheizung in RLT- Anlage):</u>
Zweirohrnetz, außen liegende Verteilleitungen im unbeheizten Bereich, innen liegende Steigstränge, innen liegende Anbindeleitungen, Systemtemperatur 55/45 °C, ausschließlich statisch hydraulisch abgeglichen, Δp const, Pumpe auf Bedarf ausgelegt, Pumpe mit intermittierendem Betrieb, keine Überströmventile, für den Referenzfall sind die Rohrleitungslängen und die Umgebungstemperaturen gemäß den Standardwerten nach DIN V 18599-5: 2018-09 zu ermitteln.
– <u>bei zentralem RLT-Gerät:</u>
Zweirohrnetz, Systemtemperatur 70/55 °C, ausschließlich statisch hydraulisch abgeglichen, Δp const, Pumpe auf Bedarf ausgelegt, für den Referenzfall sind die Rohrleitungslängen und die Lage der Rohrleitungen wie beim zu errichtenden Gebäude anzunehmen.</td></tr>
<tr><td>4.3</td><td>Heizung (Raumhöhen ≤ 4 m)
– Wärmeübergabe</td><td colspan="3">– <u>bei statischer Heizung:</u>
freie Heizflächen an der Außenwand (bei Anordnung vor Glasflächen mit Strahlungsschutz), ausschließlich statisch hydraulisch abgeglichen, P-Regler (nicht zertifiziert), keine Hilfsenergie
– <u>bei Umluftheizung (dezentrale Nachheizung in RLT-Anlage):</u>
Regelgröße Raumtemperatur, hohe Regelgüte.</td></tr>
<tr><td>4.4</td><td>Heizung (Raumhöhen > 4 m)</td><td colspan="3"><u>Dezentrales Heizsystem:</u>
Wärmeerzeuger gemäß DIN V 18599-5: 2018-09 Tabelle 52:
– Dezentraler Warmlufterzeuger
– nicht kondensierend
– Leistung 25 bis 50 kW je Gerät
– Energieträger Erdgas
– Leistungsregelung 1 (einstufig oder mehrstufig/modulierend ohne Anpassung der Verbrennungsluftmenge)
Wärmeübergabe gemäß DIN V 18599-5: 2018-09 Tabelle 16 und Tabelle 22:
– Radialventilator, Auslass horizontal, ohne Warmluftrückführung, Raumtemperaturregelung P-Regler (nicht zertifiziert)</td></tr>
</table>

Zu Anlage 2 Nummer 3.2

Die Nutzungen

- Besprechung, Sitzung, Seminar,
- Küche – Vorbereitung, Lager,
- WC und Sanitärräume,
- sonstige Aufenthaltsräume,
- Nebenflächen ohne Aufenthaltsräume,
- Verkehrsflächen,
- Rechenzentrum und
- Turnhalle

sind im Referenzgebäude mit einer automatischen Beleuchtungssteuerung über Präsenzmelder ausgestattet. Diese reduziert den Energiebedarf für Beleuchtung im Referenzgebäude in erheblichem Maße.

In den Nutzungen

- Schalterhalle,
- Hörsaal, Auditorium,
- Bettenzimmer,
- Küche,
- gewerbliche und industrielle Hallen,
- Freihandbereich in Bibliotheken,
- Untersuchungs- und Behandlungsräume,
- Spezialpflegebereiche,
- Flure des allgemeinen Pflegebereichs sowie
- Arztpraxen und therapeutische Praxen

wird die benötigte künstliche Beleuchtung an den Tageslichteinfall angepasst, sofern eine dimmbare Beleuchtung im zu berechnenden Gebäude eingebaut ist.

In den Nutzungen

- Einzelbüro,
- Gruppenbüro mit 2 bis 6 Arbeitsplätzen,
- Großraumbüro,
- Besprechung, Sitzung, Seminar,
- Klassenzimmer und Gruppenraum,
- Kantine,
- Lesesaal in Bibliotheken,
- Turnhallen und
- Labore

erfolgt diese Anpassung der künstlichen Beleuchtung an den Tageslichteinfall immer über eine automatische tageslichtabhängige Dimmung der Beleuchtung auf eine konstante Beleuchtungsstärke, unabhängig von der Ausführung des Gebäudes.

Zu Anlage 2 Nummern 3.1 und 3.2

Achtung, Beleuchtung als wichtige Größe bei der energetischen Optimierung

Da die Beleuchtung aufgrund des hohen Primärenergiefaktors für Strom einen großen Anteil am Primärenergiebedarf des Gebäudes hat, kann die Beleuchtungsregelung eine tragende Rolle bei der energetischen Optimierung eines Gebäudes spielen.

Zu Anlage 2 Nummern 4.1 und 5.1

Die Wärmeerzeugung für Heizung in Räumen mit Raumhöhen bis 4 m und Warmwasser erfolgt im Referenzgebäude durch einen Gas-Brennwertkessel „verbessert". „Verbessert" bedeutet, dass der Heizkessel mindestens die Kesselwirkungsgrade bei Nennlast und Teillast der DIN V 18599-5 „Energetische Bewertung von Gebäuden – Berechnung des Nutz-, End- und Primärenergiebedarfs für Heizung, Kühlung, Lüftung, Trinkwarmwasser und Beleuchtung – Teil 5: Endenergiebedarf von Heizsystemen" (2018) für Brennwertkessel verbessert einhalten muss. Diese sind abhängig von der Nennleistung des Heizkessels. Die heute erhältlichen Brennwertkessel erfüllen in der Regel diese Mindestanforderung.

Nummer	Bauteile/Systeme	Eigenschaft (zu den Nummern 1.1 bis 1.13)	Referenzausführung/Wert (Maßeinheit)	
			Raum-Solltemperaturen im Heizfall ≥ 19 °C	**Raum-Solltemperaturen im Heizfall von 12 bis < 19 °C**
5.1	Warmwasser – zentrales System	Wärmeerzeuger: allgemeine Randbedingungen gemäß DIN V 18599-8: 2018-09 Tabelle 6, Solaranlage mit Flachkollektor (nach 1998) zur ausschließlichen Trinkwassererwärmung nach DIN V 18599-8: 2018-09 mit Standardwerten gemäß Tabelle 19 bzw. Abschnitt 6.4.3, jedoch abweichend auch für zentral warmwasserversorgte Nettogrundflächen über 3 000 m^2 Restbedarf über Wärmeerzeuger der Heizung Wärmespeicherung: bivalenter, außerhalb der thermischen Hülle aufgestellter Speicher nach DIN V 18599-8: 2018-09 Abschnitt 6.4.3 Wärmeverteilung: mit Zirkulation, für den Referenzfall sind die Rohrleitungslänge und die Lage der Rohrleitungen wie beim zu errichtenden Gebäude anzunehmen.		
5.2	Warmwasser – dezentrales System	hydraulisch geregelter Elektro-Durchlauferhitzer, eine Zapfstelle und 6 Meter Leitungslänge pro Gerät bei Gebäudezonen, die einen Warmwasserbedarf von höchstens 200 Wh / ($m^2 \cdot d$) aufweisen		
6.1	Raumlufttechnik – Abluftanlage	spezifische Leistungsaufnahme Ventilator P_{SFP} = 1,0 kW/(m^3/s)		
6.2	Raumlufttechnik – Zu- und Abluftanlage	– Luftvolumenstromregelung: Soweit für Zonen der Nutzungen 4, 8, 9, 12, 13, 23, 24, 35, 37 und 40* eine Zu- und Abluftanlage vorgesehen wird, ist diese mit bedarfsabhängiger Luftvolumenstromregelung Kategorie IDA-C4 gemäß DIN V 18599-7: 2018-09 Abschnitt 5.8.1 auszulegen. – Spezifische Leistungsaufnahme: – Zuluftventilator P_{SFP} = 1,5 kW/(m^3/s) – Abluftventilator P_{SFP} = 1,0 kW/(m^3/s) Erweiterte P_{SFP}-Zuschläge nach DIN EN 16798-3: 2017-11 Abschnitt 9.5.2.2 können für HEPA-Filter, Gasfilter sowie Wärmerückführungsbauteile der Klassen H2 oder H1 nach DIN EN 13053:2007-11 angerechnet werden. – Wärmerückgewinnung über Plattenwärmeübertrager: Temperaturänderungsgrad $\eta_{t,comp}$ = 0,6 Zulufttemperatur 18 °C Druckverhältniszahl f_P = 0,4 – Luftkanalführung: innerhalb des Gebäudes – bei Kühlfunktion: Auslegung für 6/12 °C, keine indirekte Verdunstungskühlung		
6.3	Raumlufttechnik – Luftbefeuchtung	für den Referenzfall ist die Einrichtung zur Luftbefeuchtung wie beim zu errichtenden Gebäude anzunehmen		
6.4	Raumlufttechnik – Nur-Luft-Klimaanlagen	als kühllastgeregeltes Variabel-Volumenstrom-System ausgeführt: Druckverhältniszahl: f_P = 0,4 konstanter Vordruck Luftkanalführung: innerhalb des Gebäudes		
7	Raumkühlung	– Kältesystem: Kaltwasser-Ventilatorkonvektor, Brüstungsgerät Kaltwassertemperatur 14/18 °C – Kaltwasserkreis Raumkühlung: Überströmung 10 % spezifische elektrische Leistung der Verteilung $P_{d,spez}$ = 30 $W_{el}/kW_{Kälte}$ hydraulisch abgeglichen, geregelte Pumpe, Pumpe hydraulisch entkoppelt, saisonale sowie Nacht- und Wochenendabschaltung nach DIN V 18599-7: 2018-09, Anhang D		

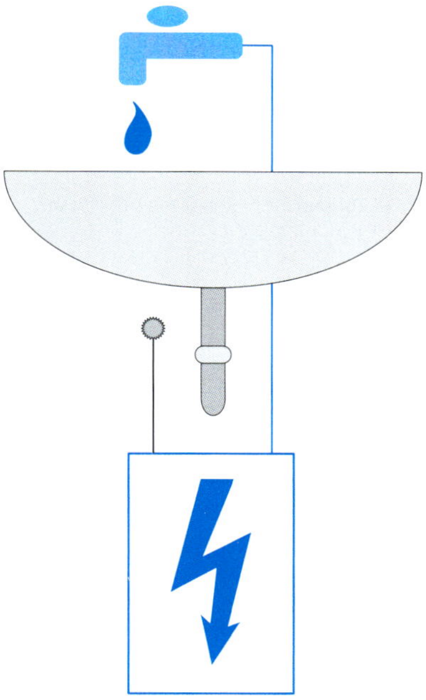

Zu Anlage 2 Nummer 5.2
Achtung, Beschränkung der dezentralen Warmwasserbereitung im Referenzgebäude

Zu Anlage 2 Nummer 5.2

Eine dezentrale Warmwasserbereitung darf im Referenzgebäude nur angesetzt werden, wenn der Warmwasserbedarf des Gebäudes weniger als 0,2 kWh/ ($m^2 \cdot d$) beträgt. Dies entspricht etwa 5 l Warmwasser je m^2 und Tag bei einer Zapftemperatur von 45 °C. Unter diesem Wert liegen z. B. Bürogebäude, Werkstätten, Kaufhäuser und Schulen ohne Dusche. Der Warmwasserbedarf darf nicht individuell bestimmt werden, sondern ist nach DIN V 18599-10 nutzungsabhängig anzusetzen. Bei höherem Warmwasserbedarf hat das Referenzgebäude immer eine zentrale Warmwasserbereitung mit thermischer Solaranlage.

Zu Anlage 2 Nummern 6.1 bis 6.4

Zu-Abluft-Anlagen in den Nutzungen

- Besprechung, Sitzungszimmer, Seminar,
- Klassenzimmer, Gruppenraum,
- Hörsaal, Auditorium,
- Kantine,
- Restaurant,
- Zuschauerbereich und Foyer in Theater- und Veranstaltungsbauten,
- Fitnessräume,
- Untersuchungs- und Behandlungsräume sowie
- Arztpraxen und therapeutische Praxen

sind im Referenzgebäude bedarfsgeregelt. Dabei wird der personenabhängige Anteil des Luftvolumenstroms automatisch über Sensoren (Präsenzmelder, Personenzähler, Gassensoren o. Ä.) geregelt.

<table>
<tr><th>Nummer</th><th>Bauteile/Systeme</th><th>Eigenschaft
(zu den Nummern 1.1 bis 1.13)</th><th colspan="2">Referenzausführung/Wert (Maßeinheit)</th></tr>
<tr><th></th><th colspan="2"></th><th>Raum-Solltemperaturen im Heizfall ≥ 19 °C</th><th>Raum-Solltemperaturen im Heizfall von 12 bis < 19 °C</th></tr>
<tr><td>8</td><td>Kälteerzeugung</td><td colspan="3">Erzeuger:
Kolben/Scrollverdichter mehrstufig schaltbar, R134a, außenluftgekühlt, kein Speicher, Baualterfaktor $f_{c,B} = 1{,}0$, Freikühlfaktor $f_{FC} = 1{,}0$
Kaltwassertemperatur:
– bei mehr als 5 000 m² mittels Raumkühlung konditionierter Nettogrundfläche, für diesen Konditionierungsanteil 14/18 °C
– im Übrigen: 6/12 °C
Kaltwasserkreis Erzeuger inklusive RLT-Kühlung:
Überströmung 30 %
spezifische elektrische Leistung der Verteilung $P_{d,\,spez} = 20\ W_{el}/kW_{Kälte}$
hydraulisch abgeglichen,
ungeregelte Pumpe, Pumpe hydraulisch entkoppelt,
saisonale sowie Nacht- und Wochenendabschaltung nach DIN V 18599-7: 2018-09, Anhang D,
Verteilung außerhalb der konditionierten Zone.
Der Primärenergiebedarf für das Kühlsystem und die Kühlfunktion der raumlufttechnischen Anlage darf für Zonen der Nutzungen 1 bis 3, 8, 10, 16, 18 bis 20 und 31* nur zu 50 % angerechnet werden.</td></tr>
<tr><td>9</td><td>Gebäudeautomation</td><td colspan="3">Klasse C nach DIN V 18599-11: 2018-09</td></tr>
<tr><td colspan="5">* Nutzungen nach Tabelle 5 der DIN V 18599-10: 2018-09.</td></tr>
</table>

Zu Anlage 2 Nummer 8

Der Primärenergiebedarf zur Kühlung des Referenzgebäudes wird in den Nutzungen

- Einzelbüro,
- Gruppenbüro mit 2 bis 6 Arbeitplätzen,
- Großraumbüro,
- Klassenzimmer, Gruppenraum,
- Bettenraum
- WC und Sanitärräume,
- sonstige Aufenthaltsräume,
- Nebenflächen ohne Aufenthaltsräume,
- Verkehrsflächen,
- Lager, Technik, Archiv und
- Turnhallen

halbiert. Dadurch reduzieren sich der Jahres-Primärenergiebedarf im Referenzgebäude und der zulässige Höchstwert des Jahres-Primärenergiebedarfs. Also muss die Hälfte des Kühlenergiebedarfs des Referenzgebäudes beim zu errichtenden Gebäude durch eine effizientere Kühlung oder beliebige andere Maßnahmen eingespart werden. Dazu eignet sich insbesondere auch die Nutzung von anrechenbarem Photovoltaikstrom nach § 23. Die Nutzung von Photovoltaikstrom zur Kühlung ist in der Regel sehr wirtschaftlich, da eine hohe Zeitgleichheit von Ertrag zu Bedarf besteht.

Anlage 3 (zu § 19)

Höchstwerte der mittleren Wärmedurchgangskoeffizienten der wärmeübertragenden Umfassungsfläche (Nichtwohngebäude)

Nummer	Bauteile	Höchstwerte der Mittelwerte der Wärmedurchgangskoeffizienten	
		Zonen mit Raum- Solltemperaturen im Heizfall ≥ 19 °C	**Zonen mit Raum-Solltemperaturen im Heizfall von 12 bis < 19 °C**
1	Opake Außenbauteile, soweit nicht in Bauteilen der Nummern 3 und 4 enthalten	$\bar{U}$ = 0,28 W/(m² · K)	$\bar{U}$ = 0,50 W/(m² · K)
2	Transparente Außenbauteile, soweit nicht in Bauteilen der Nummern 3 und 4 enthalten	$\bar{U}$ = 1,5 W/(m² · K)	$\bar{U}$ = 2,8 W/(m² · K)
3	Vorhangfassade	$\bar{U}$ = 1,5 W/(m² · K)	$\bar{U}$ = 3,0 W/(m² · K)
4	Glasdächer, Lichtbänder, Lichtkuppeln	$\bar{U}$ = 2,5 W/(m² · K)	$\bar{U}$ = 3,1 W/(m² · K)

Bei der Berechnung des Mittelwerts des jeweiligen Bauteils sind die Bauteile nach Maßgabe ihres Flächenanteils zu berücksichtigen. Die Wärmedurchgangskoeffizienten von Bauteilen gegen unbeheizte Räume (außer Dachräumen) oder Erdreich sind zusätzlich mit dem Faktor 0,5 zu gewichten. Bei der Berechnung des Mittelwerts der an das Erdreich angrenzenden Bodenplatten bleiben die Flächen unberücksichtigt, die mehr als 5 Meter vom äußeren Rand des Gebäudes entfernt sind. Die Berechnung ist für Zonen mit unterschiedlichen Raum-Solltemperaturen im Heizfall getrennt durchzuführen.

Für die Berechnung des Wärmedurchgangskoeffizienten der an Erdreich grenzenden Bauteile ist DIN V 18599-2: 2018-09 Abschnitt 6.1.4.3 und für opake Bauteile ist DIN 4108-4: 2017-03 in Verbindung mit DIN EN ISO 6946: 2008-04 anzuwenden. Für die Berechnung des Wärmedurchgangskoeffizienten transparenter Bauteile sowie von Vorhangfassaden ist DIN 4108-4: 2017-03 anzuwenden.

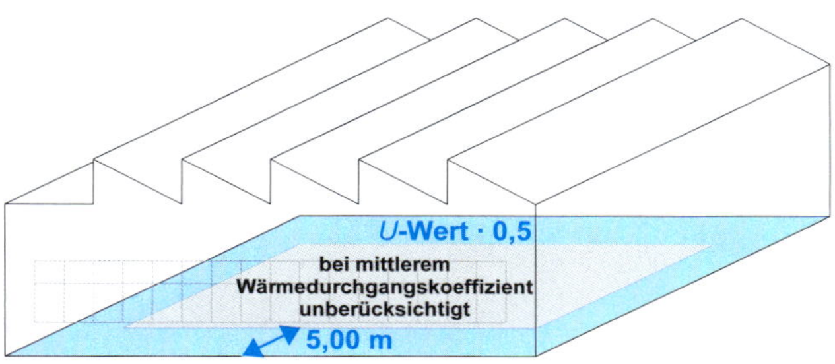

Zu Anlage 3
Eingeschränkte Berücksichtigung von Bodenplatten im mittleren Wärmedurchgangskoeffizienten

Zu Anlage 3

Nach DIN V 18599-2, Abschnitt 6.1.4.3, sind die Wärmedurchgangskoeffizienten der an Erdreich grenzenden Bauteile nach DIN EN ISO 6946 zu bestimmen. Eine Berechnung der thermischen Leitwerte nach DIN EN ISO 13370 „Wärmetechnisches Verhalten von Gebäuden – Wärmeübertragung über das Erdreich – Berechnungsverfahren (ISO 13370:2017); Deutsche Fassung EN ISO 13370:2017" (2018) ist für die Ermittlung der mittleren Wärmedurchgangskoeffizienten nicht zulässig, da diese bereits eine Temperaturkorrektur enthält. Für die Berechnung des Jahres-Primärenergiebedarfs darf diese Norm jedoch angewendet werden. Gegen unbeheizte Räume und Erdreich sind die *U*-Werte mit dem Temperaturkorrekturfaktor 0,5 zu reduzieren.

Bei Bodenplatten müssen zur Ermittlung der mittleren Wärmedurchgangskoeffizienten nur die äußeren 5 m der Bodenplatte berücksichtigt werden. Dies entspricht der Praxis, große Bodenplatten nicht vollständig, sondern nur mit einem „Randdämmstreifen" wärmezudämmen.

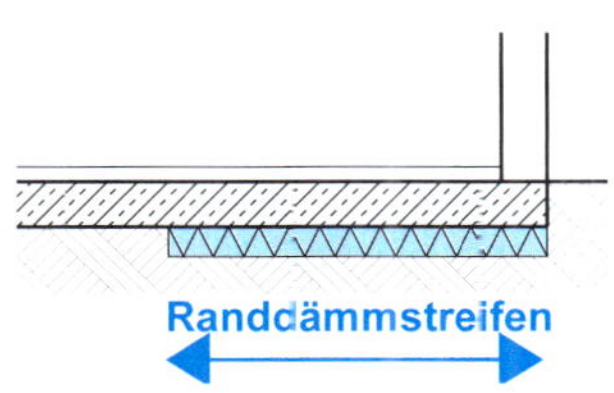

Zu Anlage 3
Randdämmstreifen in Bodenplatten

Damit der Randdämmstreifen für den mittleren Wärmedurchgangskoeffizienten Wirkung entfalten kann, muss er im *U*-Wert des Bauteils berücksichtigt sein. Bei der Berechnung des Jahres-Primärenergiebedarfs ist dies jedoch nicht der Fall. Hier wird der Randdämmstreifen über einen Temperaturkorrekturfaktor oder den thermischen Leitwert der Bodenplatte berücksichtigt. Der *U*-Wert der Bodenplatte wird in diesem Fall immer ohne die Wärmedämmung im Randdämmstreifen ermittelt. Für die Berechnung des mittleren $\bar{U}$-Wertes muss der *U*-Wert im Bereich des Randdämmstreifens daher separat mit Wärmedämmung ermittelt werden.

Anlage 4 (zu § 22 Absatz 1)

Primärenergiefaktoren

Nummer	Kategorie	Energieträger	Primärenergiefaktoren nicht erneuerbarer Anteil
1	Fossile Brennstoffe	Heizöl	1,1
2		Erdgas	1,1
3		Flüssiggas	1,1
4		Steinkohle	1,1
5		Braunkohle	1,2
6	Biogene Brennstoffe	Biogas	1,1
7		Bioöl	1,1
8		Holz	0,2
9	Strom	netzbezogen	1,8
10		gebäudenah erzeugt (aus Photovoltaik oder Windkraft)	0,0
11		Verdrängungsstrommix für KWK	2,8
12	Wärme, Kälte	Erdwärme, Geothermie, Solarthermie, Umgebungswärme	0,0
13		Erdkälte, Umgebungskälte	0,0
14		Abwärme	0,0
15		Wärme aus KWK, gebäudeintegriert oder gebäudenah	nach Verfahren B gemäß DIN V 18599-9: 2018-09 Abschnitt 5.2.5 oder DIN V 18599-9: 2018-09 Abschnitt 5.3.5.1
16	Siedlungsabfälle		0,0

Zu Anlage 4

Unter Berücksichtigung von § 22 ergibt sich folgende konsolidierte Tabelle:

Energieträger[1]		**Primärenergiefaktoren f_P**
Brennstoffe	Heizöl/Bioöl	1,1
	Erdgas/Biogas	1,1
	Flüssiggas fossil	1,1
	Steinkohle	1,1
	Braunkohle	1,2
Biomasse flüssig bzw. gasförmig[2]	Erzeugung in räumlichem Zusammenhang	0,3
	Biomethan/biogenes Flüssiggas in Brennwertkessel	0,7
	Biomethan/biogenes Flüssiggas in hocheffizienten KWK-Anlagen	0,5
	Holz	0,2
Nah-/Fernwärme	Werte vom Netzbetreiber	DIN V 18599-1 ≥ 0,3[3]
Strom	netzbezogen	1,8
	für Großwärmepumpen in Wärmenetzen	1,2
	gebäudenah erzeugt (aus Photovoltaik oder Windkraft)	0,0
	Verdrängungsstrommix für Kraft-Wärme-Kopplung	2,8
Wärme, Kälte	Erdwärme, Geothermie, Solarthermie, Umgebungswärme	0,0
	Erdkälte, Umgebungskälte	0,0
	Abwärme	0,0
	Wärme aus Kraft-Wärme-Kopplung gebäudeintegriert oder gebäudenah[2]	DIN V 18599-9[4]
Siedlungsabfälle		0,0

1) Bezugsgröße Endenergie: Heizwert H_i

2) weitere Anforderungen nach § 22 GEG

3) Berechnungsverfahren nach DIN V 18599-1, Anhang A, Abschnitt A.4 mit den Primärenergiefaktoren der Anlage 4 GEG, f_P nicht kleiner als 0,3 abzüglich EE-Bonus; alternativ für Kraft-Wärme-Kopplung fossil 0,7, Heizwerk fossil 1,3 laut Tabelle A.1 der DIN V 18599-1

4) nach Verfahren B gemäß DIN V 18599-9, Abschnitt 5.2.5 oder Abschnitt 5.3.5.1; oder pauschal 0,6, wenn hocheffiziente KWK-Anlage nach KWKG

Die Primärenergiefaktoren beziehen sich rein auf den nicht regenerativen Teil des Brennstoffs oder Energieträgers. Ein Primärenergiefaktor von null ist nicht in jedem Fall gleichzusetzen mit 100 % erneuerbaren Energien.

Im Rahmen des Erneuerbare-Energien-Nachweises für die Bundesförderung effiziente Gebäude BEG zählen hingegen als erneuerbare Energien z. B. keine Abwärme oder Siedlungsabfälle, sondern ausschließlich:

a) Nutzung von Solarthermie,
b) eigene Erzeugung und Nutzung von Strom aus erneuerbaren Energien zur Wärmeerzeugung, ausgenommen Stromdirektheizungen auf der Basis von Festkörperwärmespeichern,
c) Nutzung von Geothermie/Umweltwärme/Abwärme mittels Wärmepumpe,
d) Verfeuerung fester Biomasse,
e) Verfeuerung direkt bezogener gasförmiger Biomasse; über das Erdgasnetz bezogenes Biomethan ist ausschließlich bei KWK-Anlagen hinreichend und kann nur dort angerechnet werden,
f) Anschluss an Wärme- oder Gebäudenetze, die zu mehr als 55 % durch die Arten der Wärmeerzeugung nach den Buchstaben a) bis e) gespeist werden.

Anlage 5 (zu § 31 Absatz 1)

Vereinfachtes Nachweisverfahren für ein zu errichtendes Wohngebäude

1. Voraussetzungen für die Anwendung des vereinfachten Nachweisverfahrens

Das vereinfachte Nachweisverfahren nach § 31 Absatz 1 kann auf ein zu errichtendes Wohngebäude angewendet werden, wenn sämtliche der folgenden Voraussetzungen erfüllt sind:

a) Das Gebäude ist ein Wohngebäude im Sinne des § 3 Nummer 33; wird ein gemischt genutztes Gebäude nach § 106 Absatz 1 oder Absatz 2 in zwei Gebäudeteile aufgeteilt, kann das vereinfachte Nachweisverfahren nach § 31 Absatz 1 bei Erfüllung aller anderen Voraussetzungen auf den Wohngebäudeteil angewendet werden.

b) Das Gebäude darf nicht mit einer Klimaanlage ausgestattet sein.

c) Die Dichtheit des Gebäudes ist nach § 26 zu prüfen und muss die dort genannten Grenzwerte einhalten.

d) Damit der sommerliche Wärmeschutz auch ohne Nachweisrechnung als ausreichend angesehen werden kann, muss das Gebäude folgende Voraussetzungen erfüllen:

   aa) beim kritischen Raum (Raum mit der höchsten Wärmeeinstrahlung im Sommer) beträgt der Fensterflächenanteil bezogen auf die Grundfläche dieses Raums nicht mehr als 35 Prozent,

   bb) sämtliche Fenster in Ost-, Süd- oder Westorientierung (inklusive derer eines eventuellen Glasvorbaus) sind mit außen liegenden Sonnenschutzvorrichtungen mit einem Abminderungsfaktor $F_C \leq 0{,}30$ ausgestattet.

e) Die beheizte Bruttogrundfläche des Gebäudes $A_{BGF,\,Gebäude}$[1] darf nicht kleiner als 115 Quadratmeter und nicht größer als 2 300 Quadratmeter sein.

f) Die mittlere Geschosshöhe[2] nach DIN V 18599-1: 2018-09 des Gebäudes darf nicht kleiner als 2,5 Meter und nicht größer als 3 Meter sein.

g) Die Kompaktheit des Gebäudes in Bezug auf das Verhältnis von Bruttoumfang beheizter Bruttogrundfläche $A_{BGF,\,Geschoss}$ jedes beheizten Geschosses muss folgende Voraussetzung erfüllen: Das Quadrat des Bruttoumfangs U_{brutto} in Meter darf höchstens das 20fache der beheizten Bruttogrundfläche eines beheizten. Geschosses $A_{BGF,\,Geschoss}$ in Quadratmeter betragen; bei einem angebauten Gebäude ist in den Bruttoumfang auch derjenige Anteil einzurechnen, der an benachbarte beheizte Gebäude angrenzt.

h) Bei Gebäuden mit beheizten Räumen in mehreren Geschossen müssen die beheizten Bruttogeschossflächen aller Geschosse ohne Vor- oder Rücksprünge deckungsgleich sein; nur das oberste Geschoss

Zu Anlage 5

Die in der Anlage 5 beschriebenen Modellgebäude sind den Nachweisberechtigten bekannt aus den ehemaligen vereinfachten Nachweisen der KfW für das Effizienzhaus 55 im Neubau. Sie eignen sich gut, um für unterschiedliche Konstellationen aus einer definierten Dämmqualität und verschiedenen Anlagentechniken die Ergebnisse zu vergleichen und so ein Gespür dafür zu bekommen, was womit kombiniert werden kann, um ein GEG-konformes Gebäude zu erreichen. Die Berechnungsergebnisse werden in den Bekanntmachungen zu den Angaben in Energiebedarfsausweisen nach dem Gebäudeenergiegesetz bei Anwendung des vereinfachten Nachweisverfahrens für zu errichtende Wohngebäude veröffentlicht und lösen die Bekanntmachungen vom 8. Dezember 2020 ab: www.geg.bund.de → Energieausweis → Ausstellungsregelungen → Energieausweis-Kennwerte im Modellgebäudeverfahren.

Zu Anlage 5 Nummer 1

Im vereinfachten Verfahren wurde der Energiebedarf über Modellgebäude berechnet. Bei Anwendung des vereinfachten Verfahrens muss das zu berechnende Gebäude daher den Modellgebäuden zumindest ähnlich sein. Dies stellen Anwendungsvoraussetzungen nach Nummer 1 a) bis n) sicher. Sind eine oder mehrere Voraussetzungen nicht erfüllt, darf das vereinfachte Verfahren für Wohngebäude daher nicht angewandt werden.

Zu Anlage 5 Nummer 1 g) und h)

Der Bruttoumfang U_{brutto} ist der Umfang der beheizten Bruttogrundfläche. Vor- und Rücksprünge in der Fassade oder teilbeheizte (Keller-)Geschosse sind mit Ausnahme eines Dachgeschosses nicht zulässig. Der Bruttoumfang ist ungeachtet der äußeren Randbedingungen (Außenluft, Erdreich, beheizter/unbeheizter Raum) immer der vollständige Umfang der Bruttogrundfläche.

darf eine kleinere beheizte Bruttogeschossfläche als das darunter liegende Geschoss besitzen.[3]

i) Insgesamt darf das Gebäude nicht mehr als sechs beheizte Geschosse besitzen.

j) Der Fensterflächenanteil des Gebäudes[4] darf bei zweiseitig angebauten Gebäuden nicht mehr als 35 Prozent, bei allen anderen Gebäuden nicht mehr als 30 Prozent an der gesamten Fassadenfläche des Gebäudes betragen.

k) Die Gesamtfläche spezieller Fenstertüren an der gesamten Fassadenfläche des Gebäudes darf bei freistehenden Gebäuden und einseitig angebauten Gebäuden 4,5 Prozent und bei zweiseitig angebauten Gebäuden 5,5 Prozent nicht überschreiten.

l) Die Fläche der in nördliche Richtung orientierten[5] Fenster des Gebäudes darf nicht größer sein als der Mittelwert der Fensterflächen anderer Orientierungen.

m) Der Anteil von Dachflächenfenstern, Lichtkuppeln und ähnlichen transparenten Bauteilen im Dachbereich darf nicht mehr als 6 Prozent der Dachfläche betragen.

n) Die Gesamtfläche aller Außentüren[6] darf bei Ein- und Zweifamilienhäusern 2,7 Prozent, ansonsten 1,5 Prozent der beheizten Bruttogrundfläche des Gebäudes nicht überschreiten.

1 Die „beheizte Bruttogrundfläche des Gebäudes A_{BGF}“ ist die Summe der Bruttogrundflächen aller beheizten Geschosse, wobei bei Gebäuden mit zwei oder mehr beheizten Geschossen nur 80 Prozent der Bruttogrundfläche des obersten beheizten Geschosses eingerechnet werden.

2 Die „mittlere Geschosshöhe des Gebäudes“ ist der flächengewichtete Durchschnitt der Geschosshöhen aller beheizten Geschosse des Gebäudes.

3 Kellerabgänge und Kellervorräume sind keine beheizten Geschosse im Sinne dieser Regelung, soweit sie nur indirekt beheizt sind.

4 Der Fensterflächenanteil ist der Quotient aus Fensterfläche und der Summe aus Fensterfläche und Außenwand-/Fassadenfläche. Die Fensterfläche ist einschließlich Fenstertüren und spezielle Fenstertüren zu ermitteln; spezielle Fenstertüren sind barrierefreie Fenstertüren gemäß DIN 18040-2: 2011-09 sowie Schiebe-, Hebe-Schiebe-, Falt- und Faltschiebetüren.

5 Fenster sind in nördliche Richtungen orientiert, wenn die Senkrechte auf die Fensterfläche nicht mehr als 22,5 Grad von der Nordrichtung abweicht.

6 Öffnungsmaße von Fenstern und Türen werden gemäß DIN V 18599-1: 2018-09 mit den lichten Rohbaumaßen innen ermittelt

Zu Anlage 5 Nummer 1 l)

Bei einem zweiseitig angebauten Gebäude dürfen maximal die Hälfte der Fenster nach Norden orientiert sein, bei einem einseitig angebauten Gebäude maximal ein Drittel, bei einem frei stehenden Gebäude maximal ein Viertel.

2. Bauteilanforderungen

Folgende Anforderungen an die jeweiligen einzelnen Bauteile der thermischen Gebäudehülle müssen eingehalten werden:

- Dachflächen, oberste Geschossdecke, Dachgauben: $U \leq 0{,}14\ W/(m^2 \cdot K)$
- Fenster und sonstige transparente Bauteile: $U_W \leq 0{,}90\ W/(m^2 \cdot K)$
- Dachflächenfenster: $U_W \leq 1{,}0\ W/(m^2 \cdot K)$
- Außenwände, Geschossdecken nach unten gegen Außenluft: $U \leq 0{,}20\ W/(m^2 \cdot K)$
- Sonstige opake Bauteile (Kellerdecken, Wände und Decken zu unbeheizten Räumen, Wand- und Bodenflächen gegen Erdreich etc.): $U \leq 0{,}25\ W/(m^2 \cdot K)$
- Türen (Keller- und Außentüren) $U_D \leq 1{,}2\ W/(m^2 \cdot K)$
- Lichtkuppeln und ähnliche Bauteile: $U \leq 1{,}5\ W/(m^2 \cdot K)$
- Spezielle Fenstertüren (mit Klapp-, Falt-, Schiebe- oder Hebemechanismus): $U_W \leq 1{,}4\ W/(m^2 \cdot K)$
- Vermeidung von Wärmebrücken: $\Delta U_{WB} \leq 0{,}035\ W/(m^2 \cdot K)$.

Die Anforderungen sind über die gesamte Fläche des jeweiligen Bauteils einzuhalten. Zudem müssen die Anforderungen an die Ausführung von Wärmebrücken sowie an die Luftdichtheit der Gebäudehülle eingehalten werden.

Zu Anlage 5 Nummer 2 und 3

Mit der Anhebung des gesetzlichen Anforderungsniveaus auf das 0,55fache des Primärenergiebedarfs gegenüber dem Referenzgebäude sind die bisherigen Annahmen für das vereinfachte Nachweisverfahren für Wohngebäude nicht mehr anwendbar und somit ungültig. Die Anforderungen für den Nachweis im vereinfachten Verfahren in Anlage 5 wurden daher angepasst. Sie orientieren sich nunmehr an den Referenzwerten der bisherigen KfW-Effizienzhaus-55-Förderung.

Der KfW-Ansatz für die vereinfachte Nachweisführung im Neubau zum Effizienzhaus 55 hat sich in der Vergangenheit in der Praxis gut bewährt. Rechnerisch führen die Anforderungen auf ein Effizienzhaus 55. Abweichend vom Originalverfahren werden erdgasbasierte Heizungen als anlagentechnische Konfigurationen nicht zugelassen, da sie nicht mit einem klimaneutralen Gebäudebestand zielkompatibel sind. Außerdem werden biomassebasierte Heizungen nur zugelassen, wenn sie mit einer solarthermischen Anlage kombiniert werden, die die Bereitstellung von Trinkwarmwasser übernimmt, da dann die Biomasseanlagen im Sommer ausgeschaltet werden können. Dies reduziert die Nutzungskonkurrenz um Biomasse und steigert die Effizienz der Biomassenutzung.

Hinsichtlich des Wärmeschutzes sind im vereinfachten Verfahren die Anforderungen gegenüber dem Referenzgebäude deutlich verschärft. Der spezifische Transmissionswärmeverlust H_T' liegt in der Ausführung nach Nummer 2 im vereinfachten Verfahren typischerweise 30 % unter dem Wert des Referenzgebäudes.

Bei der Anwendung des vereinfachten Verfahrens ist es zulässig, bessere Dämmqualitäten als die in Nummer 2 und bessere Technik als die in Nummer 3 gelisteten Ausführungen einzusetzen. Eine Aufrechnung von besserer Dämmung gegenüber schlechterer Technik oder umgekehrt ist nicht zulässig.

Anlagenoptionen, die im vereinfachten Nachweisverfahren nicht aufgeführt werden, sind weiterhin im Rahmen des Referenzgebäudeverfahrens umsetzbar. In der Praxis spielt das vereinfachte Nachweisverfahren keine signifikante Rolle. Zur Orientierung, mit welchen Maßnahmen und Konstellationen die GEG-Anforderungen erfüllt werden können, sowie zur Prüfung der Plausibilität von Nachweisen kann es hingegen durchaus dienlich sein.

3. Zulässige Anlagenkonzepte

Für die Anlagentechnik ist eines der nachfolgenden Anlagenkonzepte umzusetzen:

- Sole-Wasser-Wärmepumpe mit Flächenheizsystem zur Wärmeübergabe, zentrale Abluftanlage
- Wasser-Wasser-Wärmepumpe mit Flächenheizsystem zur Wärmeübergabe, zentrale Abluftanlage
- Luft-Wasser-Wärmepumpe mit Flächenheizsystem zur Wärmeübergabe, zentrale Lüftungsanlage mit Wärmerückgewinnung (Wärmebereitstellungsgrad ≥ 80 %)
- Fernwärme mit zertifiziertem Primärenergiefaktor $f_p \leq 0{,}7$, zentrale Lüftungsanlage mit Wärmerückgewinnung (Wärmebereitstellungsgrad ≥ 80 %)
- Zentrale Biomasse-Heizungsanlage auf Basis von Holzpellets, Hackschnitzeln oder Scheitholz, zentrale Abluftanlage, solarthermische Anlage zur Trinkwarmwasser-Bereitung

Der Aufstellungsort des Wärmeerzeugers beziehungsweise der Wärmeübergabestation muss innerhalb der thermischen Gebäudehülle liegen und es muss eine zentrale Trinkwarmwasser-Bereitung vorhanden sein. Bei Wahl eines Anlagenkonzeptes mit Wärmepumpe dürfen einzelne Komponenten auch außerhalb der thermischen Gebäudehülle aufgestellt werden, wenn sich mindestens die Geräte zur Wärmespeicherung und -verteilung innerhalb der thermischen Gebäudehülle befinden. Bei Wahl einer Wärmepumpe kann die Trinkwarmwasser-Bereitung mittels Durchlauferhitzer dezentral erfolgen. Eine Trinkwarmwasser-Zirkulation ist zulässig.

Eine zentrale Abluftanlage kann durch eine Lüftungsanlage mit Wärmerückgewinnung ersetzt werden. Für diese besteht dann keine Anforderung an einen ausschließlichen Einsatz einer zentralen Anlage. Darüber hinausgehende Abweichungen von den genannten Anforderungen an die Bauteile und den aufgeführten Anlagenkonzepten sind für dieses Nachweisverfahren nicht zulässig. Weitere Wärmeerzeuger für Heizung oder Trinkwarmwasser sind nicht zulässig, auch nicht als ergänzender Wärmeerzeuger. Soweit sinnvoll, können die Konzepte um solarthermische Anlagen (Heizungsunterstützung und Trinkwarmwasser-Bereitung) oder Photovoltaik-Anlagen ergänzt werden.

Als zentrale Lüftungsanlage gelten sowohl gebäude- als auch wohnungszentrale Anlagen. Die Anforderung an den Einbau einer Lüftungsanlage besteht dabei an das Gebäude. Bei dem Einbau wohnungszentraler Anlagen in ein Mehrfamilienhaus sind Anlagen mindestens in jede einzelne Wohnung einzubauen. Die jeweiligen Anforderungen an den Wärmebereitstellungsgrad werden für Lüftungsanlagen mit Wärmerückgewinnung gleichwertig erfüllt, wenn die zentrale Lüftungsanlage einen spezifischen Energieverbrauch von SEV < –26 kWh/(m² · a) gemäß der Definition des SEV nach Anhang 1 Nummer 1 der

Verordnung (EU) Nr. 1253/2014 der Kommission vom 7. Juli 2014 zur Durchführung der Richtlinie 2009/125/EG des Europäischen Parlaments und des Rates hinsichtlich der Anforderungen an die umweltgerechte Gestaltung von Lüftungsanlagen (ABl. L 337 vom 25.11.2014, S. 8) aufweist.

Anlage 6 (zu § 32 Absatz 3)

Zu verwendendes Nutzungsprofil für die Berechnungen des Jahres-Primärenergiebedarfs beim vereinfachten Berechnungsverfahren für ein zu errichtendes Nichtwohngebäude

Nummer	Gebäudetyp und Hauptnutzung	Nutzung	Nutzenergiebedarf Warmwasser*
1	Bürogebäude mit der Hauptnutzung Einzelbüro, Gruppenbüro, Großraumbüro, Besprechung, Sitzung, Seminar	Einzelbüro	0
2	Bürogebäude mit Verkaufseinrichtung oder Gewerbebetrieb und der Hauptnutzung Einzelbüro, Gruppenbüro, Großraumbüro, Besprechung, Sitzung, Seminar	Einzelbüro	0
3	Bürogebäude mit Gaststätte und der Hauptnutzung Einzelbüro, Gruppenbüro, Großraumbüro, Besprechung, Sitzung, Seminar	Einzelbüro	1,5 kWh je Sitzplatz in der Gaststätte und Tag
4	Gebäude des Groß- und Einzelhandels bis 1 000 Quadratmeter Nettogrundfläche mit der Hauptnutzung Groß-, Einzelhandel/Kaufhaus	Einzelhandel/Kaufhaus	0
5	Gewerbebetriebe bis 1 000 Quadratmeter Nettogrundfläche mit der Hauptnutzung Gewerbe	Gewerbliche und industrielle Hallen – leichte Arbeit, überwiegend sitzende Tätigkeit	1,5 kWh je Beschäftigten und Tag
6	Schule, Kindergarten und -tagesstätte, ähnliche Einrichtungen mit der Hauptnutzung Klassenzimmer, Gruppenraum	Klassenzimmer/Gruppenraum	Ohne Duschen: 65 Wh je Quadratmeter und Tag, 200 Nutzungstage
7	Turnhalle mit der Hauptnutzung Turnhalle	Turnhalle	1,5 kWh je Person und Tag
8	Beherbergungsstätte ohne Schwimmhalle, Sauna oder Wellnessbereich mit der Hauptnutzung Hotelzimmer	Hotelzimmer	250 Wh je Quadratmeter und Tag, 365 Nutzungstage
9	Bibliothek mit der Hauptnutzung Lesesaal, Freihandbereich	Bibliothek, Lesesaal	0

* Die flächenbezogenen Werte beziehen sich auf die gesamte Nettogrundfläche des Gebäudes; der monatliche Nutzenergiebedarf für Trinkwarmwasser ist nach DIN V 18599-10: 2018-09, Tabelle 7, Fußnote a zu berechnen.

Anlage 7 (zu § 48)

Höchstwerte der Wärmedurchgangskoeffizienten von Außenbauteilen bei Änderung an bestehenden Gebäuden

Nummer	Erneuerung, Ersatz oder erstmaliger Einbau von Außenbauteilen	Wohngebäude und Zonen von Nichtwohngebäuden mit Raum-Solltemperatur ≥ 19 °C	Zonen von Nichtwohngebäuden mit Raum-Solltemperatur von 12 bis < 19 °C
		Höchstwerte der Wärmedurchgangskoeffizienten U_{max}	
Bauteilgruppe: Außenwände			
1a[1]	Außenwände: – Ersatz oder – erstmaliger Einbau	$U = 0{,}24\ W/(m^2 \cdot K)$	$U = 0{,}35\ W/(m^2 \cdot K)$
1b[1,2]	Außenwände: – Anbringen von Bekleidungen (Platten oder plattenartige Bauteile), Verschalungen, Mauervorsatzschalen oder Dämmschichten auf der Außenseite einer bestehenden Wand oder – Erneuerung des Außenputzes einer bestehenden Wand	$U = 0{,}24\ W/(m^2 \cdot K)$	$U = 0{,}35\ W/(m^2 \cdot K)$

Zu Anlage 7

Die Nummern 1 bis 6 der Anlage 7 beschreiben konkrete bauliche Änderungen an der Hüllfläche der beheizten und gekühlten Räume von Wohn- und Nichtwohngebäuden, an die spezielle Anforderungen gestellt werden. Bei Ausführung dieser Änderungen sind entweder die Höchstwerte der Wärmedurchgangskoeffizienten nach Anlage 7 oder die Anforderungen an die Gesamtenergieeffizienz nach § 50 einzuhalten.

Hier nicht genannte Änderungen an der Hüllfläche beheizter oder gekühlter Räume (z. B. Innendämmung an Außenwänden) sowie Maßnahmen an Bauteilen, die nicht zur Hüllfläche beheizter oder gekühlter Räume gehören (z. B. Bodenplatten unbeheizter Keller), fallen nicht unter die Anforderungen des § 48.

Die Wärmedurchgangskoeffizienten sind nach § 49 zu berechnen. Fehlen energetische Kennwerte des bestehenden Gebäudes, dürfen dafür Kennwerte aus vergleichbaren Gebäuden nach § 50 (4) angesetzt werden.

Zu Anlage 7 Nummer 1a und b

Die Anforderungen der Bauteilgruppe Außenwände gelten nur für Wände gegen Außenluft. Bei Wänden gegen unbeheizte Dachräume gelten die Anforderungen nach Nummer 5a bis c, bei Wänden gegen sonstige unbeheizte Räume und Erdreich die Nummern 6a und b. An die Änderung von Wänden gegen niedrig beheizte Räume werden keine Anforderungen gestellt.

Die Anforderungen bei Erneuerung von Außenwänden nach Nummer 1b gelten nicht für Außenwände, die unter den Anforderungen der Zweiten Wärmeschutzverordnung errichtet oder erneuert worden sind.

Nummer	Erneuerung, Ersatz oder erstmaliger Einbau von Außenbauteilen	Wohngebäude und Zonen von Nichtwohngebäuden mit Raum-Solltemperatur ≥ 19 °C	Zonen von Nichtwohngebäuden mit Raum-Solltemperatur von 12 bis < 19 °C
		Höchstwerte der Wärmedurchgangskoeffizienten U_{max}	
Bauteilgruppe: Fenster, Fenstertüren, Dachflächenfenster, Glasdächer, Außentüren und Vorhangfassaden			
2a	Gegen Außenluft abgrenzende Fenster und Fenstertüren: – Ersatz oder erstmaliger Einbau des gesamten Bauteils oder – Einbau zusätzlicher Vor- oder Innenfenster	U_w = 1,3 W/(m² · K)	U_w = 1,9 W/(m² · K)
2b	Gegen Außenluft abgrenzende Dachflächenfenster: – Ersatz oder erstmaliger Einbau des gesamten Bauteils oder – Einbau zusätzlicher Vor- oder Innenfenster	U_w = 1,4 W/(m² · K)	U_w = 1,9 W/(m² · K)
2c[3]	Gegen Außenluft abgrenzende Fenster, Fenstertüren und Dachflächenfenster: – Ersatz der Verglasung oder verglaster Flügelrahmen	U_g = 1,1 W/(m² · K)	Keine Anforderung
2d	Vorhangfassaden in Pfosten-Riegel-Konstruktion, deren Bauart DIN EN ISO 12631: 2018-01 entspricht: – Ersatz oder erstmaliger Einbau des gesamten Bauteils	U_c = 1,5 W/(m² · K)	U_c = 1,9 W/(m² · K)
2e[3]	Gegen Außenluft abgrenzende Glasdächer: – Ersatz oder erstmaliger Einbau des gesamten Bauteils oder – Ersatz der Verglasung oder verglaster Flügelrahmen	U_w/U_g = 2,0 W/(m² · K)	U_w/U_g = 2,7 W/(m² · K)
2f	Gegen Außenluft abgrenzende Fenstertüren mit Klapp-, Falt-, Schiebe- oder Hebemechanismus: – Ersatz oder erstmaliger Einbau des gesamten Bauteils	U_w = 1,6 W/(m² · K)	U_w = 1,9 W/(m² · K)
3a[4]	Gegen Außenluft abgrenzende Fenster, Fenstertüren und Dachflächenfenster mit Sonderverglasung: – Ersatz oder erstmaliger Einbau des gesamten Bauteils oder – Einbau zusätzlicher Vor- oder Innenfenster	U_w/U_g = 2,0 W/(m² · K)	U_w/U_g = 2,3 W/(m² · K)
3b[4]	Gegen Außenluft abgrenzende Fenster, Fenstertüren und Dachflächenfenster mit Sonderverglasung: – Ersatz der Sonderverglasung oder verglaster Flügelrahmen	U_g = 1,6 W/(m² · K)	Keine Anforderung
3c[3,4]	Vorhangfassaden in Pfosten-Riegel-Konstruktion, deren Bauart DIN EN ISO 12631: 2018-01 entspricht, mit Sonderverglasung: – Ersatz oder erstmaliger Einbau des gesamten Bauteils	U_c = 2,3 W/(m² · K)	U_c = 3,0 W/(m² · K)
4	Einbau neuer Außentüren (ohne rahmenlose Türanlagen aus Glas, Karusselltüren und kraftbetätigte Türen)	U = 1,8 W/(m² · K) (Türfläche)	U = 1,8 W/(m² · K) (Türfläche)

Zu Anlage 7 Nummer 2 und 3

Anlage 7 Nummern 2 und 3 gelten nur für Fenster, Fenstertüren, Dachflächenfenster, Glasdächer, Türen und Vorhangfassaden gegen Außenluft. An entsprechende Bauteile gegen niedrig beheizte oder unbeheizte Räume (z. B. Fenster zwischen Büro und Lagerräumen) werden keine Anforderungen gestellt.

Zu Anlage 7 Nummer 4

Anlage 7 Nummer 4 gilt nur für Türen gegen Außenluft. An Türen gegen niedrig beheizte oder unbeheizte Räume (z. B. vom beheizten Treppenhaus zum unbeheizten Keller) werden keine Anforderungen gestellt.

Nummer	Erneuerung, Ersatz oder erstmaliger Einbau von Außenbauteilen	Wohngebäude und Zonen von Nichtwohngebäuden mit Raum-Solltemperatur ≥ 19 °C	Zonen von Nichtwohngebäuden mit Raum-Solltemperatur von 12 bis < 19 °C
		Höchstwerte der Wärmedurchgangskoeffizienten U_{max}	
Bauteilgruppe: Dachflächen sowie Decken und Wände gegen unbeheizte Dachräume			
5a[1]	Gegen Außenluft abgrenzende Dachflächen einschließlich Dachgauben sowie gegen unbeheizte Dachräume abgrenzende Decken (oberste Geschossdecken) und Wände (einschließlich Abseitenwände): – Ersatz oder – erstmaliger Einbau Anzuwenden nur auf opake Bauteile	U = 0,24 W/(m² · K)	U = 0,35 W/(m² · K)
5b[1,5]	Gegen Außenluft abgrenzende Dachflächen einschließlich Dachgauben sowie gegen unbeheizte Dachräume abgrenzende Decken (oberste Geschossdecken) und Wände (einschließlich Abseitenwände): – Ersatz oder Neuaufbau einer Dachdeckung einschließlich der darunterliegenden Lattungen und Verschalungen oder – Aufbringen oder Erneuerung von Bekleidungen oder Verschalungen oder Einbau von Dämmschichten auf der kalten Seite von Wänden oder – Aufbringen oder Erneuerung von Bekleidungen oder Verschalungen oder Einbau von Dämmschichten auf der kalten Seite von obersten Geschossdecken Anzuwenden nur auf opake Bauteile	U = 0,24 W/(m² · K)	U = 0,35 W/(m² · K)
5c[1,5]	Gegen Außenluft abgrenzende Dachflächen mit Abdichtung: – Ersatz einer Abdichtung, die flächig das Gebäude wasserdicht abdichtet, durch eine neue Schicht gleicher Funktion (bei Kaltdachkonstruktionen einschließlich darunter liegender Lattungen) Anzuwenden nur auf opake Bauteile	U = 0,20 W/(m² · K)	U = 0,35 W/(m² · K)

Zu Anlage 7 Nummer 5

Anlage 7 Nummer 5 gilt nur für Dachflächen und Gaubenflächen gegen Außenluft sowie Wände und Decken gegen unbeheizte Dächer. An Wände und Decken zu niedrig beheizten Dächern werden keine Anforderungen gestellt.

Die Anforderungen bei Erneuerung von Dachflächen sowie Wänden und Decken nach Nummer 5b oder 5c gelten nicht für Dachflächen, Wände und Decken, die unter den Anforderungen der Zweiten Wärmeschutzverordnung errichtet oder erneuert worden sind.

Nummer	Erneuerung, Ersatz oder erstmaliger Einbau von Außenbauteilen	Wohngebäude und Zonen von Nichtwohngebäuden mit Raum-Solltemperatur ≥ 19 °C	Zonen von Nichtwohngebäuden mit Raum-Solltemperatur von 12 bis < 19 °C
		Höchstwerte der Wärmedurchgangskoeffizienten U_{max}	
Bauteilgruppe: Wände gegen Erdreich oder unbeheizte Räume (mit Ausnahme von Dachräumen) sowie Decken nach unten gegen Erdreich, Außenluft oder unbeheizte Räume			
6a[1]	Wände, die an Erdreich oder an unbeheizte Räume (mit Ausnahme von Dachräumen) grenzen, und Decken, die beheizte Räume nach unten zum Erdreich oder zu unbeheizten Räumen abgrenzen: – Ersatz oder – erstmaliger Einbau	$U = 0{,}30\ W/(m^2 \cdot K)$	Keine Anforderung
6b[1,5]	Wände, die an Erdreich oder an unbeheizte Räume (mit Ausnahme von Dachräumen) grenzen, und Decken, die beheizte Räume nach unten zum Erdreich oder zu unbeheizten Räumen abgrenzen: – Anbringen oder Erneuern von außenseitigen Bekleidungen oder Verschalungen, Feuchtigkeitssperren oder Drainagen oder – Anbringen von Deckenbekleidungen auf der Kaltseite	$U = 0{,}30\ W/(m^2 \cdot K)$	Keine Anforderung
6c[1,5]	Decken, die beheizte Räume nach unten zum Erdreich, zur Außenluft oder zu unbeheizten Räumen abgrenzen: – Aufbau oder Erneuerung von Fußbodenaufbauten auf der beheizten Seite	$U = 0{,}50\ W/(m^2 \cdot K)$	Keine Anforderung
6d[1]	Decken, die beheizte Räume nach unten zur Außenluft abgrenzen: – Ersatz oder – Erstmaliger Einbau	$U = 0{,}24\ W/(m^2 \cdot K)$	$U = 0{,}35\ W/(m^2 \cdot K)$
6e[1,5]	Decken, die beheizte Räume nach unten zur Außenluft abgrenzen, – Anbringen oder Erneuern von außenseitigen Bekleidungen oder Verschalungen, Feuchtigkeitssperren oder Drainagen oder – Anbringen von Deckenbekleidungen auf der Kaltseite	$U = 0{,}24\ W/(m^2 \cdot K)$	$U = 0{,}35\ W/(m^2 \cdot K)$

1 Werden Maßnahmen nach den Nummern 1a, 1b, 5a, 5b, 5c, 6a, 6b, 6c, 6d oder 6e ausgeführt und ist die Dämmschichtdicke im Rahmen dieser Maßnahmen aus technischen Gründen begrenzt, so gelten die Anforderungen als erfüllt, wenn die nach anerkannten Regeln der Technik höchstmögliche Dämmschichtdicke eingebaut wird, wobei ein Bemessungswert der Wärmeleitfähigkeit von $\lambda = 0{,}035\ W/(m \cdot K)$ einzuhalten ist. Abweichend von Satz 1 ist ein Bemessungswert der Wärmeleitfähigkeit von $\lambda = 0{,}045\ W/(m \cdot K)$ einzuhalten, soweit Dämmmaterialien in Hohlräume eingeblasen oder Dämmmaterialien aus nachwachsenden Rohstoffen verwendet werden. Wird bei Maßnahmen nach Nummer 5b eine Dachdeckung einschließlich darunter liegender Lattungen und Verschalungen ersetzt oder neu aufgebaut, sind die Sätze 1 und 2 entsprechend anzuwenden, wenn der Wärmeschutz als Zwischensparrendämmung ausgeführt wird und die Dämmschichtdicke wegen einer innenseitigen Bekleidung oder der Sparrenhöhe begrenzt ist. Die Sätze 1 bis 3 sind bei Maßnahmen nach den Nummern 5a, 5b, und 5c nur auf opake Bauteile anzuwenden.

2 Werden Maßnahmen nach Nummer 1b ausgeführt, müssen die dort genannten Anforderungen nicht eingehalten werden, wenn die Außenwand nach dem 31. Dezember 1983 unter Einhaltung energiesparrechtlicher Vorschriften errichtet oder erneuert worden ist.

3 Bei Ersatz der Verglasung oder verglaster Flügelrahmen gelten die Anforderungen nach den Nummern 2c, 2e und 3c nicht, wenn der vorhandene Rahmen zur Aufnahme der vorgeschriebenen Verglasung ungeeignet ist. Werden bei Maßnahmen nach Nummer 2c oder bei Maßnahmen nach Nummer 2e Verglasungen oder verglaste Flügelrahmen ersetzt und ist die Glasdicke im Rahmen dieser Maßnahmen aus technischen Gründen begrenzt, so gelten die Anforderungen als erfüllt, wenn eine Verglasung mit einem Wärmedurchgangskoeffizienten von höchstens $1{,}3\ W/(m^2 \cdot K)$ eingebaut wird. Werden Maßnahmen nach Nummer 2c an Kasten- oder Verbundfenstern durchgeführt, so gelten die Anforderungen als erfüllt, wenn eine Glastafel mit einer infrarot-reflektierenden Beschichtung mit einer Emissivität $\varepsilon_n \leq 0{,}2$ eingebaut wird.

4 Sonderverglasungen im Sinne der Nummern 3a, 3b und 3c sind
- Schallschutzverglasungen mit einem bewerteten Schalldämmmaß der Verglasung von $R_{w,R} \geq 40$ dB nach DIN EN ISO 717-1: 2013-06 oder einer vergleichbaren Anforderung,
- Isolierglas-Sonderaufbauten zur Durchschusshemmung, Durchbruchhemmung oder Sprengwirkungshemmung nach anerkannten Regeln der Technik oder
- Isolierglas-Sonderaufbauten als Brandschutzglas mit einer Einzelelementdicke von mindestens 18 mm nach DIN 4102-13: 1990-05 oder einer vergleichbaren Anforderung.

5 Werden Maßnahmen nach den Nummern 5b, 5c, 6b, 6c oder 6e ausgeführt, müssen die dort genannten Anforderungen nicht eingehalten werden, wenn die Bauteilfläche nach dem 31. Dezember 1983 unter Einhaltung energiesparrechtlicher Vorschriften errichtet oder erneuert worden ist.

Zu Anlage 7 Nummer 6

Anlage 3 Nummer 6 stellt bei Wänden nur Anforderungen an Wände gegen Erdreich oder unbeheizte Räume. An Wände gegen niedrig beheizte Räume werden dagegen keine Anforderungen gestellt. Bei Decken gibt es nur Vorgaben für Decken nach unten. Bei Decken nach oben gegen unbeheizte Dachräume gilt Anlage 7 Nummer 5. An Decken nach oben gegen Erdreich und andere unbeheizte Räume sowie Decken nach oben oder unten gegen niedrig beheizte Räume werden keine Anforderungen gestellt.

Die Anforderungen bei Erneuerung von Wänden und Decken gegen Erdreich oder unbeheizte Räume nach Nummer 6b bis 6c gelten nicht für Wände und Decken, die unter den Anforderungen der Zweiten Wärmeschutzverordnung errichtet oder erneuert worden sind.

Anlage 8 (zu den §§ 69 und § 70)

Anforderungen an die Wärmedämmung von Rohrleitungen und Armaturen

1. Wärmedämmung von Wärmeverteilungs- und Warmwasserleitungen sowie Armaturen

a) Wärmeverteilungs- und Warmwasserleitungen sowie Armaturen sind wie folgt zu dämmen:

aa) Bei Leitungen und Armaturen mit einem Innendurchmesser von bis zu 22 Millimetern beträgt die Mindestdicke der Dämmschicht, bezogen auf eine Wärmeleitfähigkeit von 0,035 Watt pro Meter und Kelvin, 20 Millimeter.

bb) Bei Leitungen und Armaturen mit einem Innendurchmesser von mehr als 22 Millimetern und bis zu 35 Millimetern beträgt die Mindestdicke der Dämmschicht, bezogen auf eine Wärmeleitfähigkeit von 0,035 Watt pro Meter und Kelvin, 30 Millimeter.

cc) Bei Leitungen und Armaturen mit einem Innendurchmesser von mehr als 35 Millimetern und bis zu 100 Millimetern ist die Mindestdicke der Dämmschicht, bezogen auf eine Wärmeleitfähigkeit von 0,035 Watt pro Meter und Kelvin, gleich dem Innendurchmesser.

dd) Bei Leitungen und Armaturen mit einem Innendurchmesser von mehr als 100 Millimetern beträgt die Mindestdicke der Dämmschicht, bezogen auf eine Wärmeleitfähigkeit von 0,035 Watt pro Meter und Kelvin, 100 Millimeter.

ee) Bei Leitungen und Armaturen nach den Doppelbuchstaben aa bis dd, die sich in Wand- und Deckendurchbrüchen, im Kreuzungsbereich von Leitungen, an Leitungsverbindungsstellen oder bei zentralen Leitungsnetzverteilern befinden, beträgt die Mindestdicke der Dämmschicht, bezogen auf eine Wärmeleitfähigkeit von 0,035 Watt pro Meter und Kelvin, die Hälfte des jeweiligen Wertes nach den Doppelbuchstaben aa bis dd.

ff) Bei Wärmeverteilungsleitungen nach den Doppelbuchstaben aa bis dd, die nach dem 31. Januar 2002 in Bauteilen zwischen beheizten Räumen verschiedener Nutzer verlegt werden, beträgt die Mindestdicke der Dämmschicht, bezogen auf eine Wärmeleitfähigkeit von 0,035 Watt pro Meter und Kelvin, die Hälfte des jeweiligen Wertes nach den Doppelbuchstaben aa bis dd.

gg) Bei Leitungen und Armaturen nach Doppelbuchstabe ff, die sich in einem Fußbodenaufbau befinden, beträgt die Mindestdicke der Dämmschicht, bezogen auf eine Wärmeleitfähigkeit von 0,035 Watt pro Meter und Kelvin, 6 Millimeter.

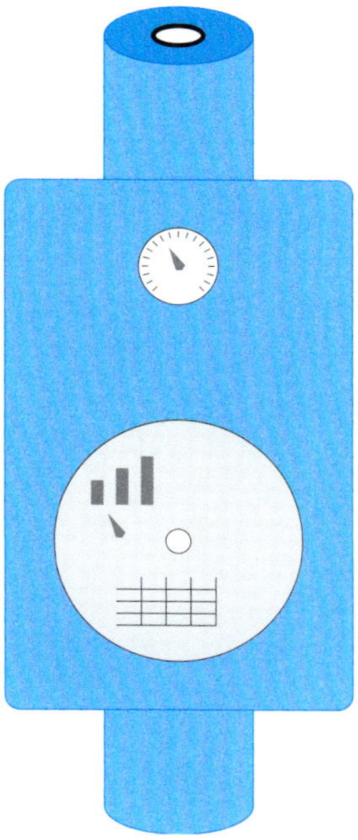

Zu Anlage 8
Anforderungen an die Wärmedämmung von Wärmeverteilungs- und Warmwasserleitungen, Kälteverteilungs- und Kaltwasserleitungen sowie deren Armaturen

hh) Soweit in den Fällen des **§ 69 Absatz 1** Wärmeverteilungs- und Warmwasserleitungen an Außenluft grenzen, beträgt die Mindestdicke der Dämmschicht, bezogen auf eine Wärmeleitfähigkeit von 0,035 Watt pro Meter und Kelvin, das Zweifache des jeweiligen Wertes nach den Doppelbuchstaben aa bis dd. **Die Wärmeleitfähigkeiten der Wärmedämmung sind jeweils auf eine Mitteltemperatur von 40 Grad Celsius zu beziehen.**

b) In den Fällen des **§ 69 Absatz 1** ist Buchstabe a nicht anzuwenden, soweit sich Wärmeverteilungsleitungen nach Buchstabe a Doppelbuchstabe aa bis dd in beheizten Räumen oder in Bauteilen zwischen beheizten Räumen eines Nutzers befinden und ihre Wärmeabgabe durch frei liegende Absperreinrichtungen beeinflusst werden kann.

c) In Fällen des **§ 69 Absatz 1** ist Buchstabe a nicht anzuwenden auf Warmwasserleitungen bis zu einem Wasserinhalt von 3 Litern, die weder in den Zirkulationskreislauf einbezogen noch mit elektrischer Begleitheizung ausgestattet sind (Stichleitungen) und sich in beheizten Räumen befinden.

Zu Anlage 8 Nummer 1 b) und c)

Achtung, Ausnahmen für absperrbare Heizleitungen und Stichleitungen der Warmwasserverteilung in beheizten Räumen

2. Wärmedämmung von Kälteverteilungs- und Kaltwasserleitungen sowie Armaturen in den Fällen des § 70

Bei Kälteverteilungs- und Kaltwasserleitungen sowie Armaturen von Raumlufttechnik- und Klimakältesystemen mit einem Innendurchmesser

a) von bis zu 22 Millimetern beträgt die Mindestdicke der Dämmschicht 9 Millimeter, bezogen auf eine Wärmeleitfähigkeit der Dämmschicht von 0,035 Watt pro Meter und Kelvin,

b) von mehr als 22 Millimetern beträgt die Mindestdicke der Dämmschicht 19 Millimeter, bezogen auf eine Wärmeleitfähigkeit der Dämmschicht von 0,035 Watt pro Meter und Kelvin.

Die Wärmeleitfähigkeit der Kältedämmung ist jeweils auf eine Mitteltemperatur von 10 Grad Celsius zu beziehen.

3. Materialien mit anderen Wärmeleitfähigkeiten

Bei Materialien mit anderen Wärmeleitfähigkeiten als 0,035 Watt pro Meter und Kelvin sind die Mindestdicken der Dämmschichten entsprechend umzurechnen. Für die Umrechnung und die Wärmeleitfähigkeit des Dämmmaterials sind die in anerkannten Regeln der Technik enthaltenen Berechnungsverfahren und Rechenwerte zu verwenden.

4. Gleichwertige Begrenzung

Bei Wärmeverteilungs- und Warmwasserleitungen sowie Kälteverteilungs- und Kaltwasserleitungen dürfen die Mindestdicken der Dämmschichten nach den Nummern 1 und 2 insoweit vermindert werden, als eine gleichwertige Begrenzung der Wärmeabgabe oder der Wärmeaufnahme auch bei anderen Rohrdämmstoffanordnungen und unter Berücksichtigung der Dämmwirkung der Leitungswände sichergestellt ist.

Anlage 9 (zu § 85 Absatz 6)

Umrechnung in Treibhausgasemissionen

1. Angabe in Energiebedarfsausweisen

Die mit dem Gebäudebetrieb verbundene emittierte Menge von Treibhausgasen berechnet sich für die Angabe in Energiebedarfsausweisen wie folgt:

a) Die Treibhausgasemissionen berechnen sich bei fossilen Brennstoffen, bei Biomasse, bei Strom und bei Abwärme aus dem Produkt des nach § 20 oder nach § 21 ermittelten endenergetischen Bedarfswerts des Gebäudes bezüglich des betreffenden Energieträgers und dem auf die eingesetzte Energiemenge bezogenen Emissionsfaktor nach Nummer 3. Der Emissionsfaktor für „gebäudenahe Erzeugung" bei gasförmiger und flüssiger Biomasse darf dabei nur verwendet werden, wenn die Voraussetzungen des § 22 Absatz 1 Nummer 1 oder Nummer 2 erfüllt sind.

b) Wird Wärme aus einer gebäudeintegrierten oder gebäudenahen Kraft-Wärme-Kopplungsanlage bezogen, ist der Emissionsfaktor nach DIN V 18599-9: 2018-09 unter sinngemäßer Anwendung der einschlägigen Regelungen in DIN V 18599-1: 2018-09 Anhang A Abschnitt A.4 zu bestimmen und jeweils mit dem nach § 20 oder nach § 21 ermittelten, durch die Kraft-Wärme-Kopplungsanlage gedeckten endenergetischen Bedarfswert des Gebäudes zu multiplizieren.

c) Wird Fernwärme oder -kälte zur Deckung des Endenergiebedarfs (Wärme, Kälte) eingesetzt, die ganz oder teilweise aus Kraft-Wärme-Kopplungsanlagen stammt, und hat der Betreiber des Wärmenetzes einen Emissionsfaktor auf der Grundlage der DIN V 18599-1: 2018-09 Anhang A Abschnitt A.4 und unter Verwendung der Emissionsfaktoren nach Nummer 3 ermittelt und veröffentlicht, ist dieser Emissionsfaktor zu verwenden und mit dem nach § 20 oder nach § 21 ermittelten endenergetischen Bedarfswert des Gebäudes zu multiplizieren.

d) Wird Fernwärme oder -kälte zur Deckung des Endenergiebedarfs (Wärme, Kälte) eingesetzt, die ganz oder teilweise aus Kraft-Wärme-Kopplungsanlagen stammt, und hat der Betreiber des Versorgungsnetzes keinen Emissionsfaktor ermittelt und veröffentlicht, ist der auf die für die Fernwärme oder -kälte eingesetzten Brennstoffe bezogene Emissionsfaktor nach Nummer 3 zu verwenden und mit dem nach § 20 oder nach § 21 ermittelten endenergetischen Bedarfswert des Gebäudes zu multiplizieren.

e) Bei der Ermittlung der Emissionsfaktoren nach Buchstabe c sind die Vorkettenemissionen der einzelnen Energieträger und die Netzverluste zu berücksichtigen. Zur Berücksichtigung der Vorkettenemissionen kann ein pauschaler Aufschlag von

Zu Anlage 9

Bei Berechnungen nach DIN V 18599 wird der Endenergiebedarf in kWh Brennwert der Energieträger angegeben. Die Emissionsfaktoren der Treibhausgase sind jedoch auf den Heizwert bezogen.

20 Prozent, mindestens aber von 40 Gramm Kohlendioxid-Äquivalent pro Kilowattstunde, auf den ohne Berücksichtigung der Vorkettenemissionen bestimmten Emissionsfaktor angewendet werden.

f) Falls der Wärme-, Kälte- und Strombedarf des Gebäudes aus unterschiedlichen Brennstoffen und Energieträgern gedeckt wird, so ist die Gesamttreibhausgasemission als die Summe der nach § 20 oder nach § 21 ermittelten endenergetischen Bedarfswerte des Gebäudes bezüglich der einzelnen Brennstoffe und Energieträger, jeweils multipliziert mit den betreffenden Emissionsfaktoren, zu ermitteln.

g) (weggefallen)

h) (weggefallen)

2. Angabe in Energieverbrauchsausweisen

Die mit dem Gebäudebetrieb verbundenen Treibhausgasemissionen berechnen sich als Summe der Energieverbrauchswerte aus dem Energieverbrauchsausweis bezüglich der einzelnen Energieträger, jeweils multipliziert mit den entsprechenden Emissionsfaktoren nach Nummer 3.

3. Emissionsfaktoren

Nummer	Kategorie	Energieträger	Emissionsfaktor [g CO_2-Äquivalent pro kWh]
1	Fossile Brennstoffe	Heizöl	310
2		Erdgas	240
3		Flüssiggas	270
4		Steinkohle	400
5		Braunkohle	430
6	Biogene Brennstoffe	Biogas	140
7		Biogas, gebäudenah erzeugt	75
8		Biogenes Flüssiggas	180
9		Bioöl	210
10		Bioöl, gebäudenah erzeugt	105
11		Holz	20
12	Strom	netzbezogen	560
13		gebäudenah erzeugt (aus Photovoltaik oder Windkraft)	0
14		Verdrängungsstrommix	860
15	Wärme, Kälte	Erdwärme, Geothermie, Solarthermie, Umgebungswärme	0
16		Erdkälte, Umgebungskälte	0
17		Abwärme aus Prozessen	40
18		Wärme aus KWK, gebäudeintegriert oder gebäudenah	nach DIN V 18599-9: 2018-09
19		Wärme aus Verbrennung von Siedlungsabfällen (unter pauschaler Berücksichtigung von Hilfsenergie und Stützfeuerung)	20
20	Nah-/Fernwärme aus KWK mit Deckungsanteil der KWK an der Wärmeerzeugung von mindestens 70 Prozent	Brennstoff: Stein-/Braunkohle	300
21		Gasförmige und flüssige Brennstoffe	180
22		Erneuerbarer Brennstoff	40
23	Nah-/Fernwärme aus Heizwerken	Brennstoff: Stein-/Braunkohle	400
24		Gasförmige und flüssige Brennstoffe	300
25		Erneuerbarer Brennstoff	60

Anlage 10 (zu § 86)

Energieeffizienzklassen von Wohngebäuden

Energieeffizienzklasse	Endenergie [Kilowattstunden pro Quadratmeter Gebäudenutzfläche und Jahr]
A+	≤ 30
A	≤ 50
B	≤ 75
C	≤ 100
D	≤ 130
E	≤ 160
F	≤ 200
G	≤ 250
H	> 250

Zu Anlage 10

Die Energieeffizienzklasse eines Gebäudes ist nach § 87 in Immobilienanzeigen anzugeben. Diese Größe stellt eine Klassifizierung nach Endenergiebedarf oder -verbrauch dar und bietet damit Informationen hinsichtlich des Bedarfs oder Verbrauchs von z. B. Gas, Öl, Pellets, Nah-/Fernwärme und Strom für Heizen, Warmwasser und ggf. Kühlen. Sie berücksichtigt aber nicht die Preis- und Primärenergieunterschiede zwischen den verschiedenen Brennstoffen oder Energieträgern.

Beispiel zu Anlage 10

Ein mit einer Wärmepumpe beheiztes Gebäude der Energieeffizienzklasse A mit einer Endenergie von 40 kWh/($m^2 \cdot a$) hat derzeit höhere Energiekosten als ein mit Erdgas beheiztes Gebäude der Effizienzklasse D mit 110 kWh/($m^2 \cdot a$).

Anlage 11 (zu § 88 Absatz 2 Nummer 2)

Anforderungen an die Inhalte der Schulung für die Berechtigung zur Ausstellung von Energieausweisen

1. Zweck der Schulung

Die nach § 88 Absatz 2 Nummer 2 verlangte Schulung soll die Aussteller von Energieausweisen in die Lage versetzen, bei der Ausstellung solcher Energieausweise die Vorschriften dieses Gesetzes einschließlich des technischen Regelwerks zum energiesparenden Bauen sachgemäß anzuwenden. Die Schulung soll praktische Übungen einschließen und insbesondere die im Folgenden genannten Fachkenntnisse vermitteln.

2. Inhaltliche Schwerpunkte der Schulung zu Wohngebäuden

a) Bestandsaufnahme und Dokumentation des Gebäudes, der Baukonstruktion und der technischen Anlagen

Ermittlung, Bewertung und Dokumentation des Einflusses der geometrischen und energetischen Kennwerte der Gebäudehülle einschließlich aller Einbauteile und Wärmebrücken, der Luftdichtheit und Erkennen von Leckagen, der bauphysikalischen Eigenschaften von Baustoffen und Bauprodukten einschließlich der damit verbundenen konstruktiv-statischen Aspekte, der energetischen Kennwerte von anlagentechnischen Komponenten einschließlich deren Betriebseinstellung und Wartung, der Auswirkungen des Nutzerverhaltens und von Leerstand und von Klimarandbedingungen und Witterungseinflüssen auf den Energieverbrauch.

b) Beurteilung der Gebäudehülle

Ermittlung von Eingangs- und Berechnungsgrößen für die energetische Berechnung, wie zum Beispiel Wärmeleitfähigkeit, Wärmedurchlasswiderstand, Wärmedurchgangskoeffizient, Transmissionswärmeverlust, Lüftungswärmebedarf und nutzbare interne und solare Wärmegewinne. Durchführung der erforderlichen Berechnungen nach DIN V 18599 oder DIN V 4108-6 sowie Anwendung vereinfachter Annahmen und Berechnungs- und Beurteilungsmethoden. Berücksichtigung von Maßnahmen des sommerlichen Wärmeschutzes und Berechnung nach DIN 4108-2, Kenntnisse über Luftdichtheitsmessungen und die Ermittlung der Luftdichtheitsrate.

c) Beurteilung von Heizungs- und Warmwasserbereitungsanlagen

Detaillierte Beurteilung von Komponenten einer Heizungsanlage zur Wärmeerzeugung, Wärmespeicherung, Wärmeverteilung und Wärmeabgabe. Kenntnisse über die Interaktion von Gebäudehülle und Anlagentechnik, Durchführung der Berechnungen nach DIN V 18599 oder DIN V 4701-10, Beurteilung von Systemen der alternativen und erneuerbaren Energie- und Wärmeerzeugung.

d) Beurteilung von Lüftungs- und Klimaanlagen
Bewertung unterschiedlicher Arten von Lüftungsanlagen und deren Konstruktionsmerkmalen, Berücksichtigung der Brand- und Schallschutzanforderungen für lüftungstechnische Anlagen, Durchführung der Berechnungen nach DIN V 18599 oder DIN V 4701-10, Grundkenntnisse über Klimaanlagen.

e) Erbringung der Nachweise
Kenntnisse über energetische Anforderungen an Wohngebäude und das Bauordnungsrecht, insbesondere des Mindestwärmeschutzes, die Durchführung der Nachweise und Berechnungen des Jahres-Primärenergiebedarfs, die Ermittlung des Energieverbrauchs und seine rechnerische Bewertung einschließlich der Witterungsbereinigung und über die Ausstellung eines Energieausweises.

f) Grundlagen der Beurteilung von Modernisierungsempfehlungen einschließlich ihrer technischen Machbarkeit und Wirtschaftlichkeit
Kenntnisse und Erfahrungswerte über Amortisations- und Wirtschaftlichkeitsberechnung für einzelne Bauteile und Anlagen einschließlich Investitionskosten und Kosteneinsparungen, über erfahrungsgemäß wirtschaftlich rentable, im Allgemeinen verwirklichungsfähige Modernisierungsempfehlungen für kosteneffiziente Verbesserungen der energetischen Eigenschaften des Wohngebäudes, über Vor- und Nachteile bestimmter Verbesserungsvorschläge unter Berücksichtigung bautechnischer und rechtlicher Rahmenbedingungen (zum Beispiel bei Wechsel des Heizenergieträgers, Grenzbebauung, Grenzabstände), über aktuelle Förderprogramme, über tangierte bauphysikalische und statisch-konstruktive Einflüsse, wie zum Beispiel Wärmebrücken, Tauwasseranfall (Kondensation), Wasserdampftransport, Schimmelpilzbefall, Bauteilanschlüsse und Vorschläge für weitere Abdichtungsmaßnahmen, über die Auswahl von Materialien zur Herstellung der Luftdichtheit nach den Gesichtspunkten der Verträglichkeit der Wirksamkeit sowie der Dauerhaftigkeit und über Auswirkungen von wärmeschutztechnischen Maßnahmen auf den Schall- und Brandschutz. Erstellung erfahrungsgemäß wirtschaftlich rentabler, im Allgemeinen verwirklichungsfähiger Modernisierungsempfehlungen für kosteneffiziente Verbesserungen der energetischen Eigenschaften.

3. Inhaltliche Schwerpunkte der Schulung zu Nichtwohngebäuden

Zusätzlich zu den unter Nummer 2 aufgeführten Schwerpunkten soll die Schulung insbesondere die nachfolgenden Fachkenntnisse zu Nichtwohngebäuden vermitteln.

a) Bestandsaufnahme und Dokumentation des Gebäudes, der Baukonstruktion und der technischen Anlagen
   Energetische Modellierung eines Gebäudes – hierzu gehören beheiztes oder gekühltes Volumen, konditionierte oder nicht konditionierte Räume, Versorgungsbereich der Anlagentechnik –, Ermittlung der Systemgrenze und Einteilung des Gebäudes in Zonen nach entsprechenden Nutzungsrandbedingungen, Zuordnung von geometrischen und energetischen Kenngrößen zu den Zonen und Versorgungsbereichen, Zusammenwirken von Gebäude und Anlagentechnik mit Verrechnung von Bilanzanteilen, Anwendung vereinfachter Verfahren, zum Beispiel die Anwendung des Ein-Zonen-Modells, Bestimmung von Wärmequellen und -senken und des Nutzenergiebedarfs von Zonen, Ermittlung, Bewertung und Dokumentation der energetischen Kennwerte von raumlufttechnischen Anlagen, insbesondere von Klimaanlagen, und Beleuchtungssystemen.
b) Beurteilung der Gebäudehülle
   Ermittlung von Eingangs- und Berechnungsgrößen und energetische Bewertung von Fassadensystemen, insbesondere von Vorhang- und Glasfassaden, Bewertung von Systemen für den sommerlichen Wärmeschutz und von Verbauungs- und Verschattungssituationen.
c) Beurteilung von Heizungs- und Warmwasserbereitungsanlagen
   Berechnung des Endenergiebedarfs für Heizungs- und Warmwasserbereitung einschließlich der Verluste in den technischen Prozessschritten nach DIN V 18599-5 und DIN V 18599-8, Beurteilung von Kraft-Wärme-Kopplungsanlagen nach DIN V 18599-9, Bilanzierung von Nah- und Fernwärmesystemen und der Nutzung erneuerbarer Energien.
d) Beurteilung von raumlufttechnischen Anlagen und sonstigen Anlagen zur Kühlung
   Berechnung des Kühlbedarfs von Gebäuden (Nutzkälte) und der Nutzenergie für die Luftaufbereitung, Bewertung unterschiedlicher Arten von raumlufttechnischen Anlagen und deren Konstruktionsmerkmalen, Berücksichtigung der Brand- und Schallschutzanforderungen für diese Anlagen, Berechnung des Energiebedarfs für die Befeuchtung mit einem Dampferzeuger, Ermittlung von Übergabe- und Verteilverlusten, Bewertung von Bauteiltemperierungen, Durchführung der Berechnungen nach DIN V 18599-2, DIN V 18599-3 und DIN V 18599-7 und der Nutzung erneuerbarer Energien.

Zu Anlage 11 Nummer 3

Neu mit Inkrafttreten des GEG dürfen auch Personen ohne Hochschulabschluss Energieausweise für Nichtwohngebäude ausstellen, sofern sie in den Kreis der Ausstellungsberechtigten nach § 88 fallen und eine entsprechende Fortbildung nach Anlage 11 für Nichtwohngebäude erfolgreich absolviert haben.

e) Beurteilung von Beleuchtungs- und Belichtungssystemen

   Berechnung des Endenergiebedarfs für die Beleuchtung nach DIN V 18599-4, Bewertung der Tageslichtnutzung, zum Beispiel der Fenster, der Tageslichtsysteme, des Beleuchtungsniveaus, des Wartungswertes sowie der Beleuchtungsstärke, der tageslichtabhängigen Kunstlichtregelung, zum Beispiel der Art, der Kontrollstrategie, des Funktionsumfangs, sowie des Schaltsystems und der Kunstlichtbeleuchtung, zum Beispiel der Lichtquelle, der Vorschaltgeräte sowie der Leuchten.

f) Erbringung der Nachweise

   Kenntnisse über energetische Anforderungen an Nichtwohngebäude und das Bauordnungsrecht, insbesondere den Mindestwärmeschutz, Durchführung der Nachweise und Berechnungen des Jahres-Primärenergiebedarfs, Ermittlung des Energieverbrauchs und seine rechnerische Bewertung einschließlich der Witterungsbereinigung, Ausstellung eines Energieausweises.

g) Grundlagen der Beurteilung von Modernisierungsempfehlungen einschließlich ihrer technischen Machbarkeit und Wirtschaftlichkeit

   Erstellung von erfahrungsgemäß wirtschaftlich rentablen, im Allgemeinen verwirklichungsfähigen Modernisierungsempfehlungen für kosteneffiziente Verbesserungen der energetischen Eigenschaften für Nichtwohngebäude.

4. Umfang der Schulung

Der Umfang der Fortbildung insgesamt sowie der einzelnen Schwerpunkte soll dem Zweck und den Anforderungen dieser Anlage sowie der Vorbildung der jeweiligen Teilnehmer Rechnung tragen.

Stichwortverzeichnis